Tucholsky   Wagner   Zola   Scott   Sydow   Fonatne   Freud   Schlegel
Turgenev   Wallace
Twain   Walther von der Vogelweide   Fouqué   Friedrich II. von Preußen
Weber   Freiligrath   Frey
Fechner   Fichte   Weiße Rose   von Fallersleben   Kant   Ernst   Frommel
Richthofen
Engels   Fielding   Hölderlin   Eichendorff   Tacitus   Dumas
Fehrs   Faber   Flaubert
Feuerbach   Maximilian I. von Habsburg   Fock   Eliasberg   Zweig   Ebner Eschenbach
Eliot
Ewald   Vergil
Goethe   London
Mendelssohn   Balzac   Shakespeare   Elisabeth von Österreich   Ganghofer
Lichtenberg   Rathenau   Dostojewski
Trackl   Stevenson   Doyle   Gjellerup
Mommsen   Tolstoi   Lenz   Hambruch   Droste-Hülshoff
Thoma   Hanrieder
Dach   Verne   von Arnim   Hägele   Hauff   Humboldt
Reuter   Rousseau   Hagen   Hauptmann   Gautier
Karrillon   Garschin   Baudelaire
Defoe   Hebbel
Damaschke   Descartes
Hegel   Kussmaul   Herder
Wolfram von Eschenbach   Schopenhauer
Darwin   Dickens   Rilke   George
Bronner   Melville   Grimm   Jerome
Campe   Horváth   Aristoteles   Bebel   Proust
Bismarck   Vigny   Barlach   Voltaire   Federer   Herodot
Gengenbach   Heine
Storm   Casanova   Tersteegen   Grillparzer   Georgy
Chamberlain   Lessing   Langbein   Gilm   Gryphius
Brentano   Lafontaine
Strachwitz   Claudius   Schiller   Kralik   Iffland   Sokrates
Bellamy   Schilling
Katharina II. von Rußland   Gerstäcker   Raabe   Gibbon   Tschechow
Löns   Hesse   Hoffmann   Gogol   Wilde   Gleim   Vulpius
Luther   Heym   Hofmannsthal   Klee   Hölty   Morgenstern
Roth   Heyse   Klopstock   Goedicke
Luxemburg   Puschkin   Homer   Kleist
Machiavelli   La Roche   Horaz   Mörike   Musil
Navarra   Aurel   Musset   Kierkegaard   Kraft   Kraus
Nestroy   Marie de France   Lamprecht   Kind   Kirchhoff   Hugo   Moltke
Laotse   Ipsen   Liebknecht
Nietzsche   Nansen   Ringelnatz
Marx   Lassalle   Gorki   Klett   Leibniz
von Ossietzky   May   vom Stein   Lawrence   Irving
Petalozzi   Knigge
Platon   Pückler   Michelangelo   Kafka
Sachs   Poe   Kock
de Sade   Praetorius   Mistral   Liebermann   Korolenko
Zetkin

La maison d'édition tredition, basée à Hambourg, a publié dans la série **TREDITION CLASSICS** des ouvrages anciens de plus de deux millénaires. Ils étaient pour la plupart épuisés ou uniquement disponible chez les bouquinistes.

La série est destinée à préserver la littérature et à promouvoir la culture. Elle contribue ainsi au fait que plusieurs milliers d'œuvres ne tombent plus dans l'oubli.

La figure symbolique de la série **TREDITION CLASSICS**, est Johannes Gutenberg (1400 - 1468), imprimeur et inventeur de caractères métalliques mobiles et de la presse d'impression.

Avec sa série **TREDITION CLASSICS**, tredition à comme but de mettre à disposition des milliers de classiques de la littérature mondiale dans différentes langues et de les diffuser dans le monde entier. Toutes les œuvres de cette série sont chacune disponibles en format de poche et en édition relié. Pour plus d'informations sur cette série unique de livres et sur l'éditeur tredition, visitez notre site: www.tredition.com

tredition a été créé en 2006 par Sandra Latusseck et Soenke Schulz. Basé à Hambourg, en Allemagne, tredition offre des solutions d'édition aux auteurs ainsi qu'aux maisons d'édition, en combinant à la fois édition et distribution du contenu du livre en imprimé et numérique et ce dans le monde entier. tredition est idéalement positionnée pour permettre aux auteurs et maisons d'édition de créer des livres dans leurs propres domaines et sujets sans prendre de risques de fabrication conventionnelles.

Pour plus d'informations nous vous invitons à visiter notre site: www.tredition.com

Le tour de France en aéroplane

H. de (Henry) Graffigny

Mentions légales

Cette œuvre fait partie de la série TREDITION CLASSICS.

Auteur: H. de (Henry) Graffigny
Conception de couverture: toepferschumann, Berlin (Allemagne)

Editeur: tredition GmbH, Hambourg (Allemagne)
ISBN: 978-3-8491-3569-0

www.tredition.com
www.tredition.de

Toutes les œuvres sont du domaine public en fonction du meilleur de nos connaissances et sont donc plus soumis au droit d'auteur.

L'objectif de TREDITIONS CLASSICS est de mettre à nouveau à disposition des milliers d'œuvres de classiques français, allemands et d'autres langues disponible dans un format livre. Les œuvres ont été scannés et digitalisés. Malgré tous les soins apportés, des erreurs ne peuvent pas être complètement exclues. Nos partenaires et nous même, tredition, essayons d'aboutir aux meilleurs résultats. Toutefois, si des fautes subsistent, nous vous prions de nous en excuser. L'orthographe de l'œuvre originale a été reprise sans modification. Il se peut que ce dernier diffère de l'orthographe utilisée aujourd'hui.

le tour de France
en aéroplane

Le Tour de France
en
Aéroplane

PAR

HENRY DE GRAFFIGNY

INGÉNIEUR CIVIL

Illustrations de Ferdinand RAFFIN

A M. ABEL BALLIF

PRÉSIDENT DU TOURING-CLUB DE FRANCE

En hommage à la persévérance qu'il a déployée pour créer et développer le tourisme «sous toutes ses formes» dans notre pays. Je dédie ce livre de tourisme aérien à travers les sites pittoresques de notre patrie, et que j'ai écrit ayant dans la mémoire la devise du T.C.F.

FAIRE CONNAÎTRE ET AIMER LA FRANCE!

HENRI DE GRAFFIGNY.

CHAPITRE PREMIER

A LA GRANDE SEMAINE D'AVIATION DE CHAMPAGNE

AUX EXPÉRIENCES D'AVIATION DE BÉTHENY. — UN GROUPE D'ENTHOUSIASTES. — LE MARQUIS DE LA TOUR-MIRANNE ET SON AMI OUTREMÉCOURT. — UN JEUNE MÉCÈNE DES INVENTEURS. — LE «PETIT BISCUITIER» ET SES IDÉES SUR LA LOCOMOTION AÉRIENNE. — UN PROJET ORIGINAL.

RAVO, bravo, Paulhan! Plus vite!!...

— Hurrah pour Glen Curtis!!...

— Vive Blériot!... Blériot premier!... Blériot gagnant!...

— Farman *for ever*!....

Ces exclamations enthousiastes perçaient la grande rumeur de la foule massée dans les tribunes et derrière les barrières du vaste aérodrome de Bétheny. La «Grande Semaine d'aviation de Champagne» battait son plein depuis quatre jours, et les records établis l'année précédente par les premiers hommes-oiseaux, les Wright, s'effondraient comme des châteaux de cartes. Toutefois, l'honneur de l'une des plus sensationnelles épreuves: la coupe Gordon-Bennett pour l'aviation, restait à la grande république américaine, et un compatriote des Wright: Curtis, enlevait à ses compétiteurs le trophée convoité.

Il n'est pas besoin de rappeler, d'ailleurs, les diverses péripéties de cette première grande manifestation du sport aérien, dont tous les journaux de l'époque ont rendu compte dans ses moindres détails, et qui a donné une impulsion nouvelle à ce mode de locomotion, car c'est dans les plaines de Champagne que les aviateurs ont pris conscience de leur force et trouvé la solution définitive des problèmes qu'ils étudiaient depuis si longtemps.

Les grands oiseaux, aux ailes dorées par les derniers rayons du soleil couchant, passaient et repassaient devant les tribunes bondées d'un public élégant, et chacune de leurs réapparitions soulevait des tempêtes de vivats, d'applaudissements et de cris d'encouragement. Puis, à mesure que l'atmosphère s'assombrit et que la nuit commença à étendre son voile de crêpe sur la campagne, les aéroplanes se rapprochèrent du sol et atterrirent l'un après l'autre auprès de leurs hangars.

Un seul continua obstinément à voler presque au ras du sol. C'était Farman, le *recordman* du premier kilomètre effectué en aéroplane au-dessus du sol européen, et qui voulait conquérir le grand prix de Champagne de cinquante mille francs.

Les spectateurs, qui se pressaient depuis le matin aux barrières pour assister aux évolutions des hommes-oiseaux, se hâtaient de regagner Reims par tous les moyens de locomotion possibles. Les autos ronflaient, pendant qu'un train d'une interminable longueur stoppait devant les quais de la station improvisée de Bétheny-Aviation.

Plusieurs jeunes gens à la mise élégante, qui occupaient les premiers rangs de la grande tribune, et s'étaient fait remarquer par leurs exclamations enthousiastes, s'attardaient pour scruter dans l'obscurité, d'instant en instant plus épaisse, le retour du biplan de Farman.

—Venez-vous, La Tour-Miranne, dit amicalement un grand jeune homme qui avait adopté la mode surannée de protéger son oeil gauche sous un verre de montre auquel pendait un ruban de soie moirée, de la largeur d'un doigt. Il commence à faire frais!

—Me voici, Outremécourt, répondit au bout d'un instant l'interpellé. J'aurais voulu cependant voir si Farman va continuer à tourner dans le noir. Voilà combien de temps déjà qu'il est en l'air?...

—Deux heures et demie au moins...

—Exactement, deux heures trente-sept minutes, quarante-huit secondes, rectifia un troisième adolescent, au torse replet, à la bonne mine réjouie, et qui répondait au nom de Médouville.

—Il a dépassé les temps de Paulhan et de Latham, en ce cas, reprit celui qui avait été appelé La Tour-Miranne.

—Certainement, et c'est à lui que reviendra incontestablement le prix de Champagne, maintenant! Il est trop tard pour qu'un autre concurrent puisse le lui disputer.

La grande semaine d'aviation battait son plein depuis quatre jours.

—En ce cas, pourquoi continue-t-il à voler malgré la nuit?...

—Sans doute pour nous montrer ce qu'il est capable de faire avec son biplan, riposta Médouville.

—A moins que, comme cela est arrivé hier, il ne puisse plus couper l'allumage de son moteur, dit Outremécourt, tout en descendant l'escalier de la tribune. Il a éprouvé une fameuse souleur, ce brave Farman! Un peu plus, il se jetait contre l'un des hangars!...

—Enfin, ce qui est certain, conclut La Tour-Miranne en s'installant au volant d'une élégante voiturette dont le chauffeur venait de mettre le moteur en marche et d'allumer les phares, ce qui est certain, c'est que nous venons d'assister cet après-midi à un-spectacle inoubliable!

Avant de pousser son levier d'embrayage et de démarrer, le jeune homme se pencha vers ses interlocuteurs.

—Nous nous retrouverons ce soir?... interrogea-t-il. Les jeunes gens se consultèrent du regard.

—Nous ferons sans doute un tour à l'*Universelle,* vers dix heures, se décida à répondre Médouville. Vous y verra-t-on?

—Certainement. N'est-ce pas dans ces salons que se rencontrent les modernes rois de l'air que nous venons de voir évoluer avec une incomparable maestria?... C'est donc entendu!

La Tour-Miranne tira à lui le levier qu'il tourmentait depuis un instant; un grincement caractéristique se fit entendre, en même temps que les battements des pistons s'accéléraient, mais ces mouvements désordonnés ne durèrent qu'un moment; l'allure du moteur redevint vite normale, et l'auto démarra doucement pour se mettre à la file des autres véhicules regagnant en hâte l'antique cité champenoise.

Outremécourt et Médouville, de leur côté, s'étaient dirigés vers la gare, où ils retrouvèrent plusieurs personnes de leur connaissance attendant également le train devant les ramener à Reims. Pendant le court trajet de Bétheny à l'ancienne ville où les rois de France étaient sacrés, la conversation ne roula, ainsi qu'on le conçoit, que sur les performances des aviateurs, auxquelles les jeunes gens venaient d'assister.

—C'est égal, déclara un des voyageurs que ses compagnons écoutaient avec intérêt, bien qu'il parlât d'un ton décidé et impérieux, c'est égal, qui eût pu se douter qu'en si peu de temps, la question de la locomotion aérienne aurait pris une telle ampleur et que l'on serait'arrivé aux résultats extraordinaires que nous venons de constater!... Pour ma part, j'en demeure confondu. Vous avez vu tout à l'heure les cabrioles de Lefebvre?... Je suis certain que Wilbur lui-même en aurait été émerveillé!

—Et Latham, donc, renchérit son voisin. Il m'a fait passer le frisson de la petite mort dans le dos, quand il a coupé son allumage à plus de cent mètres de haut et qu'il est descendu en tournoyant comme un immense vautour, pour repartir de plus belle au moment de toucher le sol.

Au milieu d'un groupe d'auditeurs, Réviliod pérorait.

Celui qui avait parlé le premier reprit:

—J'ai suivi, moi qui vous parle, les essais et expériences de l'année dernière et assisté également aux vols les plus impressionnants de Wright avec son *flyer*. J'ai remarqué l'anxiété des pilotes interrogeant l'anémomètre et n'osant se risquer lorsque soufflait la plus faible brise. Hé bien! vous avez vu, tous ces jours-ci, les aviateurs s'élancer dans les airs et battre des records de durée, alors que soufflaient des vents de plus de huit mètres par seconde et que la pluie tombait à flots, chassée par les rafales!... Ah! l'émulation est une bonne chose, il faut en convenir. On doit reconnaître que les champions de l'aéroplane se sont bien enhardis et ont fait de fameux progrès en peu de temps! N'est-ce pas votre avis, Réviliod?...

—C'est possible, rétorqua celui-ci d'une voix coupante. J'admire tout comme vous les vols remarquables exécutés sous nos yeux par les disciples des Wright et du capitaine Ferber, mais, à mon avis, ce sont des acrobates, et l'aéroplane me semble un outil bon tout juste à se casser le cou! Parlez moi des dirigeables, à la bonne heure! Au moins la sécurité est assurée à leur bord si une pièce quelconque de la machine vient à casser! Vous avez vu manoeuvrer, cette après-midi, le *Colonel-Renard* et le *Zodiac II*?... Quelle impression de puissance, de solidité ils donnent, à côté des libellules de Blériot ou des boîtes entoilées des frères Voisin!... Vous me direz qu'ils vont moins vite que celles-ci, je le reconnais comme vous, mais si la vitesse est acquise au détriment de la sécurité, je préfère encore le ballon, savez-vous, Damblin.

—L'avenir est à l'aéroplane, Réviliod!

—Le ballon dirigeable n'a pas dit son dernier mot. Voyez le *Zeppelin!*

—Moi je vais vous mettre d'accord, intervint Médouville avançant sa grosse figure réjouie. La machine aérienne de l'avenir qui remplacera la locomotive et l'automobile ne sera ni un aéroplane, ni un ballon!

—Et qu'est-ce que ce sera donc, alors? firent en choeur les auditeurs.

—Je l'ignore; je n'en ai pas la plus vague idée, autrement je m'empresserais de prendre un brevet d'invention, mais ce que je sais bien c'est que tous les appareils que nous venons de voir n'auront qu'un temps. Penser autrement serait vouloir, à mon avis, nier le progrès, et vous ne contesterez pas, d'ailleurs, qu'aéroplanes et ballons ont encore besoin de sérieuses améliorations pour devenir aussi pratiques qu'une automobile!

Damblin allait répondre, mais le train s'arrêtait en gare de Reims; toutes les portières des voitures s'ouvraient et les voyageurs se précipitaient vers les issues.

Les jeunes gens suivirent le flot pressé du public, en se donnant rendez-vous dans la soirée à l'*Universelle*. Comme ils doivent jouer un rôle important dans ce récit, présentons-les l'un après l'autre au lecteur.

Robert de La Tour-Miranne était fils unique du duc de La Tour-Miranne, l'un des derniers représentants de la vieille noblesse de France. Passionné des sports, il les pratiquait tous indistinctement, et les exercices athlétiques n'avaient plus de secrets pour lui. Il eût pu se mesurer, sans forfanterie, à l'escrime avec Mérignac ou le chevalier Pini, à la course pédestre avec Cibot ou Orphée, à bicyclette avec Guignard ou Friol, à la nage avec Jarvis ou Ooms, au golf, au tennis, au polo, au foot-ball avec les joueurs les plus réputés, mais toutefois sa prédilection allait plutôt vers les sports de la locomotion. Il avait déjà mis à mal une bonne douzaine d'automobiles de toutes formes depuis que l'auto existait, et il ne possédait pas moins de quatre embarcations de différents tonnages: un yacht gréé en clipper et un racer à pétrole pour la navigation de plaisance sur les rivières et canaux de France, un cruiser et un yacht à vapeur de 150 tonneaux, l'un pour les croisières le long des côtes, l'autre pour les voyages au long cours. Enfin, depuis que l'aérostation était revenue de mode et qu'il était de bon ton de pérégriner à travers l'atmosphère, Robert de La Tour-Miranne s'était fait construire deux ballons sphériques, l'un de 450, l'autre de 1650 mètres cubes, par l'ingénieur aéronaute Fruscou. Il avait exécuté avec ces aérostats une douzaine d'ascensions qui l'avaient enthousiasmé, aussi ne rêvait-il plus désormais que de pouvoir évoluer en toute liberté au sein de l'élément mobile, et c'est pourquoi il suivait avec un intérêt passionné les premières manifestations du nouveau sport: le vol aérien. Comme conséquence directe de ces goûts, que la fortune du duc son père lui permettait heureusement de satisfaire, Robert était membre de toutes les Sociétés possibles: l'*Automobile-Club*, le *Yacht-Club*, le *Touring-Club*, le *Swimming-Club*, l'*Aéro-Club*, le *Jockey-Club*, l'*Union des Sports Athlétiques*, etc., etc.

Au physique, le marquis de La Tour-Miranne était un fort gaillard de vingt-six ans, à la musculature développée par la pratique continuelle des exercices physiques. Sans être ce que l'on appelle un Antinoüs, il avait les traits fins et réguliers, la moustache blonde et soyeuse, les cheveux coupés en brosse, ce qui le faisait ressembler à quelque lieutenant de cavalerie en congé, bien qu'il n'eût pas dépassé, au 19e hussards, le grade de sous-officier. Au moral, un excellent garçon, peut-être un peu autoritaire, mais néanmoins franc et serviable, sans morgue aucune et toujours prêt à obliger le prochain. Aussi comptait-il nombre d'amis dans son monde, au premier rang desquels il convenait de placer son ami de collège Jean Outremécourt, et René de Médouville.

La fortune des Outremécourt était loin d'être équivalente à celle des La Tour-Miranne, d'autant que la famille était plus nombreuse. Le vicomte, ami de Robert, n'avait pas moins de quatre soeurs, dont la plus âgée avait dix-neuf ans. Les deux jeunes gens s'étaient connus dans le grand établissement d'enseignement où ils avaient reçu l'instruction, et ils étaient devenus vite une paire de camarades, bien qu'ils fussent dissemblables de tout point. Autant Robert était vif, pétulant, bruyant et entraînant, autant Jean était réfléchi, calme et pondéré, même dans les amusements et les jeux de l'adolescence. Ses condisciples l'avaient surnommé le *Père Tranquille*, en raison de sa placidité habituelle. De retour du régiment, Jean Outremécourt était resté le meilleur camarade de Robert, qu'il avait accompagné dans plusieurs croisières à bord de son yacht *Lusignan*, et, entre-temps, il avait suivi les cours de la Faculté des Sciences comme auditeur libre, car il s'intéressait fort au mouvement scientifique de l'époque.

René de Médouville, l'aîné des trois amis, avait vingt-huit ans. C'était un bon garçon, un peu hurluberlu, et qui se posait volontiers en Petit Manteau Bleu des inventeurs incompris, qu'il ne craignait pas d'aller encourager dans leurs mansardes et aidait de sa bourse sans compter. Médouville se croyait lui-même un inventeur de génie, et il communiquait sans hésiter de mirifiques mais impraticables idées à ses protégés, afin qu'ils améliorassent leurs créations. Avec un pareil caractère, il était surprenant qu'il ne se fût pas encore ruiné, car plus d'un aigrefin l'avait exploité sans vergogne. Les inventions nouvelles qu'il voulait mettre à jour ou perfectionner lui coûtaient plus cher qu'une écurie de courses, et ses camarades le plaisantaient de ses goûts, mais sans parvenir à l'en décourager. Heureusement, René de Médouville avait un cousin germain, phénoménalement riche, et à l'inépuisable bourse duquel il faisait fréquemment appel. Ce cousin, qui portait le nom plébéien d'André Lhier et avait huit ans de plus que lui, s'était adonné au commerce, et il avait développé extraordinairement le chiffre d'affaires de la maison de produits alimentaires qu'il exploitait. On parlait de huit à dix millions par an. Lorsque René venait, tout chaud d'enthousiasme pour quelque fantastique opération, lui demander son concours financier, André morigénait l'incorrigible rêveur, mais il déliait les cordons de sa bourse et le Mécène continuait ses libéralités.

Tels sont les personnages que nous avons mis en scène et que nous retrouvons, le 26 août au soir, dans un salon particulier de l'*Universelle*, le grand établissement de Reims, à la fois brasserie et music-hall. Au milieu d'un groupe d'auditeurs, Réviliod pérorait:

—Non, messieurs, disait-il de sa voix sèche et coupante, l'aéroplane n'est pas encore au point, voyez-vous, et il faut que les concurrents soient diantrement alléchés par l'importance des prix offerts pour se risquer comme ils l'ont fait depuis trois jours. Mais gare aux accidents!...

—Espérons que vos pronostics ne se réaliseront pas!... répliqua l'ingénieur Georges Damblin qui écoutait. S'il s'en produisait malgré tout, il ne faudrait toutefois pas triompher et croire pour cela que l'aviation n'a aucun avenir! Ce serait simplement la rançon du progrès qui veut que chaque amélioration se paie d'une façon ou de l'autre.

L'orateur se tourna vers son contradicteur.

—Voyons, mon cher Damblin, fit-il cordialement, vous ne pouvez cependant pas, vous qui êtes ingénieur et avez suivi la question de près, accorder à l'aéroplane le moindre intérêt pratique!... A quoi cela rime-t-il, ces évolutions en rond autour de pylônes plantés sur une piste bien aplanie?... Je comprends mieux les voyages de ville à ville de Farman, de Santos-Dumont et la traversée du Pas-de-Calais par Blériot. Mais voulez-vous bien me dire à quoi ces oiseaux si fragiles peuvent être utiles?... Non, non, mon cher ami, je vous le répète encore une fois, ce n'est pas dans cette voie qu'il faut chercher, en dépit de la réussite momentanée de ces espèces de skis aériens que sont les aéroplanes. La solution de la locomotion aérienne sera trouvée dans une tout autre voie, croyez-moi.

A ce moment, une rumeur se fit entendre dans la grande salle du rez-de-chaussée. Les jeunes gens prêtèrent l'oreille.

Au même instant, la bonne face réjouie de la Providence des inventeurs, René de Médouville, s'encadra dans l'entre-bâillement de la porte.

—Ne vous effrayez pas, dit-il, ce sont les admirateurs des hommes volants qui font une ovation à Lefebvre et à Curtis, qui ont été reconnus parmi les consommateurs. Ça doit être quelquefois bien gênant d'être célèbre!...

—Aussi t'efforces-tu de le devenir!... fit, avec une bourrade amicale, La Tour-Miranne, qui, fidèle à sa promesse, apparaissait accompagné d'Outremécourt. Allons, fais-nous place, moulin à idées!...

Réviliod, que l'on appelait aussi, en plaisantant, le *Petit Biscuitier* parce qu'il était le fils du richissime fabricant de biscuits de France, «la marque universellement connue R-T», ne s'était pas démonté pour si peu, et le flot intarissable de ses paroles coulait toujours.

—L'aéroplane, biplan ou monoplan, ne se prête à aucune utilisation pratique possible; A la guerre, me dites-vous, il sera précieux pour les reconnaissances!... Erreur profonde, messieurs. La première condition à remplir à la guerre est de pouvoir s'élever le plus haut possible pour se mettre à l'abri des coups de l'artillerie ennemie, or c'est à peine si les appareils actuels peuvent atteindre quelques centaines de mètres. Leurs pilotes seront donc exposés à être mitraillés sitôt aperçus; ils auront beau aller vite, les obus iront encore plus vite qu'eux. C'est pourquoi je m'évertue à le répéter: ces recherches sont stériles et ne sauraient conduire à rien de sérieux! Il faudra en revenir au principe opposé, à l'aéronat plus léger que l'air, qui donne gratuitement la sustention et assure la sécurité de l'équipage!...

Blériot sur son aéroplane monoplan.

—Allons, coupa La Tour-Miranne, vous vous bouchez les yeux pour ne pas voir clair, mon brave Réviliod. C'est un parti pris chez vous de dénigrer les choses nouvelles. Vous êtes un rétrograde, un contempteur du progrès!...

Le *Petit Biscuitier*, piqué au vif, sursauta.

—Un rétrograde, moi!... Par exemple, voilà un reproche que je ne pensais pas mériter, moi qui adopte toutes les créations, toutes les conquêtes de l'ingéniosité humaine, aussitôt que leur utilité m'est démontrée...

—Ah! je vous y prends, il faut que vous reconnaissiez cette utilité...

—Tiens!.... Cela me paraît élémentaire! Mais, pour en revenir au sujet de notre conversation, voudriez-vous seulement m'énumérer, La Tour-Miranne, les applications dont l'aéroplane actuel vous semble susceptible, et celles que vous pourriez raisonnablement en faire?...

Le sportsman se redressa.

—Ce que j'en ferais, si je savais m'en servir!... Eh bien! j'en ferais l'engin de tourisme idéal, bien supérieur à la bicyclette, au chemin de fer et à l'automobile!

La Tour-Miranne avait prononcé ces mots d'une voix vibrante d'enthousiasme. Ses amis se rapprochèrent de lui.

—Oui, reprit-il avec chaleur, l'aéroplane, tel qu'il est dès maintenant, peut constituer un moyen de locomotion idéal, je ne parle pas seulement pour l'exploration des régions inconnues du globe, cela viendra plus tard, mais pour le vrai tourisme, car il peut faire ce que ne saurait faire l'auto, avec quoi on ne peut dominer du regard le panorama du pays que l'on traverse. Le ballon dirigeable, seul, peut lui être comparé pour cet usage spécial, mais il ne faut pas oublier qu'il lui faut un hangar prêt à le recevoir au bout de chaque étape et qu'il est d'un entretien plutôt délicat...

—Vous voudriez faire des voyages d'agrément avec des aéroplanes?... interrompit en ricanant le défenseur des aérostats.

—Pourquoi pas!... répliqua avec assurance le jeune homme.

—Vous n'iriez pas loin avant de casser du bois, je le crains.

—C'est à savoir!... Pourquoi ne ferais-je pas—une fois mon apprentissage d'aviateur terminé, bien entendu!—tout aussi bien que les expérimentateurs, aux succès de qui nous venons d'applaudir?... Tenez, je vais même plus loin dans mes affirmations, et je vous dis qu'il n'en est pas un de nous qui, après avoir appris à conduire un biplan ou un monoplan, ne deviendrait aussi habile qu'un élève de Wright ou de Farman!...

—C'est un paradoxe et une affirmation un peu audacieuse...

—Et pourquoi cela, interrogea Outremécourt intervenant dans la conversation. Je dis comme La Tour-Miranne, moi, et je crois qu'il n'est nullement indispensable d'être un individu exceptionnel pour conduire un aéro. Il n'a pas fallu tant d'heures que cela aux initiateurs du vol aérien pour devenir des maîtres. Qui nous empêcherait de devenir aussi habiles qu'eux?...

—Paroles que tout cela!...

Le marquis de La Tour-Miranne avait réfléchi pendant que parlait son ami.

—Voulez-vous que nous vous donnions les preuves de ce que nous avançons, dit-il?

—Et comment cela?...

—Eh bien! écoutez-moi un instant. J'ai une idée. Je vais vous l'exposer et nos amis nous diront ce qu'ils en pensent.

Et le jeune homme, s'accoudant à la cheminée du salon, prit la parole et développa sa pensée avec aisance et précision.

CHAPITRE II

FONDATION DE L'AÉRO-TOURIST-CLUB

M. DE LA TOUR-MIRANNE PRONONCE UN DISCOURS.—UN NOM DIFFICILE A TROUVER.—BUT POURSUIVI PAR LA NOUVELLE SOCIÉTÉ.—LE TOURISME EN AÉROPLANE.—LES TREIZE FONDATEURS.—LES ÉTAPES DU TOUR DE FRANCE.— DES PAROLES AUX ACTES.

—On a reproché—non sans quelque raison—aux Français d'être par trop casaniers et de s'attacher trop fidèlement à leur clocher sans jamais vouloir le perdre de vue. Il résulte de cet état d'esprit que la jeunesse française ne connaît pas le monde et qu'elle est trop timorée pour s'expatrier et porter au loin le flambeau du génie national, ce qui est déplorable à tous points de vue, car, non-seulement nous ne savons pas lutter au loin contre les étrangers, mais ceux-ci eux-mêmes réussissent à s'implanter chez nous sans que nous puissions nous défendre contre leur invasion pacifique. Je le dis donc bien haut, il nous faut lutter par tous les moyens contre cette inertie et cette routine, et il est de toute nécessité d'apprendre aux jeunes Français à voyager.

D'autre part, il faut réagir contre cette mode qui sévit depuis quelques années chez nous, parmi les gens qui se déplacent pour leur plaisir, de ne trouver de beaux paysages, de sites remarquables, de monuments curieux qu'hors de nos frontières. Il résulte de cet espèce de snobisme, qu'alors que les étrangers viennent dans notre pays, dont ils ont reconnu les agréments, les Français dédaignent les beautés de leur patrie et vont porter leur admiration et leur or chez leurs voisins, qui ont industrialisé les curiosités naturelles de leur région et en tirent par suite de bons revenus, alors que nous avons beaucoup mieux chez nous.

Vous me direz que l'on commence toutefois à reconnaître l'exactitude des faits que je rapporte et que la jeunesse, encouragée par la multiplicité des moyens de transport actuels, est entrée dans le mouvement et se met à voyager, les plus fortunés en automobile, les autres à bicyclette ou en trains de plaisir. Un nouveau mode de locomotion s'offre à notre usage, et il me semble, à moi qui ai employé tous les procédés connus pour se rendre rapidement et sans fatigue d'un point à un autre, il me semble, dis-je, que c'est à nous de donner l'exemple et d'inaugurer le tourisme aérien en organisant une longue randonnée qui nous permettra de visiter toutes les merveilles fourmillant sur notre belle terre de France. Je suis persuadé, après avoir assisté aux magnifiques envolées des modernes hommes-oiseaux sur la plaine de Bétheny, que l'aéroplane est dès à présent parvenu à un point suffisant de pratique pour qu'on puisse envisager, sans outrecuidance, son application au tourisme. Tous, autant que nous sommes ici, nous sommes capables de rivaliser — après une certaine période d'apprentissage, s'entend! — avec les conducteurs d'aéroplanes que nous avons admirés ces jours-ci. Et si je suis partisan décidé *du plus lourd* contre le *plus léger* que l'air, c'est justement à cause de la plus grande maniabilité de l'aéroplane, comparativement au dirigeable. Je n'ai pas la prétention, d'ailleurs, d'exécuter du premier coup, surtout au-dessus de tous les terrains, des parcours extraordinaires. Non, mon ambition est plus modeste et mon intention n'est nullement de voler avec la vitesse de l'hirondelle au-dessus des mers et des sommets de nos montagnes les plus escarpées. Je me contenterais très bien d'étapes moyennes de quarante à cinquante kilomètres; cela me semble très suffisant pour des promeneurs ne songeant à battre nul record, pas plus qu'à conquérir le moindre prix, et cela donne le moyen de visiter tout ce qu'une région peut contenir d'intéressant. Avec un programme aussi modéré, je crois la chose faisable, car nous pourrons avoir des appareils plus robustes et plus pratiques à tous points de vue, puisque tout ne s'y trouvera pas sacrifié à la question de la vitesse.

Je me résume. Que diriez-vous donc, mes chers amis, de tenter ensemble un voyage d'études, de ville à ville, en aéroplane, et de profiter de la prochaine belle saison pour entreprendre une expédition de ce genre et entraîner par notre exemple la jeunesse française encore indécise. N'est-ce pas là un beau programme à remplir?... Vulgariser le tourisme aérien en fournissant la démonstration de sa praticabilité, de ses avantages et de ses agréments, en un mot de sa supériorité sur tous les autres procédés de locomotion? Voilà quelle est mon idée, et si vous avez, comme je le crois, l'esprit sportif, vous ne la rejetterez pas sans lui faire l'honneur de l'examiner. J'ai dit. Maintenant j'attends les contradicteurs et suis prêt à leur répondre!

Cette longue tirade terminée, le jeune homme attira une chaise à lui et s'assit en souriant et murmurant:

—Je suis à bout de souffle! C'est une vraie conférence que je viens de prononcer!

L'assistance, qui avait suivi l'orateur avec attention et sans l'interrompre, accueillit la péroraison de ce discours par un murmure approbateur, puis le diapason des voix s'éleva, des discussions particulières s'engagèrent avec animation, mais la voix perçante de Réviliod domina le tumulte.

—Le tourisme aérien en ballon dirigeable, passe encore, disait le *Petit Biscuitier*, mais en aéroplane, non, ce n'est pas réalisable, croyez-moi.

—Eh bien! dans ce cas, nous aurons le mérite de l'inaugurer!... lui riposta Outremécourt.

Pour dominer le bruit, Médouville asséna plusieurs coups de canne retentissants sur une table, en s'écriant d'un ton de voix suraigu:

—Je demande la parole. J'ai une proposition à vous adresser!...

Un silence relatif s'établit, et le Mécène en profita pour s'expliquer.

—Je crois, comme notre ami La Tour-Miranne, que les excursions en aéroplane sont faisables, et je me fais fort de trouver des inventeurs qui nous fourniront les appareils perfectionnés qui nous seront nécessaires. Je propose donc d'unir nos efforts dans un but commun, et pour cela de créer la première société qui existera dans le monde, de sport et surtout de tourisme aérien. Que tous ceux qui sont de mon avis et veulent nous aider lèvent la main!...

Un tonnerre d'acclamations roula et une douzaine de mains se levèrent

—C'est cela!... Bien trouvé, Médouville!... Nous vous suivrons!... clamèrent des voix enthousiastes.

—Et moi, je vous répète que c'est impossible!... protesta Réviliod s'agitant comme un possédé.

Sans tenir compte de cette contradiction obstinée, le protagoniste des inventeurs continua:

—Le principe étant admis, la première chose à déterminer maintenant c'est de donner un nom à notre association. Que diriez-vous, mes amis, de *Club des Aéroplanistes Français?*...

—Trop long!... fit Outremécourt. Je propose un nom plus court: *Avia-Club*, par exemple.

—*Aviator-Société*, cria une autre voix.

—Les *Touristes aériens*! prononça un quatrième.

—Pour donner satisfaction à chacun, et avoir une désignation exacte, choisissons donc *Aéro-tourist-club*, cela dit tout!... proposa à son tour le marquis de La Tour-Miranne.

—Oui! oui! *Aéro-tourist-club*, approuvèrent les juvéniles partisans des aéroplanes, malgré les dénégations et les marques de désapprobation du *Petit Biscuitier* qui s'agitait désespérément au milieu d'eux.

—Voilà donc le premier point acquis! reprit alors Médouville, qui s'était décidément improvisé le *speaker* de la réunion. Notre Société a un nom, il faut maintenant lui constituer un bureau, suivant les plus purs usages du parlementarisme. Je n'ai pas besoin de demander qui vous voulez voir à la tête de l'*Aéro-tourist-club*...

Les paroles de l'orateur furent couvertes par des acclamations répétées.

—La Tour-Miranne!... La Tour-Miranne, président!... fut-il répondu à l'unanimité.

Le sportsman s'inclina.

—Je vous remercie, mes chers amis, de l'honneur que vous me faites, et je tâcherai de le mériter en conduisant de mon mieux, je ne dirai pas notre barque, mais l'aéroplane qui portera les couleurs de notre nouveau club. Je vous demanderai seulement d'unir vos efforts aux miens pour organiser la première caravane aérienne à travers le ciel de France.

Des applaudissements nourris accueillirent ce petit discours, mais La Tour-Miranne fit signe qu'il n'avait pas fini de parler et le bruit s'apaisa quelque peu.

—Vous avez bien voulu me choisir pour la présidence de l'*Aéro-tourist-club*, reprit-il. Il nous faut encore un vice-président, un secrétaire général et un trésorier pour compléter le bureau chargé de veiller aux intérêts de la Société et, en premier lieu, d'en élaborer les statuts. Je vous prierai donc de me désigner ces collaborateurs indispensables.

Des colloques s'établirent aussitôt et au bout de quelques instants l'accord se fit. Outremécourt accepta le poste de vice-président, Médouville celui de secrétaire, et Léonce Breuval, dont le père était agent de change, celui de trésorier, Réviliod, Damblin et les autres assistants ayant décliné toute candidature.

—Ainsi donc, scanda Médouville, le bureau de l'*Aéro-tourist-club* est bien et dûment constitué d'un accord unanime. Il s'agit de déterminer exactement son but et de jeter les plans des premiers actes de son existence.

—Son but!... La Tour-Miranne l'a très nettement indiqué je crois, fit observer Damblin. Ne s'agit-il pas, si j'ai bien compris, de vulgariser par l'exemple, l'usage de l'aéroplane pour les voyages de plaisance?...

—En effet, approuva le promoteur de la nouvelle société, et je n'aurais pas mieux défini le rôle que nous voulons jouer que vous venez de le faire, mon cher Damblin. Quant à la seconde question de notre secrétaire général, je répondrai qu'à mon avis il faut frapper l'imagination des masses par l'organisation d'une longue excursion aérienne, de façon à donner la démonstration irréfutable de la valeur de l'aéroplane comme engin de tourisme.

—Le tour de France en aéroplane!... ricana Réviliod.

—Le tour de France?... Oui, pourquoi pas, répliqua sans hésiter le marquis. Cela n'a rien d'impossible, puisque nous bornerons notre ambition à de courtes envolées avec une vitesse très raisonnable!

Le *Petit Biscuitier* haussa les épaules avec dédain.

—Vous ne ferez seulement pas vingt kilomètres sans vous casser le cou, grommela-t-il. Vos projets sont absurdes, et en fait de tour de France, je vous défie de vous rendre en une seule étape de Paris à Enghien!

—Nous vous montrerons que nous pouvons faire mieux que cela, mon bon Réviliod. C'est votre droit de préférer les vessies gonflées de gaz aux machines volantes, mais nous vous prouverons que celles-ci leur sont supérieures, non en discutant, mais en agissant....

La Tour-Miranne fut interrompu par Médouville.

—Dites-moi donc, président, prononça-t-il d'un ton familier, il est près de minuit, si vous leviez la séance que nous puissions passer à un autre genre d'exercices?... A notre prochaine réunion, nous étudierons l'itinéraire du Tour de France, puisque c'est le Tour de France que nous exécuterons pour convaincre l'ami Réviliod.

—Vous avez raison. Je vous laisse établir le projet de statuts de notre Société, car il faut prévoir que l'exemple que nous donnerons nous attirera de nombreux adhérents. Une fois ces statuts adoptés par nos amis, nous discuterons l'itinéraire.

—Entendu! A demain les choses sérieuses; nous aurons le temps d'en recauser à Bétheny en regardant voler Blériot et ses émules!

Les jeunes gens échangèrent une dernière poignée de mains et se séparèrent.

La semaine d'aviation de Champagne prit fin le dimanche 29 août, après les victoires définitives de Curtis pour la Coupe Gordon-Bennett, de Farman pour le Grand-Prix de Champagne et Latham pour le prix de la hauteur. Tous les fanatiques du nouveau sport n'eurent garde de manquer la moindre des épreuves, et nous retrouvons réunis une dernière fois à Reims avant leur dispersion, les fondateurs de l'*Aéro-tourist-club*.

Derrière une table recouverte d'un tapis vert....

—Vous rentrez à Paris, La Tour-Miranne, demanda Médouville.

—Je ne fais que le traverser, répondit l'interpellé. Je vais passer quelques jours en famille dans notre villa de Paramé.

—Nous pourrons nous revoir facilement, dans ce cas, car de mon côté je vais à Saint-Lunaire chez mon excellent cousin Lhier.

—Bon! je comprends! fit en riant le marquis. Vous allez lui demander de faire partie du club?...

—Certainement. Il faut qu'il participe d'une façon ou de l'autre à notre entreprise.

—Enfin, quand nous retrouverons-nous? intervint Breuval qui écoutait.

Le président réfléchit un instant, puis relevant la tête:

—Je vous donne rendez-vous à tous, le 10 octobre prochain, à deux heures à l'hôtel de La Tour-Miranne. D'ailleurs je vous rafraîchirai la mémoire quelques jours auparavant par une convocation. Il y aura, j'espère, d'ici là de l'ouvrage de fait, grâce au dévouement et à l'activité du bureau de l'*Aéro-tourist*. Vous n'aurez plus qu'à approuver les statuts et les plans de notre première caravane de l'année prochaine.

Jean Outremécourt et Médouville, flattés, se mirent à rire.

—Entendu pour le 10 octobre, fit Damblin. Toutefois, rien ne nous empêche d'ici là, je pense, de nous occuper de nos futurs moyens de transport pour cette caravane.

—Certainement. Chacun conserve sa pleine liberté et choisira le système d'aéroplane qui aura ses préférences, répliqua vivement La Tour-Miranne.

—Est-ce que les dames pourront prendre part au voyage?... questionna un jeune homme qui jusque-là n'avait rien dit.

—Le Club le décidera. Pour ma part, loin d'y voir un inconvénient, je pense que nos excursions gagneraient en agrément si nous pouvions y faire participer nos soeurs et même nos mères. Ces chères présences modéreraient un peu la fougue et la témérité de ceux d'entre nous qui voudraient répéter les exploits des Latham et autres, que nous venons de voir évoluer. Enfin nous en reparlerons. Pour l'instant, notre groupe demeure compact. Combien sommes-nous de fondateurs de l'*Aéro-tourist-club*?...

—Quatorze!... répliqua Médouville.

—Pardon, treize seulement, déclara de sa voix sèche le *Petit Biscuitier*.

—Comment treize!... Il me semblait pourtant....

—Parce que sans doute vous me comptiez.

—Eh bien?...

—Eh bien! vous avez eu tort.

—Quoi, Réviliod, vous ne voulez plus être des nôtres! demanda La Tour-Miranne.

—Je n'ai rien fait pour vous laisser supposer que je partageais vos idées, je crois! Au contraire, je les ai combattues de toutes mes forces et en toute occasion. En un mot comme en mille, non, je ne crois pas à la possibilité du tourisme en aéroplane, et comme je ne veux pas me rendre ridicule, je me sépare de votre groupement qui me semble voué à tous les déboires...

—Oiseau de mauvais augure!... grommela Damblin.

—Nous aurons donc le regret de rester treize seulement, mon cher camarade, et j'émets le voeu que ce chiffre nous soit, malgré tout, favorable.

—C'est ce que nous verrons!... murmura Réviliod entre ses dents.

Cinq semaines plus tard, les treize fondateurs de l'*Aéro-tourist-club* se trouvaient rassemblés dans l'un des salons de l'hôtel du duc de La Tour-Miranne, rue de Babylone, et pour faire les choses dans les règles, Médouville, qui aimait les usages protocolaires, avait tenu à organiser le bureau de la nouvelle Société. Derrière une table recouverte d'un tapis vert foncé, avaient donc pris place les quatre personnages chargés de veiller aux intérêts de l'entreprise: La Tour-Miranne, président, flanqué de ses deux acolytes Outremécourt et Breuval. Médouville occupait un coin avec ses paperasses de secrétaire général.

Les statuts, lus article par article, ayant été discutés et finalement adoptés, Médouville conclut:

—Voilà donc une chose essentielle terminée. Il ne nous reste plus, pour être en règle avec la loi, que de déposer ces statuts à la Préfecture, et cela, j'en fais mon affaire. Occupons-nous donc maintenant de l'organisation de notre première sortie.

—Du tour de France en aéroplane, ainsi que l'a dit Réviliod, fit en riant un jeune membre du Club.

—Du Tour de France, parfaitement! affirma La Tour-Miranne.

—Je demande la parole, dit un auditeur.

—Parlez, mon cher camarade.

—Il me semble qu'il conviendra de chercher bientôt un emplacement pouvant servir de parc à la Société, où nous pourrons remiser nos appareils et, plus tard, les expérimenter.

—C'est là une chose indispensable, en effet, répondit le jeune président, mais je crois connaître ce qu'il nous faut. C'est le haras de mon excellent oncle le prince Muret, dans l'Oise, à moins de dix lieues de Paris. On peut aménager en aérodrome une partie des prairies et y agencer les hangars où nous abriterons nos oiseaux mécaniques. Ce terrain conviendra admirablement pour nos essais, et nous pourrons nous livrer tranquillement à nos expériences sans crainte d'être dérangés par des importuns, ni avoir à mobiliser aucune force de police, comme aux Moulineaux, pour assurer l'ordre. Je ferai ce qu'il conviendra et vous rendrai compte de mes démarches le moment venu.

—Bon. Dans ce cas, nous avons tout l'hiver pour faire construire nos skis aériens, ajouta Médouville. Pour ma part, je compte commander le mien à un inventeur de génie que j'ai découvert et que je patronne. Martin Landoux, tel est son nom. Je vous engage fort, mes chers amis, à vous adresser également à lui, vous aurez pleine satisfaction.

—Est-ce que tu toucheras une commission sur ces ventes, Médouville? dit narquoisement, de sa place, Georges Damblin.

—Ce serait plutôt le contraire! murmura Outremécourt qui connaissait le travers du Mécène. Heureusement que le cousin Lhier est là!...

—Dites-nous, président, demanda Damblin, avez-vous songé à l'itinéraire que nous suivrons dans notre excursion?...

—Oui, j'en ai causé avec les membres du bureau et nous avons jeté les grandes lignes du projet. Nous avons au moins six mois devant nous pour l'étudier dans ses moindres détails.

—A quelle époque de l'année nous mettrons-nous en route?...

—Pas avant le mois de juin prochain au plus tôt. Songez qu'en passant commande de nos appareils dans le courant du présent mois, nous n'entrerons pas en possession avant mars au plus tôt. Je ferai le nécessaire d'ici là pour que le haras de Puiseux soit aménagé en vue de sa nouvelle destination et que les hangars soient prêts. En admettant que nous commencions à nous exercer dès cette époque, il faudra bien deux mois pour parfaire notre éducation d'hommes-oiseaux et acquérir la pleine connaissance du maniement de nos appareils. Vous voyez que mes évaluations ne sont pas exagérées, et je souhaite qu'aucun événement imprévu ne vienne contrarier ces prévisions. Nous n'avons donc pas de temps à perdre si nous voulons être prêts.

—Bien, et l'itinéraire maintenant?...

—Notre but, n'est-ce pas, consiste à visiter les curiosités de la France? Par conséquent, nous avons cherché à fixer un trajet qui nous permette de trouver à chaque étape un endroit intéressant à examiner: monument historique, panorama grandiose, curiosité naturelle, etc. En même temps, nous voulons que notre randonnée constitue un véritable Tour de France. Voici donc *grosso modo*, le projet que nous vous soumettons:

—Ah! voyons un peu.

La Tour-Miranne déplia un papier qu'il avait tiré de son portefeuille et lut:

LISTE DES ÉTAPES DU TOUR DE FRANCE EN AÉROPLANE
1° Puiseux à Amiens.
2° Amiens à Arras.

3° Arras à Lille.
4° Lille à Saint-Omer.
5° Saint-Omer à Boulogne.
6° Boulogne au Crotoy.
7° Le Crotoy à Dieppe.
8° Dieppe à Rouen.
9° Rouen au Havre.
10° Le Havre à Trouville.
11° Trouville à Caen.
12° Caen à Saint-Lô.
13° Saint-Lô à Pontorson.
14° Pontorson à Dinan.
15° Dinan à Guingamp.
16° Guingamp à Saint-Brieuc.
17° Saint-Brieuc à Quimper.
18° Quimper à Vannes.
19° Vannes à Saint-Nazaire.
20° Saint-Nazaire à Nantes.
21° Nantes à La Roche-sur-Yon.
22° La Roche-sur-Yon à La Rochelle.
23° La Rochelle à Saintes.
24° Saintes à Bordeaux.
25° Bordeaux à Agen.
26° Agen à Auch.
27° Auch à Tarbes.
28° Tarbes à Toulouse.
29° Toulouse à Rodez.
30° Rodez à Espalion.
31° Espalion à Saint-Chély.
32° Saint-Chély à Saint-Flour.
33° Saint-Flour au Puy.
34° Le Puy à Privas.
35° Privas à Avignon.
36° Avignon à Aix.
37° Aix à Toulon.
38° Toulon à Draguignan.
39° Draguignan à Nice.
40° Nice à Puget-Théniers.
41° Puget-Théniers à Barcelonnette.

42° Barcelonnette à Grenoble.
43° Grenoble à Annecy.
44° Annecy à Saint-Claude.
45° Saint-Claude à Besançon.
46° Besançon à Langres.
47° Langres à Nancy.
48° Nancy à Verdun.
49° Verdun à Mézières.
50° Mézières à Saint-Quentin.
51° Saint-Quentin à Compiègne.
52° Compiègne à Esches.

Des exclamations nombreuses accueillirent la lecture de cette énumération.

—Et les châteaux de la Loire! s'exclama l'un des clubmen.

—Et les villes industrielles du centre! cria un autre

—Il me semble que vous avez oublié bien des points intéressants dans votre projet, remarqua Damblin.

—Et puis, il va en falloir du temps pour accomplir un pareil parcours! ajouta Breuval.

—Je vais essayer de réfuter vos assertions, mes chers amis, répliqua en souriant La Tour-Miranne. Je vous ferai remarquer en premier lieu qu'il ne nous est pas possible de *tout* voir et que nous sommes bien obligés de faire un choix, une sélection entre un itinéraire et un autre. C'est pourquoi, après longues discussions et réflexions, nous nous sommes arrêtés au trajet dont je viens de vous lire les points d'arrêt tous distants l'un de l'autre de 80 kilomètres environ, ce qui correspond à deux heures de vol au plus. Nous pourrons donc franchir aisément deux étapes par jour, et il nous restera du temps pour visiter en détail chaque pays. En un mois, nous accomplirons donc ces 52 étapes, jours de repos compris et nous bouclerons le circuit qui comprendra les villes les plus éloignées du territoire: Lille au nord, Quimper à l'ouest, Tarbes et Nice au sud, Nancy à l'est. D'ailleurs, ne l'oubliez pas, il ne s'agit encore que d'un projet d'itinéraire que nous pourrons modifier à notre gré suivant les besoins et circonstances. Pour l'instant, nous avons à nous occuper de nos véhicules aériens et de notre champ d'expériences.

Le président s'arrêta de parler; un murmure d'approbation accueillit son discours.

—Personne ne demande plus la parole?... interrogea-t-il. Alors, je lève la séance. Maintenant, mes chers amis, passons des paroles aux actes!... A l'oeuvre!...

CHAPITRE III

HISTOIRE DE LA NAVIGATION AÉRIENNE

L'ÉTAT DE LA QUESTION DE LA NAVIGATION AÉRIENNE EN 1910.—PREMIÈRES RÊVERIES, PREMIERS ESSAIS.—DEPUIS L'ÉPOQUE DE L'INVENTION DES AÉROSTATS.—MOTEURS ET PROPULSEURS.—LES BALLONS DIRIGEABLES, DE MEUSNIER A JULLIOT.—LE PLUS LOURD QUE L'AIR.—NADAR ET LA «SAINTE HÉLICE».—LES MACHINES VOLANTES MODERNES.—AÉROPLANES, HÉLICOPTÈRES ET ORNITHOPTÈRES.

Avant de poursuivre ce récit, il nous paraît utile de donner le tableau fidèle, quoique succinct, de l'état de la grande question de la navigation aérienne, qui a excité l'attention universelle, depuis le moment surtout, où l'on a commencé à entrevoir la possibilité d'une solution pratique, et dont l'une des plus retentissantes manifestations, la grande semaine d'aviation de Champagne, avait amené une poignée de jeunes gens enthousiastes à créer le premier cercle des Touristes en aéroplane..

La navigation aérienne était-elle possible?... N'était-elle pas au moins prématurée?...

L'aéroplane était-il réellement capable de remplacer l'automobile pour des excursions de plaisance à travers le beau pays de France?

Comme le disait fort sensément Damblin, l'un des plus chauds partisans de l'aéromobile, pour vérifier l'exactitude d'une semblable assertion, il n'y avait qu'une chose à faire: essayer. L'expérience montrerait si vraiment la machine glissante à hélice était capable de fournir la clé du problème depuis si longtemps retourné sous toutes ses formes.

Car il semble que, depuis qu'elle existe et qu'elle a pu lever les yeux vers la voûte azurée, l'humanité ait eu l'ambition de conquérir ces plaines immenses et de s'y mouvoir en toute liberté. Aussi les débuts de l'histoire de la navigation aérienne se confondent-ils avec les récits fabuleux, contemporains des premières civilisations. Sans revenir à l'histoire classique de Dédale et d'Icare, les précurseurs des Wright d'aujourd'hui, on peut rappeler les recherches et les tentatives presque toujours suivies d'un échec, lorsque ce n'était pas d'un accident, qui se poursuivirent pendant des siècles, depuis les premières années de l'ère chrétienne qui virent l'ascension de Simon le Magicien, lequel s'enleva—ou plutôt fut enlevé par les démons! disent les historiens catholiques,—jusqu'à l'année 1783 au cours de laquelle apparut l'invention des frères Joseph et Etienne Montgolfier. C'est de cette date mémorable, le 5 juin 1783, où l'on put voir le premier ballon à air chaud s'envoler vers les nues, que l'on peut faire réellement partir l'histoire de la navigation aérienne et de la conquête de l'air.

Destruction d'un ballon à Gonesse. (D'après une gravure du temps.)

Les premiers ballons furent regardés, à leur descente, comme des êtres infernaux, et les paysans, effrayés, les détruisaient. Tel fut le sort du premier aérostat à gaz hydrogène lancé du Champ-de-Mars à Paris, le 27 août 1783 et que les villageois de Gonesse mirent en pièces.

A peine les frères Montgolfier avaient-ils révélé au monde enthousiasmé leur remarquable invention, qu'un lieutenant du génie du nom de Meusnier s'occupa le premier, en 1785, de la dirigeabilité des ballons. Les idées de Meusnier étaient réellement grandioses; il voulait faire le tour de la terre au moyen d'un aérostat capable de porter vingt-quatre hommes d'équipage et six hommes d'état-major. Cet aérostat devait être composé de deux ballons oblongs contenus l'un dans l'autre. On ne demande pas beaucoup plus des dirigeables de nos jours, ceux-ci semblent du reste avoir été créés d'après ce type, dont la réalisation exigeait malheureusement une dépense considérable, ce qui fit qu'on abandonna le projet. Quoi qu'il en soit, c'est Meusnier qui trouva les trois conditions essentielles de la dirigeabilité: la forme allongée du ballon, le ballonnet-compensateur et l'emploi d'un propulseur hélicoïdal et du gouvernail. Aussi, le colonel Renard n'a-t-il pas hésité à le citer comme le véritable précurseur de la dirigeabilité des ballons.

Avant 1850, toutes les tentatives de direction aérienne avaient échoué, aucune force motrice n'étant appliquée aux aérostats. Mais cette année-là un horloger-mécanicien de Paris, Jullien, construisit un petit dirigeable qui constituait un véritable progrès à cause de sa forme en fuseau et de sa dissymétrie. L'essai, qui eut lieu à l'Hippodrome, le 6 novembre de la même année, donna quelques résultats, car le ballon partit contre le vent et put y rester quelques instants.

Première ascencion des frères Mongolfiers
à Annonay, le 4 juin 1783.

Mais les ailettes que l'inventeur avait placées de chaque côté étaient actionnées par un moteur trop peu puissant: un simple mouvement d'horlogerie, bien insuffisant, on le devine.

Deux années se passèrent après Jullien, lorsqu'apparut une figure dont le nom retentit longtemps aux quatre coins du monde et dont il est superflu de faire l'éloge: Henri Giffard.

Attiré par la grandeur du problème de la direction des ballons, le jeune inventeur, avec le concours de ses amis David, Sciama et Cohen, étudia et fit construire le premier dirigeable actionné par une machine à vapeur, perfectionnée par lui, développant trois chevaux.

Le premier ballon allongé (de 44 mètres de longueur) prit la voie des airs le 24 septembre 1852, dans l'enceinte de l'Hippodrome: l'atterrissage se fit sans difficulté à Élancourt, près de Trappes.

En 1855, Giffard fit de nouveau un essai avec un ballon beaucoup plus allongé que le premier (70 mètres), avec la collaboration de Gabriel Yon, mais par suite du grand allongement, l'expérience faillit se terminer par une catastrophe.

Quinze années après le dernier essai de Giffard, un savant ingénieur, Dupuy de Lôme — le même qui fit faire d'immenses progrès à la navigation maritime — établit les plans d'un dirigeable de 3.860 mètres cubes, lequel, par suite de l'invasion prussienne, ne fut construit et expérimenté qu'en 1872.

La force motrice produite par huit hommes actionnant l'hélice par des manivelles était absolument insuffisante, de sorte que la vitesse se trouva trop faible et ne permit pas au ballon de lutter contre le vent.

Par ordre de date, nous devons également citer les travaux remarquables et les deux projets de dirigeables à vapeur, présentés en 1880 et 1886 par G. Yon, l'ancien collaborateur de Giffard et de Dupuy de Lôme. Le projet de 1880 comportait un dirigeable de 1.200 mètres cubes, avec deux hélices latérales mues par une machine à vapeur; celui de 1886, appelé «Torpilleur aérien», n'avait qu'une seule hélice placée au centre de résistance et actionnée par un moteur à vapeur de 45 chevaux.

En 1883, deux élèves de Giffard, héritiers de la foi et de l'énergie du maître: les frères Tissandier, construisirent un dirigeable de 1.060 mètres cubes, dont l'hélice était actionnée par un moteur électrique de 1 cheval 1/2, mis en mouvement par une batterie de piles. Le 8 octobre 1883, le ballon fit sa première évolution et atterrit à Croissy-sur-Seine, après être resté une heure un quart à 500 mètres environ.

Un an après, en septembre 1884, eut lieu le second essai, pendant lequel le ballon parcourut 25 kilomètres, après deux heures dans l'atmosphère, mais sans revenir à son point de départ.

Pendant que se réalisaient ces expériences, on travaillait ferme la question à l'Établissement d'aérostation militaire de Chalais-Meudon, et deux officiers distingués préparaient les plans d'un dirigeable étudié dans ses plus infimes détails.

On avait, en effet, remarqué qu'aucun des dirigeables expérimentés jusqu'alors n'avait pu opérer un circuit fermé, c'est-à-dire revenir à son point de départ. Les essais des prédécesseurs, Giffard, Dupuy de Lôme, les frères Tissandier, n'étaient pas satisfaisants: il fallait avant tout réussir à réintégrer le hangar d'où le ballon était sorti, et c'est de ces données que MM. Renard et Krebs s'inspirèrent quand ils construisirent leur ballon *La France*.

Nous sommes arrivés ici à une des pages les plus intéressantes et les plus glorieuses de la dirigeabilité. Grâce à l'initiative du colonel Laussedat, la vaste propriété de Chalais-Meudon avait été convertie en parc aérostatique et, dès l'année 1878, les capitaines Charles Renard et La Haye avaient dressé les plans d'un aérostat dirigeable dont la construction ne put avoir lieu immédiatement. Ce n'est qu'en 1882 que les deux savants officiers purent commencer les travaux du célèbre ballon auquel on donna le nom de *La France*.

La forme du ballon de Meudon ressemblait beaucoup à celle du petit aérostat de Jullien dont nous avons parlé plus haut. Plus gros à l'avant qu'à l'arrière, il mesurait 50 m. 42 de longueur et 8 m. 40 de diamètre maximum; il cubait ainsi 1.864 m. Entièrement construit en soie pongée, le ballon supportait une nacelle allongée de 33 mètres de long, 2 mètres de haut et 1 m. 40 de large, formée de quatre perches rigides en bambou, réunies par des montants transversaux, les parois tendues extérieurement de soie pongée, pour présenter une surface lisse offrant au vent le moins de prise possible. L'hélice de 7 mètres se trouvait à l'avant de la nacelle; il y avait un moteur électrique de 8,5 chevaux mesurés sur l'arbre de l'hélice et actionné par une pile puissante et légère du capitaine Renard. Le poids total enlevé, y compris les deux officiers et le lest, était de 2.000 kilogrammes. Tout fut prêt dès le mois de mai 1884; le ballon, gonflé et remisé, resta dans son hangar jusqu'au 9 août suivant, jour où l'aérostat s'éleva la première fois. L'hélice fut mise assez vite en mouvement et le ballon obéit docilement. Après avoir atteint Villacoublay, on mit le cap sur la pelouse du départ, où l'on atterrit sans heurt, 23 minutes plus tard, après avoir parcouru 7 kilom. 600 m. mesurés sur le sol. Nous renonçons à décrire l'enthousiasme qui s'empara du monde entier quand on connut cette ascension sensationnelle. La seconde sortie eut lieu le 2 septembre, en présence du général Campenon, ministre de la guerre, mais le vent étant assez fort, l'aérostat dut s'arrêter à Velizy, à 5 kilomètres de Meudon. Le 8 novembre, nouvelle sortie avec MM. Renard et Krebs jusqu'à Boulogne et Billancourt. Trois ascensions eurent lieu en 1885, le 25 août, les 22 et 23 septembre, et ce fut tout. *La France* n'était du reste qu'un aéronat devant servir à faire des démonstrations et, sous ce rapport, la réussite fut complète, puisqu'il réalisa une vitesse de 6 m. 50 qui n'avait jamais été atteinte jusqu'alors.

L'oeuvre des deux officiers n'en serait pas restée là; malheureusement, le colonel mourut et Krebs quitta l'armée pour entrer dans l'industrie.

Voyons, maintenant, ce que fit l'initiative privée.

Il n'était pas encore question du fameux prix Deutsch, que déjà M. Santos-Dumont s'était lancé dans le maniement des dirigeables. C'est, en effet, le 18 septembre 1898 que le *Santos-Dumont n°1* fut gonflé pour la première fois au Jardin d'acclimatation. Ce premier ballon fut d'ailleurs déchiré avant de partir, par suite d'une fausse manoeuvre des aides qui tenaient les cordes de départ.

Santos-Dumont contourne la Tour Eiffel

Le 11 mai 1899, le *Santos-Dumont n° 2* faisait sa première sortie, sortie également malheureuse. Disons de suite ici, que les ballons de M. Santos-Dumont manquaient totalement d'équilibre et de rigidité. Le 13 novembre 1899, le n° 3 part du parc d'aérostation de Vaugirard et, pour la première fois, Santos-Dumont contourne la tour Eiffel.

Mais, un beau matin, les journaux annoncent qu'un généreux inconnu met à la disposition de l'Aéro-Club de France une somme de 100.000 francs pour être attribuée au premier aéronaute qui, partant à bord d'une machine aérienne quelconque, du parc d'aérostation de l'Aéro-Club, doublerait la tour Eiffel et reviendrait à son point de départ sans toucher terre, dans l'espace de trente minutes au maximum.

L'annonce de cette libéralité extraordinaire de M. Henry Deutsch de la Meurthe eut un retentissement immense et eut pour effet immédiat d'attirer l'attention du public sur les essais de M. Santos-Dumont.

M. Santos-Dumont resta seul concurrent. Après divers essais avec ses n° 4 et 5 — dernier modèle pourvu enfin de la poutre armée assurant la rigidité du navire aérien — l'intrépide aéronaute, à bord de son n° 6, parvint, le 19 octobre 1901, à accomplir le trajet réglementaire.

Pendant que le sportsman Santos-Dumont multipliait, avec ses nombreux modèles d'aéronat, ses prouesses périlleuses, un ingénieur, M. Henri Julliot, directeur de la raffinerie de MM. Lebaudy, poursuivait l'étude méthodique et approfondie de tous les éléments de la question du ballon dirigeable. M. Julliot eut la chance de voir MM. Lebaudy s'intéresser vivement à ses projets, et, le 13 novembre 1902, le *Lebaudy*, s'élançant dans les airs, se mit à évoluer avec l'aisance la plus parfaite dans tous les sens et toutes les façons, grâce à l'habile pilote Surcouf.

Tout avait été si bien prévu, les calculs avaient été si exacts, que M. Julliot ne vit à modifier, après les premiers essais, que des points d'ordre secondaire; il perfectionna, mais n'eut rien à changer à l'organisation générale qui est restée en 1910 la même qu'en 1902.

Les principales transformations, d'ailleurs prévues, consistèrent dans le placement d'un gouvernail et celui de la penne de flèche. Avec l'année 1904 cesse la période des essais et le *Lebaudy* prouve surabondamment sa valeur comme appareil de navigation aérienne.

Mais en présence des résultats obtenus, MM. Lebaudy et Julliot songèrent à faire mieux et plus utile, à perfectionner l'outil suffisamment pour qu'il pût rendre de réels et importants services aux armées.

C'est alors que MM. Lebaudy proposèrent au ministre de la guerre de faire contrôler et diriger toutes les ascensions de 1905 par une commission d'officiers spécialistes; le ministre accepta.

Après avoir fait des ascensions de durée, de longueur, d'altitude, etc., le *Lebaudy* accomplissait, le 12 octobre 1905, le remarquable voyage de Toul à Nancy et retour; le 8 décembre, il faisait partie de l'armée.

En février 1906, le ministre avait demandé à MM. Lebaudy de se charger de la confection d'un nouvel aéronat et, le 15 novembre, le dirigeable militaire *Patrie* faisait sa première sortie.

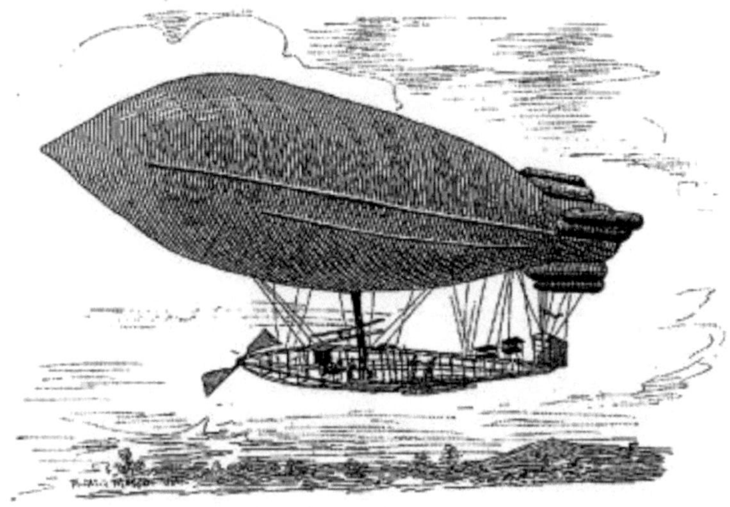

Le dirigeable *Ville de Paris*.

Le 15 décembre 1906, le *Patrie* couronnait, par une sensationnelle prouesse, la série de ses expériences militaires.

Parti, à 10 heures du matin, de la plaine de Moisson, il atterrissait à 11 h. 12 dans le parc de l'établissement central de l'aérostation militaire, à Chalais-Meudon après avoir franchi une distance de 52 kilomètres à vol d'oiseau.

Tout le monde a dans l'esprit la fin malheureuse du *Patrie*, qui, le 29 novembre 1907, c'est-à-dire six jours après son magnifique voyage Meudon-Verdun, 230 kilomètres en 6 h. 40, s'échappait par un vent violent et allait se perdre dans l'Atlantique.

Quand la catastrophe fut connue, M. Deutsch de la Meurthe offrit au ministère de la guerre français son ballon *Ville de Paris*, construit par M. Surcouf, et qui venait d'effectuer de magnifiques sorties.

Ce dirigeable cube 3.200 mètres; sa longueur est 62 mètres; son empennage est constitué par un faisceau cruciforme de huit tubes gonflés d'hydrogène.

C'est par un froid rigoureux et un vent continuellement contraire que le 15 janvier le *Ville de Paris* quitta Sartrouville pour gagner Verdun, sous la conduite de son pilote, M. Kapferer.

Malgré tous les incidents qui se produisirent au cours de ce voyage, la distance de 240 kilomètres fut franchie en 9 h. 50.

Le 24 juin 1908, à 5 heures du matin, le *République*, troisième unité de cette flottille aérienne militaire, s'élevait pour la première fois du hangar de Moisson et montrait sa supériorité sur les types l'ayant précédé. Mais, décidément le mauvais sort était sur les créations de l'ingénieur Julliot. Le *République* eut la même funeste destinée que le *Patrie*. Pendant son voyage de retour des manoeuvres, de La Palisse à Moisson, une branche d'hélice se détacha subitement de son moyeu et vint éventrer l'enveloppe qui se vida instantanément de son gaz. Les quatre aéronautes militaires qui montaient le dirigeable furent précipités à terre et tués sur le coup.

En même temps que la France, les autres nations se préoccupaient de la question de la direction des aéronats. On a conservé le souvenir des dramatiques ascensions du *Pax*, de l'infortuné brésilien

Severo et de Bradsky, qui, tous deux, vinrent faire leurs expériences en France.

Le premier avait construit un ballon dont quelques détails étaient assez ingénieux, mais qui péchait par plusieurs gros défauts. Le principal consistait dans le placement du moteur à explosion à 2 m. 50 à peine de la soupape de l'échappement des gaz, de sorte que l'hydrogène, dilaté par la diminution de pression due à la montée de l'aéronat, devait inévitablement, en s'échappant, venir lécher le moteur et s'enflammer à son contact. C'est ce qui se produisit dès la première ascension, le 12 mai 1902; le ballon éclata au bout d'un quart d'heure, et les deux aéronautes qui le montaient, Severo et Sache, vinrent se broyer sur le sol de l'avenue du Maine.

La même année, M. de Bradsky eut le même sort, ainsi que son aide, Morin, le 13 octobre, auprès de Stains.

C'est l'Allemagne qui, après la France, semble s'être le plus préoccupée de la question des dirigeables.

Citons les tentatives plus ou moins heureuses de Haenlein, de Mayence en 1872; du docteur Woelfert en 1897; de David Schwarz en 1898 et arrivons au Zeppelin.

Le général bavarois comte de Zeppelin avait, depuis 1898, dressé des plans et fait des expériences dans lesquelles il avait sacrifié toute sa fortune. En 1900, une souscription nationale de près d'un million lui permit de mettre ses projets à exécution, et, le 2 juillet 1900, le *Zeppelin n° 1* évoluait sur le lac de Constance.

Le *République* aux manoeuvres de 1909.

Le *Zeppelin* était un immense cylindre de 128 mètres de long et 12 de diamètre; son volume total était de 11.300 mètres cubes et le poids de 10.400 kilogrammes.

Le *Zeppelin* actuel n° 3 est encore plus grand que les précédents, il cube 12.000 mètres cubes.

On sait quelle a été la fin désastreuse de cette gigantesque construction aérostatique, à la fin de sa sortie du 5 août 1908, qui a été le plus long voyage exécute par un dirigeable. Mais le malheur a été réparé grâce aux abondantes souscriptions recueillies dans tous les États de l'Allemagne, et bientôt un autre *Zeppelin* fut lancé en pleine atmosphère libre comme son aîné.

Il faut encore signaler, en Allemagne, les aéronats du type semi-rigide du major Gross et celui du major von Parseval qui a adopté le principe du ballon à ballonnet compensateur.

Des expériences eurent lieu près d'Augsbourg et de Tegel et le ballon se serait bien comporté.

En Allemagne également, le ballon dirigeable du major Gross, lors de sa première sortie, le 23 juillet 1907, est resté trois heures dans les airs. Parti de Tegel, il s'est dirigé vers Charlottenbourg, a traversé Berlin, contourné le beffroi de l'hôtel de ville et est retourné à son point de départ.

Cet aéronat n'appartient ni au système rigide en aluminium du comte Zeppelin, ni à celui du major von Parseval, qui, à part la nacelle en fer, évite autant que possible l'emploi de n'importe quel métal, pour n'adopter que des matières souples.

Le ballon du major Gross tient le milieu entre ces deux systèmes et ressemble en grande partie aux ballons militaires français.

L'Angleterre réalisa un ballon militaire qui portait le nom de *Nulli Secundus*, dont la carrière, brillamment commencée, se termina brusquement par un ouragan qui a détruit l'aéronat.

Signalons enfin le magnifique aéronat le *Belgique*, de 3.000 mètres cubes de capacité, à deux moteurs et deux propulseurs, construit en 1909 par l'aéronaute français Louis Godard, en collaboration avec M.R. Goldschmidt, et qui a fourni d'excellents résultats à chacune de ses sorties.

Si nous en arrivons maintenant à l'aviation et au «plus lourd que l'air», sans remonter aux récits très anciens qui tiennent plutôt de la légende que de l'histoire, nous savons qu'au XIIIe siècle, Roger Bacon, dans son traité de l'«Admirable puissance de l'art et de la nature», décrit une machine volante qui, du reste, ne fut jamais construite.

Le problème de la navigation aérienne est d'un intérêt tellement profond que l'on pourrait composer des volumes sur les tentatives qui ont été faites pour le résoudre par les moyens les plus divers.

A la fin du XVe siècle, J.-B. Dante, mathématicien de Pérouse, parvint, paraît-il, à faire fonctionner des ailes artificielles; il finit pourtant par tomber et se casser les jambes.

Un accident semblable était arrivé quatre siècles auparavant à un savant bénédictin anglais, Olivier de Malmesbury, qui s'était avisé de se fabriquer des ailes d'après la description qu'Ovide nous a laissée de celles de Dédale.

Le célèbre peintre Léonard de Vinci s'était occupé aussi, mais sans succès, du problème du vol. En 1670, le P. Lana, de la Compagnie de Jésus, proposait un bateau aérien consistant en une nacelle armée d'un mât et d'une voile; quatre sphères ou globes en cuivre privés d'air et ayant un huitième de ligne d'épaisseur étaient chargés de supporter la nacelle à l'aide de câbles.

On trouve dans le *Journal des Savants* de Paris, du 12 septembre 1679, la description d'une machine à voiles construite par un nommé Besnier, mécanicien à Sablé, et qui consistait en quatre ailes fixées à l'extrémité de leviers qu'on manoeuvrait alternativement avec les mains et avec les pieds. Tout ce que l'inventeur put faire fut de ne pas tomber trop vite en se lançant du haut d'un toit.

Le *Parseval* et le *Zippelin* au-dessus de Berlin.

En 1680 parut un ouvrage posthume d'un physiologiste italien, Borelli, ouvrage extrêmement intéressant, intitulé: «*De Motu animalium*». Sa théorie consiste à déclarer qu'un oiseau s'insinue dans l'air par la vibration perpendiculaire de ses ailes, celles-ci pendant leur action formant un angle dont la base est dirigée vers la tête de l'oiseau, le sommet vers la queue. Si, disait-il, l'air placé sous les ailes est frappé par les parties flexibles de ces dernières avec un mouvement vertical, les voiles et les parties flexibles cèderont dans une direction ascendante et formeront un coin ayant la pointe dirigée vers la queue. Que l'air donc frappe les ailes par-dessous ou que les ailes frappent l'air par-dessus, le résultat est le même, les bords postérieurs ou flexibles des ailes cèdent dans une direction ascendante et, en agissant ainsi, poussent l'oiseau dans une direction horizontale.

En 1709, l'abbé Barthélémy Lourenço présentait au roi Jean V de Portugal un projet de machine pour monter dans l'air et y franchir deux cents lieues par jour. Cette machine, où l'on devait utiliser à la fois l'action du vent et les propriétés électriques de l'ambre, portait deux sphères qui contenaient le secret attractif (autrement dit le vide), et une pierre d'aimant.

En 1772, le chanoine Desforges construisit une machine volante avec laquelle il se lança du haut de la tour de Guinette, à Étampes; il parvint à faire mouvoir ses ailes avec une grande vitesse, mais, dit un témoin, plus il les agitait, plus sa machine semblait presser la terre.

Il existe trois catégories distinctes de machines volantes. C'est, du moins, ce qui a été décidé dans un Congrès de savants en 1889, époque à laquelle aucun aviateur n'avait encore quitté le sol et où il fallait un vrai courage devant l'opinion sceptique et hostile, pour oser légiférer sur une matière aussi ingrate. On ramène ainsi toutes les machines volantes à trois types: les orthoptères, les hélicoptères et les aéroplanes.

Les orthoptères se soutiennent dans l'air par des ailes battantes: c'est l'imitation directe de l'oiseau ou de l'insecte.

Ce type a contre lui une grosse difficulté: faire l'articulation de l'épaule solide. De plus, si l'on adopte simplement le battement de haut en bas, on n'a pour soi que le coefficient orthogonal de la résistance de l'air qui ne donne à l'aile qu'un faible rendement.

Si l'oiseau rameur se soutient, c'est que son aile exécute un mouvement hélicoïdal d'avant en arrière et de haut en bas, qui a un rendement merveilleux. Ce mouvement est connu par les précieuses photographies de M. Marey. Rien n'empêche de le réaliser de plusieurs manières; mais il faut en même temps tâcher de réunir les trois conditions suivantes: légèreté, simplicité, solidité.

Enfin, il faut considérer que les moteurs que l'homme a inventés actionnent très facilement des mouvements rotatifs et très difficilement des mouvements alternatifs. Quelques inventeurs ont été attirés vers l'orthoptère, mais, jusqu'à présent, nous sommes obligé de reconnaître qu'aucun essai bien sérieux n'a été tenté.

La transformation du mouvement en lemniscate a, toutefois, été obtenue rationnellement par M. de la Hault, mais le premier modèle essayé n'a pas donné de résultats concluants.

Un inventeur lyonnais, M. Collomb, a construit également une machine volante du type orthoptère. Au lieu d'être battantes, les ailes de son appareil sont oscillantes autour d'un axe situé dans le milieu de chacune d'elles. Elles sont constituées par des lamelles de bois articulées comme des jalousies. C'est par la réaction de l'air sur ces cloisons obliques à la remontée que M. Collomb espère obtenir l'effort de propulsion complétant l'effort de sustentation obtenu dans l'abaissement des ailes, qui peuvent faire 150 oscillations par minute. M. Albert Bazin a construit aussi un appareil du même genre.

En voie d'achèvement également, l'orthoptère d'un autre inventeur lyonnais, M. Juge, constitué par deux ailes montées sur une carène dans laquelle sont installés un moteur de 20 chevaux et ses annexes et portant à l'arrière un gouvernail orientable en tous sens.

Il nous semble intéressant de donner l'opinion de quelques savants au sujet de ces appareils. Voici d'abord comment s'exprime M. Arméngaud jeune: «Les orthoptères ou ornithoptères n'ont pas donné jusqu'à présent des résultats comparables à ceux des aéroplanes, certains auteurs très compétents en matière d'aviation prétendent qu'on ne pourra obtenir qu'une imitation plus ou moins grossière de cette machine naturelle constituée par la structure anatomique de l'oiseau. Si l'on supprime l'une de ses qualités essentielles, la souplesse des organes, il ne reste plus, comme l'a dit M. Banet-Rivet, qu'un moteur de faible rendement, compliqué d'organes sans nombre. D'ailleurs, si le pigeon et autres volateurs de taille moyenne pratiquent le vol ramé, les volateurs tels que l'aigle utilisent leurs ailes comme aéroplanes, trouvant dans les mouvements de l'air l'énergie suffisante pour entretenir leur vitesse. Il faut peut-être regretter que ces aviateurs méritants s'arrêtent encore à cette formule, condamnée scientifiquement par Lilienthal à des résultats insignifiants, par suite de l'effort invraisemblable qu'exigera toujours l'ascension verticale dynamique, si pénible aux grands oiseaux. Cependant, en face de l'obstination d'hommes de cette valeur, il faut attendre et espérer. On est en droit, de supposer, en tous cas, que leurs travaux apporteront toujours quelque acquisition au problème de la conquête de l'air qui se trouve en si bon chemin chez nous.»

Ces difficultés rendent forcément les partisans des orthoptères très peu nombreux. On ne saurait en dire autant pour les partisans des hélicoptères, car ils sont légion.

L'hélicoptère est par essence une machine qui s'élève, car c'est une hélice à axe vertical.

Le premier hélicoptère paraît être celui que Launoy et Bienvenu présentèrent à l'Académie de 1784; il était formé de deux hélices superposées tournant en sens contraire.

Vers 1849, Philipps, Marc Séguin, Babinet construisirent plusieurs jouets qui donnèrent grand espoir; enfin, Ponton d'Amécourt (1863), avec des ressorts de montre, puis Penaud (1871), avec des ressorts en caoutchouc, continuèrent la série. Mais malgré le nombre et la qualité de ces adhérents, il n'y eut que des jouets qui purent s'élever. Cela tient au faible rendement de l'hélice dans l'air, rendement dont le regretté colonel Renard a exposé devant l'Académie des sciences (23 novembre et 7 décembre 1903) la théorie assez décevante. Il ne faut pas oublier, toutefois, que ce même savant a prédit qu'à partir du moment où le poids des moteurs aurait été réduit à 2 kilogrammes par cheval, la solution serait possible, mais il faut ajouter que ces théories sont battues en brèche par divers savants.

En 1905, l'on signalait à Genève d'abord, puis à Paris, l'ascension de l'hélicoptère Dufaux, pesant 17 kilogrammes. C'était là un très beau résultat, car un appareil de ce genre n'était plus tout à fait un jouet.

Depuis, les frères Dufaux ont-annoncé la construction d'un hélicoptère avec moteur de cent chevaux, mais jusqu'à présent nous ignorons où en est la question.

A la même époque, on apprenait la construction de l'hélicoptère Léger, avec l'appui du prince Albert de Monaco. Fin novembre 1906, des expériences non publiques étaient faites au château de Marchais (Aisne). Le résultat de ces expériences ne fut pas publié.

Enfin l'hélicoptère Cornu, dont les premiers résultats obtenus à Lisieux sont très encourageants. Dans son premier essai, M. Paul Cornu s'éleva à 40 centimètres du sol; mais il reconnut une trop grande légèreté aux organes et décida de construire un deuxième appareil modifié suivant les indications de l'expérience.

Le serrurier Besnier, de Sablé, essaie de s'envoler du haut d'un toit.

Les aéroplanes auxquels nous arrivons, se composent essen-
tiellement d'une surface se déplaçant dans l'air avec une grande

vitesse. Les partisans des aéroplanes sont ceux qui savent que l'ascension peut être une conséquence du mouvement de translation.

Cela se comprend assez, car lorsqu'un aéroplane se déplace dans l'air, c'est que toutes les forces qui lui sont appliquées se font équilibre et, par conséquent, le laissent libre d'obéir à la moindre force supplémentaire qui d'aventure se fait sentir; il changera de plan à la moindre sollicitation du gouvernail, à la moindre bouffée de vent.

Un aéroplane est un cerf-volant qui remplace la traction de la corde par l'effort d'un propulseur. S'il n'y a pas de propulseur, un vent ascendant peut en tenir lieu. S'il n'y a ni propulseur ni vent ascendant, l'aéroplane descend doucement et obliquement vers la terre.

Le premier projet d'aéroplane date de 1843; c'est celui de Henson. Il n'a pu être réalisé qu'en petit et était instable; mais il est intéressant de noter que, sous beaucoup de rapports, il ressemblait de très près à certains modèles d'aujourd'hui.

M. Stringfellow a fait en 1868 un petit aéroplane à vapeur, qui courait avec rapidité sur un fil de fer, mais sans parvenir à quitter ce fil.

M. Jobert faisait, de son côté, en 1869, une espèce de strophéor horizontal armé d'un plan sustentateur; il a vu son appareil, lancé d'une fenêtre, franchir une cour de près de 15 mètres de long.

Nous arrivons ensuite, en 1893, au fameux aéroplane inventé par sir Hiram Maxim; cette machine n'a jamais volé, mais il faut dire qu'elle en a été bien près; en effet, elle fit un effort appréciable pour quitter le rail-guide qui servait à la maintenir pendant son déplacement en ligne plane, et elle s'endommagea sérieusement.

En 1896, la machine volante du professeur Langley a parcouru, par deux fois, une distance de plus de 800 mètres. Elle ne put enlever son inventeur, mais il faut reconnaître que celui-ci se trouvait dans la bonne voie.

En 1898, le ministère de la guerre français, désireux de posséder une machine volante, expérimenta l'appareil inventé par M. Ader et dénommé *Avion*. Cet appareil était pourvu d'un moteur de 20 chevaux; après une série d'expériences, il parvint réellement à quitter le sol, mais presque immédiatement il fut pris par un coup de vent, chavira et se brisa.

M. Lilienthal, un Allemand (dont nous reparlerons un peu plus loin), remporta des succès retentissants en sautant de diverses hauteurs, muni d'une paire de très vastes ailes; ceci se passait de 1890 à 1894. En 1899, M. Pilcher, Anglais, refit les mêmes exercices avec un appareil glissant assez semblable; malheureusement, ces deux inventeurs payèrent de leur vie leur dévouement à la science. Toutefois, ils ont pu démontrer que le succès pouvait être cherché dans la machine glissante.

La même année, un Australien, M. Hargrave, inventait un appareil du même genre et qui présentait tous les avantages de la simplicité; l'un des modèles parvint à s'élever sur les ailes du vent.

En 1902, un Américain, M. Octave Chanute, inventait un appareil de glissement, très simple, et s'en servait pour faire un grand nombre d'expériences couronnées de succès.

C'est en fait Lilienthal qui a trouvé la méthode pour apprendre à voler. Il avait construit quantité de petits planeurs et il connaissait la difficulté de leur équilibre. Il avait observé les cigognes de son pays et savait que certains oiseaux volent sans donner un coup d'aile, donc sans moteur.

Contrairement à tous les inventeurs, il parvenait à cette conclusion que la question du moteur n'est rien, que la question de l'appareil stable est tout. Il divise alors le problème en deux: la recherche de la stabilité d'abord, l'adjonction d'un moteur ensuite.

«Supposons, a dit Lilienthal, que nous ayons à notre disposition une machine volante parfaite, il est évident qu'il sera tout aussi difficile de la conduire en montant qu'en descendant. Avant tout, apprenons à conduire, et comme il est plus commode d'organiser une machine sans moteur, commençons par descendre.»

C'est là le trait de génie dont il fut pénétré: acquérir les réflexes à l'équilibre d'abord, construire une machine complète avec moteur ensuite.

Cette idée de descente n'a pas été comprise en Allemagne; Lilienthal a été bafoué et peu soutenu; mais sa méthode est d'une telle exactitude qu'elle est la cause de tous les succès des aviateurs actuels.

Lilienthal a eu une deuxième idée géniale: se servir d'un vent ascendant pour obtenir le départ. Il n'aurait pas suffi en effet de partir en courant du sommet d'une colline pour s'envoler, car la vitesse de 1 à 2 mètres par seconde ainsi acquise eût été insuffisante pour obtenir la sustention.

D'un autre côté, ce n'est pas, comme le pensent beaucoup de personnes, un vent horizontal qui permettrait le départ.

Ceci conduit directement à déplorer l'aberration d'un trop grand nombre d'aviateurs, qui, pour leurs débuts, ont l'idée de s'élancer soit d'un escarpement élevé, soit même d'un ballon. Cette idée funeste a déjà causé la mort d'un grand nombre d'aviateurs, notamment de Leturr, en 1854, et de Groof, en 1874.

Ces aviateurs tiennent deux raisonnements faux. Ils pensent que la plus grande quantité d'air interposée entre la terre et eux les soutiendra mieux; c'est ignorer ce qu'est un fluide aussi mobile et aussi peu dense que l'air. (Une erreur de même nature est propagée par ceux qui prétendent qu'en eau profonde on surnage plus facilement.)

Henri Farman, sur son premier biplan Voisin.

En second lieu, ils pensent que la durée de chute étant plus grande, ils auront le temps de réfléchir et d'agir en conséquence pour rétablir l'équilibre. C'est ignorer que le rétablissement de l'équilibre demande une action presque instantanée. Le temps que l'intelligence, même la plus prompte, emploie à décider quels mouvements sont utiles est infiniment plus grand qu'il n'est permis et quand enfin les muscles obéissent, le mouvement produit se heurte à une situation entièrement changée et la catastrophe s'ensuit inévitable.

Tous ceux qui ont employé la méthode due à Lilienthal ont parcouru un certain espace dans l'air; citons-les avec la date de leurs débuts: Lilienthal, 1891; Pilcher, 1896; Chanute, Herring, Avery, 1896; capitaine Ferber, 1899; O. et W. Wright, 1900; Robart, 1902; Voisin, Bordin, Esnault-Pelterie, 1904.

M. Archdeacon mettait, en 1904, en chantier un aéroplane du type de Wright. Cet appareil, construit par M. Dargent, était expérimenté par un jeune Lyonnais, M. Voisin, sur le terrain de Berck-sur-Mer, puis par le capitaine Ferber. M. Voisin parvint à rester cinq secondes un quart en l'air sans gagner beaucoup de terrain en avant; le capitaine Ferber put faire avancer l'appareil de 15 mètres, mais comme celui-ci manquait de stabilité longitudinale, l'air ayant une fois pris les ailes par-dessus, il fit une chute assez rude.

L'appareil de Santos-Dumont nous amène à la période des essais heureux effectués avec des planeurs, ou cerfs-volant cellulaires à moteur.

Le 23 octobre 1906, il parvenait à quitter le sol sur un «plus lourd que l'air». Ce jour-là, il réussissait un vol de 25 mètres. C'était peu, mais c'était le premier pas, partant le plus difficile.

Le 12 novembre suivant, il élevait son record à 220 mètres.

Ces résultats, qui paraissent aujourd'hui médiocres, ne devaient cependant pas être égalés pendant toute une année, et c'est seulement le 26 octobre 1907 que Farman battait enfin la distance de Santos Dumont par 770 m.

Depuis, les progrès ont été considérables.

Successivement, le record passait à 1.000 mètres, Grand Prix Deutsch-Archdeacon, gagné par Henri Farman, le 13 janvier 1908; 2.004 mètres, en 3 m. 31 s. par Henri Farman, le 21 mars 1908; 3.925 mètres, en 6 m. 30 s., par Léon Delagrange, le 11 avril 1908.

Le 30 mai, à Rome, M. Delagrange restait 15 m. 30 s. dans l'air, franchissant une distance approximative de 13 à 14 kilomètres; le même jour, à Gand, M. Henri Farman enlevait M. Archdeacon avec lui, et volait 1.241 m.

L'Américain Wright, le premier homme qui ait réellement volé comme un oiseau à bord d'un appareil mécanique, vint en France donner la démonstration de l'exactitude de ses dires, alors qu'il affirmait avoir exécuté, dès l'année 1903, à Dayton (Ohio) des parcours de plusieurs kilomètres.

Après quelques semaines d'essais, Wilbur Wright quittait le champ de manoeuvres des Hunaudières pour s'installer au camp d'Auvours, où l'espace était encore plus étendu, et il commença à étonner le monde par la durée et la sûreté de ses évolutions.

Le premier vol prolongé de Wilbur Wright eut lieu le 3 septembre 1908, et il se poursuivit pendant 10 m. 40 s. consécutives. Les jours suivants, l'aviateur eut fort à faire avec son moteur qui, à plusieurs reprises, refusa tout service; enfin il parvint à le mettre au point, et le 21 du même mois, il conquit de haute lutte tous les records du monde de durée et de parcours en volant sans arrêt pendant 1 heure 31 minutes 25 secondes. Pendant les jours qui suivirent, Wright fournit la preuve répétée de la force portante de son appareil, en enlevant successivement un grand nombre de voyageurs et de voyageuses.

L'appareil de Wilbur Wright.

Enfin il termina l'année par des vols de plus de deux heures démontrant ainsi la souplesse et la maniabilité de son «flyer» ou oiseau planeur.

De redoutables concurrents allaient entrer à leur tour dans l'arène et éclipser les exploits de Wright et de ses élèves. Ce fut en premier lieu Blériot, champion du monoplan, chercheur obstiné qui n'effondra pas moins d'une dizaine d'appareils sous lui avant de pouvoir fournir la démonstration de la valeur de ses idées. Tant d'obstination devait avoir enfin sa récompense. Progressivement Blériot acquit la maîtrise reconnue aux frères Wright, et il accomplit les magnifiques voyages de Toury-Artenay et retour, et de Calais à Douvres au-dessus du détroit du Pas-de-Calais.

La grande semaine d'aviation de Champagne devait mettre en présence les partisans des biplans et des monoplans. Farman remporta le prix de la durée en volant 3 heures 16 m. sans arrêt, Latham celui de la hauteur en atteignant 170 mètres, Curtis et Blériot les prix de vitesse en volant à l'allure de 75 kilomètres à l'heure, vitesse devant être notablement dépassée par Santos-Dumont avec sa *Demoiselle* en septembre 1909.

Malheureusement, trois morts devaient encore venir attrister l'année 1909. Lefebvre, Fernandez et le capitaine Ferber, l'un des promoteurs de l'aéroplane à moteur, trouvèrent la mort à la suite d'accidents tragiques. Cependant ces catastrophes répétées ne diminuèrent pas l'enthousiasme général et les recherches et expériences ne se ralentirent pas.

On peut donc conclure, après cet exposé rapide d'une des questions du plus haut intérêt qui soit pour l'humanité, que le problème peut être considéré comme désormais résolu. Il ne reste plus qu'à perfectionner les détails pour réaliser la véritable automobile aérienne du XXe siècle. La preuve est faite maintenant; l'atmosphère est conquise et seule la question de la sécurité est à résoudre: ce sera l'oeuvre des ingénieurs de demain.

CHAPITRE IV

UN FANATIQUE DU «PLUS LÉGER QUE L'AIR»

LE «PETIT BISCUITIER» ET SON DOMESTIQUE. — LES IDÉES DE RÉVILIOD. — UNE CONVERSATION AVEC LE CONSTRUCTEUR FRUSCOU. — L'AÉRONAT LE «RÉVILIOD N° 1». — APPROBATION DES PLANS. — LE PARC D'AÉROSTATION D'ECANCOURT. — Au 1er MAI.

— Firmin!...

— Monsieur m'a appelé?...

— Oui, je t'ai fait cet honneur. Personne n'est venu pendant mon absence?...

— Que Monsieur me pardonne!... Il est venu plusieurs personnes, au contraire, pendant que Monsieur était absent.

—Et qui était-ce?... Parleras-tu, bourreau, avec tes circonlocutions?...

—Si Monsieur me bouscule, je suis dans le cas de m'embrouiller...

—Ah! quelle patience!...

—Il est d'abord venu l'ami de Monsieur...

—Lequel, d'ami?... Il y a tant de gens qui se disent mes amis pour pouvoir m'emprunter de l'argent à l'occasion!...

—C'est celui qui a un nom si difficile à prononcer, M. Je ne sais qui...

—Genestweski, le Russe, probablement?...

—M. Genetséqui, c'est cela même, Monsieur.

—Je ne m'étais pas trompé, en ce cas. Et après?...

—Il est venu ensuite... Ah! l'abonneur...

—Comment, à la bonne heure, qu'est-ce que tu me chantes-là?...

—Je prie Monsieur de m'excuser. Je veux dire l'abonneur, l'assureur, enfin l'individu qui veut inscrire Monsieur contre les accidents de sport.

—Ah! ce courtier que j'ai déjà mis trois fois à la porte! Il est entêté, l'animal. Je t'ai donné l'ordre de lui répondre que je n'y serais jamais pour lui.

—Je n'ai pas manqué de suivre les ordres de Monsieur, d'autant plus que Monsieur était réellement sorti.

—C'est tout?...

—Ah! Il est encore venu un gros, qui fait l'important et qui a une voix de *centaure*. Il m'a dit qu'il fallait absolument que vous alliez le voir le plus tôt possible, qu'il avait besoin de vous parler.

—Un gros, qui a une voix de stentor... T'a-t-il au moins dit son nom?...

—Certainement, et j'allais le dire à Monsieur quand Monsieur m'a coupé le fil...

—C'est?...

—Monsieur Fruscou, ingénieur!...

—Fruscou!... Le constructeur de mon aéronat!... Tu ne pouvais pas le dire plus vite, triple lambin!...

—Je ne pensais pas, Monsieur...

—Tu ne pensais pas!... Tu ne penses jamais rien d'ailleurs!... Il n'y a pas de place, dans la noisette qui te sert de tête, pour une idée tout entière, et il faut un maître aussi patient que je le suis pour endurer tes lenteurs, mon pauvre Firmin!...

—Alors, c'est vrai que Monsieur veut monter aussi en ballon comme Messieurs ses amis?...

—Oui, Firmin, et je t'emmènerai avec moi dans le voyage que je projette d'entreprendre. Tu me feras la cuisine sur le moteur du ballon et je te réserverai une cabine à l'intérieur du ballonnet compensateur.

Les rares cheveux du digne valet de chambre du *Petit Biscuitier*, Claude Réviliod,—car c'est dans l'appartement particulier de cet amateur fanatique d'aérostation que la conversation qui vient d'être rapportée s'échangeait,—se dressèrent sur son crâne dégarni.

—J'espère que Monsieur veut plaisanter!... balbutia-t-il.

—Est-ce que tu refuserais de me suivre, par hasard?...

—Monsieur connaît mon dévouement pour lui, depuis trois ans que je suis à ses ordres, après quatorze ans passés au service de la famille. Je suivrai Monsieur, mais ce sera ma mort sûre!...

—Comment ta *morsure*?... Tu n'as pas terminé avec tes continuels coq-à-l'âne, Firmin?... Je finirai par te mettre en disponibilité, comme un officier qui a commis une boulette!... En attendant, va t'informer si le déjeuner est prêt!

—Monsieur est servi!... s'empressa de répondre le domestique.

—Tant mieux, car il va me falloir mastiquer avec célérité et vigueur. Je suis extraordinairement occupé cette après-midi. J'ai au moins cent cinquante-trois rendez-vous, sans compter Fruscou qui m'attend, à ce que tu viens de me dire.

—Avec son auto, Monsieur y arrivera bien!...

—Que le ciel t'entende, Firmin, car il y va de la réussite de mes projets les plus chers!...

La conversation entre Claude Réviliod et son fidèle Firmin prit fin sur ces mots. Le jeune homme passa de son cabinet dans la salle à manger où il s'attabla hâtivement.

Trois mois s'étaient écoulés depuis la fondation de l'*Aéro-tourist-club* par le marquis de La Tour-Miranne, aidé d'une douzaine d'amis. On était dans la première quinzaine de janvier, ce qui expliquait le surmenage dont se plaignait le *petit Biscuitier*. Il avait, en effet, à satisfaire en même temps aux convenances mondaines, en cette période qui suit le renouvellement de l'année, et à suivre la réalisation de ses idées, car il n'avait pas renoncé, loin de là, à ses projets de navigation aérienne à l'aide de ballons dirigeables.

Dans diverses circonstances: au Salon de l'Aéronautique, à la quinzaine d'aviation de Juvisy et chez des amis communs, Réviliod avait eu l'occasion de rencontrer l'un ou l'autre des membres de l'*Aéro-tourist-club*. Après échange des politesses et lieux communs d'usage, il était obligatoire que la conversation tournât sur le chapitre, plus que jamais à l'ordre du jour, de la locomotion aérienne.

—Eh bien!... entamait d'un ton ironique Réviliod, ça marche votre Société? Combien êtes-vous maintenant d'adhérents?...

—Nous ne cherchons pas, pour l'instant, à augmenter le nombre des membres du Club, lui répondait l'interpellé. Nous tenons d'abord à faire nos preuves.

—Les accidents répétés causés par l'aéroplane, la mort de Selfridge, de Lefebvre, du capitaine Ferber ne vous refroidissent pas un peu?...

—Ils ne nous découragent pas, et nous espérons bien les éviter, en prenant les précautions indiquées par l'expérience.

—Bonne chance, dans ce cas. Pour ma part, je préfère m'en tenir au dirigeable. Au moins je disposerai toujours d'un flotteur de sûreté dans le cas d'une panne subite.

—Avez-vous oublié la catastrophe du *République*?... Voyez à quoi a servi le fameux flotteur de sûreté dans cette circonstance!...

—Oui, mais il y a moyen d'éviter un accident aussi ridicule que la rupture d'une branche d'hélice, et ce moyen je compte bien l'employer.

—Alors, vous comptez toujours faire du tourisme en dirigeable, cette année, Réviliod?...

—Certainement, je compte bien vous démontrer, par des preuves irréfutables, que le ballon, bien agencé, bien compris et bien conduit, peut fournir des résultats autrement intéressants que vos espèces de cerfs-volants-boîtes à moteur. Pendant que vous ferez de méchants sauts de crapaud, à deux ou trois mètres au-dessus des taupinières de la plaine, moi je planerai superbement à la hauteur qui me plaira, et je franchirai sans peine en une heure l'espace que vous mettrez une journée à parcourir, encore heureux si vos moteurs n'ont pas de ratés et ne vous obligent pas à prendre terre toutes les trois minutes.

—Vous êtes dur pour l'aéroplane, Réviliod, mais je vous trouve un peu partial; car il me semble que vous oubliez aussi les nombreux inconvénients de l'aéronat comparé à l'aéroplane, surtout dans un voyage par étapes. Il vous faudra des hangars d'abri à tous vos points d'arrêt et un personnel nombreux et expérimenté pour vous permettre d'atterrir sans danger.

—Vous exagérez la fragilité du ballon. D'ailleurs, pensez-vous que je vais prendre un aéronat de 4.000 mètres cubes de capacité comme le *République*?

—Que comptez-vous donc employer?...

—Je tiens à vous en faire la surprise. Vous verrez cela au mois de mai prochain, et vous serez forcé de reconnaître que j'avais raison dans mes assertions.

—Évidemment, vous pouvez avoir un appareil parfait en tous points. Votre fortune vous le permet. Il n'empêche que, jusqu'à plus ample informé, je conserve ma confiance dans le principe de l'aéroplane.

—Principe erroné et qui ne peut conduire à rien de bon vous le verrez. Mais il n'est, je le sais, pire sourd que celui qui ne veut pas entendre, et, puisque vous refusez de prêter l'oreille aux meilleures raisons théoriques, je vous donnerai la preuve expérimentale de la valeur de mes affirmations.

—Et je serai heureux, dans ce cas, de reconnaître que je me suis trompé! répondait courtoisement l'interlocuteur du *Petit Biscuitier*.

L'hiver, cependant, s'écoulait, et pendant que le président de l'*Aéro-tourist-club* et ses amis s'occupaient de la mise en chantier des véhicules aériens destinés, dans leur pensée, à remplacer les automobiles terrestres qui ne leur offraient plus d'attraits, Réviliod, de son côté, cherchait un constructeur capable de réaliser ses plans. Ce constructeur il finit par le trouver dans la personne de Fruscou, un aéronaute de valeur, ancien élève et collaborateur de Gabriel Yon, qui avait contribué pour sa bonne part au développement pris depuis vingt ans par les questions de locomotion aérienne.

M. Maurice Fruscou avait édifié à Boulogne-sur-Seine un immense établissement où l'on fabriquait non seulement tous les organes, entrant dans la composition d'un matériel aérostatique ordinaire, mais toute la partie mécanique nécessaire aux ballons captifs et aux dirigeables: voitures-treuils pour parc d'aérostation militaire, appareils à hydrogène pour le gonflement, moteurs à vapeur et à essence, fixes et transportables, etc. Enfin un atelier venait d'être organisé pour la construction des aéroplanes, monoplans et polyplans dont les commandes affluaient.

Après un déjeuner rapidement expédié, Claude Réviliod descendit dans la cour du petit hôtel particulier qu'il habitait avenue du Bois de Boulogne. Son auto, son chauffeur en livrée vert sombre, sur son siège, l'attendait, prête à démarrer.

—Vite, Tiburce!... dit-il. A Boulogne, chez Fruscou, l'aéronaute.

Le chauffeur acquiesça d'un geste muet et prit sa place au volant. Un instant après, l'auto glissait silencieusement sur le macadam de l'avenue; sa vitesse s'accélérait, et, vingt minutes plus tard, elle stoppait devant la porte principale du grand établissement civil d'aérostation.

Le *Petit Biscuitier* venait à peine de franchir le seuil du vaste hangar contenant les ballons en cours de fabrication, qu'une voix tonitruante se fit entendre.

—Tiens! cet excellent M. Réviliod!... Enchanté de vous voir, nous allons régler la question de votre dirigeable!

—Ayant appris votre visite infructueuse ce matin, je me suis empressé d'accourir, répondit le jeune homme en secouant amicalement la main que lui tendait le célèbre aéronaute. Alors les plans sont terminés?...

—Oui, les études sont achevées et je n'attends plus que votre ordre de mise en chantier.... Mais entrez donc, je vous prie, dans mon bureau, je reviens de suite avec les *bleus*.

Maurice Fruscou s'éloigna, pendant que l'aspirant navigateur pénétrait dans la pièce indiquée. Deux minutes après, le constructeur était de retour, tenant à la main un rouleau de papiers qu'il étendit sur une table à dessin placée devant la fenêtre.

—Voici d'abord une vue générale en élévation de votre futur yacht aérien le *Réviliod n°1*, fit, d'une voix dont il s'efforçait vainement d'atténuer les sonorités, le grand fournisseur des flottes aériennes françaises.

—Le *Réviliod n°1*, oh! oh!... Cela me paraît bien un peu prétentieux, pour un modeste amateur qui n'a encore qu'une demi-douzaine d'ascensions à son actif, interrompit le *Petit Biscuitier*. Je ne m'appelle pas Santos-Dumont ou Blériot, moi!...

—Peut-être serez-vous un jour plus célèbre qu'eux!... riposta sérieusement Fruscou. Ils ont débuté comme vous, mon cher client!... Mais enfin, le nom à donner à votre navire pourra être choisi plus tard et à votre convenance. Pour l'instant, il s'agit de déterminer ses dimensions et son aménagement.

**Les rares cheveux du valet
de chambre se dressèrent
sur son crane dégarni.**

—Vous avez décidément adopté un cube de quinze cents mètres,
je vois, reprit Réviliod penché sur le dessin et l'examinant curieusement.

—C'est le chiffre qui convenait le mieux, étant donné que vous ne transporterez que trois personnes à votre bord, en sus de l'équipage nécessaire, et que vous voulez cependant un moteur robuste et puissant.

—C'est en effet, une chose qui me paraît indispensable et à laquelle je tiens.

—Eh bien! sur la force ascensionnelle totale, je peux prélever le poids d'un moteur de 70 chevaux avec son approvisionnement d'essence et d'eau pour huit heures!...

—C'est merveilleux, et je vous en félicite, car cela nous procurera évidemment une vitesse double de celle que nous eût donné un moteur de 35 H.P.

—Hélas non! mon cher Monsieur.

—Comment cela?...

—Pour doubler la vitesse de marche d'un navire, il faut, ainsi que l'expérience l'a montré, non pas doubler, mais *octupler*, c'est-à-dire multiplier par huit la puissance de la machine motrice, car, d'une manière générale, le travail moteur par seconde, ou la force dépensée, ce qui revient au même, est proportionnel au cube des vitesses, dans l'air comme dans l'eau.

—Ah! diable!... Alors, nous n'irons pas beaucoup plus vite en ce cas!...

—Je vous demande pardon. En donnant à la carène du ballon une forme générale analogue à celle de l'aéronat le *France* de Renard et Krebs, qui peut, encore aujourd'hui, servir de modèle et de point de départ, une puissance motrice de huit chevaux fournira une vitesse propre de six mètres environ.

En octuplant cette puissance, nous doublerons donc la vitesse, et votre moteur de 70 chevaux vous donnera dans les environs de douze mètres par seconde, près de 44 kilomètres à l'heure en air calme.

—On ne filera pas comme des hirondelles ou des aéroplanes, mais je ne tiens pas, après tout, à une rapidité de marche extraordinaire. Tout ce que je demande, c'est de ne pas être trop fréquemment immobilisé à terre par la force du vent.

—Rassurez-vous à ce sujet. D'après les recherches effectuées pendant de longues années à l'établissement de Chalais-Meudon, on peut affirmer qu'un ballon dirigeable possédant une vitesse propre de douze mètres par seconde peut évoluer dans tous les sens à travers l'atmosphère 815 fois sur 1.000, c'est-à-dire plus de trois jours sur quatre, et qu'il pourrait remonter le courant aérien, avec une vitesse de deux mètres par seconde, 708 fois sur 1.000. Vous voyez donc que votre crainte est vaine et que vous ne devrez pas rester trop souvent fixé à la terre!...

—Vous me rassurez sur ce point, mais je voudrais bien l'être également sur la question des atterrissages qui n'est pas, je l'avoue, sans me préoccuper...

—A quel point de vue?...

—Devrai-je faire édifier des hangars partout où je voudrai m'arrêter?... Il faudra bien des garages pour mon automobile aérienne!...

Le grand constructeur se mit à rire.

—N'est-ce que cela qui vous embarrasse, fit-il. Sachez donc que j'ai résolu la question. Évidemment il vous faut de toute nécessité un port d'attache, un hangar fermé où le dirigeable pourra être remisé tout gonflé. Mais, pour un voyage par escales, il suffira d'expédier, à chaque endroit fixé d'avance pour un arrêt, un matériel de campement que j'ai combiné et expérimenté avec mes aéronats militaires. Rien n'est plus simple que la mise en place de ce matériel qui permet de soustraire le ballon à l'action des rafales, et je mettrai votre équipage au courant. Il n'y aura que dans le cas relativement rare où une violente tempête éclaterait sans que vous ayez le temps de regagner votre hangar d'abri, que ce matériel se trouverait insuffisant, et alors vous dégonfleriez en quelques secondes en ouvrant le *chemin de déchirure* du ballon.

—Vous vous chargez de me fournir un bon pilote et un mécanicien pour la conduite de l'aéronat?...

—Oui, je vous donnerai un de mes élèves comme aéronaute: Jules Neffodor, et comme mécanicien un garçon très débrouillard et pour qui le moteur à pétrole n'a pas de secrets; Gellinier, tel est son nom. Vous en serez très satisfait.

Les yeux du *Petit Biscuitier* s'étaient portés vers un tableau suivi de nombreux chiffres et qui occupait tout un angle du grand dessin représentant le navire aérien en question. Maurice Fruscou suivit la direction de son regard et reprit:

—Ah! vous regardez le tableau des poids. J'ai serré la question de près comme vous pouvez le voir, et j'ai gagné plus de 200 kilos sur le total. Voyez plutôt!

Et l'ingénieur lut les chiffres suivants:

Aéronat Réviliod n° 1, cube 1.500 mètres, ballonnet à air 150 mètres, force ascensionnelle nette: 1.450 kilogrammes.

Enveloppe vernie (ballonnet à air compris)	330	kilos.
Housse de suspension et ralingues	40	—
Quille, empennage stabilisateur, soupapes	45	—
Poutre-armée, nacelle	115	—
A reporter	530	kilos.

Report	530	kilos.
Moteur de 70 chevaux complet	80	—
Essence et eau pour huit heures de marche	150	—
Ventilateur pour le service du ballonnet	35	—
Hélice à deux palettes en toile et acier, et son arbre	65	—
Gouvernails horizontaux et verticaux	30	—
Poids de cinq personnes (à 70 kil. chaque)	350	—
Accessoires divers, outils, etc	40	—
Lest de route	150	—
Force ascensionnelle au départ	20	—
Total	1.450	kilos.

—En effet, en effet, marmotta le néophyte; il me semble que vous n'avez rien oublié. Seulement 150 kilos d'essence et d'eau pour alimenter pendant huit heures consécutives un moteur de 70 chevaux, cela me paraît fort peu; car je crois savoir qu'il faut compter un demi-litre d'essence par heure et par cheval. Or, 70 chevaux demandent 35 litres, et pour huit heures cela fait 280 litres. D'autre part, on perd bien quatre litres d'eau à l'heure par évaporation avec un 70 H.P. soit encore 32 kilos pour huit heures. J'arrive donc à un total de 228 kilos au lieu de 150.

—Et vous en concluez, n'est-ce pas, que mes calculs ne sont pas justes?...

—Dame!...

—Eh bien! mon cher client, votre conclusion n'est pas exacte, par-ce que vous ne tenez pas compte d'un point de première importance....

—Bah! Et lequel donc?...

—Le moteur à pétrole a l'inconvénient de délester constamment le navire aérien pendant son fonctionnement, si bien que le ballon perd inutilement du gaz par suite de sa tendance à s'élever. Or, votre moteur est à quatre cylindres, indépendants deux par deux; c'est-à-dire qu'il est formé, en réalité, de deux moteurs à deux cylindres pouvant fonctionner indépendamment l'un de l'autre. L'un de ces moteurs est alimenté de pétrole gazéifié dans un carburateur suivant le procédé ordinaire, mais l'autre peut être alimenté à volonté par l'hydrogène du ballon, dont il absorbe 16 mètres cubes à l'heure. L'aéronat, qui se trouve délesté de 18 litres d'essence et 5 d'eau, soit 20 kilogrammes, perd dans le même temps 20 kilos de force ascensionnelle. Le gain et la perte se trouvent donc contre-balancés, grâce à ce dispositif nouveau, et il en résulte que l'appareil conserve son équilibre en hauteur.

—Oui, mais en huit heures j'aurai perdu 128 mètres cubes d'hydrogène!... fit observer le client.

—Et dépensé 140 litres d'essence et 40 d'eau, soit les 150 kilos prévus au tableau. C.q.f.d!... riposta le constructeur. Il est bien certain qu'il faudra ravitailler le dirigeable en hydrogène, pétrole et eau, à chacune de ses escales! C'est là une inéluctable nécessité!... Mais voyez, en revanche, quels avantages vous retirerez de l'usage d'un semblable moteur, avec lequel vous pourrez, ou bien naviguer à petite vitesse en ne faisant travailler que deux cylindres sur quatre et en alimentant à volonté ces cylindres, soit d'hydrogène, soit d'air carburé, ou bien aller à une vitesse plus grande en faisant fonctionner les quatre cylindres. Vous avez, en réalité, deux moteurs indépendants que vous pouvez accoupler au besoin ou faire travailler individuellement en cas de panne de l'un des deux. C'est un gros, gros avantage et que ne possède aucun des aéronats actuels!...

L'aéronaute s'échauffait en parlant.

—Oui! Vous allez disposer d'un navire aérien qui sera pourvu des tous derniers perfectionnements suggérés par une expérience déjà longue. L'équilibre longitudinal, transversal et vertical de l'aéronat est assuré; sa vitesse lui permettra de sortir au moins trois jours sur cinq et de revenir à son point de départ. Il pourra camper au besoin en plein champ pour passer la nuit sans redouter d'être emporté par la brise ni exiger tout un régiment pour le retenir!...

Claude Réviliod, qui avait consulté sa montre, tout en feuilletant les dessins d'exécution, parvint à endiguer le torrent d'éloquence du redondant constructeur. Il coupa:

—Vous avez raison, mon cher Fruscou, et d'ailleurs je m'en remets entièrement à vos lumières pour me procurer ce qui pourra se faire de mieux. Je vous ai dit que, pour obtenir le *summum* de la perfection en fait de dirigeable de plaisance, la question d'argent passait pour moi au second rang. Par conséquent n'épargnez rien pour que la réussite soit complète.

—Vous pouvez en être assuré. A moins, bien entendu, de temps exceptionnellement mauvais et de tempêtes, la solidité du matériel sera parfaite.

—Bien. Résumons donc cette conversation. Voici l'ordre de mise en chantier d'un dirigeable qui devra être conforme en toutes ses parties aux plans que vous venez de me soumettre. Nous sommes le 12 janvier, à quelle date prenez-vous l'engagement d'effectuer la livraison?...

Le grand constructeur réfléchit un instant.

—Le 30 avril prochain, répliqua-t-il enfin, tout le matériel sera rendu au parc de manoeuvre que vous m'indiquerez.

—Ce parc ne sera pas très éloigné. Vous connaissez Triel sur la Seine?...

—Triel, oui. J'y suis descendu de ballon, il y a deux ans. Un douze cents mètres cubes. Figurez-vous...

—A quelques kilomètres de là, sur le versant des bois de l'Hautie regardant la vallée de l'Oise, coupa Réviliod, j'ai eu l'occasion d'acheter une propriété de près de quatre hectares entourée de hauts murs et d'arbres très élevés. Je vais la faire aménager en vue de l'usage auquel je la destine, c'est-à-dire faire niveler les pelouses.

—Et surtout édifier un hangar abrité des vents d'ouest, je vous le recommande!

—J'ai pris rendez-vous pour cet après-midi même avec un architecte spécialiste que je compte charger de ce travail.

—Le ballon mesurant 7 m. 50 de diamètre au maître-couple et 48 m. 50 de longueur, le hangar devra avoir les dimensions suivantes: longueur 50 mètres, largeur 12 mètres, hauteur maximum 15 mètres. La face d'avant de ce hangar devra être démontable pour sortir et rentrer le ballon à volonté.

Le *Petit Biscuitier* prit note sur son carnet de ces chiffres, et il serra la main de l'ingénieur aéronaute.

—Voilà donc qui est convenu, dit-il. Le premier mai prochain, je serai au parc d'Ecancourt afin d'assister à l'arrivée du matériel que le hangar sera tout prêt à recevoir. Vous penserez également à envoyer un appareil à gaz pour produire l'hydrogène nécessaire au gonflement...

—Je ne l'oublierai pas.

—Combien faudra-t-il de temps ensuite pour ajuster les machines et préparer l'aérostat?

—Une douzaine de jours au plus.

—Bon, en ce cas nous serons prêts vers le 15 mai, c'est tout ce qu'il faut.

—Vous pouvez compter sur moi pour cette date.

—Je me fie à votre parole. A fin avril, donc!...

Et sur une dernière et cordiale étreinte, le futur navigateur aérien regagna sa voiture tout en monologuant:

—Je serai prêt avant les autres. Nous verrons alors qui l'emportera de l'aéroplane ou du dirigeable. A nous deux, mon petit La Tour-Miranne, à nous deux!...

CHAPITRE V

MAÎTRE MARTIN LANDOUX L'INVENTEUR.

HISTOIRE DE MARTIN LANDOUX. — LES AVATARS D'UN GRAVEUR. — ROI DU VOLANT! — ON DISCUTE FERME. — UNE PROPOSITION INATTENDUE. — LES IDÉES D'UN MÉCANICIEN AU SUJET DES AÉROPLANES. — SIX BIPLANS EN CHANTIER.

Martin Landoux était un débrouillard et un original.

Parisien pur sang, né vers l'époque de l'Exposition de 1868, rue Corbeau, dans le faubourg du Temple, de parents et de grands parents originaires de la capitale, Martin constituait un remarquable spécimen de cette race relativement peu nombreuse, Paris étant surtout peuplé de provinciaux déracinés, attirés par l'espoir, souvent déçu hélas! du gain plus facile et de la vie plus aisée.

Le père de Martin était «pompier» de son métier. On donne ce nom aux ouvriers tailleurs chargés de la rectification des vêtements sur mesure. Son gain étant modeste, il ne put donner à son fils toute l'instruction qu'il eût voulu, car l'enfant avait l'esprit ouvert et compréhensif. A douze ans, le jeune Martin dut quitter l'école communale du quartier, où on le considérait comme un élève intelligent, bien qu'un peu espiègle.

La vocation de Martin était de devenir mécanicien et de conduire des locomotives; mais pour réaliser cette ambition, il lui eût été indispensable de continuer à s'instruire, de passer ensuite les trois années d'études réglementaires dans une école d'Arts-et-Métiers. Ces gros sacrifices, l'ouvrier tailleur ne pouvait les consentir, car il lui fallait encore songer à l'avenir de ses trois autres garçons, les cadets de Martin. Cependant, il voulait que son enfant eût entre les mains un bon métier manuel, et pour cela il le mit en apprentissage chez un graveur industriel qui promettait des gains d'importance croissante à partir de la deuxième année d'apprentissage.

Pendant ces vingt-quatre mois, Martin Landoux porta plus fréquemment des paquets en ville qu'il ne grava de plaques de portes, de timbres de commerce ou de colliers de chiens, mais c'est le sort ordinairement réservé aux «attrape-science», et il n'avait ni à s'en étonner, ni à s'en fâcher. Cependant, il apprit peu à peu le maniement des burins et du grattoir, et chose plus avantageuse encore, il acquit les premières notions de dessin, car, sur les conseils du patron, le père Landoux avait fait inscrire l'apprenti à l'école Germain-Pilon pour suivre les cours de dessin du soir, et il tenait la main à l'exactitude de l'élève.

A quinze ans, alors que le jeune Martin allait passer au rang d'ouvrier graveur, son patron mourut et l'apprenti dut chercher à se faire embaucher dans un autre atelier. Ce fut là chose difficile, car le débutant n'était pas fort habile encore dans son métier, et on le trouvait trop jeune. Martin Landoux se fatigua vite de végéter, et il chercha à se tirer d'affaire d'une autre manière. Il tâta successivement, mais sans grand succès, de différents métiers ayant avec la gravure plus ou moins de parenté. Enfin, il trouva sa voie, à dix-huit ans, en entrant, en qualité d'aide-magasinier, dans une grande usine de vélocipèdes, emploi qu'il avait pris en désespoir de cause et ne trouvant nulle part à se caser.

A ce moment—en 1886—la bicyclette était dans sa période la plus florissante, et l'on ne parlait que courses et records sur la machine à deux roues. En dehors de son travail journalier au magasin, Martin qui était vif et nerveux, s'entraînait sur les machines de la maison, et tous les dimanches il prenait part, souvent avec succès, aux courses d'amateurs données à Paris ou dans les environs.

La bicyclette n'était pas alors aussi parfaite qu'aujourd'hui et les réparations étaient fréquentes. Le recordman amateur avait eu bien des fois à démonter et remonter sa monture d'acier, il connaissait à fond, par la pratique journalière, tous les secrets de la mécanique; il changea bientôt son fusil d'épaule et demanda à passer du magasin à l'atelier de réparations, ce qui lui fut accordé.

Mais vint à sonner l'heure de la conscription pour le graveur devenu mécanicien, et il dut quitter la capitale pour servir pendant trois années—en réalité trente-quatre mois—en qualité de soldat de deuxième classe d'abord, puis de caporal et de sergent, au 72e d'infanterie à Vitré.

Lorsqu'il revint, en 1892, la bicyclette était passée au second plan et on ne parlait plus que des voitures sans chevaux, à vapeur, à pétrole ou à moteur électrique.

Délibérément, Martin Landoux lâcha la bécane pour l'auto, suivant ainsi l'exemple de nombreux disciples de la petite reine. Il devint bientôt un de ceux que l'on appela les «rois du volant», et plus d'une fois il conduisit à la victoire, dans des courses retentissantes, les voitures de la maison dont il était devenu l'un des meilleurs mécaniciens et qu'il ne quitta que pour devenir employé principal d'une firme nouvellement créée, laquelle lui avait fait des conditions exceptionnelles, un «pont d'or» comme on dit, pour entrer à son service et mettre ses moteurs et autos «au point».

Malheureusement, lorsque peu après l'Exposition Universelle de 1900 l'industrie automobile subit un moment d'arrêt, la nouvelle marque périclita et dut liquider son actif. Martin Landoux, qui s'était marié et était père d'une ravissante fillette, avait été fort heureux de retrouver une modeste situation de chef d'atelier dans une usine de moteurs à pétrole. Vint Santos-Dumont qui donna la démonstration de la possibilité de s'élever dans l'air par des moyens purement mécaniques. Landoux prit part des premiers au mouvement qui se dessinait. S'étant procuré les fonds indispensables, il parvint à organiser un atelier de construction de moteurs légers et d'aéroplanes.

C'était Médouville, l'ami du marquis de La Tour-Miranne et secrétaire général de l'*Aéro-tourist-club*, qui avait fourni à Martin Landoux les moyens matériels de réaliser ses inventions, et en revanche le sportsman comptait absolument sur le mécanicien pour réaliser ses projets de tourisme aérien.

Ainsi qu'il l'avait prouvé à vingt reprises, Martin Landoux était un esprit fin et délié, fécond en ressources et sachant se plier à toutes les circonstances, sans jamais perdre un instant sa bonne humeur et sa confiance dans l'avenir. Il était, de son propre aveu, un «pas bileux», qui ne prenait jamais rien au tragique et assurait toujours que tout irait bien. S'il est, dans l'existence moderne, beaucoup de caractères moroses, toujours disposés à voir les choses sous le jour le plus fâcheux, il en est heureusement nombre d'autres qui semblent voir la vie à travers des lunettes roses. Martin Landoux était de ceux-là.

Au physique, c'était un gaillard de taille moyenne, sec et nerveux, les cheveux châtain clair légèrement frisés, mais avec une moustache et un fer à cheval de nuance plus claire. Les yeux gris regardaient toujours en face l'interlocuteur auquel leur possesseur s'adressait, et leur regard prenait une singulière acuité lorsque le mécanicien avait quelque difficulté technique à résoudre. Leur expression était toutefois corrigée par le pli un peu goguenard stéréotypé sur les lèvres bien ourlées et d'un rouge vif, indice de bienveillance. L'ensemble était sympathique à première vue, et qui connaissait Martin Landoux ne tardait pas à devenir son ami. Aussi le brave garçon, qui avait fait lui-même sa situation à force d'énergie, était-il estimé de tous ceux avec qui il s'était trouvé en relations au cours de son existence mouvementée.

Martin Landoux atteignit une feuille qu'il déroula sous les yeux de ses interlocuteurs.

L'établissement qu'il avait créé avec l'aide financière de Médouville était situé sur le bord de la Seine, à Levallois-Perret, non loin des célèbres usines Clément-Bayard, dont le fondateur commença, lui aussi, par être un modeste ouvrier serrurier avant de devenir un puissant industriel. Cet établissement comportait d'abord un vaste hangar, où l'on pouvait procéder au montage simultané d'une demi-douzaine d'aéroplanes, et un long bâtiment divisé en plusieurs pièces largement éclairées par des baies et des plafonds vitrés. Cette usine avait été longtemps occupée par un constructeur de canots automobiles. Mais, ne faisant pas ses affaires, cet industriel avait dû se retirer, laissant toutefois son outillage aux mains de son propriétaire. Martin Landoux, toujours fureteur, avait déniché cette occasion, et il avait pu, en appropriant les locaux à leur nouvelle destination, installer dix ouvriers travaillant à la fabrication et à l'ajustage des moteurs légers pour l'aviation, ainsi qu'à l'usinage des pièces mécaniques entrant dans la composition des machines volantes de son système.

Le mercredi 3 novembre, trois personnes, se trouvaient réunies dans le bureau des études du constructeur d'aéroplanes et de moteurs légers. Ces trois personnes étaient les dirigeants de l'*Aéro-tourist-club*: La Tour-Miranne, Médouville et Outremécourt. La conversation était animée.

—Ainsi donc, articulait le jeune président, vous n'êtes pas partisan du monoplan, monsieur Landoux?...

—Je ne dis pas qu'il soit dénué de toutes qualités, monsieur le marquis, mais j'ai plus confiance dans le biplan qui est d'abord plus stable et plus facile à conduire...

—Le monoplan est plus vite, je crois, hasarda La Tour-Miranne.

—En effet, Santos-Dumont avec sa *Demoiselle* a volé à près de cent à l'heure entre Saint-Cyr et Bue, mais, à côté de cela, Glen Curtis a égalé, à quelques cinquièmes de seconde près, la vitesse de Blériot, et cependant il montait un biplan. Enfin, ce n'est pas la grande vitesse que vous cherchez, je crois...

Le *père Tranquille*, Outremécourt, intervint.

—Non, tout ce que nous désirons c'est d'avoir, surtout, le moins de pannes possible en cours de route. Quant à la rapidité, nous nous contenterons très bien d'une moyenne de quarante à cinquante kilomètres à l'heure.

—Pour cela, il faut avoir avant tout un moteur irréprochable, reprit l'inventeur, et on peut y arriver en ne sacrifiant pas outre mesure à la légèreté. Messieurs, je crois avoir votre affaire, et je suis persuadé que vous serez satisfaits des services que mon nouveau type de moteur vous rendra.

—N'oubliez pas, fit observer à son tour Médouville, que nos appareils devront être capables de transporter un passager en plus du conducteur.

Martin Landoux se leva et atteignit, parmi un monceau de calques et de dessins d'exécution, une feuille qu'il déroula sous les yeux de ses interlocuteurs.

—Voici, messieurs, dit-il, un dessin représentant le modèle dont je me permets de vous conseiller l'adoption.

—Ah! ah!... voyons donc, modula le président en s'approchant.

—C'est un biplan rappelant dans ses lignes principales le Wright, c'est-à-dire dépourvu de tout fuselage et de toute cellule ou queue stabilisatrice, cet organe encombrant et d'ailleurs complètement inutile, sinon nuisible...

—Comment, nuisible?.... se récria le sportsman.

—Oui, nuisible, je ne m'en dédis pas, car c'est à sa présence que j'attribue la mort du capitaine Ferber. Il faut donc supprimer cet appendice encombrant. D'ailleurs, ainsi que l'a très judicieusement énoncé un technicien de haute valeur, des travaux de qui je me suis inspiré, H. Noalhat, il faut, pour devenir maître des éléments et dompter les lois de la nature, créer un jeu de forces antagonistes, continuellement en action, ce qui permet de réaliser l'équilibre cherché.

—Mais la cellule stabilisatrice le donne automatiquement, cet équilibre!

—Ah!... L'automatisme!... fit l'inventeur en branlant la tête. C'est souvent un tort que d'attacher une importance capitale au fonctionnement automatique d'un organe!... Concevriez-vous, messieurs, une bicyclette dont la direction serait automatique?... Or la direction d'un aéroplane n'est pas sans ressemblance, et je crois que l'on réalise bien mieux l'équilibre en tenant le guidon qu'en se fiant à l'action d'une surface le mieux agencée qu'il soit possible.....

—Peut-être avez-vous raison, murmura Outremécourt.

—Pour moi, repartit Martin Landoux, on peut comparer une machine volante à un bateau sous-marin. Ce sont là deux faces d'un même problème, et l'on n'a qu'à copier ce qui donne de bons résultats dans un système pour avoir les mêmes avantages dans l'autre. Or, comment assure-t-on l'équilibre dans un bateau sous-marin?... En créant un jeu de forces que l'on équilibre, non pas automatiquement, mais à la main. Pour maintenir une route horizontale, on incline d'abord la paire de gouvernails d'arrière que l'on fixe suivant l'inclinaison convenable. On donne ensuite l'inclinaison voulue à la paire de gouvernails d'avant que l'on manoeuvre à l'aide d'une roue de barre, et cette roue est mise aux mains d'un pilote qui, les yeux fixés sur le manomètre d'immersion, s'efforce de maintenir l'horizontalité par des déplacements imperceptibles des gouvernails. Il en est de même dans l'aéroplane. Les plans sustenteurs correspondent aux plans horizontaux d'arrière du sous-marin, et leur inclinaison fixe est telle qu'elle correspond au meilleur angle d'attaque possible. A une certaine distance en avant, se trouvent les plans équilibreurs ou stabilisateurs dont le pilote doit pouvoir modifier constamment l'obliquité. C'est en somme le principe appliqué par les Wright.

—Revenons-en à nos aéroplanes, dit le marquis.

—Voici donc un point d'élucidé, continua imperturbablement l'inventeur. L'équilibre sera obtenu par des moyens réellement scientifiques et rationnels. Il en sera de même pour la question des virages pendant le vol et surtout pour le départ qui n'exigera pas un champ de manoeuvres pour prendre l'élan indispensable...

—Ah! ah!... Voilà qui devient intéressant!...

—Oh! c'est bien simple. J'adjoins à chaque cellule une hélice ascensionnelle que l'on mettra en marche au moment du départ. L'ascension s'opérera donc, sinon tout à fait sur place, tout au moins dans un espace très restreint et suivant un angle très accentué. La hauteur désirée une fois atteinte, ces deux hélices ascensives seront progressivement débrayées et toute la puissance du moteur sera reportée sur les hélices propulsives. Le chariot de roulement peut donc être réduit à sa plus simple expression. Pour l'atterrissage, la manoeuvre inverse sera effectuée; les hélices propulsives ralentiront en même temps que les ascensives se mettront à tourner de plus en plus vite jusqu'au moment où l'arrêt presque complet est obtenu, et alors l'appareil se posera à terre sans le moindre choc.

—Voilà une chose bien comprise, approuva le bailleur de fonds des établissements Martin Landoux, et cette adjonction s'imposait, car elle augmente notablement la sécurité de l'aéroplane. Je l'adopte donc pour ma part et j'engage vivement mes amis à suivre mon exemple. Qu'en pensez-vous, La Tour-Miranne, et vous Outremécourt?...

Ceux-ci avaient suivi avec attention les explications du constructeur, tout en consultant de temps à autre les plans étalés sous leurs yeux.

—Ainsi donc, fit le marquis, vous pourrez nous établir une première série de six aéroplanes identiques à celui que vous venez de nous décrire, c'est-à-dire ayant pour caractéristiques: Biplans à ailerons, munis d'une paire d'hélices propulsives et d'une paire d'hélices ascensives, avec gouvernail de profondeur à l'avant, surface des plans sustenteurs, 50 mètres carrés, moteur de 24-30 chevaux. Poids à vide d'un appareil 280 kilos. Vitesse, 50 kilomètres à l'heure en portant un poids utile de 180 kilos, soit deux personnes et des provisions de combustible et d'eau pour deux heures de marche?... C'est bien cela, n'est-ce pas?...

—Absolument cela, monsieur le marquis.

—Bon, mais ce n'est pas tout, continua le président de l'*Aérotourist club*, il nous faut un professeur pour nous mettre au courant du maniement et de la conduite de ces appareils. Voulez-vous être ce professeur, monsieur Landoux?...

—Vous n'y songez pas, monsieur le marquis! Et mon atelier, mes ouvriers, qui les dirigerait, si je n'étais pas là!...

—Mais puisque nous allons absorber toute votre production d'ici six mois, il me semble que vous pouvez bien vous consacrer exclusivement à l'éducation—j'allais dire au dressage—des membres de notre Club!... D'abord, à quelle époque vous engagez-vous à nous livrer ces six premiers appareils?.

—J'espère que l'on pourra en effectuer le montage dans la seconde quinzaine du mois de mars prochain, répondit le mécanicien après un instant de réflexion.

—Donc, ce ne sera qu'au mois d'avril ou mai que vous aurez à vous déranger. Je dois vous dire que je compte organiser un aérodrome dans les propriétés qu'un de mes parents possède dans le département de l'Oise et où la place ne nous manquera pas, je vous le garantis! C'est là que l'on procédera au montage et aux essais des oiseaux mécaniques à l'aide desquels nous prétendons exécuter le tour de France, par étapes d'environ 100 kilomètres. Il faudra absolument que vous soyez présent pour surveiller cette mise au point et nous donner, par vos conseils et votre exemple, les connaissances spéciales, théoriques et pratiques, qui nous manquent entièrement afin de mener nos projets à bonne fin. Donc, pouvons-nous compter sur votre aide pendant cette période?... La chose est, pour nous, d'importance capitale.

—Vous ne pouvez pas nous refuser cela, mon brave Landoux, implora Médouville.

Le constructeur parut indécis. Il songeait que son absence pourrait nuire à la bonne marche du nouvel établissement qu'il était parvenu à fonder, mais, d'un autre côté, il ne voulait pas mécontenter son bailleur de fonds. Enfin il parut avoir pris son parti et releva la tête.

—Songez, insinua La Tour-Miranne que l'aérodrome est à peine à trois quarts d'heure d'auto de Lavallois et que vous pourrez veiller à vos affaires, tout en nous rendant le service que nous attendons de vous.

—J'accepte, répondit d'un ton ferme Martin Landoux. Le montage des aéros et leur mise au point s'effectueront à votre aérodrome par mes ouvriers et sous mes yeux. Et ce ne sera pas ma faute, je vous le promets, si vous n'êtes pas satisfaits de leur fonctionnement!...

—Voilà qui est bien dit, mon cher Landoux, fit avec satisfaction Médouville.

—Et moi je vous remercie de votre collaboration, au nom de tous les membres du club, ajouta La Tour-Miranne, en serrant chaleureusement les mains du mécanicien.

—A propos, interrompit celui-ci, je voulais vous adresser une question, monsieur le marquis, mais peut-être paraîtrai-je indiscret...

—Non, non, parlez, je vous prie.

—C'est bien une série de six appareils du même modèle que vous me demandez pour vous et vos amis?...

—Six, en effet.

—Votre Société ne compte-t-elle donc que six membres?

—Pardon, mon cher Landoux, nous sommes treize pour l'instant.

—En ce cas, les sept autres?...

—Préfèrent choisir eux-mêmes le système d'aéro qu'ils piloteront.

—Ah!... proféra simplement l'inventeur désappointé.

—Oui, je crois savoir que plusieurs préfèrent le monoplan, qui leur semble plus élégant et plus rapide...

—Quant à Damblin et à Garruel qui sont ingénieurs, ils font construire des modèles de leur invention, compléta Médouville.

—Bon, nous verrons ce qu'ils donneront, ceux-là!... Occuponsnous donc des vôtres, messieurs. Je vais les mettre en chantier dès que les matériaux m'en auront été livrés. Les commandes partiront dans quelques jours. En attendant, on continuera l'usinage des moteurs.

—Et faites-nous surtout des moteurs sans pannes, recommanda Médouville en souriant.

—Je ferai de mon mieux, messieurs. C'est tout ce qu'un ouvrier honnête peut promettre.

—Alors nous sommes certains d'être bien servis! conclut aimablement La Tour-Miranne.

Les conditions pécuniaires une fois débattues et réglées, les trois sportsmen se levèrent.

—Tout est désormais arrêté entre nous, je crois, fit le président. Je vais maintenant songer à l'organisation de notre aérodrome.

J'espère que le 15 mars prochain vous pourrez vous installer là-bas et y commencer la mise au point de nos véhicules aériens.

—Je l'espère aussi, monsieur le marquis.

Les trois hommes échangèrent de chaleureuses poignées de mains avec l'inventeur.

—Au 15 mars donc, à l'aérodrome du club. Soyez exact!

—J'aurai soin de venir vous relancer d'ici là! ajouta Médouville.

—Les ateliers Landoux seront toujours honorés de votre visite, messieurs, termina le constructeur en s'inclinant courtoisement.

Les sportsmen, accompagnés de Martin Landoux, rejoignirent la luxueuse limousine de La Tour-Miranne qui les avait amenés au quai Michelet et s'y engouffrèrent l'un après l'autre.

—A l'hôtel! commanda brièvement le marquis à son chauffeur avant de refermer la portière sur lui.

La lourde voiture démarra, pendant que le mécanicien regagnait son atelier en murmurant entre ses dents:

—A la besogne, maintenant! Il ne s'agit plus de flâner, mon vieux Martin, mais de prouver ce dont tu es capable.

CHAPITRE VI

AÉROVILLA

INSTALLATION DE L'AÉRODROME DE PUISEUX-LE-HAUBERGER.—UNE FÊTE RÉUSSIE.—LES PREMIERS VOLS DE MARTIN LANDOUX.—AMATEURS TIRÉS AU SORT.—A BIENTÔT LE DÉPART!...

L'automobiliste se rendant à Beauvais par l'itinéraire le plus usité, c'est-à-dire par Groslay, Beaumont-sur-Oise et Chambly, peut apercevoir sur sa gauche, avant d'arriver à Puiseux-le-Hauberger, de vastes pâturages occupant tout le fond de la vallée, que ferme à l'ouest un coteau boisé désigné dans le pays sous le nom de «Clos-Caillite». Des chevaux paissent en liberté dans ces prairies qui ne sont autre chose qu'une dépendance des haras d'élevage du prince

Muret à Chambly, et ce sont elles qui avaient été choisies par le marquis de La Tour-Miranne pour en faire l'aérodrome et le champ d'expérience des pilotes aviateurs de l'*Aéro-tourist-club*.

Le premier soin du fondateur de la nouvelle société fut d'enclore complètement, par une haute palissade ne mesurant pas moins de cinq kilomètres de tour, la vallée, dont les locataires à quatre jambes avaient été ramenés aux haras de Chambly et de Gouvieux, et de dessiner une piste ellipsoïdale dont les lignes droites mesuraient quinze cents mètres. Cette piste, soigneusement nivelée et d'une largeur de vingt-cinq mètres, était recouverte de sablon fin.

Non loin de l'entrée du terrain, située à l'angle du chemin vicinal de Puiseux à Bornel et de la route départementale, furent édifiés les hangars démontables destinés à abriter les oiseaux mécaniques. Ces hangars, au nombre de cinq, pouvaient recevoir chacun trois aéroplanes rangés l'un derrière l'autre. Des portes à coulisse permettaient de dégager entièrement la façade orientée à l'est et de sortir les appareils.

L'organisateur n'avait rien oublié de ce qui pouvait être utile sur ce champ d'expériences. Une maison démontable contenait le magasin des pièces accessoires, un atelier complet avec l'outillage indispensable pour la réparation des châssis et des moteurs, et une cuisine avec le matériel pour préparer et servir les repas d'une centaine de personnes. Le cuisinier devait habiter, avec le gardien du parc d'aviation, le premier étage de l'habitation.

Une station météorologique complète, avec anémomètre et ballon-sonde captif, était installée en face de l'esplanade ménagée devant la sortie des hangars. Un pylône surmonté d'un mât portait, à cinquante mètres au-dessus du niveau de la piste, une longue flamme tricolore en étamine devant servir de girouette. Enfin, pour ne rien omettre, le marquis de La Tour-Miranne avait fait relier l'aérodrome au réseau téléphonique général par une ligne particulière.

Ces divers travaux d'aménagement demandèrent plusieurs mois; ils étaient loin d'être achevés quand, le 15 mars, ainsi qu'il l'avait promis, Martin Landoux parut, amenant sur un camion automobile les pièces constitutives de deux appareils. Le président de l'*Aéro-tourist* était justement à l'aérodrome pour presser les entrepreneurs.

Il accourut tout essoufflé, aussitôt qu'on l'eut prévenu de l'arrivée du constructeur.

—Ah! mon cher Landoux, que de tracas, que de difficultés on rencontre pour la moindre des choses, s'écria-t-il. Vous, au moins, êtes l'exactitude même, mais ce sont mes ouvriers de qui je n'en pourrais dire autant. J'ai beau les presser, je n'en obtiens rien, de ces tortues!... Enfin, heureusement les hangars sont prêts, vous allez pouvoir y garer les appareils. Vous les amenez tous les six?...

Le mécanicien parut un peu gêné.

—J'apporte aujourd'hui les moteurs et les châssis de deux planeurs. Le matériel des quatre autres sera prêt dans une huitaine, mais c'est mon fabricant d'hélices qui me fait faux bond, et je suis aussi ennuyé que vous, croyez-le!

—Deux appareils seulement?... Diable!...

—Que cela ne vous inquiète pas, monsieur le marquis, je serai prêt. Dès demain mes ouvriers commenceront le montage et dans une dizaine de jours les six aéroplanes seront prêts.

—J'en accepte l'augure. Espérons que, dans le même temps, toute l'installation sera également terminée et que nous pourrons commencer nos essais.

Ces présomptions devaient se réaliser, grâce à la ténacité du jeune président et à l'activité déployée par l'équipe amenée par Martin Landoux. Le 26 mars, l'aménagement fut enfin achevé, en même temps que le montage du sixième aéroplane touchait à sa fin. La Tour-Miranne put alors convoquer ses collègues et lancer ses invitations pour l'inauguration d'*Aérovilla*, nom qu'il avait donné au nouveau champ d'aviation.

Le dimanche 3 avril, par un temps magnifique annonçant une belle journée de printemps, furent hissées, en tête des mâts flanquant l'entrée de l'aérodrome, les flammes tricolores et les pavillons aux couleurs du club, représentant une hélice blanche sur fond azur. Le fondateur de la Société était arrivé en automobile dès la première heure et multipliait ses ordres pour que tout fût prêt pour recevoir les hôtes attendus. Des trophées de drapeaux furent fixés au fronton des hangars, et les tables dressées sous une vaste tente de toile à proximité de la cuisine. Tout prit bientôt un air de fête et de gaîté sous un soleil radieux.

Vers dix heures apparurent les premiers invités: Georges Damblin, Léonce Breuval le trésorier, suivis de membres du club et propriétaires des aéroplanes construits par Martin Landoux. Derrière eux arriva Outremécourt, flanqué de ses deux soeurs, puis Médouville accompagnant son cousin André Lhier et sa femme. Ce fut bientôt un flot ininterrompu d'automobiles ronronnant et cornant à qui mieux mieux. La Tour-Miranne, débordé, ne parvenait plus à serrer toutes les mains qui se tendaient vers lui. Aussi, profitant d'un moment d'accalmie, il s'empressa de s'écrier:

—Mesdames, et vous tous mes chers amis, qui avez bien voulu par vôtre présence montrer tout l'intérêt que vous portez à notre oeuvre, je vous convie, en attendant le déjeuner qui va être servi dans quelques instants, à parcourir les aménagements du parc d'aviation de l'*Aéro-tourist-club*. Faisons donc, si vous le voulez bien, le tour du propriétaire.

Suivi d'une longue théorie de curieux, le sportsman se dirigea vers les hangars. Un aéroplane fut tiré de son abri, amené sur la piste, et Martin Landoux en fit la présentation en quelques mots.

—Ce que ne nous dit pas notre habile constructeur, s'empressa d'ajouter le marquis, c'est que cet appareil possède une quantité d'améliorations et de perfectionnements qui le rendent très supérieur à tous les aéroplanes actuels, et que ces perfectionnements, c'est à son génie inventif que nous les devons!

Des hangars, les visiteurs se rendirent à la station météorologique dont La Tour-Miranne expliqua l'utilité puis à l'atelier et au magasin. Mais l'heure venait de gagner la tente restaurant, ornée de plantes vertes, et où la table garnie de fleurs attendait les convives.

On s'attabla et le repas fut des plus animés, surtout au moment du dessert, où Médouville réclama un instant de silence afin de prononcer un discours dans lequel il se faisait «l'interprète de l' *Aéro-tourist-club* pour adresser ses plus vifs éloges à son président et le remercier de la persévérance dont il avait fait preuve dans l'organisation d'Aérovilla». A son tour, La Tour-Miranne dut se lever. Il assura qu'il était amplement payé de ses peines par l'empressement avec lequel on avait répondu à sa convocation, et, au milieu d'un tonnerre d'acclamations, il leva son verre au succès de l'*Aéro-tourist-club* et du Tour de France en aéroplane qu'il allait s'efforcer de mener à bonne fin.

L'inauguration officielle d'Aérovilla était désormais un fait accompli.

—Dès demain, ajouta le président, la piste sera à la disposition des membres du Club qui voudront s'initier au maniement de leurs appareils. Notre dévoué ingénieur, M. Landoux se tiendra, ainsi qu'il a bien voulu nous le promettre, à leur disposition pour leur donner les premières leçons de conduite.

Les conversations particulières reprirent.

—A propos, fit une voix, et notre ancien ami le *Petit Biscuitier*, Claude Réviliod, sait-on ce qu'il devient?... Il est invisible depuis quelque temps.

La Tour-Miranne, qui causait avec animation avec sa voisine de table, Mlle Geneviève d'Outremécourt, releva la tête et prêta l'oreille à la réponse de Breuval.

—Comment, vous ne savez pas, dit le futur agent de change, que cet adversaire fanatique de l'aéroplane se fait construire un dirigeable?...

—Je ne l'ignore pas, répliqua celui qui avait parlé, le jeune Philibert Médrival, mais cela ne nous explique pas...

—Je puis vous renseigner, prononça une autre voix, celle d'un autre fondateur du club, M. de l'Esclapade. J'ai appris cela chez Fruscou qui me construit mon monoplan et qui a également la commande du *Réviliod n° 1*. Il paraît que notre ex-camarade a fait édifier un immense hangar dans une propriété qu'il possède du côté de Triel. Le ballon, dont la capacité est de 1.500 mètres cubes, vient d'y être transporté, et on affirme qu'il comporte des perfectionnements extraordinaires, le rendant très supérieur à tout ce qui a été fait jusqu'à présent. Le montage est commencé sous la direction de Fruscou en personne, et ce yacht aérien sans pareil prendra prochainement son essor. Mais tous ces préparatifs s'effectuent dans le secret le plus rigoureux, et c'est pourquoi Réviliod, qui compte sur un succès phénoménal, n'apparaît plus à Paris.

Le marquis avait écouté avec attention.

—Il tient à nous fournir, décidément, la preuve de ce dont il s'est efforcé de nous convaincre, articula-t-il. Très bien, nous le verrons à l'oeuvre. Il ne nous reste plus, messieurs, qu'à faire de notre mieux si nous ne voulons pas être distancés. C'est une espèce de duel, entre l'aéronat plus léger et l'aéroplane plus lourd que l'air, qui va s'engager; nous tâcherons d'en sortir à notre honneur.

A ce moment, Martin Landoux apparut à l'entrée de la tente et fit un signe au président. Celui-ci comprit ce muet appel et se leva, mouvement que tous les autres convives imitèrent.

—Mes chers amis, dit-il, nous allons assister au premier vol de l'un des appareils avec lesquels nous comptons exécuter notre excursion dans le beau ciel de France. Vous aurez ainsi une idée de l'agrément de ce mode de locomotion qui deviendra, je n'en doute pas, le seul utilisé dans l'avenir pour les voyages de plaisance et les promenades.

Les membres du club et leurs invités, suivant l'orateur, arrivèrent sur la piste où un aéroplane avait été amené. L'ancien «roi du volant» en fit sommairement la description technique, puis il se hissa à sa place de manoeuvre entre les deux surfaces de toile superposées, et saisit les leviers de commande de chaque main.

—Attention! cria-t-il à ses aides. Lancez le moteur!...

Un crépitement saccadé retentit. Les deux hélices horizontales disposées à droite et à gauche de l'aviateur commencèrent de tourner en même temps que les deux hélices propulsives de l'arrière et leur vitesse de rotation s'accrut rapidement, à un tel point que le regard ne pouvait distinguer les palettes en mouvement. Tout l'appareil fut secoué d'une violente trépidation.

—Lâchez!... cria Martin Landoux.

Martin Landoux fit la présentation de l'aéroplane.

L'appareil, libéré, partit comme une flèche en roulant sur les trois petites roues supportant le châssis, mais il parcourut à peine cinquante mètres de cette façon, déjà les roues quittaient le sol et l'aéroplane se décollant s'élevait suivant une pente de près de quarante-cinq degrés. A une vingtaine de mètres de hauteur, l'ascension s'arrêta. Le mécanicien avait débrayé les hélices ascensives et mis toute la force du moteur sur les propulseurs. L'oiseau mécanique s'éloigna en suivant exactement le contour de la piste; sa fine silhouette s'estompa à l'horizon, puis grandit de nouveau en se rapprochant des spectateurs. A une centaine de mètres du point d'où il s'était envolé, son allure se ralentit considérablement, ses hélices ascensionnelles tourbillonnant vertigineusement, puis il vint se poser, aussi doucement qu'un papillon sur une fleur, à l'endroit même de son départ. Martin Landoux coupa alors son allumage, et sauta lestement à bas de son siège.

—Voilà, ce n'est pas plus difficile que cela!... prononça-t-il simplement.

Le *Père Tranquille*, Jean d'Outremécourt, qui avait tenu sa montre à la main pendant la durée du vol, murmura en la consultant du regard:

—Six minutes vingt-trois secondes pour cinq kilomètres, cela donne environ du cinquante à l'heure!

On n'entendit pas cette remarque dans le tonnerre d'acclamations qui avait accueilli le retour de l'aviateur, autour duquel la foule se pressait pour le féliciter autant pour son habileté de conducteur que pour sa science de constructeur.

Plusieurs voix féminines dominèrent le tumulte. Ces dames réclamaient la faveur d'un tour de piste à bord de l'aéroplane. La Tour-Miranne et Martin Landoux, débordés, ne savaient à qui entendre. Enfin, le jeune président parvint à obtenir un silence relatif, et il se hâta d'en profiter.

—Nous ne demandons pas mieux, Mesdames, que de vous donner satisfaction et de vous faire connaître les sensations du vol en aéroplane, put-il enfin prononcer, mais nous n'avons actuellement qu'un appareil et surtout un seul pilote expérimenté, M. Landoux, et il nous serait impossible, au cours de cette après-midi, de contenter tout le monde. Je ne vois donc qu'un moyen, c'est de nous soumettre aux caprices du sort qui désignera dix d'entre vous pour exécuter une envolée...

—Oui, oui, tirons au sort, crièrent plusieurs voix impatientes.

—Dans quelques semaines, lorsque nos camarades du club se seront familiarisés avec leurs appareils, ajouta La Tour-Miranne, je suis certain qu'ils seront heureux d'offrir une place à leur bord à tous les amateurs désireux d'essayer une promenade aérienne.

Déjà Médouville, suivant avec empressement l'indication du président, avait jeté au fond d'un chapeau haut de forme des morceaux de carton, provenant de cartes de visite exactement partagées en quatre parties, et en nombre égal à celui des néophytes ayant réclamé la faveur d'un tour de piste en aéro. Dix de ces cartons portaient une croix au crayon et devaient désigner les élus du sort.

—Approchez, mesdemoiselles, clama le secrétaire du club, approchez sans crainte, ça ne mord pas!... Allez-y hardiment et ayec confiance et que la chance vous favorise!...

—Faisons vite, ajouta La Tour-Miranne. Le temps s'envole et le vent pourrait augmenter.

Avec des rires, des exclamations de joie ou de dépit, suivant que le sort lui avait été ou non avantageux, chaque invitée tira à tour de rôle un carton du chapeau du clubman. Mlle d'Outremécourt et Mme Lhier furent au nombre des élues, et leur triomphe fut accueilli par des applaudissements unanimes.

Déjà Martin Landoux avait repris sa place aux leviers de manoeuvre. La première des favorisées du sort, Mlle Geneviève, vint occuper le siège demeuré vide à côté de l'aviateur.

—Tenez-vous bien aux bras du fauteuil et serrez ce foulard autour de votre tête, recommanda le mécanicien à la jeune fille qui, pour monter à bord avait enlevé son immense chapeau —son monoplan, suivant l'appellation que son frère, le *Père Tranquille*, donnait à ce chef-d'oeuvre de chapellerie féminine.

Les spectateurs s'étaient écartés de quelques pas pour ne pas gêner l'essor de l'appareil.

Martin fit un signe à l'ouvrier chargé de mettre le moteur en mouvement. Aussitôt les crépitations de la machine se firent entendre, sèches et répétées.

— Attention, mademoiselle, dit-il. Nous partons!...

Aussi rapidement et avec la même légèreté que la première fois, l'aéroplane bondit en avant, tout en s'élevant suivant une courbe gracieuse et il s'éloigna vers l'extrémité la plus reculée de l'aérodrome, suivi dans sa course par les acclamations de tous les assistants. Cinq minutes ne s'étaient pas écoulées qu'il revenait à tire-d'aile pour déposer à l'endroit même de son départ la gracieuse passagère toute rose de contentement et d'émotion.

— C'est idéal! déclara la jeune fille en sautant légèrement à terre. C'est une sensation inexprimable que ne saurait procurer aucun autre moyen de locomotion, et je ne saurais dire combien je suis heureuse de cette promenade, hélas! bien trop courte à mon gré!

— C'est bien simple, mademoiselle, insinua Médouville: soyez des nôtres dans le voyage de tourisme que nous organisons. Jean, votre frère, ne refusera certainement pas de vous emmener avec lui comme passagère...

— Qui sait si mes parents me permettraient une semblable excursion....

— Oh!... avec votre frère pour mentor, et en les priant bien fort, je suis sûr qu'ils ne résisteraient pas longtemps!...

— Certes, j'essaierai de les fléchir, déclara Mlle Geneviève d'un petit ton résolu, mais ça ne sera peut-être pas très facile! Papa, cela ira encore, car il fait toutes mes volontés, mais c'est maman qui va jeter les hauts cris quand je lui annoncerai que je veux accompagner mon frère!... Pourtant, je suis une grande fille, je suis l'aînée après Jean, je vais avoir vingt ans!...

Le marquis de La Tour-Miranne qui avait entendu ces paroles s'approcha et souffla à demi-voix en souriant:

— Faites remarquer à madame votre mère que votre présence à côté de mon ami Jean modérera sa fougue naturelle et l'empêchera de commettre des imprudences. C'est un argument qui ne peut manquer de la toucher vivement.

La jeune fille fixa ses yeux pénétrants sur le fondateur d'Aérovilla. Ses lèvres s'ouvrirent pour répliquer, mais elle secoua la tête comme pour chasser quelque pensée importune. Enfin, après un moment de silence, elle murmura seulement.

—Nous verrons, Monsieur Robert, nous verrons!...

Des applaudissements répétés vinrent mettre fin à cette scène à trois personnages. Pour la quatrième fois, le biplan Martin Landoux revenait à une allure d'express bien lancé, mais avant d'atterrir, son conducteur exécuta à trente mètres de hauteur environ un quadruple virage en forme de 8, puis il redescendit en décrivant une courbe hélicoïdale parfaite, démontrant la maîtrise que l'ancien «roi du volant» avait acquise dans le maniement de la machine volante. C'était cette prouesse qui avait suscité l'admiration des jeunes gens massés sur la verte pelouse qu'enserrait la piste aérienne.

—Bravo, Landoux, articula Breuval, vous allez rendre Paulhan et le comte de Lambert lui-même, jaloux de votre habileté.

Le constructeur sourit et se borna à répondre:

—Hâtons-nous, mesdames, le vent commence à souffler, et tout à l'heure nous n'allons plus pouvoir voler!...

L'ingénieur Damblin était allé consulter l'anénomètre enregistreur.

—Vent nord-est, vitesse cinq mètres à la seconde, annonça-t-il.

Landoux avait entendu.

—Oui, mais il y a de courtes bourrasques par instants, et c'est gênant dans les virages, répliqua-t-il.

Pendant qu'il parlait, une nouvelle passagère avait prestement escaladé les échelons conduisant au siège disponible à côté du pilote.

—Voici la voyageuse demandée, monsieur, fit la jeune femme en souriant.

—Parfait en ce cas! Tenez-vous bien madame, nous démarrons!...

L'aéroplane s'élança de nouveau, puis revint déposer son chargement et reprendre une autre passagère. Six fois encore, Martin Landoux boucla le parcours de l'aérodrome, suivi dans ses évolutions par les regards des deux à trois cents spectateurs réunis sur la pelouse. Enfin il atterrit une dernière fois juste devant son hangar et il appela ses ouvriers pour garer l'appareil dans son abri. Il était cinq heures et la nuit n'allait pas tarder à se faire.

—Hé! quoi!... vous ne continuez pas plus longtemps?... interrogea le jeune Médrival. Moi qui attendais avec impatience mon tour de vous accompagner!... Je suis volé!...

—Ce qui ne vaut pas de *voler* soi-même, évidemment, acquiesça le *Père Tranquille* en rajustant son monocle.

—Nous avons neuf mètres de vent à l'anémomètre, riposta l'aviateur, et j'ai failli capoter au dernier virage. Il me semble inutile de chercher l'accident.

—Je ne saurais trop vous louer de votre prudence, approuva La Tour-Miranne, intervenant dans la conversation. Il ne faut pas en effet risquer une chute, si anodine fût-elle, un jour comme celui-ci surtout. Ce serait fâcheux à tous égards. Libre à notre ami Médrival de s'exposer à démolir son appareil en le sortant par un vent pareil lorsqu'il saura s'en servir, mais pour ma part, je crois qu'il est plus sage de s'abstenir et de remettre la suite des expériences à un moment plus favorable.

—Bien parlé, président!... scanda Damblin. On voit que c'est de votre biplan qu'il s'agit; mais un monoplan tel que celui qui j'ai combiné ne craint pas des brises de dix mètres, je vous montrerai cela!.... En attendant, voudriez-vous nous dire à quelle époque l'aérodrome sera ouvert aux essais pratiques des membres du Club?...

—Mais à partir d'aujourd'hui même, répliqua avec vivacité le marquis. Aérovilla ne refermera plus devant ses amis ses portes qui viennent d'être ouvertes toutes grandes.

—Bon!... Tout est pour le mieux, en ce cas. Dès demain, je vais faire apporter mon *mono* et je commencerai sans tarder à m'entraîner.

—Moi aussi!... Moi aussi!... firent à l'unisson plusieurs clubmen.

—Notre constructeur, M. Martin Landoux, dont vous venez de constater de *visu* l'incontestable maestria dans la direction des aéroplanes, nous fera l'amitié de nous guider dans nos premiers tâtonnements, ajouta le président. Il a accepté devenir, toutes les après-midi où le temps sera convenable, à Aérovilla, afin de mettre les néophytes au courant de la manoeuvre des aéroplanes constituant la flottille de notre *Aéro-tourist-club.*

Un murmure de satisfaction courut parmi la foule.

—J'espère donc, conclut La Tour-Miranne, que la présence d'un tel professeur rassurera les esprits les plus timorés, et que nous aurons le plaisir de voir participer à l'excursion que nous projetons d'exécuter parmi les régions les plus pittoresques de notre beau pays de France, les gracieuses personnes qui n'ont pas hésité tout à l'heure à confier leur existence à la machine volante!...

—Certainement!... susurrèrent plusieurs voix féminines.

—Je note cette promesse. Maintenant, l'inauguration d'Aérovilla est un fait accompli, la période préparatoire d'élaboration est close. Le champ d'expériences est prêt ainsi que les véhicules, il ne reste plus, pour réaliser le programme qui nous a ralliés, qu'à utiliser ces ailes que la science nous donne et, pas à pas, saut à saut, vol à vol, comme le disait le regretté capitaine Ferber, devenir hommes-oiseaux, et créer, non pas le sport, mais le tourisme aérien!...

Le jeune homme avait prononcé ces dernières paroles d'une voix vibrante et persuasive. Sa péroraison fut accueillie par un tonnerre de bravos et d'acclamations.

—Et dans deux mois, *grrrand* départ de la flottille aérienne pour le premier tour de France en aéro!... clama le fausset suraigu de Médouville. Mesdames, retenez vos places d'avance, il n'y en aura pas pour tous les amateurs! Prenez vos bibi... prenez vos billets et suivez le monde!...

CHAPITRE VII

UN ENNEMI DANS LA PLACE

UN ADVERSAIRE DU PROGRÈS.—LE PÈRE ET LE FILS.—UN DUC CHEZ UN OUVRIER.—JE NE SUIS PAS UN TRAÎTRE,

MONSIEUR!—CHARLES BADER DIT CHARLOT.—AU PARC D'AÉROSTATION D'ECANCOURT.—GONFLEMENT DU DIRIGEABLE.—LES RANCUNES DE M. FIRMIN.—UNE MISSION MYSTÉRIEUSE.

L'inauguration du champ d'aviation d'Aérovilla avait fait sensation.

Tous les journaux «bien informés» avaient publié le compte rendu de la fête donnée à l'aérodrome de Puiseux et n'avaient pas ménagé leurs éloges à Martin Landoux, l'ancien recordman cycliste et automobiliste transformé en aviateur consommé, tout à la fois ingénieur, constructeur et pilote expert. La Tour-Miranne, interviewé, avait exposé ses projets et ses ambitions, et le Tour de France en aéroplane commençait à avoir ce que l'on appelle «une bonne presse».

Toutefois ce bruit ne fut pas sans déplaire à certaines personnes, et ce, pour différents motifs. Tel fut le cas pour le duc de La Tour-Miranne et Claude Réviliod, entre autres.

Le duc de La Tour-Miranne était très entiché de sa vieille noblesse. Fidèle au culte du passé, il détestait cordialement toutes les inventions du siècle, et était persuadé que c'était déroger et manquer de respect aux glorieux ancêtres de sa race que de s'occuper de choses bonnes pour les bourgeois et autres manants qu'il méprisait cordialement. Il avait approuvé Robert tant que celui-ci s'était borné à pratiquer les sports mondains, tels que l'escrime et l'hippisme; il avait été jusqu'à lui tolérer le yachting, ce sport de millionnaire, et l'automobilisme, bien qu'il le blâmât hautement de prendre au volant la place d'un laquais. Il s'était hérissé, quand l'unique héritier, du nom et des biens de La Tour-Miranne avait fait l'acquisition de son premier aérostat et accompli une série de voyages aériens réellement remarquables. Lorsqu'il apprit qu'à la suite de son voyage à la grande semaine d'aviation de Reims, Robert, en compagnie de quelques amis, avait fondé l'*Aéro-tourist-club*, il lui avait adressé une sévère mercuriale en lui enjoignant de ne pas donner suite à son projet ridicule d'exécuter un voyage de circumnavigation aérienne autour de la France, comme un véritable saltimbanque. Les comptes rendus des journaux relatifs à la fête donnée à l'occasion de l'inauguration d'Aérovilla, portèrent à son comble l'exaspération du noble représentant de la vieille France, et il enjoignit à son fils de venir lui expliquer ses projets. L'entrevue entre ces deux caractères opposés, l'un admirateur du passé, l'autre épris du progrès, le père les yeux obstinément fixés en arrière, le fils regardant vers l'avenir, ne pouvait manquer d'être mouvementée.

—Ainsi, monsieur, commença dédaigneusement le duc, vous avez donc persisté, malgré mes avis et mes conseils, dans vos folies?...

Robert de La Tour-Miranne releva la tête, prêt à défendre les idées qui lui étaient chères et qu'il croyait justes, fût-ce contre son père, envers lequel il professait cependant un profond respect, sans se permettre de critiquer, même en pensée, les convictions surannées chères à celui qui était le chef de la famille.

—N'avez-vous pas honte, poursuivit M. de La Tour-Miranne, de vous mêler, avec le nom que vous portez, à des exhibitions telles que je viens d'en lire le récit dans les gazettes!... Avoir transformé les magnifiques haras de notre cousin, le prince Muret, en vélo..., non, en a-é-ro-drome, ainsi que vous dites dans votre jargon, n'est-ce pas inouï, en vérité!... Quelle mouche vous a donc piqué pour que j'aie le déplaisir de voir le dernier de ma race se transformer en acrobate, car ce sont des acrobaties que vos prétendues expériences scientifiques...

—Mon père!... voulut dire le président de l'*Aéro-tourist-club*.

Celui-ci ne lui permit pas de parler. Il continua:

—Je vous ai déjà adressé à plusieurs reprises des observations au sujet des singulières occupations auxquelles vous vous plaisez depuis quelque temps. Il me déplait fort de voir le nom des La Tour-Miranne mêlé à des entreprises aussi ridicules que celles dont parlent les feuilles en ce moment, et j'entends que vous cessiez au plus tôt toute participation à des exercices qui ne peuvent que vous déconsidérer aux yeux de tous les gens sensés!...

—Me permettrez-vous, mon père, de vous expliquer...

L'autoritaire gentilhomme étendit le bras vers son fils, et avec dédain:

—Que pourriez-vous me dire pour vous excuser?... Je le sais d'avance, parbleu, c'est que vous êtes majeur et libre de mener la vie qui vous convient sans que moi, votre père, je puisse vous adresser une observation. C'est une erreur, monsieur. Je dois veiller à ce que rien ne vienne jeter un lustre fâcheux sur le nom que nous ont légué de glorieux ancêtres. Or, c'est déchoir que de se mêler ainsi que vous le faites au mouvement qui entraîne le monde à la conquête de découvertes d'un intérêt contestable. Nos aïeux ne connaissaient ni l'électricité, ni les aéroplanes, et cependant ils n'en ont pas moins fait de grandes et utiles choses. Laissez donc ces vaines recherches aux petites gens, et ne vous mêlez plus à cette société hétéroclite d'ingénieurs aux mains noircies de cambouis, et rappelez-vous la devise de notre maison: *Primus inter pares!* Vous m'avez entendu?...

Le sportsman avait contenu son impatience pour écouter la longue harangue de son solennel ascendant.

—Je regrette, mon père, répondit-il fermement quoique respectueusement, de différer d'opinion avec vous au sujet de l'avenir réservé à la grande question de la locomotion aérienne, actuellement à son début et qui réclame, pour aboutir, le concours de toutes les énergies, de toutes les intelligences et de toutes les bonnes volontés. Permettez-moi de vous faire remarquer que je suis loin d'être seul à penser de cette façon dans notre monde, et je vous citerai, si vous le voulez, une vingtaine de personnes portant les plus grands noms de France et qui patronnent ces expériences que vous regardez comme de simples prouesses acrobatiques...

Le duc secoua la tête.

—Ces personnes ont tort, voilà tout, et ce n'est pas une raison pour que vous suiviez leur exemple!... Mais je vous en ai dit assez, et j'espère encore que vous ne m'obligerez pas à prendre des mesures extrêmes, au cas où vous ne tiendriez pas compte des volontés que je viens de vous exprimer.

Robert contint un mouvement de révolte.

—Mais pourtant je ne fais rien de répréhensible et de nature à entacher le renom de notre maison, s'exclama-t-il. Je ne puis pas, pour un scrupule que je trouve exagéré, abandonner l'entreprise en cours et laisser mes amis dans l'embarras...

—Il suffit!... scanda M. de La Tour-Miranne d'un ton glacial. Vous persistez à tenter ce voyage en aéroplane qu'annoncent les journaux?...

—Je ne saurais me désister, sans perdre ma propre estime, mon père.

—Très bien!... Insister davantage serait superflu, je m'en rends compte. Dans ce cas, j'agirai, afin d'éviter l'esclandre que je redoute et d'où notre nom sortirait diminué. Je ne vous retiens plus, monsieur. Courez donc vous donner en spectacle avec vos camarades; nous n'avons plus rien à nous dire désormais!...

Le jeune homme fit un geste pour retenir son père, mais déjà le vieux gentilhomme, soulevant la draperie d'une portière, avait disparu, le laissant libre de méditer ses paroles énigmatiques et menaçantes. Il secoua alors la tête, comme pour dissiper l'impression ressentie et murmura.

—Bah!... nous verrons bien. Son opinion se modifiera, je l'espère, lorsque nous aurons accompli avec succès notre tour de France en aéro!...

Le duc ne devait pas s'en tenir aux menaces.

Dès le lendemain, il se fit conduire aux ateliers Martin Landoux, où s'achevait la construction des deux derniers appareils destinés aux membres de l'*Aéro-tourist-club*. Aussitôt introduit dans le bureau de l'aviateur, il expliqua à l'ex-automobiliste les raisons de sa visite.

—Je suis, lui dit-il, le duc de La Tour-Miranne, chef de la branche aînée de la famille et père de votre jeune client, le promoteur de la mirifique idée du tourisme en aéroplane...

Le constructeur s'inclina silencieusement et offrit un siège à son illustre visiteur. Celui-ci s'en empara et poursuivit, toujours du même accent rèche et hautain qui lui était habituel:

—Pour des raisons personnelles que je crois inutile de vous exposer, je ne veux pas que cette idée baroque ait de suite, ou, tout au moins, que le dernier représentant des La Tour-Miranne participe à cette exhibition que je considère comme du banquisme tout pur. Par amour-propre plutôt que par conviction, mon fils s'est refusé, malgré ma volonté nettement exprimée, à se dédire, et il prétend rester le chef de cette caravane aérienne que je crois fermement exposée à tous les désastres. Je veux lui éviter, même malgré lui, l'humiliation qu'il se prépare, et, puisque vous êtes le fabricant de l'instrument qu'il veut diriger, je viens à vous franchement pour vous demander sans ambages d'empêcher la réalisation de cette tentative que je crains de voir sombrer dans le ridicule.

Martin Landoux, ébahi, ne sut que répondre, et il se gratta la tête avec embarras. Enfin, il parvint à balbutier:

—Je ne vois vraiment pas, monsieur le duc, comment je pourrais vous aider...

—La chose me paraît cependant aisée!... répliqua M. de La Tour-Miranne avec une pointe d'impatience. Il suffit de mettre la machine que mon fils doit conduire hors d'état de fonctionner. Je compte sur vous pour lui démontrer ensuite l'impossibilité de se confier à un instrument semblable, surtout pour exécuter un voyage de quelque étendue. D'ailleurs, je suis tout disposé à vous dédommager de la perte matérielle que le service que je réclame de vous pourrait vous causer.

—Mais, monsieur, je ne suis pas le seul constructeur d'aéroplanes existant en France! se récria le mécanicien. Si je faisais ce que vous désirez, M. de La Tour-Miranne s'adresserait immédiatement à l'un de mes confrères qui lui livrerait un appareil fonctionnant par-faitement. Une manoeuvre telle que vous me la conseillez n'aurait donc aucun résultat et n'empêcherait nullement mon client d'accomplir le voyage que vous voulez empêcher!

—Ta! ta! ta!... Croyez-vous donc que j'ignore ce qui se passe ac-tuellement dans votre industrie naissante!... On ne trouve pas en-core, je crois, des aéroplanes en magasin et tout prêts à être livrés! Je me suis renseigné: on demande actuellement un délai de livraison d'au moins trois mois, comme autrefois pour les automobiles. Que le marquis s'amuse donc à voleter avec son appareil au-dessus des haras de notre cousin le prince Muret, je n'y vois nul inconvénient. Tout ce que je désire, c'est que la veille du fameux départ pour le Tour de France projeté, il survienne quelque anicroche mettant ir-rémédiablement hors de service sa mécanique. Il sera ainsi forcé de laisser partir les plus enragés de ses compagnons. Avant qu'il ait pu se procurer un autre instrument pour les rejoindre, il est fort probable que la caravane se sera évanouie en fumée, ou tout au moins piteusement disloquée. On ne verra donc pas un La Tour-Miranne figurer dans cette mascarade, et c'est tout ce que je désire. Vous avez compris?...

L'inventeur planta son regard incisif dans les yeux du gentilhomme qui, déjà, cherchait son carnet de chèques dans une poche de côté de son pardessus fourré. Il prononça énergiquement:

—Je le regrette, monsieur le duc, mais je ne suis pas l'homme des petites combinaisons que vous me faites l'honneur de m'exposer. Martin Landoux ne mange pas de ce pain-là et il ne trahit pas les intérêts qui lui sont confiés par ses clients.

Le duc redressa sa haute taille et ses yeux lancèrent des éclairs.

—Vous oubliez que je suis le père, monsieur, et que j'ai le droit d'empêcher ceux qui portent mon nom de commettre une sottise insigne, telle que ce ridicule voyage!...

—Entreprise audacieuse, mais réalisable avec mes aéroplanes, monsieur! s'écria avec feu le mécanicien. Imposez donc, si vous le pouvez, votre volonté à votre fils, mais moi je ne trahirai à aucun prix la confiance qu'il a mise en mes modestes capacités.

M. de La Tour-Miranne haussa les épaules, et, pour masquer son désappointement, il articula d'un ton qu'il s'efforça de rendre sarcastique:

—Je croyais trouver en vous un homme raisonnable, mais je constate que c'était trop espérer d'un inventeur infatué de la valeur de ses créations. Je laisse donc le hasard faire son oeuvre, mais je conserve la conviction que le dernier mot n'est pas dit et que ce malencontreux voyage n'aura pas lieu malgré tout, car je n'ai nulle confiance dans toutes ces machines dont vous êtes si fier et que les causes les plus minimes détraquent sans remède!

—Nous vous démontrerons le contraire, monsieur!... riposta Martin Landoux, piqué. Le tour de France en aéroplane s'effectuera, quoi que vous en disiez, et loin d'essayer de détraquer les machines, j'en serai le médecin et les guérirai de leurs pannes.

—Terminons, conclut brièvement le duc. Voulez-vous vingt-cinq mille francs?...

—Je ne m'appelle pas Bazaine, monsieur. Je me nomme Martin Landoux!...

—Le gentilhomme réprima un mouvement de colère et regretta intérieurement le temps où ses nobles aïeux auraient récompensé une semblable réponse par une volée de coups d'étrivières. Il se leva brusquement et d'une voix que la colère faisait chevroter.

—Je vois que le marquis vous a chèrement payé pour que vous défendiez pareillement ce que vous croyez à tort être son intérêt. Je regrette de ne pouvoir vous convaincre de votre erreur. Adieu, monsieur le fabricant d'aéroplanes; vous regretterez bientôt d'être resté sourd à ma prière!...

—Ce serait manquer à la plus vulgaire probité commerciale, monsieur, et, si vous voulez bien y réfléchir, vous reconnaîtrez que je ne puis vous répondre autrement que je le fais.

M. de La Tour-Miranne sortit et Martin Landoux demeura seul devant son bureau encombré de paperasses et de dessins. Le mécanicien resta plusieurs minutes immobile, repassant dans sa mémoire les paroles de son noble interlocuteur. Enfin il se dressa et secoua les épaules avec un geste intraduisible.

—Au diable! monologua-t-il, voilà un singulier citoyen que le père de M. Robert! Il n'a guère confiance dans les créations scientifiques du temps, ni dans les capacités de son fils, vrai!... Et venir me proposer vingt-cinq mille francs pour détraquer son moteur, mon moteur à moi, le moteur Martin Landoux, il n'a pas peur!... Le plus malheureux, c'est que, si M. Robert persiste dans ses idées, comme il est probable, cela va amener la discorde dans sa famille! Mais je n'y peux rien! J'ai fait ce que je devais et n'ai pas à me repentir de ce que je lui ai dit à ce vieux nobliau!

L'inventeur fut interrompu dans ses réflexions par quelques coups discrets frappés à la porte de son bureau. Il cria machinalement.

—Entrez!...

La porte s'ouvrit et un personnage d'aspect bizarre apparut dans l'encadrement de la baie ouverte.

Qu'on se figure une espèce de gnome d'un peu plus de quatre pieds de haut, une épaule plus élevée que l'autre, les jambes disproportionnées avec le reste du corps, déjetées et cagneuses, les bras, de longueur également démesurée, terminés par des mains noueuses et larges comme des omoplates de mouton, à l'instar des pieds qu'on eût pu comparer à deux périssoires. Le tout était surmonté d'une énorme tête ronde, aux cheveux hérissés, de couleur moutarde, et dans laquelle on remarquait tout d'abord une immense ouverture allant presque d'une oreille à l'autre et crénelée sur toute sa longueur de rocs verdâtres et inégaux qui étaient les dents du personnage. Une joue était sillonnée d'une cicatrice couleur lie de vin, couvrant la pommette et atteignant le sourcil qui recouvrait un oeil clignotant, dardant par moments des lueurs inquiétantes.

Cet individu était habillé en ouvrier mécanicien, c'est-à-dire vêtu d'une «salopette» et d'une veste d'un bleu déteint par suite d'un usage prolongé. Un mauvais veston de confection et un foulard complétaient cette tenue plus que modeste.. Le nouveau venu tenait d'une main sa casquette de cuir et de l'autre une lettre cachetée.

Martin Landoux demeura un instant interloqué en considérant l'étrange visiteur.

—Pardon, excuse, patron, si je me permets de vous déranger, fit alors l'arrivant. On m'a dit qu'il y avait de l'embauche dans vos ateliers et je me suis présenté...

—Pourquoi n'êtes-vous pas aller trouver le contremaître? interrogea brusquement le constructeur. Ce n'est pas d'ailleurs à cette heure que se présente pour demander de l'ouvrage!

—C'est vrai, patron, mais je suis déjà venu et on m'a dit de repasser, que vous n'étiez pas là. Je voulais vous voir pour vous remettre une lettre de recommandation que l'on m'a donnée pour vous.

—Vous avez cette lettre?...

—Certainement, patron. Tenez, la voilà!

L'individu tendit à Martin Landoux l'enveloppe qu'il tenait à la main. Avant de la prendre, l'inventeur questionna encore:

—Vous êtes ajusteur-mécanicien?... D'où sortez-vous en dernier lieu?...

—De chez Marius Gallet, à Courbevoie. Je venais alors des usines Debion et Hagraf, où j'étais au réglage des moteurs. Chez Gallet, je montais les châssis d'aéros.

—Ah!... et pourquoi en êtes-vous parti?...

Le gnome parut embarrassé. Il se dandina sur ses jambes torses avant de répondre.

—Oh! des histoires avec les camarades qui *blaguaient* ma tournure. J'étais leur vrai souffre-douleur. Ils m'appelaient le *bosco*, Quasimodo, trente-six autres noms encore. J'ai fini par me fâcher, il y a eu une batterie à l'atelier et c'est encore moi qui ai eu tort après avoir encaissé les coups de tampon des autres!...

Il suffit!... scanda M. de la Tour
Miranno d'un ton glacial.

Martin Landoux n'écoutait plus; il avait décacheté l'enveloppe et rapidement parcouru la lettre dont il avait reconnu l'écriture au premier coup d'oeil. Elle émanait du bailleur de fonds qui l'avait aidé à fonder son nouvel établissement, de Médouville en un mot. Ce dernier le priait vivement dans sa missive, d'agréer, si la chose était possible, les services de Charles Bader, surnommé Charlot, des capacités professionnelles de qui il serait satisfait, car, malgré son aspect hétéroclite prévenant de prime abord peu en sa faveur, Charlot n'en était pas moins un excellent ouvrier monteur, connaissant à fond l'agencement des machines volantes, auxquelles il était employé à l'établissement d'aéronautique et d'aviation de Marius Gallet.

Sa lecture terminée, le constructeur reporta les yeux sur l'ouvrier qui était resté debout tournant sa casquette entre ses gros doigts noirs.

—Vous connaissez M. de Médouville qui vous a remis cette lettre, interrogea-t-il.

—Moi, pas du tout, patron, répliqua Charlot.

—Alors, comment se fait-il?...

—C'est un ami de M. de Médouville, un client de M. Gallet qui sait comment je travaille, et que j'ai été trouver après avoir perdu ma place. Je lui ai demandé s'il ne connaîtrait pas pour l'instant quelque chose pour moi, il m'a dit que non, mais que M. de Médouville, lui, connaissait beaucoup de monde dans la mécanique. Alors il m'a donné un mot pour ce Monsieur, en lui expliquant ce que je savais faire, et c'est pourquoi M. de Médouville à son tour m'a donné la lettre en me disant de m'adresser directement à vous. Voilà tout, patron...

Martin Landoux qui relisait la missive de son commanditaire, ne prêta qu'une médiocre attention à ces explications, que l'ouvrier lui avait débitées avec volubilité, comme une leçon apprise d'avance, et il ne songea pas à lui demander le nom du mystérieux client ayant servi d'intermédiaire.

—C'est bon!... dit-il enfin, on va vous mettre à l'essai cette semaine, et suivant ce que vous serez reconnu capable de faire, on vous embauchera définitivement ou non. A propos, avez-vous déjà volé?...

—Moi!... Oh! non, monsieur! Je peux vous faire voir mon casier judiciaire...

—Vous ne me comprenez pas. Je vous demande si vous avez fait des vols en aéroplane?...

—Je n'ai pas eu l'occasion, patron. Je soignais surtout les moteurs.

—Mais, le cas échéant, accepteriez-vous d'accompagner des aviateurs en qualité de mécanicien, et de les suivre dans les airs.

—Oh! certainement, patron. Tel que vous me voyez, je me moque de ma peau; elle n'est pas assez belle pour que j'y attache de l'importance.

—Alors, c'est bien! conclut Landoux qui réfléchissait qu'il faudrait une équipe d'habiles mécaniciens pour suivre les audacieux promoteurs du Tour de France dans leurs randonnées. Vous viendrez demain à l'ouverture des ateliers, et samedi prochain je vous dirai ce que j'aurai décidé.

Les yeux du personnage tortu et mal dégauchi qui venait de se présenter sous le nom de Charlot Bader, lancèrent un vif éclair de satisfaction.

—Merci, patron, vous verrez que vous ne regretterez pas de m'avoir engagé!... s'écria-t-il en se dandinant sur ses jambes cagneuses.

Il se retira à reculons en faisant de grands saluts, mais une fois la porte refermée, il se redressa et marmotta d'une voix presque inintelligible, tout en renfonçant sur sa tête hirsute sa casquette de chauffeur.

—Allons, le plus difficile est fait, je suis dans la place. Il s'agit maintenant d'exécuter les ordres de monsieur Réviliod afin de gagner la prime qu'il m'a promise!...

Pour comprendre le sens des énigmatiques paroles prononcées par l'ouvrier mécanicien, il nous faut revenir à un autre personnage de notre récit, au *Petit Biscuitier*, très affairé par la réalisation de ses projets.

Quelques jours avant l'inauguration d'Aérovilla, tout le matériel du yacht aérien construit dans les établissements Fruscou avait été transporté sur des camions automobiles au parc d'aérostation d'É-cancourt. Au centre de la propriété, sur une vaste pelouse gazonnée, se dressait le hangar en charpente devant servir de garage et de port d'attache au dirigeable. Des bâches imperméables ayant été éten-dues sur le sol parqueté, l'enveloppe de toile caoutchoutée, étalée de toute sa longueur, fut d'abord munie de sa soupape de manoeuvre et de ses suspentes en fils d'acier.

L'équipe d'ouvriers envoyée par Fruscou commença par opérer le montage de la nacelle, en forme de poutre armée, mesurant dix-huit mètres de longueur. Le moteur à quatre cylindres fut solidement boulonné sur le plancher, ainsi que les paliers de support de l'arbre porte-hélice. Les accessoires: embrayage, carburateur, ventilateur, réservoirs d'eau et d'essence furent disposés dans leurs emplace-ments réglementaires, et on termina par l'ajustage des volants de commande des divers organes du mécanisme.

La partie mécanique achevée, la nacelle fut livrée aux tapissiers chargés de son confortable et de son ornementation. Les mains cou-rantes furent recouvertes de velours rouge, les deux pointes avant et arrière de la longue périssoire aérienne se trouvèrent enfermées dans une enveloppe de soie huilée épousant leurs contours, enfin un salon minuscule mais du plus grand luxe fut installé en arrière du carré des machines, dont on l'isola par une mince cloison en feuilles de liège. Une table légère, recouverte d'un riche tapis de peluche aux couleurs assorties à celles de la moquette du plancher, occupait le milieu de cette loge, et des sièges moelleux furent dispo-sés tout autour. Un meuble unique, aux délicates ciselures argen-tées, sorte d'armoire, s'adossa à la cloison; il devait contenir tout ce qui pouvait être nécessaire pour un lunch au sein des nuages. Le propriétaire du yacht était un sybarite et tenait à trouver ses aises, même à quinze cents mètres au-dessus du plancher où rampent les tristes humains. Le plafond de ce salon minuscule était constitué par un riche baldaquin en soie bleu tendre, plissée en rayons partant du centre, et des rideaux de même tissu broché, pouvant se relever à l'aide d'embrasses en torsades terminées par un gland, fermaient à volonté les côtés de ce véritable boudoir aérien.

Pendant que les tapissiers collaient, tapaient et clouaient, les mécaniciens avaient procédé au montage des plans et empennages de stabilisation. L'appareil à hydrogène, dès son arrivée, fut mis en place à l'extérieur du hangar, et tout étant en ordre, le gonflement fut commencé. Il exigea 6.500 kilos de tournure de fer et 12.000 d'acide sulfurique à 52 degrés. L'eau nécessaire était pompée dans une citerne, et les résidus évacués dans un fossé les conduisant à l'extérieur.

Seize heures furent nécessaires pour remplir les flancs rebondis du long poisson d'étoffe qui, une fois gonflé, remplit presque complètement la haute construction de charpente. Le réglage des fils d'acier de la suspension fut opéré après que les plans, l'empennage d'arrière, le gouvernail de direction et la nacelle eurent été ajustés, et l'on put, après deux semaines de ce labeur assidu, déterminer la force ascensionnelle du yacht aéronautique.

Le *pesage* fut effectué dans le hangar, en chargeant la nacelle de sacs de lest rigoureusement tarés. Le constructeur Fruscou était venu assister à cette vérification indispensable, et Réviliod qui n'avait pas, depuis quinze jours, quitté le parc de cinq minutes, suivait avec anxiété l'opération.

Le chef de l'équipe, monté dans la nacelle s'employait à retirer les sacs empilés sur le plancher du carré, et les passait l'un après l'autre à ses aides. Bientôt Fruscou s'aperçut des tendances ascensionnelles de l'aéronat. Il mit la main sur le bordage, prêt à combattre par l'addition de son poids rassurant de 92 kilogrammes, tout essor intempestif du fuseau gazeux.

—Attention!... ordonna-t-il de son organe tonitruant, dont les sonorités trouvèrent un écho sous la toiture de charpente. Attention, ne retirez plus qu'un sac!...

Le sac enlevé, la longue embarcation fut agitée d'un frémissement, l'énorme carène jaune s'ébranla tout entière et avec un mouvement lent, presque insensible, le vaisseau de l'air s'enleva.

—Halte!... commanda l'aéronaute en pesant de tout son poids sur la nacelle pour la ramener au sol. Combien reste-t-il de sacs, Gilbert?...

Le chef des équipiers compta rapidement les paquets de lest.

—Vingt-quatre, monsieur l'ingénieur.

—Et vous, combien pesez-vous?...

—Cinquante-quatre kilos tout mouillé, monsieur. Fruscou établit un rapide calcul mental.

—Vingt-quatre sacs de vingt-cinq kilos, cela fait six cents kilos, plus cinquante-quatre pour Gilbert et dix pour la puissance ascensionnelle, total six-cent soixante-quatre, marmotta-t-il en aparté.

Il releva la tête, fixa Réviliod et reprit de sa voix éclatante:

—Eh bien! mon cher client, les conditions du marché sont réalisées, je crois!...

—Ah! les chiffres prévus ne sont pas dépassés?...

—Non!... nous sommes dans les limites. Vous disposez de la puissance utile voulue pour enlever cinq personnes avec les provisions de lest, d'essence et d'eau pour huit heures de marche.

Le *Petit Biscuitier* tendit la main à l'ingénieur aéronaute.

—Toutes mes félicitations en ce cas, mon cher constructeur.

—Alors, à quand la première sortie?

—Quand vous voudrez. Je compte sur vous, n'est-ce pas? pour nous piloter dans les débuts.

—Si cela peut vous faire plaisir, mais Neffodor vous pilotera tout aussi bien que moi!...

—Eh bien! si le temps est propice, nous ferons dimanche prochain notre première sortie d'essai, puis, si, comme il est probable, tout marche bien, nous préparerons tout pour le voyage par escales projeté.

—Il faut en effet dresser le personnel aux manoeuvres toujours délicates de la sortie et de la rentrée du dirigeable dans son hangar. Il sera également nécessaire de songer à la question du campement en plein champ. C'est donc entendu; je vous mettrai votre navire aérien au point, à partir de dimanche.

Et sur une dernière poignée de mains, les deux hommes se séparèrent.

Tandis que le *Petit Biscuitier* présidait à l'agencement de son aéronat, les membres de l'A. T. C., de leur côté, ne perdaient pas leur temps, et revues sportives comme journaux mondains commentaient chaque jour les progrès continus réalisés à Aérovilla par les jeunes gens dans le maniement de leurs planeurs. Claude Réviliod constatant l'avance que ses concurrents prenaient sur lui et qui lui faisait redouter d'arriver bon dernier, ne décolérait plus. Il n'était pas un *coléreur auto-décolérant*, ainsi que le disait, par un affreux jeu de mots scientifique, le constructeur Fruscou, qui cultivait quelquefois l'a peu près et le calembour.

Ce fut le digne Firmin qui suggéra à son maître une idée.

—Si j'étais à la place de monsieur et que j'aie la fortune de monsieur, insinua le valet de chambre, je n'hésiterais pas et je sais bien ce que je ferais pour me débarrasser de tous ces gêneurs dont les ébats gênent monsieur.

—Et qu'est-ce que ferait monsieur Firmin?... interrogea le *Petit Biscuitier*, goguenard. Je serais vraiment curieux de savoir l'idée qui a pu germer dans sa calebasse.

—Je donnerais la mission à un brave garçon connaissant bien toutes ces nouvelles machines, de s'introduire dans la place et, le moment convenable arrivé, de détraquer quelque chose, afin d'empêcher le départ avant l'époque fixée par monsieur.

—Tiens, tiens, et tu connais un brave garçon qui se chargerait de cette commission-là?

—Je crois que oui, monsieur. C'est le beau-frère du chauffeur qui conduit la voiture de monsieur. Il a perdu la place de mécanicien qu'il occupait dans une maison où l'on fabrique des ballons, et, comme les temps sont durs, je crois qu'il ferait tout ce qu'on voudrait. Le pauvre garçon est un peu disgracié de la nature; cependant il a un établissement en vue; il voudrait, paraît-il, se marier et ouvrir un bar, mais il n'a pas d'argent, et...

—Fais-moi venir cet olibrius-là demain, interrompit le futur navigateur aérien.

Le lendemain, Charles Bader, dit Charlot, se présenta au petit hôtel de l'avenue du Bois. Le millionnaire le reçut immédiatement et un long entretien eut lieu entre les deux hommes, entretien dont le mécanicien ne voulut rien dire, ni à son beau-frère ni à Firmin. Il affirma qu'il s'agissait simplement de tacher de s'introduire à Aéro-villa pour surveiller les aviateurs qui portaient ombrage à M. Révil-iod. Celui-ci lui avait promis une prime sérieuse s'il était exactement tenu au courant des faits et gestes des partisans de l'aéroplane.

—Il se contente de peu de chose, mon maître! remarqua Firmin, et je voudrais qu'il vous ait commandé de démantibuler toutes les mécaniques volantes de ces enragés!...

—Vous leur en voulez donc personnellement, demanda Tiburce, le chauffeur. Qu'est-ce qu'ils vous ont donc fait ces gens-là, que vous connaissez cependant à peine?...

—Comment, ce qu'ils m'ont fait!... Mais c'est eux qui ont fourré dans la tête de mon maître ses idées baroques d'aller se promener en l'air en ballon, et de m'emmener avec lui pour le servir là-haut! Comme si j'étais un oiseau, moi! Aussi je leur ai voué une haine féroce à ces fous-là; et je voudrais qu'il leur arrivât les pires décon-venues, pour me venger de la terrible position dans laquelle je me trouve: ou monter en ballon et risquer d'avoir le sort des aéronautes du dirigeable *République*, ou perdre ma place!...

—Votre mécontentement s'explique, en ce cas, repartit le con-ducteur d'automobiles se tournant alors vers son beau-frère, mais il n'empêche que je me demande comment tu vas t'y prendre, toi, Charlot, pour t'introduire dans la place. Tu ne vas pas aller propos-er tes services à ces gens-là en invoquant la protection du patron de céans?...

—Pas si bête!... grasseya le mécanicien, ce serait le meilleur moy-en d'être balancé. Non, je veux me présenter de telle manière qu'on ne se méfie aucunement de moi. Or on sait, dans la partie, que les aéroplanes employés par les jeunes gens en question sont fournis par la maison Landoux. Je vais donc me faire embaucher par Landoux.

—Comment vas-tu t'y prendre?...

—En me faisant recommander à Martin Landoux par son com-manditaire. M. Réviliod m'a donné une lettre pour ce dernier, qui est son ami.

—Parfait, alors. Tâche donc de réussir, mon vieux Charlot! Si notre patron est content de tes services, tu peux être certain qu'il te récompensera royalement. Il est généreux quand il est content, M. Réviliod. Par conséquent, bonne chance!...

Ainsi s'explique la scène, retracée au cours de ce chapitre, de présentation du mécanicien, agent secret du *Petit Biscuitier* et chargé par celui-ci d'une mission mystérieuse au champ d'aviation. Martin Landoux, qui venait de fermement refuser au duc de La Tour-Miranne le service cependant richement rémunéré d'empêcher l'exécution du voyage aérien projeté par les clubmen, introduisait dans la place, et sans s'en douter le moins du monde, un ennemi d'autant plus dangereux qu'il était masqué et que ses intentions étaient inconnues. L'avenir ne devait pas tarder à montrer quels devaient être les résultats de cette faute.

CHAPITRE VIII

LA PREMIÈRE SORTIE DU «RÉVILIOD N° 1»

PREMIERS VOLS DES HOMMES-OISEAUX A AÉROVILLA.— UN ACCIDENT DE MONOPLAN.—Au GARAGE D'ÉCANCOURT.—FRUSCOU PILOTE.—LES GRANDES TERREURS DE CE BON M. FIRMIN.—QUARANTE KILOMÈTRES A L'HEURE CONTRE LE VENT.—Au DESSUS D'AÉROVILLA.—LA RANCUNE DU «PETIT BISCUITIER».—MESSIEURS, LA SÉANCE CONTINUE!

—Attention au virage, Monsieur Robert!... Pesez sur le levier de gauchissement en même temps que moi!... Suivez le mouvement, et, en même temps, braquez le gouvernail à droite... Là! ça y est!... Vous voyez que ce n'est pas bien difficile!... Maintenant, je vous laisse manoeuvrer seul pour le prochain virage...

—Je crois avoir compris. Je vais essayer, vous rectifierez si je fais un écart...

—C'est cela!... Allez-y franchement et sans hésiter!... Hé bien, voilà qui est fait et bien réussi. Maintenant, embrayez les hélices ascensives pour l'atterrissage!... Boum!!... C'est encore un peu brutal, mais avec un peu plus d'expérience, vous ramènerez l'appareil au sol aussi doucement qu'un pigeon qui vient se poser sur une branche.

Le marquis de La Tour-Miranne, qui prenait sa leçon de conduite en compagnie du constructeur de son appareil, le digne Martin Landoux, arrêta son moteur en retirant sa fiche de contact et sauta à terre.

—Eh bien, président, dit d'une voix joviale le secrétaire général de l'*Aéro-tourist-club*, en s'approchant, cela marche, à ce que je vois, l'apprentissage du métier d'oiseau?...

—Oh!... j'ai encore à faire avant d'acquérir la capacité d'un Wright ou d'un de ses émules. Je viens seulement de m'essayer à exécuter seul mon premier virage..

—Et vous avez réussi, je crois?...

—A peu près, mais je manque encore d'assurance, il y a du flottement.

—Cela viendra à la longue!... déclara Martin Landoux, intervenant dans la conversation. Étiez-vous aussi habile, le deuxième jour que vous avez conduit une automobile de vitesse, un racer ou même une simple bicyclette, qu'après une semaine d'usage?... Non, probablement. Eh bien! il en est de même pour l'aéroplane, et vous ne devez pas vous étonner de n'être pas encore passé maître après une demi-douzaine seulement de vols. Dans quinze jours, ce sera bien différent, vous verrez!...

—J'en accepte l'augure, mon cher Landoux, et j'espère que, sous votre habile direction, je ne tarderai pas à devenir un élève passable.

—Passable!... se récria l'inventeur, vous plaisantez, monsieur Robert; je suis sûr que vous serez, au contraire, plus adroit que moi. Vous êtes jeune, vous, tandis que je commence à me rouiller et je n'ai déjà plus la promptitude d'action que j'avais à l'époque où je conduisais des autos en course aux circuits du Taunus ou de la Sarthe!...

—Vous êtes trop modeste, mon cher professeur, car vous êtes et vous resterez certainement notre maître à tous. Enfin, êtes-vous, en général, satisfait de vos apprentis?...

—Je serais difficile, en vérité, monsieur le mar... non, monsieur Robert, puisque vous ne voulez pas que je vous donne votre titre et que vous exigez d'être appelé par votre prénom. Oui, je serais difficile, car je vous avoue franchement que je ne comptais pas sur des progrès aussi rapides...

—Il est de fait, interrompit Médouville, que cela ne paraît pas très difficile à manoeuvrer, un aéro de votre fabrication. Pour ma part, et après les quelques leçons que vous m'avez données, il me semble que je parviendrai aussi à m'en tirer.

—Voyez messieurs Médrival et Bourdon, ils ont déjà exécuté leur premier vol sans aucune aide!...

—C'est vrai, mais Bourdon a cassé son hélice et Médrival démoli ses roues porteuses en reprenant terre.

—On ne fait pas d'omelettes sans casser d'oeufs, messieurs, et il faut vous attendre que cela vous arrivera aussi pendant vos essais.

—Heureusement, conclut Médouville, qu'il y a là votre équipe toute prête à raccommoder le bois que l'on viendra à casser. Je compte surtout sur le cambouisard mal dégauchi que je vous ai recommandé et que vous avez eu la bonne idée de faire venir ici. Il n'a pas l'air maladroit du tout...

La conversation entre les trois hommes fut interrompue par l'arrivée d'un quatrième personnage, qui s'avança vers eux la main tendue.

—Tiens!... dit cordialement La Tour-Miranne, c'est notre ami Damblin. Quoi de neuf?...

—Je vais tenter la chance avec mon mono. Le temps me semble propice.

—Mais je croyais que votre moteur ne vous donnait pas entièrement satisfaction?...

—Dites que c'était un clou, mon cher ami, un vrai clou, et vous serez dans le vrai!

—Alors?...

—Alors, je n'ai pas hésité, je l'ai balancé par-dessus bord et remplacé par un rotatif qui m'a paru tourner à merveille chez son constructeur. Ah! mes amis, le moteur, le moteur, c'est là le *hic* de l'aéroplane!... Enfin, nous allons voir: on vient de le mettre en place, je l'ai essayé à vide, il n'avait pas un *raté*. Je fais donc sortir mon mono...

—Décidément, vous préférez le monoplan au biplan?... Vous êtes, comme eût dit l'humoriste Alphonse Allais, un type dans le genre de Blériot et de Latham!...

—Et vous, vous voulez concurrencer le comte de Lambert et Farman, avec vos biplans?...

—L'expérience nous mettra tous d'accord!... déclara le président d'un ton conciliant. Nous serons très aises, mon cher Damblin, d'assister et d'applaudir à vos évolutions.

—Oh! ce ne va pas être long, attendez!...

L'appareil venait d'être sorti de son hangar et amené sur la piste sablée. Les mécaniciens s'empressaient autour de lui, et, parmi eux, on pouvait remarquer Charles Bader dit Charlot, en tenue bleue comme ses camarades, sa tignasse jaune recouverte de son éternelle casquette de cuir graisseuse, et qui s'agitait, affairé, une énorme clé anglaise à la main.

Le jeune ingénieur, très à l'aise et maître de lui, avait grimpé agilement à bord de l'oiseau artificiel aux larges ailes grises fortement incurvées, de manière à former une surface très concave d'avant en arrière. Deux ailerons de forme identique mais beaucoup plus petits étaient disposés obliquement de chaque côté de l'extrémité du fuselage. L'hélice, d'assez grandes dimensions, était en bois et placée à l'avant. Elle recevait son mouvement par un arbre à cardans la réunissant à l'arbre du moteur dont les trois cylindres tournaient à grande vitesse autour de l'arbre de couche, afin de le refroidir.

—En avant!... cria-t-il à l'aide chargé de la mise en marche du moteur.

Celui-ci imprima une vigoureuse impulsion aux ailes de l'hélice qui se mit à tourner, entraînant le moteur dont les détonations se succédèrent de plus en plus rapidement. Sous la vigoureuse traction du propulseur, l'appareil s'ébranla, les roues de son chariot de support roulant sur la piste. La vitesse s'accrut, et soudain le grand oiseau se décolla du sol et s'éleva graduellement suivant une pente presque insensible, tout en s'éloignant vers l'extrémité de l'aérodrome.

Quelques minutes s'écoulèrent, puis on entendit le sourd bourdonnement de l'hélice et le bruit de simandre du moteur. L'aéroplane, qui avait décrit un demi-cercle, revenait à tire-d'aile et les moindres détails de son gréement devenaient de plus en plus perceptibles à l'oeil. Arrivé au-dessus du petit groupe formé par La Tour-Miranne et ses amis, il voulut virer, mais l'ingénieur mit sans doute trop de précipitation dans la commande du gouvernail, car ses plans s'inclinèrent sous la poussée de la brise soufflant latéralement, l'appareil donna de la bande comme un navire couché par la lame, et la pointe d'une aile vint toucher le sol. Ce frottement intempestif fit pivoter l'aéroplane qui s'abattit avec un fracas caractéristique de bois éclatant en morceaux.

—Allons!... en voilà déjà un hors de combat!... grommela entre ses dents le tortueux Charlot.

Plein d'angoisse, craignant de trouver l'aviateur novice gravement blessé sous les débris de son véhicule aérien, le jeune président s'était précipité vers le lieu de l'accident, mais déjà Damblin s'était dégagé et debout devant sa machine effondrée il la considérait piteusement.

—Je viens d'en faire du propre!... murmura-t-il. Diable de virage!...

—Vous n'avez pas de mal, vous n'êtes pas blessé?... lui demanda anxieusement Robert.

—Moi?... Non, je n'ai rien, merci!... Mais mon pauvre aéro, dans quel état!...

Martin Landoux, qui s'était rapproché, fit le tour de l'appareil en l'examinant attentivement.

—Bah!... ce n'est rien, dit-il enfin. Il faut bien payer son expérience, et le principal c'est que vous n'ayez pas écopé!

—Oui, mais mon appareil est en morceaux!...

—Rassurez-vous, on vous le réparera, votre instrument, il ne s'agit que de quelques morceaux de bois à changer; la partie mécanique n'a pas l'air d'avoir souffert, c'est ce qui a le plus d'importance. Cela vous retardera simplement un peu dans votre entraînement. Quand vous reprendrez vos essais, vous vous rappellerez seulement qu'il ne faut pas essayer des virages trop près du sol. Il faut toujours s'élever un peu avant une entrée en courbe et agir doucement et par petits coups répétés sur le gouvernail, en même temps que sur le dispositif de gauchissement.

Le constructeur se tourna vers l'équipe de mécaniciens.

—Allons, vous autres, ajouta-t-il, ramenez l'appareil à l'atelier et démontez-le pour remplacer les pièces avariées par le choc!

Le marquis de La Tour-Miranne avait pris affectueusement le bras de l'ingénieur qui demeurait navré de sa maladresse.

—Voyons, ne vous frappez pas pour si peu, mon bon Damblin, lui dit-il amicalement. Il faut quelquefois payer cher le succès, mais il reste définitivement aux persévérants.

—Vous êtes bon, vous!... marmotta le débutant. En attendant que ma sottise soit réparée, je vais rester les bras croisés à vous admirer!

—Est-ce que Garuel n'a pas aussi un monoplan analogue au vôtre?... Empruntez-le-lui.

—Pour que je le réduise également à l'état de débris d'allumettes?... Je doute fort qu'il consente à me le prêter après ce qui vient de m'arriver!...

—Bah!... c'est un accident sans importance, appuya Médouville, et il est probable que vous ne serez pas le seul à qui cela arrivera. Ne vous chagrinez donc pas, puisque, après tout, vous vous êtes tiré indemne de votre pirouette!...

Cette prédiction pessimiste du Mécène des inventeurs devait malheureusement se réaliser plus d'une fois au cours de cette période d'apprentissage.

Alors que le temps s'était maintenu au beau pendant la première quinzaine du mois d'avril, époque où s'était produite la scène qui vient d'être racontée, il changea avec le dernier quartier de la lune; des averses fréquentes détrempèrent les pelouses d'Aérovilla, et la vitesse du vent, jusqu'alors modérée, s'accrut sensiblement. Ce ne fut que pendant quelques rares minutes, le matin après le lever du soleil, le soir avant le coucher de cet astre, que les apprentis pilotes purent tenter quelques brèves envolées. Les progrès ne furent donc que peu sensibles pendant cette période, et les plus longs parcours effectués ne dépassèrent pas une demi-heure comme durée totale.

Les membres de l'*Aéro-tourist-club* pestaient à qui mieux mieux contre ce temps détestable pour la saison et qui rendait fréquemment inutile le voyage de Paris à Puiseux, mais rien ne servait de récriminer contre les caprices de la saison; force était de patienter en attendant une amélioration des conditions météorologiques.

Ces averses et ces bourrasques—derniers souvenirs d'un hiver tardif—n'étaient pas non plus beaucoup du goût du rival des aviateurs, le richissime *Petit Biscuitier*, Claude Réviliod, dont le magnifique yacht aérien se trouvait également immobilisé dans le hangar du parc d'Écancourt, sans pouvoir exécuter sa première sortie. Enfin, le 28 avril, voulant profiter d'une éclaircie, Réviliod dont la patience était à bout, téléphona à Fruscou pour lui demander son concours. L'ingénieur aéronaute ne pouvait qu'accéder à cette demande d'un client qui dépensait sans compter; il acquiesça et se fit conduire au parc où il arriva en moins d'une heure. L'aspirant navigateur aérien, nerveux, se promenait dans le hangar. A la vue du constructeur, ses traits contractés se détendirent, et il alla à lui la main tendue.

—Hé bien!... interrogea-t-il, pensez-vous que ce sera pour aujourd'hui?... Fruscou serra la main qui lui était offerte, et de sa voix claironnante:

—Je suis à votre disposition. Les hommes sont là?...

—Présent! monsieur Fruscou; répondit la voix de Gilbert, le chef d'équipe..

—Bon!... Est-ce que le ballon est sous pression?...

—Dix millimètres, monsieur l'ingénieur.

—On a fait le plein d'essence et d'eau dans les réservoirs?...

—C'est fait, oui, monsieur.

—Très bien; je vais tout inspecter, et puis nous sortirons l'aéronat du hangar.

L'ingénieur opéra la visite minutieuse des moindres parties du vaisseau aérien; il fit jouer les diverses commandes et s'assura du fonctionnement normal des multiples organes de l'appareil aérien. Il parut satisfait, et revint à son client qui avait suivi cette vérification sans prononcer une parole.

—Cela peut aller, déclara-t-il. Allons, vous autres, ouvrez les portes du hangar et sortez-moi l'outil sur la pelouse!...

L'architecte chargé de l'édification du hangar avait pris toutes les précautions voulues pour faciliter le dégagement rapide de l'une des façades de cette construction. En peu d'instants les panneaux furent enlevés et l'immense ouverture débarrassée. Le yacht aérien allait pouvoir, pour la première fois, sortir de l'abri où il était garé depuis de longues semaines.

L'équipe de mécaniciens s'attela de chaque côté de la longue nacelle. Sous cette traction, l'aéronat s'ébranla doucement et montra son long museau jaune hors du hall. Fruscou surveillait attentivement la manoeuvre qui s'effectua sans difficulté et il fit amener le ballon sur une pelouse gazonnée, située à une centaine de mètres en avant du hangar. Le temps était calme et le vent presque nul; ainsi qu'on pouvait s'en convaincre en examinant les feuilles des arbres qui frissonnaient à peine.

—Voulez-vous embarquer, je vous prie, mon cher monsieur Réviliod, demanda cérémonieusement l'aéronaute, ouvrant la petite porte donnant accès dans la nacelle.

—Après vous, mon cher ingénieur, repartit le *Petit Biscuitier*. Le ballon est votre oeuvre, je devrais dire votre chef-d'oeuvre, c'est donc à vous de m'en faire les honneurs.

—Pardon, vous êtes chez vous ici, et d'ailleurs il est d'usage que le capitaine ne prenne sa place qu'une fois ses passagers à bord.

—Dans ce cas, je passe le premier, puisque vous l'exigez.

Le néophyte escalada prestement le marchepied et pénétra dans la nacelle.

—Gélinier, appela Fruscou, allez vous mettre au moteur.

L'interpellé, un homme jeune encore, sec comme un héron et vêtu de bleu comme un mécanicien, se détacha du groupe des ouvriers, et, sans dire un mot, se hissa à bord et prit place à côté du moteur, suivant l'ordre qu'il venait de recevoir.

— Avez-vous quelque invité à emmener, demanda l'aéronaute en tournant la tête vers le *Petit Biscuitier* accoudé au bordage de son salon aérien.

— Ma foi non!... répondit celui-ci. Je n'ai encore prévenu personne, ne comptant qu'à moitié sur cette accalmie qui va nous permettre enfin de sortir...

Fruscou allait à son tour se guinder à bord quand, avisant le digne Firmin qui, les yeux écarquillés, suivait la manoeuvre, Claude Réviliod se ravisa.

— Mais, j'y pense, si Firmin nous accompagnait, s'écria-t-il, il pourrait inaugurer sans tarder ses nouvelles fonctions de major-dome aérien!... Allons, Firmin, embarque!...

Le valet de chambre fit trois pas en arrière, en s'entendant appeler par son maître et son visage glabre prit une teinte cireuse. Il balbutia avec effort:

— Il faut... que je monte avec vous, monsieur?...

— Certainement, répliqua impérieusement le jeune homme, s'amusant fort, sans le montrer, de la mine piteuse de son fidèle domestique. Est-ce que tu aurais peur, par hasard?...

— Oh! non!... avec vous et ces messieurs, je sais bien que rien n'est à redouter, murmura, d'une voix éteinte, le malheureux dont les dents s'entrechoquaient en parlant et qui flageolait sur ses jambes. Mais, c'est que je crains d'avoir le vertige...

— On n'a pas le vertige en ballon! Allons, monte!...

— Pas aujourd'hui!... Que monsieur me pardonne, mais je ne me sens pas très bien!...

— Froussard, va!... Tu guériras là-haut!..., insista le sportsman qui s'amusait prodigieusement des grimaces comiques de son factotum.

Celui-ci comprit, au ton de son maître et en entendant les rires des ouvriers autour de lui, qu'il lui fallait obéir, quoi qu'il en eût. Il se dirigea donc vers la nacelle avec autant d'entrain qu'un condamné à mort vers la guillotine, mais il trébucha et il fallut que

Fruscou le soutînt de sa poigne vigoureuse pour qu'il pût franchir le portillon redouté. Il remercia d'un regard où se lisait son épouvante.

—Allons, n'ayez donc pas peur!... fit cordialement l'aéronaute. Bien des gens paieraient cher pour avoir votre place!...

—Et je la leur céderais de bon coeur pour rien!... marmotta l'infortuné laquais, s'affalant, une sueur froide au front, sur la provision de sacs de lest.

La fermeture du portillon claqua; Fruscou, à son tour était monté dans la nacelle, et sans perdre une minute il s'était dirigé vers son siège de pilote, en avant du carré des machines.

—Attention, les enfants, dit-il rondement de sa voix sonore. Suivez exactement les ordres que je vais vous donner! Gélinier, vous allez d'abord mettre en route les deux cylindres à l'essence, de façon à faire tourner le ventilateur et mettre le ballon sous sa pression normale de 30 millimètres d'eau. Gilbert, vous allez débarrasser la nacelle de son excès de lest; les autres maintiendront la nacelle pendant le pesage.

Les ouvriers s'empressèrent. Le moteur fit entendre son bruit caractéristique; sa vitesse une fois réglée, le mécanicien embraya le ventilateur qui se mit à siffler, refoulant un torrent d'air dans l'intérieur du ballonnet compensateur, Fruscou ne quittait pas des yeux l'aiguille du manomètre à eau indiquant la pression interne dans ce récipient. Bientôt le clapet de la soupape automatique du ballonnet se souleva et commença de cracher.

—Stop! commanda l'aéronaute en s'adressant au mécanicien. Il se pencha en dehors de la nacelle.

—Attention, maintenant, à l'équilibrage. Le lest est enlevé, Gilbert?...

—Oui, monsieur l'ingénieur. Tout est «paré».

—Bon!... Levez les mains, tout le monde!...

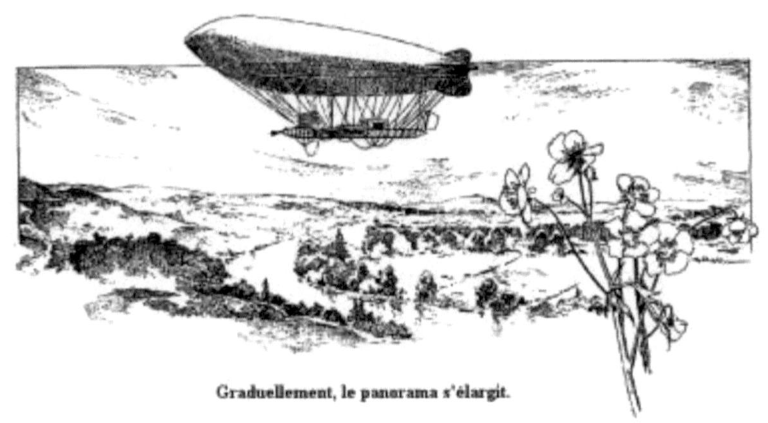

Graduellement, le panorama s'élargit.

Rompus depuis longtemps à cette manoeuvre, les équipiers abandonnèrent la nacelle, au bordage de laquelle ils se cramponnaient. Un léger frémissement parcourut le vaisseau aérien, mais ce fut tout.

—Rattrapez!... ordonna Fruscou. Gélinier, deux sacs de lest dehors! Levez les mains!...

Cette fois, l'énorme masse se souleva avec lenteur et la nacelle perdit tout contact avec le sol. Puis le mouvement ascensionnel s'accéléra; l'aéronat dépassa le niveau des grands arbres entourant la pelouse d'un impénétrable rideau, la campagne étendit son tapis diapré sous les pieds des voyageurs, et graduellement le panorama s'élargit. L'Oise d'abord, la Seine ensuite, apparurent au loin, serpentant comme deux rubans d'argent à travers les prairies, et l'on put distinguer à l'horizon, comme une touffe de mousse vert sombre; la forêt de Saint-Germain. Impressionné par ce tableau grandiose, Réviliod contemplait en silence, tandis qu'une brise légère de l'est entraînait doucement l'aéronat dans la direction des bois de l'Hautie et de Triel. Quant à Fruscou, depuis longtemps blasé sur les spectacles aérostatiques, il s'était borné à consulter sa montre pour connaître l'heure exacte à laquelle s'était opéré le départ et à compter les sacs de lest empilés à bord. Enfin, il se tourna vers l'armateur du yacht aérien.

—Où allons-nous, monsieur Réviliod? lui cria-t-il de sa voix de cuivre.

Le *Petit Biscuitier*, surpris dans sa rêverie, sursauta. Il passa la main sur son front comme s'il sortait d'un songe et demanda:

—Où sommes-nous donc?...

—A quatre cent vingts mètres au-dessus du niveau de la mer si votre baromètre est exact, répondit sérieusement l'aéronaute. Nous allons passer au-dessus du village de Cheverchemont..

—Ma foi, je n'ai pas de préférences, et vous pouvez nous conduire où vous le jugerez bon... Mais j'y pense, si nous en profitions pour aller rendre une petite visite à nos bons amis les émules de Blériot, ce serait peut-être intéressant! Nous verrons s'ils continuent à s'exercer dans leurs sauts de crapaud et leur montrerons, ainsi que je leur en ai fait la promesse, que nous sommes prêts avant eux.

Le jeune homme avait prononcé sa dernière phrase à demi-voix et comme se parlant à lui-même. Il reprit en parlant plus haut et s'adressant alors à Fruscou.

—Dirigez-nous donc, je vous prie, sur Pontoise, Beaumont et Chambly, dit-il.

—Ah!... vous voulez faire un tour du côté de l'aérodrome d'Aéro-villa, peut-être?...

—Précisément. Pouvez-vous nous y conduire?...

—On va essayer, mon cher client.

L'aéronaute se retourna vers le mécanicien, qui avait maintenu depuis le moment du départ le moteur en marche à vide.

—A soixante tours d'hélice, Gélinier, commanda-t-il.

L'ouvrier manoeuvra les manettes d'admission des gaz et d'avance à l'allumage et la nacelle fut agitée d'une violente trépidation sous l'effet de la rotation de plus en plus rapide de l'arbre, mais soudain cette trépidation cessa, en même temps qu'un frou-frou particulier ébranlait la masse d'air à l'avant de la nacelle. Fruscou avait commandé:

—Embrayez l'hélice!...

La vitesse de déplacement du navire aérien s'accrut immédiatement, ainsi que l'on pouvait s'en apercevoir en fixant l'horizon.

L'aéronat arrivait à ce moment au-dessus du pont suspendu reliant le bourg de Triel à la rive gauche de la Seine. Le pilote saisit le volant commandant le gouvernail d'arrière et lui fit opérer un quart de tour; le vaste rectangle de toile s'obliqua et, sous son action combinée avec celle du propulseur, le navire aérien effectua un virage qui l'amena la pointe au vent dans la direction du parc qu'il venait de quitter dix minutes auparavant. Fruscou observa attentivement la vitesse en fixant du regard un point du sol situé exactement sous le ballon. Après quelques instants d'examen, il secoua la tête en grommelant:

—Ça ne va pas vite!... Heureusement que nous avons le gaz!...

Il se tourna vers Gélinier affairé autour de sa machine.

—Mettez en route les deux cylindres à gaz, ordonna-t-il, et faites fonctionner le moteur à pleine puissance.

—Entendu, monsieur l'ingénieur!

Quelques minutes s'écoulèrent, puis l'intensité du ronflement saccadé de la machine s'accrut considérablement. La nacelle vibra sous la poussée des 70 chevaux-vapeur qui actionnaient l'hélice, et le long fuseau de soie jaune troua l'atmosphère comme un gigantesque obus, dont il présentait d'ailleurs un peu la forme.

Le pilote avait installé un anémomètre minuscule sur le bordage et il suivait anxieusement la marche des aiguilles devant les chiffres des cadrans. Enfin il releva la tête.

—Onze mètres de vitesse propre à la seconde, annonça-t-il avec un accent de triomphe. Nous faisons presque du quarante à l'heure en remontant le lit du vent!...

—Un beau résultat, c'est incontestable, et je ne saurais trop vous féliciter de l'avoir atteint!... répliqua Claude Réviliod. Mais laissez-moi vous dire, mon cher Fruscou, qu'il ne me surprend nullement. Je savais ce que je faisais en me confiant à votre science bien connue.

—Alors, vous êtes satisfait?... Vous êtes servi comme vous le désiriez?...

—Dites que je suis enchanté et que je m'applaudis plus que jamais d'avoir préféré, malgré l'engouement actuel qui règne pour l'aviation, le dirigeable à l'aéroplane pour des excursions aériennes!...

Aussi allons-nous célébrer sans tarder cette journée et fêter le succès de votre oeuvre. Firmin, le panier de champagne et les coupes!

L'infortuné domestique, toujours effondré dans un coin du carré des machines, la tête dans les mains pour ne pas voir le vide qui l'entourait, ne répondit que par un gémissement lamentable.

—Allons, debout, tu geindras à ton aise lorsque nous aurons regagné le plancher des humains!... ajouta impérativement l'aéro-yachtman.

—Ah! monsieur, par pitié!... La tête me tourne, je n'ose pas regarder en bas!...

—Eh bien!... regarde en l'air, dans ce cas!... Et dépêche-toi ou je te fais lancer par-dessus bord comme un simple sac de lest!...

Cette menace prononcée d'un ton courroucé, bien qu'au fond de lui Réviliod s'amusât fort de la grimace piteuse du laquais, aéronaute malgré lui, décida celui-ci à se mettre sur ses genoux puis à se redresser en se cramponnant à la main courante régnant tout autour de la nacelle.

—Viendras-tu, enfin, lambin!... cria encore le *Petit Biscuitier* impatienté.

—Me... me voilà, monsieur, me voilà!... Ah!... que c'est profond, le trou en dessous de nous!

—Poltron, va!... grommela son interlocuteur en haussant les épaules. Allons, dépêche-toi!

Blême et flageolant sur ses longues jambes maigres, le valet de chambre, qui éprouvait décidément l'horreur du vide, se traîna péniblement vers le salon et s'efforça d'obéir aux injonctions de son maître. Malheureusement, lorsqu'il fut parvenu à réunir sur un plateau les coupes de cristal, ses mains tremblantes s'ouvrirent involontairement et il lâcha la verrerie qui fut réduite en miettes, à sa grande consternation, en même temps qu'à la réelle colère de Réviliod, qui ne put retenir une exclamation irritée.

—Maladroit!... Est-il possible de voir un domestique aussi stupide!...

—Ne vous chagrinez pas pour si peu, mon cher client, prononça la voix de stentor de Fruscou qui avait entendu le fracas. Il n'a pas le pied aérien, ce garçon!... Ce sera partie remise, à notre retour au garage!... D'ailleurs je ne puis pour l'instant quitter le volant de direction.

Le débutant aéronavigateur se rasséréna quelque peu, tandis que l'auteur de l'accident, de plus en plus affolé, s'empressait de faire disparaître les traces de sa maladresse.

—Où sommes-nous maintenant?... questionna l'armateur propriétaire du navire aérien.

—Nous arrivons à Pontoise. Voyez, la gare est juste sous nos pieds.

—Ah!... Nous ne sommes plus bien loin de Chambly je crois?...

—Nous arriverons au-dessus dans une vingtaine de minutes, à l'allure dont nous marchons. Je vais quitter la vallée de l'Oise, que nous avons suivie jusqu'à présent, et nous obliquerons un peu vers le nord-est... Et le moteur, Gélinier, comment se comporte-t-il?...

—Ça va bien, monsieur l'ingénieur, les quatre cylindres tapent bien régulièrement.

—Vous n'oubliez pas les graisseurs?... l'embrayage, les paliers de l'arbre de l'hélice?...

—J'y ai pensé, monsieur Fruscou. Il n'y a pas d'échauffement sensible. Soudain, le pilote se dressa. Depuis quelques moments, les sons montant de la terre avaient augmenté d'intensité. On distinguait de plus en plus nettement les divers bruits émanant d'un agglomération habitée: les cris des animaux, le sifflet des locomotives, le roulement des voitures, et surtout les exclamations répétées de:

—Un ballon!... Un dirigeable!...

—Diable!... nous descendons bon train, je crois, murmura l'aéronaute. Il n'est que temps de balancer un peu de lest pour nous équilibrer, car nous voici à deux cents mètres!...

Tout en monologuant, il saisit un sac de sable et en vida le contenu dans l'espace. L'effet ne lui ayant pas paru suffisant, il dut répéter la manoeuvre avec un deuxième sac. Le ballon reprit alors

sa marche ascensionnelle et bientôt Pontoise disparut dans l'é-
loignement.

—Six cent cinquante mètres!... annonça l'aéronaute, les yeux fixés
sur le cadran du baromètre.

Le malheureux Firmin comprima une exclamation terrifiée, mais
son maître, se retournant, darda sur lui un regard si féroce que les
paroles lui rentrèrent dans la gorge et qu'il ne songea plus qu'à se
faire le plus petit possible afin d'échapper à l'orage.

Pendant quelques minutes, on n'entendit plus que le frou-frou de
l'hélice se vissant dans les couches d'air. Réviliod avait repris sa
place au balcon et regardait le paysage qui défilait au-dessous de lui
avec une surprenante vélocité.

—Tiens, dit-il, en s'adressant à Fruscou, n'est-ce pas Méru, le gros
village que l'on aperçoit là-bas sur la gauche?...

—En effet! répliqua le pilote, c'est la capitale des boutonniers, le
pays de la nacre. Nous n'allons pas tarder à traverser la voie ferrée
de Paris au Tréport et à apercevoir le champ d'aviation.

Le mécanicien fit entendre une exclamation.

—Qu'y a-t-il donc, Gélinier? demanda l'aéronaute sans tourner la
tête.

—Des aéroplanes, monsieur Fruscou!... Deux, quatre... J'en vois
cinq en l'air, tout là-bas.

—Où donc cela, demanda avec empressement le *Petit Biscuitier* en
se penchant en dehors de la nacelle.

—Droit devant nous, monsieur. Voyez-vous, ils volent presque à
ras de terre!...

Suivant du regard la direction indiquée par le mécanicien de son
bras tendu vers le sol, l'aéro-yachtman finit par distinguer au loin,
des espèces de cerfs-volants cellulaires se déplaçant avec rapidité et
semblant se poursuivre au-dessus d'un terrain à peine grand, vu de
la hauteur où planait l'aéronat, comme un mouchoir de poche.

—Oui, murmura-t-il, les dents serrées, c'est Aérovilla. Ils ne perdent pas de temps, les autres! Ils s'exercent!...

Afin de permettre à son passager d'examiner de plus près les évolutions des hommes-oiseaux, le pilote détermina la descente graduelle du dirigeable en inclinant les plans mobiles dont l'aéronat était muni. Tout en avançant, le ballon s'abaissa, et bientôt il franchit, à deux cents mètres de hauteur à peine, les murs clôturant l'aérodrome du club des aérotouristes. Plusieurs appareils atterrirent aussitôt, et une clameur monta vers la nacelle:

—Ohé!... du dirigeable!... C'est vous, Réviliod?... Descendez donc!...

Les aviateurs avaient reconnu le navire aérien construit par Fruscou, et qu'ils savaient prêt à prendre l'air depuis plusieurs semaines, mais ces invitations cordiales ne pouvaient toucher leur ancien camarade, qui avait été blessé au vif de voir ses avis dédaignés, alors qu'il était bien persuadé d'être dans le vrai en préférant le «plus léger» au «plus lourd» que l'air. Aussi, se borna-t-il à hausser dédaigneusement les épaules sans répondre aux appels qui lui parvenaient.

—Revenons au garage!... dit-il à l'aéronaute. J'en ai assez vu!...

Le dirigeable décrivit un demi-cercle parfait au-dessus du champ d'aviation, et, aidé du courant contre lequel il avait eu à lutter pendant son voyage d'aller, il s'éloigna à l'allure d'un train express dans la direction de la petite ville de l'Ile-Adam, au grand désappointement des aviateurs qui ne concevaient rien à la singulière conduite de «l'ami Réviliod». Le marquis de La Tour-Miranne, seul, eut le soupçon des raisons motivant le refus du *Petit Biscuitier* à se rendre aux désirs de ses compagnons, car il avait pu se rendre compte du formidable orgueil du richissime sportsman, mais il ne fit part à personne de ses réflexions et il se contenta de hocher la tête d'un air méditatif en murmurant en aparté:

—Il tient à nous démontrer la supériorité de ses théories!... Bah!... qui vivra verra!

Et il ajouta à haute voix en s'adressant à ses amis:

—Ne nous émotionnons pas à cause de cette visite imprévue, et, comme le disait autrefois un ministre, dans des circonstances mémorables: Messieurs, la séance continue!

CHAPITRE IX

LE DÉPART DE LA CARAVANE

A QUAND LE DÉPART?—UNE DERNIÈRE ÉPREUVE S. V. P.!—COURSE AU CLOCHER.—QUATRE-VINGTS KILOMÈTRES A L'HEURE.—LES MÉSAVENTURES D'UN BIPLANISTE.—LES IDÉES DU CAMBOUISARD CHARLOT.—VISITE AU DUC DE LA TOUR-MIRANNE.—TENTATIVE DE CHANTAGE AVORTÉE.—LE JOUR DE GLOIRE EST ARRIVÉ.—DÉPART IMPOSSIBLE.

Une dizaine de jours après la visite inopinée du dirigeable Réviliod au champ d'exercice de l'*Aéro-tourist-club*, tous les adhérents de la nouvelle Société se trouvaient réunis sous la vaste tente du restaurant à Aérovilla. Le Mécène des inventeurs, René de Médouville, pérorait.

—Le moment est venu, mes amis, de prendre une décision au sujet de la date de notre périple autour de la France, disait-il. Nous sommes, je crois, suffisamment familiarisés maintenant avec la conduite des autos aériennes pour entreprendre la randonnée dont l'idée a déterminé notre association. Alors, je le répète: à quand le départ?...

—Que le président fixe un jour! répliqua le jeune Médrival. Nous sommes prêts!...

Tous les yeux s'attachèrent sur le marquis de La Tour-Miranne qui tapotait d'un air distrait une marche militaire sur le bord de la table.

—Eh bien, Robert, que décidez-vous?.... interpella le Père Tranquille en frappant familièrement sur l'épaule de son ami. Nous attendons votre décision.

Le sportsman, tiré de sa rêverie, tressaillit.

—Le jour du départ, c'est vrai, murmura-t-il. Il est grand temps de nous en occuper, si nous ne voulons pas être distancés. Eh bien, mes chers camarades, je suis à votre disposition, mais auparavant, je désirerais connaître l'opinion de notre excellent professeur de vol,

M. Martin Landoux, qui, sur ma prière, a bien voulu assister à notre réunion.

—Que voulez-vous dire par là? interrompit Jean d'Outremécourt.

—Une chose bien simple. Nous pouvons, de bonne foi, nous illusionner sur nos véritables capacités d'hommes volants, et c'est la prudence qui m'incite à adresser cette question à M. Landoux. Sommes-nous réellement capables dès maintenant de voler, c'est le cas de le dire, de nos propres ailes?... Rien ne serait plus fâcheux à tous égards, je dirai même, rien ne serait plus ridicule que de nous lancer à l'aventure sans être en possession de tous nos moyens.

—Voudriez-vous nous faire passer un examen pour juger de nos talents, par hasard? s'écria le *Père Tranquille*.

—Eh!... ce serait peut-être utile, après tout.

Martin Landoux jeta à terre le bout de cigarette éteint collé à sa lèvre inférieure.

—Depuis six semaines que je suis les essais de ces messieurs, répondit-il, j'ai pu me convaincre une fois de plus que l'aviation est surtout une question d'apprentissage et d'expérience pratique. Ainsi, au début, c'est à peine si vous pouviez parcourir une centaine de mètres en vol libre, et chaque atterrissage coûtait un patin, une roue ou un morceau de châssis. Petit à petit, vous vous êtes enhardis, vous êtes parvenus à effectuer des départs, des virages et des atterrissages plus corrects, et vous avez moins cassé de bois. Enfin, ces jours derniers, chacun de vous est parvenu à boucler au moins dix fois de suite sans arrêt la piste de l'aérodrome. Je crois donc sincèrement que ce ne serait plus désormais une impardonnable témérité que d'essayer le long voyage que vous rêvez d'accomplir. Toutefois...

—Quoi donc?... Expliquez-vous, fit l'impatient Médouville.

—Je voudrais assister à un dernier essai, à une épreuve définitive d'un tout autre genre. Jusqu'à présent, vous vous êtes bornés à évoluer au-dessus de votre terrain, et au moindre incident, l'équipe arrivait en auto apporter le remède convenable, au besoin ramener l'appareil détérioré au garage. Je crois qu'il serait utile de procéder à une espèce de répétition générale et de voler en pleine campagne, au-dessus des obstacles naturels de toute espèce qui la parsèment. Rien ne serait meilleur pour vous aguerrir, messieurs. Voilà, pour ma part, quelle est mon opinion.

—Eh bien! mais rien n'est plus facile, riposta l'impétueux secrétaire général de l'*Aéro-tourist*. Tous nos appareils sont dans leurs hangars prêts à partir. On va les sortir, et nous exécuterons immédiatement cette course au clocher. Quel sera le but choisi?...

Des applaudissements unanimes accueillirent la proposition, et les touristes se levèrent pour donner aux mécaniciens l'ordre de sortir les aéroplanes, et les ranger sur la pelouse. Le jeune président, accompagné de l'ingénieur Damblin, dont le monoplan avait été réparé, de Médouville et du constructeur-professeur Martin Landoux, se rendit à l'emplacement sur lequel était organisée la petite station météorologique, dont il consulta les divers instruments.

—Pression barométrique 763 millimètres, température 19 degrés 3 dixièmes, direction du vent nord-est, vitesse trois mètres par seconde. Il me semble que le temps ne saurait être plus favorable pour notre tentative. Embarquons donc sans tarder!

—Quel sera le but à atteindre? interrogea Médouville.

La Tour-Miranne réfléchit un instant.

—Le château de Chantilly, si vous voulez, répondit-il.

—Quelle est la distance qui nous en sépare?...

—Cinq petites lieues, tout au plus.

—Est-ce que l'on fera escale?...

—Non, il faut nous efforcer d'accomplir l'aller et retour d'une seule traite. Je propose même, si tout se comporte favorablement, de remonter de Chantilly à Creil et de revenir par Neuilly-en-Thelle. De cette façon, l'épreuve sera plus concluante. Qu'en pensez-vous?

—Adopté!... Adopté!... crièrent les clubmen qui s'étaient rapprochés de leur chef.

—Bon, voilà qui est donc entendu! Ceux d'entre nous qui auront une place libre à leur bord pourront la faire occuper par un mécanicien de l'équipe; ce sera une précaution en cas d'avarie en cours de route à l'un ou l'autre des aéros. Quant à l'ordre de marche, le départ s'effectuera de minute en minute, de manière à n'amener aucune confusion, et l'on ne devra pas essayer de se dépasser en cours de route. Je vais prendre la tête avec M. Landoux comme passager; notre vice-président s'élèvera le second, puis M. de Médouville, M. Breuval, M. Damblin, M. Médrival et ainsi de suite jusqu'au dernier. Est-ce convenu?...

—Oui, oui, c'est convenu, président.

—En ce cas, en route pour Chantilly et Creil, c'est-à-dire en plein est.

Le sportsman escalada prestement les marches conduisant à la cabine de manoeuvres, et s'installa aux leviers de commande. Martin Landoux prit place à côté de lui.

Les moteurs des treize aéroplanes rangés sur une seule ligne pétaradaient avec un vacarme assourdissant. On ne s'entendait plus, et ce fut par geste que le marquis donna le signal du départ.

Le grand oiseau aux ailes blanches glissa quelques mètres sur la piste, et, sous l'effort de ses hélices ascensives battant l'air, il prit son essor.

Le château de Chantilly.

L'aéroplane était parti face au vent, c'est-à-dire vers le nord-est. Arrivé à une trentaine de mètres de hauteur, il décrivit une boucle au-dessus d'Aérovilla, puis, se redressant, il fila en droite ligne vers

134

l'orient, en repassant au-dessus des aviateurs prêts à s'élancer à leur tour.

De minute en minute, un autre appareil se détacha du sol pour suivre la route tracée par le président des touristes, et bientôt on put assister au spectacle jusqu'alors inédit, de treize oiseaux mécaniques de formes différentes se poursuivant dans l'atmosphère calme.

Car, à côté des six biplans dus au génie inventif de Martin Landoux, et qui étaient caractérisés par une paire d'hélices ascensionnelles logées entre leurs deux étages superposés de plans, on pouvait remarquer trois autres appareils du type devenu classique des frères Voisin, à cellule stabilisatrice à l'arrière, et quatre monoplans rappelant, l'un le modèle bien connu de Blériot, l'autre l'*Antoinette*, son malchanceux rival dans la traversée du détroit du Pas-de-Calais, et les deux derniers la minuscule *Demoiselle* de Santos-Dumont, avec toutefois quelques améliorations dans l'agencement des organes stabilisateurs.

Partis à la suite de tous les autres, avec près de vingt minutes de retard sur le biplan du président, les «Demoiselles», dirigés par l'ingénieur Garruel et par l'aventureux Médrival, le plus jeune membre de la Société, ne tardèrent pas à rattraper les biplans, dont le vol était beaucoup plus lent. En seize minutes, ils franchirent les vingt kilomètres séparant Aérovilla du château de Chantilly, et dix minutes plus tard, ils brûlèrent la politesse, malgré la recommandation de La Tour-Miranne, à l'aéro de celui-ci, en vue des usines de Creil.

—Ils dépassent le quatre-vingts à l'heure, c'est fou!... mâchonna Martin Landoux dans sa moustache. S'il y a du bon sens, en vérité, de vouloir faire du tourisme à cette allure-là?

Le président de l'*Aéro-tourist* n'eut pas pour cela la velléité d'augmenter la vitesse du vol de l'appareil qui le portait; il se contenta de maintenir sa moyenne de cinquante kilomètres à l'heure, qu'il trouvait très raisonnable. Depuis son départ d'Aérovilla, il avait mis un peu plus d'un quart d'heure à parcourir les douze kilomètres de distance séparant l'aérodrome de l'Oise, qu'il traversa en face du marais Doucet. Il s'était élevé ensuite à une centaine de mètres pour dominer le coteau et franchir la corne du bois des Bouleaux et le village de Gouvieux. La demi-heure n'était pas écoulée, qu'il planait au-dessus des pièces d'eau du château de Chantilly. Là, il virait au nord, pour passer un peu après au zénith de la Faisanderie dans les bois de la Basse-Pommeraie, puis à portée de fusil du village d'Apremont. Il rejoignait ensuite la route de Senlis à Creil qu'il suivait pendant quelques kilomètres, jusqu'à sa jonction avec la route nationale de Paris-Dunkerque par Clermont et Amiens.

Ce fut au moment où La Tour-Miranne effectuait son second virage à gauche, pour mettre cette fois le cap sur son point de départ, que les deux «Demoiselles» le dépassèrent. Deux minutes plus tard, alors qu'il traversait de nouveau la rivière en face de l'usine métallurgique de Montataire, il fut encore rejoint par Damblin sur son monoplan genre Blériot et par Médouville qui avait mis toute l'avance à l'allumage possible pour rattraper «son président».

Les trois appareils volèrent de conserve, et à peu près sur la même ligne jusqu'à Neuilly-en-Thelle, c'est-à-dire sur un espace d'une quinzaine de kilomètres. En longeant la croupe méridionale du bois Saint-Michel, Martin Landoux dont la vue était des plus perçantes, remarqua au loin une tache blanche dont la forme caractéristique attira son attention.

—Voilà ce que j'appréhendais, dit-il à son compagnon. Un des monos à grande vitesse qui nous ont brûlé la politesse tout à l'heure, n'a pu terminer le parcours. Je l'aperçois là-bas couché sur le flanc.

—Diable!... fît La Tour-Miranne inquiet, si nous allions lui porter secours?...

—Je crois que vous auriez tort. Ils ne sont peut-être pas les seuls dans cette position. Il est préférable, à mon avis, de terminer le circuit et de rentrer directement à Aérovilla. Nous attendrons quelques instants les retardataires et, s'il est nécessaire, nous repartirons pour aller au secours des aviateurs en détresse.

—L'avis est sage, et je me range à votre opinion. Regagnons donc Aérovilla.

Le biplan arrivait à ce moment au-dessus du petit village d'Ercuis. Il suivit un instant la ligne du chemin de fer d'intérêt local allant de Persan-Beaumont à Hermès, puis traversa à quatre-vingts mètres de hauteur le chef-lieu de canton, Neuilly-en-Thelle. Cinq minutes plus tard, il pénétrait dans l'aérodrome et s'abattait sur le gazon.

Le premier mouvement du pilote en touchant le sol fut de tirer sa montre.

—Trois heures vingt-sept minutes! annonça-t-il.

—Nous avons mis par conséquent une heure sept minutes pour parcourir les cinquante-deux kilomètres du circuit, répondit le constructeur.

—Ce n'est pas très remarquable comme vitesse car cela ne nous donne qu'une moyenne de treize mètres par seconde, mais nous avons, en revanche, l'avantage d'une parfaite régularité de marche. Nous ne voulons battre aucun record, n'est-il pas vrai?...

Le président du club parlait encore que, presque simultanément, quatre appareils vinrent se poser à terre sur la pelouse à quelques pas de lui. C'étaient Damblin avec son monoplan genre Blériot, et trois des biplans Martin Landoux; le dernier était celui de Médouville ayant pour passager l'agent secret du *Petit Biscuitier*, Charles Bader dit Charlot.

—Hé bien!... interrogea La Tour-Miranne, pas d'incidents de route?...

—Aucun pour ma part, répliqua le secrétaire général, mais j'ai aperçu Breuval en panne à côté de la ferme de Malassise, avant Creil.

—Encore un, et c'est un biplan, celui-là! Mais les autres?...

—Tenez, président, en voilà encore trois qui arrivent, s'écria Damblin se mêlant à la conversation.

Deux aéroplanes atterrirent encore à quelques minutes d'intervalle. Un quart d'heure, puis une demi-heure s'écoulèrent sans nouvelle arrivée, et il fallut se rendre à l'évidence: trois touristes manquaient à l'appel et étaient sans doute en panne sur quelque point du trajet.

—Allons, dit La Tour-Miranne, je vais voir ce qu'il en est.

—Peut-être serait-il préférable d'y aller en automobile, fit observer Outremécourt. On pourrait emmener ainsi plusieurs mécaniciens.

—Oui, mais la voie de l'air est plus rapide, et j'arriverai plus vite.

Au moment, où le marquis allait remonter à bord de son aéro, une ombre rapide passa au-dessus de sa tête, et la *Demoiselle* portant Médrival s'abattit sur la piste.

—Le mono de Bourdon est en panne non loin de Puiseux, à deux kilomètres à peine d'ici, je viens de le voir, et il m'a fait signe de continuer ma route, s'écria le jeune aviateur sitôt qu'il eut pris terre.

—Il reste donc dans ce cas notre trésorier seul en détresse, déclara Médouville. Sauvons la caisse; je vais m'assurer de la gravité de l'accident dont il a pu être victime.

—Mon aéro est plus rapide que le vôtre; je puis faire du soixante-dix avec lui. Je serai plus vite arrivé, aussi vais-je y voler immédiatement, interrompit le champion du monoplan, l'ingénieur Damblin.

—C'est cela. Hâtez-vous, mon cher camarade, approuva La Tour-Miranne.

Déjà, avec un bruit strident, l'hélice était remise en mouvement, et l'aéroplane filait comme une hirondelle, les ailes déployées. En une minute on l'eut perdu de vue au-dessus du coteau boisé de Puiseux-le-Hauberger. Immédiatement derrière lui, le biplan du président s'envola à son tour.

—Je reviens de suite, cria-t-il, je vais m'assurer si Bourdon n'aurait pas besoin d'aide!

Deux heures plus tard, tous les touristes se trouvaient de nouveau réunis et Breuval qui était revenu à bord du monoplan de Damblin, racontait ses malheurs.

—Ça marchait admirablement bien jusqu'à Chantilly, expliqua-t-il, quand, en arrivant au-dessus de la Haute-Pommeraye, j'ai voulu donner un peu d'avance à l'allumage, le moteur s'est mis à hoqueter, et crac!... il s'est arrêté subitement au moment où j'allais traverser la route de Senlis. J'étais à quarante mètres du sol, j'ai été m'abattre à cent pas à peine des murs d'une grande ferme isolée dans les champs; l'aile gauche de mon aéro est venue au contact du sol et s'est brisée ainsi qu'une palette d'hélice. C'était donc la panne grave, et je ne pouvais songer à repartir et terminer le circuit. Aidé de mon mécanicien, j'ai, en conséquence, procédé au démontage des plans et fait charger le tout sur une voiture de la ferme à la destination de Creil. Ce travail s'achevait lorsque l'ami Damblin est arrivé. J'ai donc laissé la machine aux soins du mécano, qui la ramènera par le *grand frère*, et profitant de l'offre de Damblin, je suis revenu en grande vitesse, — du soixante-quinze à l'heure à cent mètres du sol, s'il vous plaît! — jusqu'ici.

— Enfin, le principal, c'est que nous sommes tous réunis, et ayant effectué le parcours imposé, conclut La Tour-Miranne, qui avait aidé de son côté, et pendant que Damblin courait au secours du trésorier du Club, le jeune Bourdon à regagner l'aérodrome. Bien que nous ayons eu, ainsi qu'il était d'ailleurs à prévoir, quelques incidents de route, il me semble que l'épreuve est concluante et que nous pouvons sans trop d'outrecuidance, entreprendre notre grand voyage de tourisme. Qu'en pensez-vous, mon cher professeur? ajouta-t-il en se tournant vers Martin Landoux.

— Je suis de votre avis, répliqua le constructeur. Il faut bien s'attendre à ce que, sur treize appareils voguant de conserve, il y en aura toujours quelqu'un de victime d'une panne ou d'une maladresse involontaire. Ce n'est pas, cependant, une raison suffisante pour renoncer à toute tentative d'excursion en commun.

— D'ailleurs, ne serez-vous pas des nôtres, monsieur Landoux, interpella Médouville. Avec votre présence continuelle, les accidents de marche seront réduits, j'en suis certain d'avance, à leur minimum de fréquence et de gravité.

— Vous êtes trop bon, monsieur, mais je ne pourrai vous accompagner de bout en bout. J'ai les intérêts de ma maison à surveiller, et vous, moins que tout autre, devrez me faire grief de vouloir tenir des engagements antérieurs.

— Enfin, vous ferez pour le mieux, j'en suis sûr.

— Vous pouvez y compter. Je ne quitterai la caravane que lorsque ma présence sera absolument indispensable aux ateliers de Levallois.

— Enfin, décidera-t-on la date du départ, fit observer le jeune Médrival, le plus impatient de tous.

—Je vous propose de la fixer au premier dimanche de juin, dit l'ingénieur Damblin. Nous aurons ainsi tout le temps de faire nos préparatifs, et au besoin de nous perfectionner dans la manoeuvre de nos véhicules aériens. D'autre part, à cette époque de l'année, les jours sont longs, et nous arriverons à parcourir les deux étapes prévues pour chaque journée.

—Souhaitons que saint Médard ne nous soit pas trop rébarbatif! murmura Bourdon.

La conversation devint générale, chacun tenant à dire son mot sur la question. Enfin la date du dimanche 5 juin fut adoptée à l'unanimité, avec cette correction qu'en cas de mauvais temps, le départ serait remis au dimanche suivant.

—Le 5 juin, fît remarquer Outremécourt qui était ferré sur l'histoire aéronautique, c'est l'anniversaire de l'invention des ballons. Il y aura cent vingt-sept ans, jour pour jour, que les frères Montgolfier ont lancé à Annonay le premier aérostat à air chaud!...

—Des aérostats, il n'en faut plus, déclara gravement Breuval. C'est bon pour un *Biscuitier* comme Réviliod, ces outils-là! Vive l'*aéropanne*!...

—Voilà au moins ce qui s'appelle avoir des convictions bien enracinées, dit en riant Médouville. L'*aéropanne*, c'est une trouvaille, cela! Espérons cependant que, dans notre prochaine excursion, vous ne justifierez pas une fois de plus cet affreux à peu près!

—Je n'ai pas besoin, termina La Tour-Miranne, de vous demander la liste des passagers et passagères que vous comptez faire participer à vos randonnées aériennes. Tous, nous conservons pleine et entière liberté à ce sujet. Attendons patiemment le 5 juin et souhaitons que le beau temps continue, car nous donnerons une belle fête ce jour-là. D'abord, Aérovilla sera ouvert à tout le monde. Puisque nous voulons faire de la propagande et attirer des prosélytes à l'aviation, le spectacle du départ de notre caravane aérienne constituera la meilleure réclame possible.

—Prêcher d'exemple, il n'y a que cela!... conclut sentencieusement le *Père Tranquille*.

Sur ce mot de la fin, les aérotouristes échangèrent de cordiales poignées de mains et regagnèrent leurs autos qui devaient les ramener à Paris.

Deux aéroplanes atterrirent à quelques minutes d'intervalle.

Depuis que, grâce à l'inconsciente complicité du Mécène des inventeurs, Charlot était dans la place afin de servir les desseins secrets de l'orgueilleux et richissime partisan de la navigation aérienne à l'aide de ballons dirigeables, il avait tenu grandes ouvertes les feuilles de rhubarbe collées de chaque côté de son crâne et lui tenant lieu d'oreilles, et ce, dans le but de recueillir le plus possible de renseignements utiles, renseignements qu'il classait dans sa mémoire en vue de leur usage éventuel. C'est ainsi qu'il apprit, par la bouche du dessinateur de l'atelier Martin Landoux, la visite du duc de La Tour-Miranne à son patron. Pendant longtemps, le tortueux personnage chercha vainement quel avait pu être le but de cette visite insolite, mais quelques mots d'amertume échappés au président de l'*Aéro-tourist-club*, au cours, d'une conversation tenue sans méfiance devant lui avec son ami Outremécourt, le mirent sur la voie.

—Il n'y a pas de doute, rumina-t-il, le père ne voit pas d'un bon oeil son unique héritier se lancer dans les aéros, et c'est, ou bien parce qu'il a peur de le voir se démolir la *ciboule*, ou bien parce que ça le chiffonne, cet homme, de voir son fils s'exhiber en public comme un numéro de cirque. Ce serait peut-être un filon à exploiter que d'aller lui proposer d'empêcher M. Robert de participer à la caravane! Il y aurait double bénéfice pour moi, puisque M. Réviliod m'a promis dix mille francs pour la même chose. Or, je connais assez bien mon affaire pour amener le résultat en question. Oui, décidément, c'est là une idée à creuser!

Après avoir longuement réfléchi aux avantages et aux inconvénients qu'une semblable tentative pouvait présenter pour lui, le gredin finit par écrire au duc en lui exposant qu'il se faisait fort d'empêcher M. Robert de La Tour-Miranne de prendre part au voyage aérien qu'il avait organisé. Il ajouta que, dans sa situation, il était certain de déjouer la surveillance assidue du constructeur Martin Landoux, mais que, vu les risques courus par lui, dans cette entreprise, il se voyait obligé de demander une compensation à M. le duc, compensation dont il laissait le chiffre à sa générosité.

Charlot n'osa pas toutefois signer son épître, dans la crainte que M. de La Tour-Miranne indigné d'une semblable proposition, communiquât sa prose à son fils ou à Landoux, ce qui aurait eu pour conséquence immédiate de l'empêcher de gagner la prime promise par le *Petit Biscuitier*. Il prit même la précaution de déguiser son écriture et de signer de la simple lettre de l'alphabet Y, suivi du chiffre 24 qui était celui correspondant à son âge. De cette façon, on lui délivrerait sans difficulté la lettre, si le duc lui adressait une réponse à la poste restante ainsi qu'il osait le lui demander.

Ce ne fut pas sans quelque émotion que, le dimanche suivant l'envoi de sa missive, le tortueux personnage se présenta au guichet du bureau de poste indiqué et demanda s'il n'y avait pas une lettre pour Y 24. Il tressaillit quand l'employé lui tendit une enveloppe grand format portant cette suscription.

A peine sorti du bureau, l'ouvrier déchira avec impatience le papier. Il contenait simplement ces mots qui le rendirent perplexe.

«Veuillez passer jeudi à quatre heures à mon hôtel.»

Il n'y avait aucune signature.

—Diable! pensa Charlot, c'est grave ça. Pourvu que ma lettre ait bien été remise au duc et que ce ne soit pas M. Robert qui me reçoive à sa place! C'est ça qui ne serait pas drôle!... Ma petite combinaison serait à vau-l'eau, alors!... Ma foi tant pis, je demanderai un congé jeudi après-midi sous un prétexte quelconque et nous verrons bien. Qui ne risque rien n'a rien!...

Le mécanicien sollicita donc de Martin Landoux la faveur de s'absenter quelques heures le jour indiqué, et le constructeur, qui n'avait eu jusqu'alors qu'à se louer de ses services, le lui accorda sans difficulté. Charlot s'empressa de quitter Aérovilla, rassuré sur l'issue de l'entrevue qu'il allait avoir, par ce fait que le président de l'*Aéro-tourist-club* venait d'arriver dans son auto pour exécuter quelques vols et continuer son entraînement avant le prochain départ.

Introduit sans difficulté auprès du duc, grâce à sa lettre d'audience, la conversation s'engagea sans préambule, après que M. de La Tour-Miranne eut toisé des pieds à la tête son visiteur, dont le singulier aspect avait paru quelque peu le surprendre.

—C'est vous qui m'avez écrit la lettre que voici?... questionna brièvement le père de Robert.

—C'est moi, monsieur le duc.

—Comment avez-vous pu supposer que j'avais un intérêt quelconque à empêcher le marquis d'agir suivant son bon plaisir?...

L'ouvrier mentit avec impudence.

—Je l'ai appris par M. Landoux, le constructeur d'aéros, qui a raconté partout que vous lui aviez offert de grosses sommes afin que M. de La Tour-Miranne ne fût pas du voyage projeté. Il vous a refusé, mais moi je ne suis qu'un pauvre ouvrier, et mes moyens ne me permettent pas d'avoir de telles délicatesses. J'ai quatre enfants qui crient la faim, et la misère excuse bien des choses, n'est-ce pas, monsieur le duc?...

Le vieux noble eut un sourire de dédain.

—Quel monde!... songea-t-il. Et pourtant c'est dans la société de gens de cet acabit que se plaît M. le marquis de La Tour-Miranne, dernier du nom!...

Il reprit à haute voix, avec sécheresse:

—Je ne vous demande ni qui vous êtes, ni quels moyens vous comptez employer pour empêcher M. de La Tour-Miranne de suivre ses compagnons. Je me borne à répéter l'offre que j'ai, en effet, adressée à M. Landoux, lequel a eu tort de crier sur les toits, ainsi que vous me l'apprenez, son dévouement et son désintéressement. J'offre vingt mille francs à la personne qui, d'une façon ou de l'autre, sera parvenue à éliminer M. de La Tour-Miranne du voyage.

—C'est comme si c'était fait, mon prince, s'écria le mécanicien alléché par cette offre. Le président de l'*Aéro-tourist-club* ne pourra pas partir, je vous en donne d'avance mon billet, car je connais mon affaire. Vous pouvez préparer un chèque au porteur pour cette somme; je viendrai le chercher le lendemain du départ manqué. Et ce n'est pas moi qui vendrai la mèche comme a fait M. Landoux!

—C'est bien, réussissez, et l'argent sera à vous, conclut le vieux noble en sonnant un valet pour reconduire son visiteur, dont l'aspect lui répugnait.

Sorti de l'hôtel du duc, Charlot exulta.

—Vingt mille balles!... c'est un plaisir que de travailler pour ce vieux noble-là!... monologua-t-il.

Soudain, il s'arrêta sur le trottoir, et se frappa le front comme si une idée subite l'illuminait.

—Mais j'y pense!... continua-t-il, si maintenant je disais à mon protecteur n° 1, M. Réviliod, que je ne marche plus dans sa combinaison, qu'une personne—que je ne lui nommerai pas, bien entendu!—m'a offert le double de ce qu'il m'a promis, pour faire le contraire de ce qu'il me demande! Je suis sûr qu'il augmentera sans barguigner le chiffre de la prime. Il faut que ça me rapporte cinquante mille francs, cette petite affaire-là!... Allons-y donc carrément!...

Sous l'empire de ce nouveau sentiment, le mécanicien se dirigea sans tarder vers l'hôtel du *Petit Biscuitier*, en monologuant pour essayer de justifier la trahison qu'il méditait.

—Pour des raisons qui ne me regardent pas, tous ces gens-là veulent empêcher M. de La Tour-Miranne de faire-son tour de France en aéro. Je serais bien niais de ne pas profiter de cette occasion de ramasser un petit capital. Après tout, il m'indiffère ce M. le marquis, il ne me regarde pas plus qu'un pot d'échappement, tant pis s'il, lui arrive du désagrément; d'ailleurs ce n'est pas grave puisqu'on veut simplement l'obliger à rester par terre!...

Ayant ainsi allégé sa conscience grâce à ce raisonnement spécieux, l'avide personnage pénétra dans la cour du petit hôtel habité par le rival de Robert de La Tour-Miranne. Claude Réviliod était, par le plus grand des hasards, présent, mais, plus affairé que jamais, il reçut son affidé pour ainsi dire entre deux portes.

—Qu'est-ce qui vous amène? dit-il. Parlez vite, je suis pressé.

Avec des circonlocutions embarrassées, Charlot exposa sa prétendue situation entre deux obligations contraires. Il ne demandait pas mieux,—à l'entendre!—que de tâcher de contenter M. Réviliod, mais d'un autre côté, il ne pouvait pas sacrifier sans dédommagement la somme qui lui était offerte pour assurer le bon fonctionnement de l'aéroplane de M. de La Tour-Miranne.

Le *Petit Biscuitier* avait écouté sans sourciller les phrases alambiquées de l'ouvrier. Sous des dehors évaporés, Réviliod cachait un esprit de commerçant avisé et il ne voulait payer une chose qu'au prix juste qu'elle lui paraissait valoir. Il alla donc droit au but.

—Qui a bien pu vous offrir ce que vous me dites pour vous empêcher d'agir ainsi qu'il était convenu, répliqua-t-il. Vous n'avez pas été vendre la mèche à La Tour-Miranne pour vous faire payer des deux côtés, hein?...

—Oh! monsieur! fit Charlot d'un air scandalisé, vous ne le pensez pas! Je ne voudrais pas que vous ayez, par ma *bavardise*, des histoires désagréables avec M. de La Tour-Miranne, envers qui je n'ai pas de préférence, je vous l'assure bien. Je ne sais même pas le nom de l'homme qui m'a fait cette proposition, la semaine dernière. Je me suis seulement dit que l'on devait se douter qu'il y avait un coup monté contre M. Robert, puisqu'on me promettait vingt mille francs afin de veiller sur lui, juste le double de ce que monsieur m'a promis, pour exécuter le contraire.

Réviliod, pendant que le mécanicien parlait, avait eu le temps de réfléchir. Il flaira une tentative de chantage et résolut d'y couper court.

—Je vous ai dit, en effet, que je vous donnerais la somme dont vous parlez, si la tentative du marquis de La Tour-Miranne échouait, riposta-t-il nettement. C'est un mauvais tour que je veux lui jouer, pour des raisons à moi connues, et rien de plus. Si quelque bonne âme l'a pris sous sa protection et vous a proposé la forte somme afin de le défendre, ce qui me paraît assez extraordinaire, car il est bizarre que ce soit à vous un inconnu que l'on ait été précisément faire cette proposition, plutôt qu'a votre patron par exemple, je ne vois rien de mieux que vous acceptiez une offre qui peut vous enrichir. Veillez donc sur le sort de M. de La Tour-Miranne, mon bon ami, et n'en parlons plus. J'irai même plus loin: je ne vois aucun inconvénient à ce que vous repreniez votre liberté d'action et que vous avertissiez La Tour-Miranne que j'ai renoncé à mon projet de l'empêcher de partir.

Tout en parlant ainsi, le *Petit Biscuitier* tenait son interlocuteur sous son regard inquisiteur. Mons Charlot était loin de posséder l'art de savoir dissimuler ses impressions, aussi l'aéro-yachtman put-il facilement lire sur ses traits la marque d'un profond désappointement, ce qui le confirma dans ses soupçons sur la bonne foi de son affidé. Celui-ci balbutia:

—Alors, monsieur ne donne pas suite à ses projets!... La prime de dix mille francs?...

—Je la supprime. Vous toucherez celle de vingt mille, cela vaudra mieux pour vous, d'autant plus que vous n'aurez qu'à protéger au lieu d'essayer de nuire.

Le gredin, voyant ainsi échouer sa fameuse combinaison, faisait piteuse figure. Réviliod le considéra un instant en silence, puis il lui dit brusquement, en le tutoyant pour la première fois et le regardant, comme on dit, dans le blanc des yeux:

—Avoue que tu as voulu me faire chanter et qu'il n'y a pas un mot de vrai dans ce que tu m'as dit.

Dompté par cette volonté qu'il sentait supérieure à la sienne, confondu surtout de cette perspicacité, le mécanicien, se voyant deviné, ne sut que répondre. Il se sentait pris dans ses mensonges et ne savait comment en sortir...

—Ton histoire est stupide, continuait le sportsman, et elle ne fait guère honneur à ton imagination. Tu as cru que je doublerais la somme promise dans la crainte de te voir divulguer notre accord ou de manquer ma petite vengeance. Eh bien! tu t'es trompé dans ton calcul, et je ne marche pas, ainsi que tu le voudrais. Bien au contraire, si tu parlais, si tu disais un seul mot de ce qui s'est passé entre nous, c'est toi qui te brûlerais et te ferais ignominieusement chasser d'Aérovilla et de partout. Telle est la vraie situation, mon bonhomme. Tu n'es pas à la hauteur, vois-tu! Maintenant, adieu, nous ne nous reverrons plus.

Désespéré, Charlot se jeta aux genoux du *Petit Biscuitier* qui s'éloignait.

—Pardon!... pardon!.., s'écria-t-il. Oui, monsieur, j'avoue. Je suis un affreux menteur, un carottier. C'est la vérité, j'ai inventé tout ce que je vous ai raconté dans le but de vous faire augmenter la somme.

Réviliod qui s'éloignait déjà, tourna la tête et, d'un ton bref:

—En voilà assez!... dit-il du ton autoritaire et cassant qui lui était habituel. Je vous ai montré, maître drôle, que l'on ne me trompe pas, moi. Je n'ai pas l'habitude de revenir sur ce que j'ai dit une fois. Si vous exécutez les ordres que vous connaissez, vous toucherez votre prime et rien de plus, entendez-vous bien? Et tâchez, dans votre intérêt, de tenir votre langue, ou gare! Là-dessus, adieu, je suis pressé.

L'ouvrier resta un moment déconfit et surtout dépité du mauvais succès de sa combinaison. Il dut s'avouer que le *Petit Biscuitier* était plus malin qu'il ne l'avait supposé. Enfin, il secoua la tête pour chasser ces idées chagrines et se rasséréna en songeant:

—Il est heureux que j'aie pu sauver ma prime; il ne voulait plus rien savoir, ce brigand-là!... Enfin vingt mille du père et dix mille de l'autre, cela fait encore un beau sac, avec lequel je pourrai réaliser le rêve que je fais depuis longtemps. Il s'agit maintenant de les gagner, ces trente mille francs-là, et il faut me dépêcher, puisque c'est dans huit jours, le fameux départ!...

Le grand jour, si impatiemment attendu, du départ de la caravane aérienne, arriva enfin.

Depuis quinze jours, l'animation était extrême au parc d'Aérovilla. Les clubmen procédaient à leurs derniers préparatifs en vue du long périple à exécuter. Martin Landoux et ses aides étaient sur les dents. Les moindres organes des treize appareils qui allaient prendre simultanément leur vol furent l'objet d'une visite minutieuse. Le jeu des gouvernails de profondeur et de direction fut vérifié, ainsi que l'élasticité des pièces du châssis et du chariot. Enfin, les moteurs et les propulseurs subirent également un examen détaillé, de façon à réduire au minimum les chances de panne, tout au moins pendant les premières étapes. Le biplan du président fut, bien entendu, le mieux soigné de tous, et Charlot s'empressa autour de lui pendant plusieurs jours. Il paraissait évident qu'avec de telles précautions, tout ne saurait manquer de fonctionner à merveille.

Le temps s'était mis décidément au beau, et laissait espérer une excursion agréable.

L'enthousiasme des touristes était général, et les jeunes gens se promettaient mille agréments avec ce nouveau moyen de locomotion. Grâce aux enseignements pratiques de Martin Landoux, ils possédaient à fond le maniement des appareils aériens qu'ils avaient appris à conduire, et nul ne songeait à se défier des caprices de l'atmosphère.

— Alors, où devons-nous coucher ce soir? demanda un jeune membre de l'*Aéro-tourist-club* à l'ingénieur Damblin qui avait assumé les fonctions de fourrier.

— Nos chambres sont retenues à l'*Hôtel de Picardie* à Amiens, répliqua celui-ci en consultant son carnet. Le point d'atterrissage désigné est le parc de la Hotoie, et les appareils y seront garés pendant la nuit.

— Et à quelle heure devons-nous prendre le départ ici?...

— A partir de trois heures, et de deux en deux minutes suivant l'ordre qui sera indiqué par un tirage au sort.

— C'est pour le mieux.

Les spectateurs commençaient à affluer; bientôt la pelouse fut noire de monde. Les membres du bureau du Club étaient surtout très entourés; La Tour-Miranne, son ami le *Père Tranquille*, Outremécourt, et le secrétaire général, le remuant Médouville, ne savaient plus à qui entendre, et ce dernier se plaignait même d'avoir l'avant-bras démanché à force d'échanger des *shake-hand* avec les arrivants.

Les aéros avaient été amenés sur la piste, et disposés à cinquante mètres l'un derrière l'autre dans l'ordre déterminé par le tirage au sort. Il avait été convenu qu'à chaque étape, le monoplan du fourrier s'envolerait le premier pour aller avertir de la prochaine arrivée de la caravane aérienne. Les douze autres appareils suivraient dans l'ordre. Médouville devait partir troisième, Outremécourt avait le numéro cinq et La Tour-Miranne le numéro neuf.

Une solide barrière avait été aménagée pour séparer les aviateurs du public. Le service d'ordre, formé par deux gendarmes et le garde champêtre de Puiseux, refoula les simples spectateurs en arrière de cette séparation, de façon à dégager la piste, et, à trois heures précises, le départ fut donné au monoplan genre Blériot de l'ingénieur Damblin.

Au signal, l'appareil dont l'hélice tournait à toute vitesse, bondit en avant. Après une cinquantaine de mètres de parcours, il se détacha du sol, s'éleva peu à peu tout en s'éloignant, puis il fit un crochet, vint repasser à une trentaine de mètres au-dessus de la tête des spectateurs qui l'acclamèrent, et s'éloigna enfin définitivement, à l'allure d'un train bien lancé, dans la direction du nord.

Successivement, Garruel ayant à son bord un ami devant lui servir de second, Médouville avec un mécanicien, Outremécourt avec M'lle Gèneviève, qui était enfin parvenue à obtenir l'autorisation d'accompagner son frère, Médrival, sur sa *Demoiselle* type Santos-Dumont, Léonce Breuval, le trésorier, et les autres touristes quittèrent le sol suivant la route tracée par Damblin. Le tour du président de prendre la route des airs était venu.

L'hélice fut mise en mouvement, et le pilote manoeuvra ses leviers pour embrayer ses hélices ascensionnelles.

Le levier lui échappa de la main et retomba inerte. Un craquement avait retenti ébranlant tout le mécanisme. L'aéroplane fit un bond et retomba lourdement à terre, dans un fracas de bois qui se brise. Un cri de terreur, s'éleva de la foule, mais déjà La Tour-Miranne était sur pied et il indiquait par ses gestes qu'il n'avait aucun mal. Seul, l'appareil paraissait hors de service.

Charlot avait passé par là, et dissimulé au fond d'un hangar, il avait suivi la scène de loin. En voyant le biplan s'écrouler, disjoint de partout, il eut un affreux sourire de triomphe.

—J'ai gagné mes trente mille francs! murmura-t-il.

CHAPITRE X

LA PREMIÈRE ÉTAPE

UN ACTE ÉVIDENT DE SABOTAGE.—QUEL EN PEUT-ÊTRE L'AUTEUR?—RÉPARATION INSTANTANÉE.—UN TOUR DE FORCE DE MARTIN LANDOUX.—LA TOUR-MIRANNE S'ENLÈVE ENFIN.—RÉFLEXIONS EN COURS DE ROUTE.—DIX MINUTES D'ARRÊT.—UN CYCLISTE COMPLAISANT.—LE LONG DE LA ROUTE D'AMIENS.—ARRIVÉE A L'ÉTAPE.—RETOUR DE LANDOUX A PARIS.

Le premier sentiment suscité parmi la foule assistant au départ de la caravane aérienne par la chute de l'aéroplane monté par le président de l'*Aéro-tourist-club* fut la stupeur. Un bourdonnement d'exclamations succéda à ce moment de surprise. Quelques assistants plus hardis sautèrent par-dessus la barrière et, en quelques minutes, l'appareil se trouva entouré d'une cinquantaine de personnes se pressant et se bousculant pour voir de plus près ce qui allait advenir.

Le marquis de La Tour-Miranne n'avait rien perdu de son sang-froid. Avant de rechercher quelle pouvait être la cause de l'accident dont il venait d'être victime, il s'empressa de dire à son passager, qui n'était autre que le constructeur Martin Landoux:

—Il reste quatre aéros à faire partir. Que ce qui vient d'arriver ne retarde pas leur départ, nous aviserons ensuite. Faites vite, je vous prie!...

Sans dire un mot, le professeur d'aviation se dirigea vers les aéroplanes qui attendaient leur tour de s'enlever et transmit à leurs pilotes l'ordre du président. Pendant ce temps, ce dernier faisait, remorquer l'appareil détérioré sous un hangar dont la porte fut refermée hermétiquement au nez des curieux désappointés.

Dix minutes plus tard, Martin Landoux était de retour, les derniers hommes-oiseaux ayant pris leur vol.

—C'est fait! annonça-t-il en pénétrant dans le garage.

—Vous avez prié les derniers partants de prévenir nos amis de ce qui vient d'arriver? interrogea le jeune homme.

—Certainement, et je leur ai dit de ne pas s'inquiéter, que vous les rejoindriez ce soir, le malheur une fois réparé.

Robert de La Tour-Miranne hocha la tête d'un air de doute.

—Ce soir, ce n'est guère à espérer, dans l'état où est l'appareil, murmura-t-il.

—Diable!.. C'est grave?...

—Certes, et pour moi je regarde l'aéro comme complètement hors de service.

—Comment cela!... Un départ mal pris ne peut avoir de-telles conséquences!...

—Le départ n'a pu s'effectuer normalement par la seule raison de ce fait que tout le mécanisme a été saboté par une main-criminelle!...

—Ce n'est pas possible! Quelle est là pièce qui n'a pas fonctionné?...

—Vous avez bien entendu, mon cher Landoux, un craquement significatif quand j'ai voulu embrayer les hélices ascensionnelles?...

—Oui, il m'a semblé percevoir, dans le brouhaha, comme un bruit qui n'était pas ordinaire.

—Eh bien! ce bruit provenait de la *boîte des vitesses*. Je vous le répète, c'est volontairement que cet organe a été détérioré pour me faire manquer mon départ. Que l'on démonte cette pièce et l'on verra si je me trompe. De plus, cet arrêt subit et imprévu a amené l'arrêt et la chute à pic de l'aéro, mais le choc contre terre n'a pas été assez violent pour déterminer les détériorations que j'ai constatées. Je suis persuadé que les ruptures étaient amorcées d'avance. Voyez plutôt par vous-même!

Le constructeur procéda à un examen minutieux de toutes les parties de la machine volante.

Quand, cette inspection terminée, il se retourna vers le marquis, il était pâle.

—Il est évident, en effet, articula-t-il enfin d'une voix altérée, que c'est un coup monté de longue main, et si je connaissais le misérable qui a été capable d'un crime pareil, il passerait un mauvais quart d'heure, je vous le garantis! Deux tubes du châssis sont faussés et à demi-rompus; l'hélice a une pale de cassée, la boîte des vitesses devra être changée et je crains que le moteur n'ait également été mis hors de service.

—Vous voyez donc bien!...

—Je vois surtout que vous ne me connaissez pas encore, monsieur Robert, dit d'un ton résolu l'aviateur. J'ai dit que vous rejoindriez ce soir vos amis, vous les rejoindrez. Dans deux heures le malheur sera réparé.

—Deux heures!... Ce n'est pas possible!...

—Eh bien! nous allons essayer, cependant! Occupez-vous donc de renvoyer le public; de mon côté je vais faire le nécessaire pour remettre les choses en l'état avec l'aide de mon équipe...

—Mais vous n'arriverez pas!...

—Pourquoi pas! Sachez donc, monsieur Robert, que, sous mon apparence bon enfant, j'ai un caractère très méfiant et ne se faisant guère d'illusion sur les gens et sur les choses.

—Que voulez-vous dire par là?...

—Que j'ai pris mes précautions en vue d'un accident possible, et que le magasin d'Aérovilla renferme toutes les pièces de rechange nécessaires, notamment un moteur supérieur même à celui-ci. On va donc démonter tout ce qui a été volontairement abîmé et vous verrez que nous partirons quand même?...

Cette assurance dissipa un peu l'abattement auquel le marquis était en proie. Il reprit donc son masque souriant pour aller présenter à la foule, parmi laquelle il comptait nombre d'amis, ses excuses pour le retard involontaire mis à son départ par la rupture subite et imprévue d'une pièce de la machine. Il annonça en même temps que l'on allait immédiatement procéder à la réfection de la pièce détériorée et que le départ aurait lieu le soir même.

Des acclamations satisfaites accueillirent cette communication et plusieurs personnes persistèrent à attendre la fin de la fête et l'ascension annoncée. Toutefois, le plus grand nombre préféra regagner la capitale, sans séjourner plus longtemps.

Déjà Martin Landoux était à l'oeuvre avec son équipe, dont Charlot faisait obligatoirement partie. Tout d'abord, le coquin avait ricané d'aise en songeant qu'il avait bien pris toutes ses précautions et qu'il serait impossible de remettre en état, au moins avant plusieurs jours, l'aéroplane à moitié détruit. Pendant ce temps, il courrait à Paris encaisser le prix de sa trahison, et, l'argent une fois empoché, il se soucierait fort peu du reste. M. Robert de La Tour-Miranne pourrait rester irrémédiablement cloué à terre sous le hangar d'Aérovilla ou s'enlever ensuite et rejoindre ses amis, il s'en moquait autant qu'un poisson d'une pomme.

Mais son allégresse intérieure ne tarda pas à se transformer en une rage froide doublée de stupéfaction quand il vit ses deux coéquipiers, le contremaître et Pouliot, le meilleur ouvrier des Établissements Landoux et Cie, revenir du magasin avec une hélice, un embrayage et un moteur complets, le tout prêt à être mis en place.

—Allons, *presto*, vous autres, articula impérativement Martin Landoux qui avait dépouillé son veston pour revêtir ses habits de travail en toile bleue, déblayez-moi vivement la place, que l'on remette tout en état. Vous, Charlot, occupez-vous de l'hélice; Pouliot, de son côté, se chargera avec Fossard de la réparation du châssis, tandis que je me réserve avec le contre-maître le moteur et la boîte des vitesses. Et vivement, n'est-ce pas? Les heures seront payées triple!...

Quatre heures sonnaient à ce moment. Les ouvriers, stimulés par la promesse d'une gratification, se mirent avec ardeur à la besogne, sous la direction du patron.

—C'est égal, grogna le contre-maître en serrant à bloc les écrous fixant le moteur neuf au châssis, je me demande par où a pu passer le brigand qui a fait ce coup là, et à quel moment il a pu se livrer à son travail!... Hier encore, M. de La Tour-Miranne a fait plusieurs vols et tout marchait à merveille. Ce ne peut donc être que cette nuit que l'opération a été bâclée. Et c'était un gaillard qui s'y connaissait, pour avoir, ainsi qu'il l'a fait, dégradé juste les points faibles de la machine!...

—Qui était donc de garde, cette nuit, demanda Landoux sans arrêter de travailler.

—Le père Havard, le gardien d'Aérovilla, comme tous les jours, répliqua le maître-ouvrier. Et il n'a rien vu de suspect, probablement, car il m'a affirmé ce matin qu'il n'y avait rien eu de nouveau. Le brigand avait sans doute bien pris ses précautions pour ne pas être aperçu!

Tout en frappant à coups redoublés sur son chasse-clavettes, Charlot ne perdait pas une syllabe des paroles de son chef, et un rictus de dédain découvrit ses chicots inégaux.

—Cherche, mon vieux, cherche!... pensa-t-il. Tu ne te doutes guère que c'est moi qui ai exécuté ce petit travail avant que tu ne te sois levé. Ce n'est pas pour des pommes que j'ai été *serrurerier* et que j'ai appris à fabriquer toutes sortes de clés. Ça m'a servi pour entrer dans le hangar, malgré les cadenas de sûreté que vous pensiez protéger si bien la porte contre les gens curieux. Et puis, je n'en avais pas pour longtemps à déclaveter le *train-baladeur* de la boîte aux vitesses, jeter une poignée d'émeri dans le graisseur du moteur et entailler d'un bon coup de scie les douilles d'assemblage des longerons. A moins de me prendre sur le fait, vous ne pouviez pas vous douter du petit coup de trafalgar que je vous ménageais, aussi j'étais bien tranquille et je le suis encore, croyez-le, mes bons amis!

Et sans éprouver le moindre remords de sa criminelle conduite, car c'était un véritable abus de confiance dont il s'était rendu coupable, l'odieux personnage poursuivit son travail en affectant d'être extraordinairement affairé. Mais son front ne tarda pas à s'assombrir en remarquant l'activité fébrile déployée par ses collègues, et il grogna entre ses dents:

—Que le diable les enlève et les cuise tout vifs dans sa grande marmite! Ils sont en train de me voler les trente mille francs que j'avais si bien gagnés. Comment faire pour les obliger à remettre la suite de l'opération à demain, que j'aie au moins le temps d'aller chercher mes deux chèques!

Il eut beau fouiller dans sa cervelle un moyen de faire abandonner le travail par le patron et ses aides, mais tous les projets qu'il imagina l'un après l'autre étaient impraticables. L'idée lui vint même de mettre le feu au hangar mais c'était bien grave. S'il y avait quelqu'un de rôti dans l'affaire, il pourrait le payer cher.

—Quel dommage que je n'aie pas eu cette idée-là plus tôt!... songea-t-il. Je me serais épargné bien de la besogne cette nuit! Il me suffisait d'arroser d'essence les toiles de l'aéro et de lancer de loin une allumette-tison, tout flambait et il n'en serait rien resté! Au lieu de cela, je crois que le mal de chien que je me suis donné aura été complètement inutile. Avoir tant risqué pour que cela ne serve de rien, vrai c'est une amère pilule à avaler!...

Quoi qu'il en eût, l'affidé du *Petit Biscuitier* et du duc de La Tour-Miranne devait assister, sans pouvoir montrer son dépit, à la reconstitution de l'appareil qu'il avait désemparé. Le moteur neuf, du fonctionnement duquel Martin Landoux était sûr d'avance, l'ayant essayé à diverses reprises à l'atelier, avait pris la place de celui bourré d'émeri pulvérisé. L'embrayage était rétabli, la ligne d'arbre rectifiée avec ses articulations à la Cardan, enfin le châssis faussé avait été redressé, consolidé et les roues voilées du chariot de lancement remplacées. L'aéroplane du président de l'*Aéro-tourist-club*, comme le légendaire couteau de Jeannot était radoubé à neuf et redevenait prêt à reprendre la route des airs. Une fureur concentrée étranglait l'ouvrier mécanicien qui voyait ainsi s'envoler en fumée la somme relativement élevée qui lui avait été promise pour éviter ce dénouement.

Au moment où six heures allaient sonner, Robert de La Tour-Miranne fit irruption dans le hangar où les cinq hommes redoublaient d'activité pour terminer au plus vite le remontage.

—Eh bien! demanda-t-il de sa voix harmonieusement timbrée, pensez-vous toujours réussir, mon cher Landoux?

—Mais c'est fait, c'est terminé!... répondit joyeusement le constructeur essuyant son front baigné de sueur, et se balafrant ainsi d'une large traînée de cambouis. On peut maintenant sortir l'outil et l'essayer cinq minutes au point fixe avant de partir rejoindre les autres.

Les traits assombris du sportsman rayonnèrent de satisfaction; son regard étincela.

—Vraiment, vous êtes parvenu en aussi peu de temps à réparer mon malheureux esquif!... s'écria-t-il. C'est un véritable tour de force, en vérité, et je ne sais comment vous en remercier!

—Bah!... fît Martin Landoux, ça n'en vaut pas la peine, monsieur Robert. J'ai dit que vous partiriez quand même, vous allez partir. Je n'ai qu'une parole!...

—Dans tous les cas, vos ouvriers accepteront bien une modeste gratification en récompense de la bonne volonté qu'ils ont mise à vous seconder, ajouta le marquis en tendant un large billet bleu au contremaître.

—Ma foi, ce n'est pas de refus, monsieur, cela encourage toujours; répliqua le maître-ouvrier et nous vous remercions bien. Je vais répartir la somme entre mes hommes, n'est-ce pas?...

—Certainement, mon ami.

Pour sa part, Charlot reçut cent francs qu'il fourra dans sa poche d'un air rageur.

—Tu n'as pas l'air content, Charlot, remarqua le contremaître surpris.

—Il y a de quoi, en vérité, grogna le Lagardère des Établissements Landoux. Une misère pareille pour un homme si riche et quand je pense que...

—Tu penses quoi?...

Tiré brusquement de ses réflexions par cette question directe, le bossu passa sa main sur son front comme s'il sortait d'un rêve. Un peu plus il allait se trahir devant son chef. Il tressaillit et revint au sentiment de la réalité. La prudence lui commandait de dissimuler son dépit.

—Qu'est-ce que tu penses, le *bosco*, insista le contremaître?

—Je pense que ça ne l'aurait pas ruiné, ce jeune homme, de doubler la somme, dit-il enfin.

Le maître-ouvrier haussa les épaules en s'éloignant.

—Toujours envieux, jamais satisfait, ce damné bosco! grommela-t-il. Décidément sa tête ne me revient guère à ce citoyen-là et il faudra que je le tienne à l'oeil!... Qui sait si ce n'est pas lui qui a saboté l'aéro du marquis, simplement par jalousie!... Il faudra que j'éclaircisse cela!...

L'aéroplane réparé fut ramené sur la pelouse, et son moteur mis immédiatement en route. Martin Landoux inspecta avec la plus grande attention les moindres organes de la machine, resserrant un écrou insuffisamment bloqué, réglant la carburation, les départs d'huile, les prises d'engrenages, les commandes de toute espèce. Enfin il redescendit et se dirigea vers la tente du restaurant, où il retrouva Robert de La Tour-Miranne achevant de dévorer un morceau de viande froide.

—Tout est prêt, nous pouvons partir, déclara-t-il, mais il faut nous hâter si nous voulons arriver à Amiens avant qu'il soit nuit noire.

—Je suis à votre disposition, répliqua le président, mais vous devez être à bout de forces, mon brave Landoux!

—Bah! je ne me laisserai toujours pas tomber en bas de mon siège pendant la route, n'ayez pas peur!

—Vous ne mangez pas un sandwich avant d'embarquer?...

—Pas le temps, monsieur le marquis. Je vais seulement prendre une paire de pains fourrés pour grignoter en route. Nous dînerons à Amiens; vos camarades nous laisseront peut-être notre part, quand le diable y serait!...

En un clin d'oeil, le mécanicien se débarrassa de ses vêtements de travail et rendossa ses habits ordinaires. Il s'enveloppa même dans un ample pardessus, bien que la température fût suffisamment élevée pour rendre bien inutile ce supplément. Robert l'avait regardé faire en souriant.

—Riez si vous voulez, dit Landoux, mais, si vous m'en croyez vous prendrez la même précaution. Tout à l'heure, au crépuscule, il va faire frisquet, surtout en se déplaçant contre le vent à raison de quatorze mètres par seconde. Vous verrez!...

—En attendant, je préfère rester comme je suis, j'aurai les mouvements plus libres.

—Vous n'avez rien oublié?... Les valises sont à bord?...

—Tout a été vérifié, et, comme disent les marins, tout est «paré», patron, répondit le contremaître.

—Très bien!... Dans ces conditions, partons donc et tâchons de rattraper le temps perdu!

Les deux hommes prirent leur place et s'installèrent à bord de l'aéro.

—Mettez l'hélice en route!... commanda Landoux.

Avec un grincement de dents de désespoir, Charlot à qui cet ordre était donné, agit sur les palettes dont le mouvement entraîna le moteur qui se mit à pétarader bruyamment.

Le pilote adressa un signe amical de la main aux quelques personnes qui avaient tenu à assister au départ du chef de la caravane, puis il manoeuvra ses leviers d'embrayage. Le vrombissement des hélices s'accentua et l'appareil s'éleva avec la légèreté d'un oiseau aux grandes ailes. A trente mètres du sol, Robert mit toute la force du moteur sur le propulseur et la vitesse de progression s'accrut sensiblement.

Un énorme soupir de soulagement s'échappa alors des lèvres du jeune homme.

—Enfin nous voilà donc partis!... murmura-t-il. Que de reconnaissance je vous dois, mon cher Landoux. Sans vous tout était perdu et notre voyage de tourisme irrémédiablement compromis. Pour ma part, je n'espérais plus, je l'avoue.

Le constructeur, les sourcils froncés, réfléchissait profondément.

—Je pense surtout, répondit-il sans paraître attacher la moindre attention aux chaleureux remerciements de son élève, je pense au motif qui a pu déterminer un individu à détériorer votre aéro dans ses parties les plus essentielles, et cela juste au moment de partir!

Robert de La Tour-Miranne soupira encore, mais sans répliquer. Les paroles menaçantes de son père revenaient à sa mémoire et il songeait que le duc pouvait avoir soudoyé quelqu'un de son entourage pour détruire son appareil et l'empêcher ainsi de prendre part à cette excursion qu'il réprouvait et à laquelle il l'avait blâmé de s'intéresser. Son raisonnement était juste, on le sait. Le jeune aviateur avait l'intuition que ses soupçons étaient fondés, mais cette certitude morale l'attristait: M. de La Tour-Miranne recourir à de pareils moyens, gager un sacripant quelconque pour éviter que son nom parût dans les journaux, cela chagrinait profondément Robert. Et combien sa gratitude envers son professeur Martin Landoux se serait accrue s'il avait appris que le constructeur avait refusé avec indignation les «services» que le duc attendait de lui, de quelque somme que celui-ci appuyât ses propositions. Landoux, de son côté, ruminait également. Il était écoeuré de la trahison sournoise dont

son élève venait d'être victime, et il se demandait s'il n'en fallait pas
chercher l'auteur parmi le personnel d'Aérovilla, car il n'y avait pas
à en douter: le coup avait été fait par un homme du métier connaissant à fond les parties faibles de la mécanique. Il pesa dans sa mémoire les défauts qu'il avait remarqués chez ses ouvriers et dut se
convaincre qu'aucun d'entre eux ne pouvait être soupçonné sérieusement. Il avait éliminé des premiers Charlot du champ des suppositions: celui-ci ne lui avait-il pas été chaudement recommandé par
l'ami intime de La Tour-Miranne, Médouville, le secrétaire général
de l'*Aéro-tourist-club*?... Décidément, c'était à donner sa langue aux
chiens.

—Ah! si jamais je le découvre, le bandit qui est l'auteur de cette
traîtrise-là, il me le paiera cher!... grommela-t-il sourdement.

Le Président suivit Martin Landoux qui venait de sauter à terre.

Pendant que les deux aviateurs se livraient ainsi en silence à leurs
réflexions, l'aéroplane dévorait l'espace. Il avait laissé loin derrière
lui le champ d'expériences où les membres de l'*Aéro* avaient fait
leurs premiers essais d'hommes volants, et il glissait à la vitesse
d'un train express, à vingt mètres au-dessus des hauts peupliers
bordant la route de Paris à Beauvais. En moins d'un quart d'heure, il
atteignit la petite ville de Noailles, chef-lieu de canton comptant
quinze cents habitants. Pour éviter les collines qui se dressaient
devant lui, le pilote obliqua alors la course du véhicule qui le portait
vers la droite pendant quelques kilomètres, en suivant la vallée du

Sillet et la ligne du petit chemin de fer de Persan à Hermes. Après avoir contourné le massif qu'il voulait éviter, Robert suivit un moment la ligne du chemin de fer de Creil-Beauvais qui parcourt la vallée marécageuse du Thérain, mais il l'abandonna à la hauteur de la bifurcation de Rochy-Condé pour reprendre la direction du nord.

Le terrain allant en s'élevant graduellement, le pilote dut manoeuvrer ses plans équilibreurs pour maintenir sa trajectoire toujours à la même distance du sol. Lorsqu'il coupa de nouveau la route nationale au-dessus du petit village d'Oroer, à quelques kilomètres après Beauvais, le baromètre altimétrique, suspendu sous ses yeux, à l'un des montants d'écartement des plans, accusait une hauteur réelle de cent soixante mètres au-dessus du niveau de la mer.

Avec le crépuscule dont les premières ombres s'étendaient sur les campagnes, la température s'abaissait sensiblement, ainsi que Martin Landoux l'avait prévu, et cette fraîcheur aidant au refroidissement des cylindres, le moteur tapait comme un enragé, avec la régularité d'un mouvement d'horlogerie. Sous la violente traction de son hélice, l'aéro glissait sur les couches d'air avec une surprenante vélocité et Robert devait s'avouer qu'il n'avait jamais volé aussi vite.

—J'ai gagné au change, avec votre nouveau moteur, dit-il en souriant à son compagnon.

—Tant mieux! répliqua laconiquement celui-ci, tout en mordant avec appétit dans un sandwich qu'il avait tiré de sa poche. Tant mieux, nous arriverons plus vite à l'endroit du dîner!

A ce moment, l'aéro qui avait dû augmenter encore son altitude pour se maintenir à sa distance réglementaire de trente à quarante mètres du sol, traversa une vallée dont le fond était à plus de deux cents mètres sous les pieds des aviateurs. De l'autre côté de ce pli de terrain, sur le coteau, s'étendait un bourg assez important, Froissy, qui fut laissé un peu à droite de la route inflexiblement droite suivie par la machine volante.

Quelques minutes plus tard, alors que les voyageurs coupaient, au-dessus du village de Hardiviliers, la route transversale de Gournay à Montdidier par Marseille-le-Petit, Crèvecoeur et Breteuil, le moteur ralentit et les explosions devinrent irrégulières.

—Bon!... voilà qu'il y a des *ratés*, maintenant!... s'écria Martin
Landoux en se soulevant sur son siège. Qu'est-ce que cela veut dire?... Nous sommes donc enguignonnés!... Et avec cela, voilà la nuit
qui tombe tout à fait!... Nous n'arriverons pas aujourd'hui!... Vous
vous flattiez trop tôt!...

—Il va peut-être reprendre, hasarda La Tour-Miranne.

—Il ne faut pas s'y attendre. S'il a des hoquets—le mécanicien
prononça des *loquets*—c'est signe qu'il y a quelque chose de démanché dans la bécane, et il serait plus prudent d'arrêter et de regarder qu'est-ce que cela peut bien être. Nous éviterons peut-être
ainsi la *panne* forcée.

—Comme vous voudrez!... accéda Robert. Ensuite, comme la nuit
vient et que vous êtes plus habile que moi, vous prendrez ma place
jusqu'à Amiens.

—Je n'y vois pas d'inconvénient.

Avisant une vaste pâture, à peu de distance de quelques misérables masures, le président du club manoeuvra pour reprendre terre et
il le fit assez habilement pour que la secousse, d'ailleurs amortie par
la hauteur de l'herbe, fût presque insensible. Il coupa alors l'allumage, et tout mouvement ayant cessé, il suivit Martin Landoux qui
venait de sauter à terre.

—Ah!... cela fait du bien de se dégourdir un peu les jambes!...
marmotta le mécanicien. Le diable, c'est qu'il n'y fait presque plus
clair. Quelle heure est-il donc, Monsieur Robert?

Celui-ci tira son chronomètre de son gousset et l'approcha de ses
yeux, car, en effet, la lumière s'affaiblissait de plus en plus. On était
«entre chien et loup», comme dit une expression commune, et on
aurait eu peine à distinguer un fil blanc d'un fil noir. Mais grâce aux
petits diamants dont les aiguilles de sa montre étaient ornées, le
jeune homme put répondre.

—Sept heures trente-cinq minutes.

—Voilà donc soixante-cinq minutes, soit une heure cinq, que nous
volons en droite ligne. Nous avons dû faire du chemin et ne plus
être trop éloignés du but, je pense. Mais ce qu'il nous faudrait,
maintenant, ce serait de la lumière pour examiner notre outil.

Au moment où l'aviateur formulait ce désir, on entendit le tintement d'une clochette et une brillante lumière illumina le chemin bordant la pâture où l'appareil s'était abattu. Cette lumière paraissait se déplacer très rapidement.

C'était tout simplement le reflet de la lanterne à acétylène qu'un cycliste précautionneux avait fixée à sa machine pour éviter les contraventions que n'aurait pas manqué de lui dresser, l'obscurité une fois complète, le premier dépositaire de la force publique qu'il aurait rencontré.

Martin Landoux héla d'une voix forte le promeneur, qui s'arrêta et parut fort surpris de voir deux personnes au milieu de la prairie, auprès d'un objet étrange dont la forme se distinguait mal dans l'ombre. Cependant, après une courte hésitation, il se décida et traversa la prairie sans lâcher sa bicyclette qu'il remorquait d'une main.

—Voudriez-vous avoir l'obligeance de nous dire, monsieur, quel est ce village? interrogea avec une parfaite urbanité Robert de La Tour-Miranne. Nous venons de prendre terre un instant avec notre aéroplane et nous ne savons trop où nous sommes...

Au mot d'aéroplane, le cycliste sursauta et s'approcha avec empressement.

—Ah! c'est un aéroplane, cette machine-là... s'exclama-t-il. Je n'en avais pas encore vu!... Permettez-moi de l'examiner.... Et vous venez de loin, messieurs?...

—Nous venons du parc d'aviation d'Aérovilla....

—Est-ce que vous feriez partie de la flotte que l'on a vu passer, cette après-midi, par ici?...

—De quelle flotte voulez-vous parler? intervint le mécanicien.

—D'une véritable flotte d'aéroplanes, composée d'au moins douze appareils et qui a traversé tout le pays en allant vers le nord!

Cette description ne pouvait évidemment s'appliquer qu'à l'*Aéro-tourist-club*, aussi La Tour-Miranne répondit-il à son interlocuteur.

—En effet, nous appartenons à cette Société, mais nous sommes partis avec plusieurs heures de retard. Ayant remarqué un bruit anormal dans notre moteur, nous avons repris terre un instant dans ce pays, dont nous vous demandions le nom tout à l'heure, simplement pour examiner notre machine. Si vous voulez bien nous prêter votre lanterne un instant?

—La voici, messieurs, excusez-moi, s'empressa le cycliste en tendant son luminaire au constructeur qui s'en empara et dirigea immédiatement le rayon étincelant vers la machine qu'il voulait inspecter. J'ai été surpris, voyez-vous, car il ne vient pas souvent d'aéroplane, par ici. Quant au pays où vous êtes en ce moment, il se nomme Gouy-les-Groseilliers. C'est la plus petite commune du département, et peut-être de toute la France, car elle ne compte que 24 habitants.

—Nous sommes dans le département de la Somme, n'est-ce pas? demanda La Tour-Miranne.

—Non, monsieur, c'est encore ici l'Oise, mais la limite des deux départements est à peine à une demi-lieue. La route de Breteuil à Amiens est à cinq cents mètres d'ici.

—Quelle est la distance qui nous sépare encore d'Amiens?...

—Sept lieues, monsieur. Je fais le trajet en une heure un quart avec ma bicyclette.

—Nous en avons donc, nous, pour une demi-heure tout au plus, puisque nous faisons une moyenne de cinquante-cinq kilomètres à l'heure.

—Voilà votre phare, je vous remercie, dit à ce moment Landoux. J'ai vu ce que je voulais voir, et le défaut que j'avais remarqué étant corrigé, nous pouvons répartir sans crainte.

—Sans lumière, dans l'obscurité, s'étonna le cycliste.

—Il le faut bien. Nous ne pensions pas être obligés de voler dans la nuit. Heureusement, j'ai de bons yeux.

—Et voilà la lune qui se lève et va nous éclairer! remarqua le président de l'*Aéro*.

En effet, le disque légèrement aplati du satellite terrestre apparaissait au-dessus des futaies voisines, et ses rayons commençaient à argenter les prés et les bois.

—Ah! c'est vrai, reconnut l'homme à la bicyclette, c'était avant-hier soir pleine lune, je n'y pensais plus!

Les deux aviateurs avaient repris leur poste à bord de l'aéroplane dont l'hélice avait été préalablement remise en route.

—Adieu, monsieur, et encore merci!... cria La Tour-Miranne.

—Adieu, messieurs. Bon voyage!... répliqua le cycliste, dont la voix ne tarda pas à se perdre dans l'éloignement.

Pour éviter tout heurt inopiné contre un obstacle invisible dans l'ombre, Martin Landoux, qui avait pris la direction du vol, s'éleva à une cinquantaine de mètres au-dessus du sol. Après avoir reconnu la route nationale, il en suivit le tracé, à deux cents mètres sur la gauche, et passa successivement au-dessus de plusieurs villages: Flers de la Somme, Essertaux, Saint-Sauflieu, Hébécourt, reconnaissables aux nombreuses petites lumières réunies que l'on voyait briller à certains endroits. Enfin, l'appareil traversa un bois d'une certaine étendue et une vaste lueur apparut au loin.

—Ce doit être le bois de Dury et voilà Amiens là-bas, déclara Landoux. Au moment où l'aéroplane, qui, à ce moment, volait assez bas, arrivait à la hauteur de l'Établissement départemental d'aliénés, l'attention du pilote fut attirée sur la singulière attitude d'un individu arrêté au milieu de la route et qui balançait frénétiquement un phare d'automobile dont les puissants rayons concurrençaient ceux du globe lunaire. Ces rayons rencontrèrent l'aéroplane, l'illuminèrent et le suivirent dans sa course.

—Quel diable d'animal est-ce là! s'écria le pilote irrité. Il m'a ébloui avec sa lumière, je suis positivement aveuglé! En voilà une idée!...

—Vous n'avez donc pas entendu? lui demanda son compagnon en se penchant vers lui.

—Quoi donc?... Qu'est-ce qu'il braillait, cet olibrius là?... Vous y avez compris quelque chose?...

—Oui. Il a crié: Président, suivez l'auto, je vais vous guider jusqu'au garage.

—Bon! c'est autre chose alors. Il voulait simplement s'assurer, en nous éclairant, que c'était bien à vous qu'il s'adressait. Ce n'est pas de sa faute s'il m'a lancé sa lumière juste dans l'oeil gauche. J'en ai vu sur le moment comme un arc-en-ciel. Eh bien, dans ce cas, on va tâcher de le suivre; aussi, pour ne pas le dépasser, je vais ralentir fortement.

Cornant sans interruption, l'automobile dévalait la longue descente qui conduit à l'ancienne capitale de la Picardie, et ses phares éclatants servaient de points de repère aux aviateurs qui, à trente mètres en l'air, suivaient le véhicule. Celui-ci, évitant le populeux faubourg de Beauvais, prit les boulevards extérieurs, et après une course d'une dizaine de minutes, stoppa sur une pelouse immense encadrée d'arbres majestueux. Une foule compacte s'agitait sur cette pelouse, éclairée comme en plein jour par le rayonnement de nombreux foyers acétyléniques disposés çà et là.

—Descendez!... Descendez!... crièrent cinquante voix.

L'habile pilote fit décrire un orbe de grand diamètre à son biplan; les hélices ascensionnelles battant l'air ralentirent la descente, et quelques secondes plus tard, il se posa sur le gazon sans que la moindre secousse eût été ressentie.

L'hélice était à peine stoppée, que des mains impatientes agrippèrent les voyageurs et les tirèrent à terre sans ménagements.

—Enfin, vous voilà!... s'écrièrent les voix bien connues de Médouville et du *Père Tranquille*, vous pouvez vous vanter que vous nous avez coûté des inquiétudes!... Qu'est-ce qui vous est donc arrivé?

Pendant un moment, les demandes et les réponses s'entrecroisèrent confusément, sans que l'on s'entendît d'un côté ni de l'autre. Enfin, les transports d'allégresse des clubmen retrouvant leur président se calmèrent. L'aéroplane put être conduit au garage où se trouvaient déjà tous les autres véhicules aériens, et les touristes montèrent dans des autos de louage pour se rendre à l'hôtel qui devait leur donner l'hospitalité ce soir-là.

Au cours du trajet séparant le parc de la Hotoie de la rue de Noyon, le marquis put expliquer brièvement à ses amis ce qui lui était arrivé et avait causé son retard.

—Bourdon, Garruel et Médrival, qui sont partis après avoir été témoins de votre panne, supposaient que le défaut était sans gravité, aussi étions-nous convaincus de vous voir arriver d'un moment à l'autre, répondit Médouville. Vous jugez donc de notre surprise, changée peu à peu en inquiétude, en voyant les heures s'écouler et la nuit arriver sans entendre-parler de vous.

C'est alors que nous avons songé à envoyer une auto sur la route voir si l'on ne vous apercevait pas au loin. Garruel a accepté d'accompagner le chauffeur de cette auto et il a songé à vous faire un signe d'appel à l'aide d'un phare de la voiture, puis à vous indiquer la route la plus directe pour atteindre le lieu de garage, dans le cas où vous n'auriez pas pu le distinguer dans la nuit. Enfin vous êtes arrivés, c'est là le principal...

—Le garage est-il soigneusement gardé?... interrompit Martin Landoux.

—Oui, rassurez-vous, toutes les précautions sont prises. Il y a deux gardiens armés et pourvus de fanaux, qui ne quitteront pas d'une minute le parc des aéros.

—Bon, cela me tranquillise; car, après ce qui est arrivé, il faut redoubler de vigilance.

—Vous êtes donc persuadé que quelqu'un a intérêt à faire avorter notre entreprise?...

—C'est certain. Les faits sont là pour le prouver, je crois! Mais nous sommes prévenus.

—Et des hommes prévenus doublent de valeur, c'est connu, conclut le secrétaire général qui était bien loin de se douter que l'auteur du méfait n'était autre que son protégé. Nous agirons donc en conséquence à chaque étape, et gare au brigand si nous parvenons à le pincer!... Il le paiera cher!

Les voitures s'arrêtaient à ce moment dans la cour de l'hôtel. Bien qu'il fût près de neuf heures du soir, aucun des touristes n'avait voulu prendre un repas, cependant bien nécessaire car le déjeuner d'Aérovilla était loin. Ils avaient préféré patienter jusqu'à la venue du chef de l'expédition. Enfin, il fallait tenir compte des circonstances et le président était valablement excusé de son retard.

Le dîner fut très gai, bien que la fatigue fût générale, car cette journée de début avait été fertile en incidents de toute nature, que les voyageurs se narrèrent les uns aux autres, sans toutefois perdre un coup de dent, tout le monde étant affamé; aussi les plats ne firent-ils que paraître et disparaître sur la table. Tous les aviateurs n'avaient pu exécuter le trajet d'Aérovilla à Amiens d'une seule traite; plusieurs avaient été forcés, pour diverses raisons, de reprendre contact à différentes reprises avec le sol. Le premier arrivé, l'ingénieur Damblin sur son monoplan, avait songé à faire préparer d'avance un ballonnet d'une trentaine de mètres cubes de capacité, ballonnet dont l'enveloppe badigeonnée d'une peinture d'aluminium le faisant briller comme une boule d'argent, était visible de très loin. Le gonflement de ce petit aérostat ayant été opéré en quelques minutes, l'ingénieur l'avait élevé à l'état captif à une centaine de mètres de haut, de manière à servir de signal de ralliement pour les aviateurs qui ne connaissaient pas d'une façon exacte l'endroit où devait s'achever l'étape.

La palme de la vitesse revenait sans conteste au jeune Médrival qui, parti le dernier d'Aérovilla avec sa *Demoiselle*, petit monoplan de seize mètres carrés seulement de surface portante, était arrivé le deuxième, après avoir dû faire une escale de cinq minutes à Ailly-sur-Noye. Le *Père Tranquille*, qui avait sa soeur comme passagère, était arrivé l'avant-dernier, mais il avait exécuté le parcours d'une seule traite à l'allure moyenne de cinquante kilomètres à l'heure, alors que Médrival avait volé à raison de 95 kilomètres dans le même temps.

—Désormais, déclara La Tour-Miranne, nous partirons, non plus à deux minutes, mais à trente secondes seulement de différence les uns après les autres, et une demi-heure derrière le fourrier chargé du service des logements. Il faut éviter de trop nous éparpiller pendant la route.

—Mais si l'un de nous est victime d'une panne?... hasarda un des aviateurs.

—Que voulez-vous dire par là?...

—Je demande si les autres viendront à son secours.

—Il y a deux cas à envisager, répliqua le président. Ou bien il s'agit d'un dérangement sans importance et que l'on pourra facilement réparer soi-même avec les moyens du bord, ou bien ce sera la panne plus ou moins sérieuse. C'est seulement dans ce dernier cas, après avoir reconnu qu'il ne peut se tirer d'affaire tout seul, que le pilote pourra réclamer l'aide de ses camarades. Pour cela, nous allons convenir d'un signal de détresse auquel nous devrons obéir.

—Cela me paraît une bonne idée! approuva le *Père Tranquille*, sans cesser son exercice de mastication. Il suffit de déterminer maintenant quel sera ce signal.

—Un drapeau! s'écria le jeune Médrival, un drapeau que le *pannard*, je veux dire l'aviateur en panne, agitera à bout de bras.

—Va pour le drapeau, acquiesça Outremécourt. Chacun de nous devra être muni dès demain de cet accessoire indispensable, et que notre trésorier se procurera dans le premier bazar venu. Vous entendez, trésorier?...

—J'ai entendu, et je ferai comme les honorables membres de l'*Aéro-tourist-club* le désirent, répondit Breuval en s'inclinant cérémonieusement.

—Si le cas était urgent et l'accident d'une certaine gravité, réclamant le secours immédiat d'un camarade, ajouta La Tour-Miranne, on pourrait appeler l'attention des autres équipages aériens par un signal sonore complétant le signal visuel. Il nous faudrait donc une trompette ou un sifflet très bruyant.

—J'achèterai cela demain matin, assura le trésorier. Je connais des modèles de sirène qui donnent un son extrêmement puissant, perceptible à plus de deux kilomètres de distance.

—Cela fera juste notre affaire, mais il sera bien entendu que l'on n'utilisera ces instruments qu'en cas de danger pressant et pour demander un secours immédiat.

Les touristes approuvèrent ces recommandations, et, le dîner ayant pris fin depuis quelques instants, un certain nombre d'entre eux passèrent au fumoir griller une cigarette, tandis que les plus fatigués, les voyageuses principalement, demandaient immédiatement leurs chambres.

—On part de bonne heure demain matin, demanda un des aviateurs avant de quitter le salon.

—Voici le programme de la journée, répondit Médouville à l'interpellateur. A huit heures, petit déjeuner ici même, puis visite des monuments et curiosités de la ville. A midi grand déjeuner. On démarre à deux heures précises et à trois heures on s'envole. Itinéraire: Doullens, Arras et atterrissage définitif à Lille, sur les terrains de la citadelle. Parcours total 130 kilomètres avec arrêt facultatif à Arras. Cela va?...

—Oui, oui, c'est convenu, firent plusieurs voix.

—Quant à moi, déclara Martin Landoux, j'ai le regret de vous quitter, messieurs, mais les affaires m'obligent à regagner au plus tôt mes ateliers. Je vais donc prendre le rapide de Calais qui passe en gare dans un quart d'heure et arrive à Paris un peu avant minuit. Des exclamations de désappointement accueillirent cette déclaration.

—Ne vous désolez pas, messieurs, ajouta le constructeur en souriant, nous nous retrouverons et même plus tôt que vous ne le pensez. Je vous laisse deux de mes meilleurs ouvriers pour l'entretien de vos appareils; vous n'avez donc rien à craindre, et d'ailleurs je reviendrais si les circonstances rendaient indispensable mon retour immédiat. Mais vous êtes maintenant assez expérimentés pour vous débrouiller sans mon aide et je pars tranquille. J'ai une petite enquête à faire au sujet de l'accident survenu à l'aéro de votre président, et je tiens, toute affaire cessante, à débrouiller les fils de cette intrigue. Je ne vous dis donc pas adieu, mais à bientôt! Et là-dessus, permettez-moi de filer!

Le mécanicien serra rapidement toutes les mains qui se tendaient vers lui et se hâta de disparaître. Un quart d'heure plus tard, confortablement installé dans un compartiment de première classe du rapide, Martin Landoux roulait vers la capitale.

CHAPITRE XI

AU PAYS DU PHOSPHATE

UN MONUMENT HISTORIQUE: LA CATHÉDRALE.—LES CANAUX DU VIEIL AMIENS.—AU-DESSUS DES HORTILLONNAGES.—HALTE A ORVILLE.—UNE FOLIE D'UN NOUVEAU GENRE.—A QUOI SERVENT LES PHOSPHATES.—TRAVERSÉE d'ARRAS.

Pendant que les deux mécaniciens se rendaient au parc de la Petite-Hotoie où étaient garés les aéroplanes qui devaient être visités avec soin en vue de la prochaine envolée, les touristes, guidés par Médouville faisant fonctions de cicérone, s'empressèrent de parcourir la ville pour visiter les curiosités que l'on y pouvait rencontrer.

—Est-ce que nous frétons des voitures? demanda le président à son ami.

—C'est une chose bien inutile, répliqua l'interpellé. Amiens n'est pas une ville si vaste que l'on ait besoin d'un moyen de locomotion autre que ses jambes pour l'explorer. Nous allons d'abord visiter la cathédrale: c'est le morceau principal, ensuite nous ferons un tour du côté des vieux quartiers, c'est assez intéressant.

—Conduis-nous donc, puisque tu connais la ville. Nous te suivrons fidèlement.

Pendant le trajet assez court de l'hôtel à la cathédrale, le *speaker* Médouville commença son boniment, du ton des montreurs de curiosités:

—Mesdames et Messieurs, dit-il, la ville par laquelle nous commençons notre périple, Amiens, était anciennement nommée *Samarobriva* et elle constituait la capitale des *Ambiani* soumis par Jules César. Le christianisme y fut introduit en l'année 301 par saint Firmin. La ville eut à souffrir à maintes reprises des incursions des Normands. Elle obtint une charte de commune en 1117, fut réunie à la couronne de France en 1185 en même temps que l'Amiénois, passa dans le domaine des ducs de Bourgogne en 1414 et fit retour à la couronne en 1463. Ayant embrassé le parti de la ligue, elle ne se soumit à Henri IV qu'en 1592. Les Espagnols s'en emparèrent par surprise en 1597, mais Henri IV, aidé par les Anglais, les chassa la même année. Le 28 novembre 1870, le général allemand von Goeben entra dans la ville après une série de combats livrés aux environs, notamment à Dury. C'est à Amiens qu'ont été signes plusieurs traités fameux, entre autres celui de 1801, entre la France, la Hollande, l'Espagne et l'Angleterre... Amiens est la patrie de Pierre l'Ermite, le promoteur des croisades, de Richard de Fournival, de Fernel, le médecin de Henri II, du poète Voiture, de Gresset, auteur de *Vert-Vert*, de l'astronome Delambre, du physicien Jacques Rohault, du général de Gribeauval, de Choderlos de Laclos, des érudits Du Cange, dom Bouquet, N. de Wailly, etc. Amiens est une ville manufacturière et florissante. Son industrie, très active, comprend des filatures de lin, de laine de cachemire, de bourre de soie; le peignage mécanique, le tissage des toiles d'emballage, des toiles à voile et à sacs; la fabrication des velours de coton, des satins pour chaussures, des velours d'Utrecht, des tapis de moquette et chenille, des teintureries, des fonderies, des ateliers de construction, des tanneries, des fabriques considérables de produits chimiques, des manufactures de dentelles, de chaussures. Enfin, il se fait encore à Amiens un commerce important de denrées coloniales, épiceries, bois de construction, savon de Marseille, fonte et fer ouvrés. Amiens est encore....

L'orateur disert dut interrompre un instant sa nomenclature, car on pénétrait alors à l'intérieur du magnifique monument édifié, de 1220 à 1228, par les architectes Robert de Luzarches et Thomas de Cormont. Les touristes, ne prêtant qu'une oreille distraite aux explications de Médouville, n'avaient pas manqué d'admirer tout d'abord la façade de la prestigieuse construction qui constitue une des productions les plus parfaites de l'architecture ogivale du treizième siècle. Le portail en est des plus fouillés; quant à la nef c'est la partie de cette cathédrale qui sert, on le sait, avec le choeur de Beauvais et le porche de Reims, à composer le type idéal du monument religieux suivant les données du catholicisme.

Les aviateurs firent le tour intérieur de l'église en jetant des regards curieux sur les chapelles du pourtour, les verrières, le transept, les monuments élevés aux évêques fondateurs, les statues de marbre de saint-Vincent de Paul et de saint Charles, Borromée érigées en 1755, et surtout sur les hauts reliefs représentant des scènes de la vie des saints, et les sculptures de la chaire à prêcher. En sortant, ils admirèrent encore sous le porche le buste remarquablement traité du Christ, connu sous le nom du «beau Dieu d'Amiens» et l'*Enfant pleureur*, de Blasset, qui est un pur chef-d'oeuvre d'expression.

AMIENS -- La cathédrale.

—Cela méritait d'être vu! reconnut l'ingénieur Damblin, résumant l'opinion générale. Qu'en pensez-vous, mademoiselle, ajouta-t-il en se tournant vers Mlle Geneviève d'Outremécourt qui n'avait pas perdu un mot des explications du cicérone improvisé.

—Je pense, répondit la jeune fille de sa douce voix, que cette cathédrale est une véritable merveille artistique et que nous ne pou-

174

vions mieux commencer notre voyage que par la visite de ce chef-d'oeuvre d'architecture et des richesses qu'il contient.

—Où allons-nous maintenant? interrogea le jeune Médrival, toujours impatient.

—Nous sommes à deux pas des canaux; allons les voir, dit Médouville.

—Voir des *canots*?... Sont-ils automobiles au moins?... continua le jeune homme.

Le secrétaire général, interloqué du coq-à-l'âne, écarquilla des yeux de chouette. Enfin il se ressaisit.

—Je ne parle pas d'appareils de navigation, dit-il en haussant les épaules, mais de routes propres à permettre la navigation, ce qui n'est pas la même chose. Des canaux—au singulier, *canal*—comprenez-vous?

—Croyez-vous que j'aie la tête aussi dure qu'une boule de bilboquet, monsieur de Médouville?... Il était inutile d'insister, j'avais compris.

Le secrétaire considéra encore un moment son interlocuteur d'un air de commisération comique, puis il se retourna vers le groupe des excursionnistes, en tête duquel marchait Robert de La Tour-Miranne, président et promoteur de la Société de tourisme, et il reprit le cours de ses explications.

—On prétend, dit-il, que Louis XI visitant, en 1473, les vieux quartiers d'Amiens où nous allons arriver, donna le nom à cette partie de la ville de *petite Venise*, mais cette parole historique me paraît tout aussi authentique que le mot de Louis XIV: «Il n'y a plus de Pyrénées», ou que le très bref discours de Cambronne aux Anglais, pendant la bataille de Waterloo, d'autant plus que cette flatteuse appellation était quelque peu exagérée, ainsi que vous allez pouvoir en juger.

—La rivière qui traverse la ville est bien la Somme, n'est-ce pas monsieur de Médouville, demanda une voix féminine, celle de Mme André Lhier, qui accompagnait son mari, devenu le passager de Breuval, le trésorier, alors qu'elle-même prenait place à bord du biplan de la providence des inventeurs.

—En effet! madame, c'est la Somme, s'empressa de répondre l'interpellé. Elle pénètre dans Amiens par le vieux pont du Cange, composé de trois arches de grès en ogive; elle s'élargit ensuite pour former le port Parmentier, bordé de la placé du même nom, où se tient trois fois par semaine le marché aux légumes approvisionné par les «hortillonneurs» des environs. Ensuite elle se divise en onze bras ou canaux....

— ...qui n'ont rien d'automobile, je vous assure, mesdames et messieurs, coupa irrévérencieusement Médrival, M. le secrétaire général me l'a affirmé tout à l'heure à moi-même.

Médouville ne broncha pas, malgré cette interruption et poursuivit:

—Parmi ces bras, le canal du Hocquet, qui coule au pied de l'évêché, est l'un des plus curieux. Très étroit, bordé de maisons décrépites, il a un air de ruelle arabe, car des moucharaby—qui sont en réalité des buen-retiro—sont disposés en encorbellement au-dessus du cours d'eau. Cet agencement ne laisse pas d'inquiéter les bateliers assez imprudents pour circuler sur ces eaux; ils ont toujours, peut-on dire, un «trou de Damoclès» ouvert au-dessus de leur tête et prêt à les arroser, au moment où ils y pensent le moins, d'un liquide malodorant....

—Ah!... fi!.... protestèrent les dames avec un geste de dégoût.

—Oh! rassurez-vous, mesdames, s'empressa d'ajouter le cicérone bénévole, toutes les eaux n'ont pas, heureusement, l'apparence fangeuse et sordide du canal du Hocquet. Les canaux des Clairons, eux, sont bordés d'arbres et de jardinets en terrasse, de balcons ornés de géraniums ou de fuchsias aux grappes rouges, et les maisons à charpente apparente rappellent plutôt Bruges-la-Morte.

—Est-ce qu'on peut pêcher à la ligne là-dedans? interrogea avec intérêt André Lhier qui était un fanatique de la pêche.

—Heu! heu! je crois bien que l'on ne doit pas y prendre grand'chose: du menu fretin, des ablettes, peut-être quelques anguilles et du gardon. Il paraît qu'autrefois le saumon abondait, ainsi que le barbeau, et que l'on retirait même des pièces remarquables, telles que cet esturgeon, présenté'à l'Echevinage en 1586, et qui ne mesurait pas moins de 9 pieds de longueur sur 3 pieds et demi de grosseur.

—En effet, mais voilà un citoyen que je n'aurais pas voulu avoir au bout de ma ligne!

—Il aurait pu vous démonter, c'est certain, sans compter que vous auriez pu prendre un bain en essayant de l'amener à terre.

—Oui, mais c'était sans doute au filet que l'on capturait ces monstrueux poissons!....

La troupe des touristes arrivait à ce moment au canal des Teinturiers, et le tic-tac ininterrompu de nombreux moulins, en même temps que les grincements de crécelle des trinqueuses, domina le bruit de la voix dû secrétaire qui dut rengainer ses explications un peu prolixes.

Les promeneurs purent examiner ces trinqueuses, sortes de laminoirs en bois, entre lesquels les ouvriers, chaussés de bas de laine rude enfoncés dans de gros sabots, faisaient passer des pièces de velours. Les longs plis du tissu se déroulaient dans l'eau et venaient ensuite tout ruisselants s'aplatir et se lisser sur les roues de bois les entraînant. Parvenu à l'extrémité de la rue longeant ce canal, Robert de La Tour-Miranne fit se retourner ses compagnons afin de leur permettre d'apercevoir une vue des plus pittoresques. Dans le fond, sur l'azur limpide du ciel, se profilait l'immense vaisseau de la cathédrale, avec sa flèche élancée et ses deux tours massives, puis l'église Saint-Germain, gracieuse construction du XVe siècle, enfin, à droite, le beffroi, édifice lourd et sans caractère architectural.

Après avoir examiné quelques instants ce point de vue, les jeunes gens passèrent derrière l'église Saint-Leu, dont le chevet est à cheval sur le canal Grainville qu'enjambent quelques passerelles, et ils s'engagèrent dans un labyrinthe de petites rues toutes bordées ou traversées par des canaux, et dont les maisons basses, construites un peu de guingois, semblaient, avec leurs façades raccommodées, se faire mille grimaces. Médrival fit remarquer à ses voisins les fenêtres inégales, percées à intervalles irréguliers, mais dont l'entablement portait de nombreux pots de fleurs, ainsi que les escaliers tortueux qui, au lieu d'être dissimulés à l'intérieur pour desservir les étages, s'ouvraient directement sur la voie publique.

Les touristes débouchèrent ensuite dans l'une des ruelles les plus anciennes de la petite Venise, et qui portait autrefois le nom pittoresque de rue de l'Andouille, remplacé aujourd'hui par le nom de l'inventeur du mets qui a rendu la ville d'Amiens célèbre dans les fastes culinaires: Degand, créateur des fameux pâtés de canard. C'était une étroite ruelle tortueuse, de moins de trois mètres de largeur, flanquée à droite et à gauche d'habitations aux portes basses coupées en deux par le milieu dans le sens de la hauteur. Des couloirs invraisemblables menaient dans des cours où grouillait une population d'enfants malpropres se livrant à toutes sortes de jeux sur des monceaux d'immondices et de débris de toute sorte.

Robert de La Tour-Miranne avait tiré sa montre de son gousset.

—Si vous m'en croyez, mes chers amis, dit-il, nous ne nous arrêterons pas plus longtemps ici, quelque curieux que soit ce quartier. Le temps s'écoule et nous devons partir pour Lille à deux heures et demie. Nous ferions donc sagement de regagner l'hôtel où le déjeuner nous attend.

Docile à cette remarque du président, la troupe des excursionnistes remonta donc la chaussée Saint-Pierre, puis la rue Saint-Leu. On s'arrêta ensuite un instant devant la façade de l'église Saint-Germain, le beffroi, et enfin devant le nouvel Hôtel de ville. Pendant cette promenade, Médouville avait continué ses considérations sur les moeurs des quartiers que l'on venait de visiter.

—C'est incontestablement un vieux souvenir des traditions antiques que ces feux de bois qui s'allument encore dans tous les carrefours la veille de la Saint-Jean, disait le bavard secrétaire. C'est, paraît-il, une réjouissance pour les gamins qui, plusieurs mois à l'avance, vont quêter dans toutes les maisons les vieux balais, les caisses brisées, paniers défoncés, cages à lapins, paillasses criblées de punaises. Ils suent sang et eau pour traîner des fardeaux plus lourds qu'eux et dépouilleraient volontiers les arbres des promenades publiques pour augmenter le volume du bûcher qu'ils élèvent au beau milieu de la rue. L'honneur, la gloire dans la circonstance, est d'établir un foyer qui dépasse le grenier et dont on puisse dire en vérité que c'est lui le premier, «éch coq» en patois picard, des feux de la Saint-Jean de tous les quartiers de la ville. L'édifice, savamment construit, se termine par un mannequin, personnage important qui change tous les ans. Bismarck, Tropmann, Chamberlain entre autres, ont été ainsi brûlés en effigie. Ces réjouissances populaires ne se passent pas sans que le café, abondamment arrosé, cela va sans dire, de «brandevin», ne coule abondamment. Lorsque le temps est beau, les tables sont sorties dans la rue et les passants sont gracieusement invités à mettre deux sous pour avoir un «tiot pot» ou une «bistouille.» Ah! on ne s'ennuie pas derrière Saint-Leu, la veille de la Saint-Jean!...

—Dans ces vieux quartiers d'ailleurs, poursuivait l'intarissable conteur, on a conservé nombre d'autres traditions du passé. C'est là qu'est né Lafleur, le personnage principal du théâtre picard, et qui n'est autre chose qu'une réplique du célèbre Guignol lyonnais. Ce mauvais sujet, valet insolent, bat sa femme, rosse le commissaire et ne manque pas, à la fin de chaque pièce, de mettre en déroute à grands coups de pied les agents de police, en picard les «cadoreux». Mais, hélas, ces traditions se perdent un peu plus tous les jours, et Lafleur lui-même n'est presque plus connu maintenant, même dans le quartier qui l'a vu naître. Chaque année, quelque vieille maison bien pittoresque doit céder la place à une haute construction moderne, à l'aspect correct mais banal. Les vieux quartiers que nous venons de visiter tendent d'ailleurs à être désertés; la jeune génération gagne les quartiers hauts d'Henriville, coquettement assis sur la colline crayeuse.

> Elle s'éloigne, ayant le dédain du vieux fleuve,

> Et trouve impurs ses bords où vivaient ses aïeux....

Les promeneurs arrivaient en ce moment à l'hôtel. Le conférencier dut interrompre sa citation.

—Tu dois avoir bien soif!... Médouville, observa sérieusement le *Père Tranquille*.

Un peu décontenancé par cette réflexion, le Mécène haussa les épaules et s'éloigna sans répondre.

Le déjeuner comportant le traditionnel pâté de canard lestement expédié, les aviateurs rebouclèrent leurs valises et s'entassèrent dans quatre automobiles qui les amenèrent, en suivant les boulevards extérieurs d'Amiens, à la Petite-Hotoie où avaient été garés les treize aéroplanes. Les journaux locaux ayant consacré de longues colonnes à l'événement de l'arrivée de la caravane aérienne dans la cité picarde, une foule dense entourait le cercle de cordes isolant les appareils. La Tour-Miranne s'empressa d'interroger les gardiens qui avaient veillé sur les véhicules pendant la nuit, ainsi que les mécaniciens chargés de l'entretien des machines. Il lui fut répondu que tout s'était bien passé, et que les appareils étaient prêts à prendre leur vol.

—Tout est pour le mieux, en ce cas, acquiesça le chef d'expédition. Amarrez donc les bagages à bord de chaque aéro et faites écarter le public, que nous ayons la place nécessaire pour démarrer.

Ce ne fut pas sans peine que cette deuxième partie de la recommandation du sportsman put recevoir son exécution, la foule chassée d'un endroit allant se reformer un peu plus loin. Enfin on obtint le champ nécessaire. Breuval, le trésorier, n'ayant pas oublié les achats dont il s'était chargé, distribua les drapeaux et les sirènes devant servir de signaux aux pilotes qui prirent leurs places à bord, après un coup d'oeil jeté sur l'ensemble de leur machine. L'ordre du départ fut arrêté comme suit:

1° Damblin, avec un mécanicien, sur monoplan genre Blériot;

2° La Tour-Miranne et un mécanicien, sur biplan Martin Landoux, genre Wright;

3° Outremécourt et Mlle d'Outremécourt, sur biplan Landoux;

4° Thivervaux et son cousin, Georges Villard, sur un biplan Landoux;

5° Garuel seul, sur monoplan genre *Demoiselle* Santos-Dumont;

6° M. et Mme de l'Esclapade, sur biplan Landoux;

7° Breuval avec Mme Lhier comme passagère, sur biplan Landoux;

8° Morengian seul, sur monoplan genre «Antoinette»;

9° M. Bourdon et son frère, sur monoplan genre Blériot;

10° Médouville et M. André Lhier, sur biplan Landoux;

11° M. Le Clair et Mme Le Clair, sur biplan Farman;

12° M. Dermilly et sa fille, sur biplan Voisin;

13° Médrival seul, sur *Demoiselle* Santos-Dumont.

La flottille se compensait donc de huit biplans, dont six du type Martin Landoux, et de cinq monoplans de types différents. La caravane comptait vingt-trois personnes: treize pilotes, deux mécaniciens et huit passagers dont cinq dames. Jamais jusqu'alors, on n'avait vu une flotte de navires aériens de plaisance de cette importance, et la curiosité de la foule était explicable.

Damblin, le fourrier, s'était envolé depuis un quart d'heure déjà, lorsque, à son tour, le président, ayant pris à bord l'un des mécaniciens en remplacement de Martin Landoux, prit à son tour le chemin des airs. De demi-minute en demi-minute il fut suivi par un des clubmen, et en moins d'un quart d'heure la pelouse fut débarrassée de ses occupants. Il était deux heures quarante minutes, quand Médrival, qui devait partir le dernier, prit son essor avec une foudroyante rapidité, suscitant une émotion indescriptible parmi les spectateurs, dont le nombre s'était considérablement accru pendant cette période de manoeuvres.

La Tour-Miranne avait suivi, pendant les premières minutes de son vol, l'allée centrale de la Grande-Hotoie, à une cinquantaine de mètres au-dessus des cimes feuillues et arrondies des marronniers la bordant sur toute sa longueur, qui atteint exactement un kilomètre depuis le grand bassin. L'aéro traversa ensuite les cours des abattoirs, laissant les bouchers ébahis et le nez en l'air à sa vue. Il décrivit alors, en continuant de s'élever, un quart de cercle qui l'amena au-dessus des jardins de l'Hôtel-Dieu puis du quartier Saint-Leu visité le matin, et enfin des glacis de la citadelle.

—Tiens! s'écria Pouliot, le mécanicien qui accompagnait La Tour-Miranne et se carrait sur le siège occupé la veille par son patron, qu'est-ce que c'est donc que les flaques d'eau qu'on aperçoit à droite?

Robert tourna légèrement la tête du côté indiqué par son passager.

—Ce sont les «hortillonnages», répondit-il brièvement.

L'ouvrier parut désorienté.

—Des hortillonnages, répéta-t-il d'un air indécis. Vous ne voulez pas dire qu'on cultive par là des orties?...

L'aviateur ne put s'empêcher de rire.

—Non! mon brave, répliqua-t-il. La culture dont vous parlez serait plutôt l'apanage des horti... culteurs! Mais pour parler sérieusement, je vous dirai qu'on donne le nom d'*hortillonnages* aux cultures maraîchères des environs d'Amiens.

—Ils ne doivent pas manquer d'eau les jardiniers par ici, vrai! Ça me paraît joliment marécageux...

—En effet, et c'est même grâce à cette irrigation continue qu'ils obtiennent, paraît-il, des légumes superbes. D'ailleurs, il en est de même sur tout le trajet de la Somme, et là où l'on ne cultive pas, on extrait de la tourbe de ces marais.

Mais déjà les hortillonnages et la citadelle d'Amiens elle-même se perdaient dans l'éloignement. L'aéroplane surplombait le château de Coisy; la route nationale de Paris à Dunkerque, bordée d'arbres élevés de chaque côté se perdait, droite comme une ligne tracée au cordeau, à l'extrême horizon, en traversant deux agglomérations importantes qui s'apercevaient un peu en avant: Villers-Bocage et Talmas. A gauche de ce bourg, on pouvait distinguer, sur une intumescence peu élevée, le village de Naours qui possède des souterrains très curieux à visiter, et que les touristes commencent à connaître.

En moins d'une demi-heure, l'appareil volant franchit les vingt-cinq kilomètres séparant en ligne droite les promenades amiénoises du village de Beauquesne, au sein du pays des phosphates. Ce trajet s'était constamment effectué au-dessus des champs de céréales, d'oeillette, de colza et de prairies artificielles. Le terrain allant en s'élevant graduellement depuis la capitale picarde, enfouie dans un bas-fond, le pilote avait dû augmenter son altitude et le baromètre anéroïde accusait deux cents mètres, alors que le sol était à peine à cinquante mètres.

Déjà le biplan du président de l'*Aéro-tourist* s'était vu dépasser par les monoplans de Garuel, de Bourdon et de Morengian, plus rapides. En arrivant au-dessus de là vallée où court la rivière d'Authie, à quelques centaines de mètres à peine d'un village s'étendant le long de la route de Doullens à Péronne, La Tour-Miranne aperçut ces unités de la flottille touristique arrêtées et immobiles au milieu d'une prairie. Bien qu'aucun signal de détresse ne lui fût adressé, mû par un sentiment de camaraderie, le jeune homme manoeuvra ses leviers et s'abattit à côté de ses amis. Presque aussitôt, Médouville, Outremécourt et Breuval qui suivaient à peu de distance, l'imitèrent, et en cinq minutes toute la caravane se trouva rassemblée.

—Eh bien, qu'y a-t-il, qu'est-ce que cela veut dire? demandèrent les voyageurs. Pourquoi s'arrête-t-on?

—Il faut le demander à MM. Garuel et Bourdon, répliqua le président. Je les ai crus en panne et j'ai atterri pour voir si je pouvais leur être utile.

—Mais nous n'étions nullement en panne!... s'écrièrent les deux aviateurs susnommés. La preuve c'est que nous n'avons pas utilisé le drapeau ou la sirène pour appeler au secours.

—Alors, je ne comprends pas...

Léon Bourdon, le frère du pilote du monoplan s'avança et expliqua:

—Nous voulions simplement visiter, au village d'Orville que vous voyez devant vous, une usine où l'on traite le phosphate retiré des terres. C'est assez intéressant pour mériter un instant d'arrêt.

—Il fallait nous prévenir de votre intention avant de quitter Amiens, dans ce cas, répliqua le chef de la caravane, non sans un peu d'humeur. Enfin, puisque nous nous trouvons réunis, nous en profiterons pour faire halte. Nos mécaniciens vérifieront les machines pendant que nous irons voir ces fameux phosphates!...

La chose ainsi décidée, les touristes se dirigèrent vers une usine dont la haute cheminée de briques se découpait sur le ciel et qui indiquait à n'en pas douter, un centre d'exploitation industrielle. Pendant le chemin, M. Léon Bourdon, qui paraissait très au courant de la question, en sa qualité d'élève chimiste à l'École industrielle de

Lille, fournit les explications suivantes aux personnes qui l'accompagnaient:

—Les phosphates d'origine minérale comprennent les apatites, les phosphorites, les coprolithes et les nodules et sables phosphatés. Les deux premières variétés se rencontrent dans les terrains primitifs et servent à la fabrication des superphosphates, car leur teneur en acide phosphorique atteint 32 %. Les coprolithes et les nodules existent dans les terrains crétacés et jurassiques, à l'étage des grès verts et sont exploités dans le Pas-de-Calais, les Ardennes, le Cher, l'Algérie et la Tunisie. Leur teneur en acide phosphorique varie entre 16 et 28 %. Quant aux sables et aux craies phosphatés que l'on exploite ici, ainsi qu'à Beauval et Beauquesne, ils sont beaucoup plus pauvres encore et ils doivent subir un traitement permettant de porter le titre à 50 ou 55 % de phosphate de chaux.

—Par quel procédé? interrogea M. Le Clair intéressé.

—Par le mélange avec des sables plus riches, ou mécaniquement en séparant le carbonate de chaux moins dense du phosphate plus dense, au moyen d'une simple lévigation.

—Et quelle est l'utilité de ces phosphates? demanda à son tour Mme Lhier.

—D'une manière générale, reprit le chimiste, les phosphates doivent être employés comme engrais complémentaires du fumier et des engrais chimiques tels que lé sulfate d'ammoniaque et le nitrate de soude. Leur action est très avantageuse dans tous les sols renfermant moins de 1 % d'acide phosphorique. C'est surtout dans les terres de défrichement riches en matières organiques que les phosphates naturels font merveille, à la dose de 300 à 600 kilogrammes à l'hectare. Cependant on obtient des résultats encore meilleurs avec les superphosphates, sauf dans les cas de terres acides, telles que landes et tourbières.

Les touristes approchaient à ce moment de l'usine aperçue de loin. Ils furent reçus par un vieux comptable qui, ébahi à la vue de tout ce monde lui arrivant, ne savait trop quelle contenance tenir. Enfin, il se mit à la disposition des visiteurs pour les conduire aux hangars où s'opérait le traitement des sables et craies phosphatés, et leur donner les indications nécessaires.

—Ainsi, demanda Breuval, toutes les matières premières que vous manipulez ici proviennent des champs avoisinants?

Le comptable sourit.

—Ah! messieurs, dit-il, on voit que vous êtes tous jeunes et que vous ne connaissez pas la folie des phosphates qui a secoué les populations de la vallée de l'Authie vers 1883.

—En effet, murmura le trésorier, je ne suis venu au monde que l'année d'après.

—Eh bien! messieurs, lorsqu'on a découvert, à cette époque, les premiers gisements de phosphate de chaux sur la colline de Beauval, cela a été comme une épidémie dans tous les villages environnants, tant les habitants avaient été émotionnés des prix fabuleux auxquels avaient été vendus aux Compagnies industrielles d'exploitation, des champs qui n'étaient susceptibles de fournir que de maigres récoltes. Des sondages furent donc opérés sur tous les points, et des paysans jusqu'alors misérables se trouvèrent, du jour au lendemain, enrichis, sinon presque millionnaires, parce que l'on avait reconnu, dans quelque pièce de terre de peu de valeur, la présence du précieux minéral. Oui, messieurs, je me rappelle de ce temps, moi qui vous parle, et je me souviens de la fièvre générale qui agitait les cultivateurs de toute cette région et surexcitait leur cupidité. De pauvres diables, qui eurent la chance de posséder du phosphate dans leur jardin, firent fortune, alors que des agriculteurs plus aisés se ruinèrent à la recherche infructueuse de cette même matière, irrégulièrement distribuée et répartie dans le sous-sol picard.

Les touristes remercièrent chaleureusement le comptable, qui remplissait les fonctions d'administrateur de cette exploitation industrielle, et s'empressèrent d'aller retrouver leurs véhicules.

—Cet arrêt imprévu nous a fait perdre presque une heure, fît remarquer La Tour-Miranne à ses compagnons. Il est quatre heures et demie-passées, il faudra donc activer pour arriver à Lille avant la nuit tombée. Nous ne ferons donc plus escale nulle part et nous nous contenterons de traverser Arras à petite allure. Est-ce dit?

—Ça colle, président, répliqua irrévérencieusement Médrival, le gavroche de la bande.

Robert sourit et grimpa à bord de son biplan où le mécanicien Pouliot le rejoignit. Dix minutes plus tard, tous les aéros étaient en l'air et filaient directement dans le nord à la vitesse de cinquante à soixante kilomètres à l'heure. Bientôt les monoplans prirent de l'avance et disparurent dans l'éloignement, tandis que les biplans volaient de conserve sur trois lignes. La Tour-Miranne tenant la tête et occupant le sommet de la lettre A que traçait l'équipe des appareils Martin-Landoux.

On aperçut dans le lointain, au fond de la vallée de l'Authie, la petite ville de Doullens, sous-préfecture de 4600 habitants, avec sa citadelle transformée aujourd'hui en prison de femmes. Les champs multicolores défilaient sous les pieds des aviateurs, qui, après avoir suivi les méandres du ruisseau de la Quillienne depuis son confluent avec l'Authie, à Thièvres en Artois, suivirent la route de Paris à Arras par Amiens et la voie ferrée de Doullens à Arras. Bientôt, cette cité, chef-lieu du département du Pas-de-Calais, apparut à l'horizon, et l'on aperçut en premier lieu le beffroi surmontant l'Hôtel de ville et que couronne la statue colossale et en métal doré, du lion qui figure dans les armes de la ville.

Médouville, qui avait pris son rôle de cicérone au sérieux, communiquait sa science, fraîchement acquise d'ailleurs, à son passager, André Lhier.

Une vaste agglomération hérissée de hautes cheminées aparut...

—Arras, l'ancienne capitale de l'Artois, lui dit-il, compte 26000 habitants. Elle se compose de trois parties: la cité occupant l'emplacement le plus élevé, à l'endroit même où existait autrefois la ville gauloise, capitale des Atrebates, puis la ville proprement dite et la basse ville. Saccagée par les Vandales en 407, restaurée par les soins de saint Vaast, détruite par les Normands en 880, Arras sortit une seconde fois de ses ruines. Elle fut prise en 1578 par le prince d'Orange, en 1640 par les Français et fut définitivement cédée à la France en 1659. Arras est une ville très industrieuse, arrosée par la rivière la Scarpe; elle possède des fabriques de dentelles, des bonneteries, savonneries, huileries, fonderies, raffineries de sel et de sucre donnant lieu à un commerce considérable? Comme monuments, on n'y compte guère que la cathédrale, qui est l'ancienne église abbatiale de saint Vaast, l'église Saint-Nicolas, enrichie de quelques beaux tableaux, et enfin l'Hôtel de ville et son beffroi.

—Tu as appris cela par coeur dans le Baedeker ou dans le Joanne?... interrompit l'industriel d'un ton goguenard.

—C'est là tout ton remercîment?... grommela le secrétaire vexé. Je te ferai encore part de ce que je sais, tu peux y compter!

—Oh! ne te fâche pas, mon bon René, je suis au contraire très heureux d'avoir appris que la ville que nous dominons en ce moment a été la capitale des Atrebates et qu'elle contient 26000 habitants. Ça pourra me servir à l'occasion. Mais, à propos, je croyais qu'Arras était une ville fortifiée et je n'aperçois de notre balcon aucune trace de fortifications.

—C'est parce qu'on les a démolies pour permettre à la ville de prendre l'extension qu'elle réclamait. Elles ont été remplacées par les boulevards que nous venons d'apercevoir non loin de la gare.

André Lhier embrassa d'un dernier regard l'agglomération de maisons que l'aéroplane venait de franchir à plus de deux cents mètres de hauteur. Les voyageurs avaient laissé derrière eux la gare Meaulens, qu'un raccordement relie à la ligne de Paris-Lille, et dépassé le faubourg Saint-Nicolas, et de nouveau les champs interminables s'étendaient devant eux.

—Tiens! s'écria l'industriel surpris, les monoplans nous faussent compagnie!... Les voilà qui filent là-bas sur notre droite!...

—Cela m'indiffère!... répliqua sèchement l'aviateur. Je conduis un biplan, je suis la route des biplans!...

La flottille aérienne, en tête de laquelle se maintenait La Tour-Miranne continua à avancer de son train régulier de cinquante à cinquante-cinq kilomètres à l'heure. L'aspect du paysage avait entièrement changé: c'étaient maintenant d'immenses plaines qu'incendiait le chaud soleil de juin, et au-dessus desquelles flottait comme une impalpable poussière de charbon. C'était le «pays noir», la région des houillères, et bientôt une vaste agglomération hérissée de hautes cheminées industrielles apparut qui fut laissée un peu à droite de la route.

—Lens! dit laconiquement Médouville à son compagnon.

—Ce serait le moment d'aller visiter les mines, répondit celui-ci.

—Si tu y tiens, tu n'auras qu'à piquer une tête au moment où nous passerons au-dessus de l'ouverture d'un puits, tu arriveras plus vite au fond!

—Diable! est-ce que tu voudrais te débarrasser de moi, par hasard?...

—Certainement non; je ne fais que t'indiquer un moyen rapide d'excursion, mon cher cousin.

—Trêve de plaisanterie, fit celui-ci. Sommes-nous encore loin de Lille?...

—Environ sept lieues; c'est l'affaire d'une demi-heure. Nous allons voir Carvin.

—C'est un de tes amis qui demeure à Lille?...

—André, tu m'agaces prodigieusement, sais-tu?... Carvin, est une bourgade minière comme Lens, tu ne l'ignores pas. Mais elle ne compte que 7000 habitants, alors qu'il y en a vingt mille de plus à Lens.

—Vingt mille juste?... Tu n'oublies pas un demi-habitant, quelquefois?...

Médouville, cette fois, ne répondit plus et se contenta de rouler des yeux féroces vers son passager qui dut mettre un frein à ses taquineries continuelles, et jusqu'à Lille les deux cousins ne se dirent plus un mot. Après avoir dépassé Carvin, reconnaissable à son clocher de forme caractéristique, les aéros traversèrent la plaine de Wattignies, et leurs passagers purent apercevoir ensuite les vastes bâtiments de la maison centrale de détention de Loos.

—Des hôpitaux, des prisons, des usines; voilà ce qui caractérise la civilisation!... murmura l'industriel.

Les appareils passèrent ensemble au-dessus de la gare de la porte des Postes et des bastions de Lille dont ils traversèrent les quartiers du sud et de l'Ouest, avant d'atteindre la citadelle et la Deule. De l'autre côté de la rivière se distinguaient les pistes de l'hippodrome Lillois, où La Tour-Miranne, qui avait une vue perçante, aperçut les monoplans. Il dirigea donc sa course de ce côté et quelques minutes plus tard, tous les appareils reposaient sur le gazon. L'étape du jour était accomplie.

CHAPITRE XII

LE NORD DE LA FRANCE

VISITE DE LILLE. — MÉDOUVILLE S'IMPROVISE CONFÉREN-CIER. — L'ITINÉRAIRE DE LA CARAVANE. — ARRIVÉE A

BOULOGNE. — UN ATTERRISSAGE MALENCONTREUX. — EN ROUTE POUR LE CROTOY ET SAINT-VALERY-SUR-SOMME. — M. DERMILLY, PROFESSEUR DE GÉOLOGIE. — LES GRANDES RÉVOLUTIONS DU GLOBE. — LE MARQUENTERRE. — ARRIVÉE A DIEPPE.

—Eh bien! êtes-vous satisfaits de votre promenade de ce matin? interrogea le marquis de la Tour-Miranne en dépliant sa serviette et prenant place avec ses compagnons autour de la table abondamment servie.

—Ma foi, pas plus que cela! répondit Outremécourt. Ce n'est pas une ville des plus intéressantes que le chef-lieu du département du Nord, malgré son importance et son étendue.

—A part la citadelle, ajouta Breuval, je n'ai pas, en effet remarqué de monuments méritant la peine de s'arrêter.

—Il fallait visiter les églises, monsieur Breuval, susurra Mlle d'Outremécourt, certaines d'entre elles auraient retenu votre attention, par exemple Notre-Dame de la Treille, de style gothique, bien que datant de l'année 1855 seulement, puis Saint-Maurice et Sainte-Catherine, qui sont du XVe siècle, Sainte-Madeleine du XVIIe et Saint-André du XVIIIe siècle.

—J'ai vu les bâtiments civils, l'Hôtel de ville, la Bourse, qui est l'ancienne halle échevinale, la colonne de la Grande-Place et l'arc de triomphe, cela m'a suffi.

—Vous connaissez les origines de la ville, monsieur Médouville? demanda Mme de l'Esclapade au secrétaire général.

Celui-ci se rengorgea.

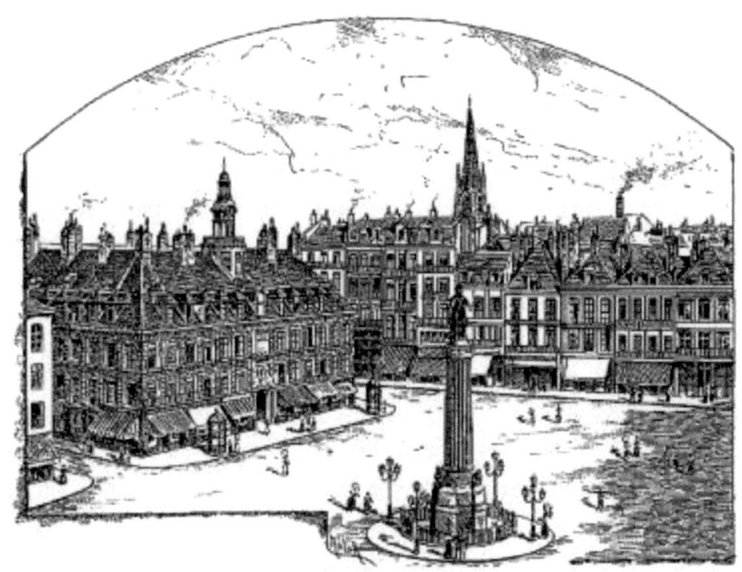

—Certainement, chère madame, s'empressa-t-il de répondre, pour donner une nouvelle preuve de son érudition. Lille, en flamand *Ryssel*, tire son nom d'un village entouré d'eau où existait un château datant des derniers siècles de la domination romaine. Elle appartenait aux comtes de Flandre, tomba en 1054 au pouvoir d'Henri III, mais fut reprise. En 1213, elle eut à subir trois sièges successifs: deux de la part de Philippe-Auguste, un de la part du comte Ferrand, et fut presque entièrement détruite. Elle fut réunie par Philippe le Bel au domaine royal en 1297, mais restituée ensuite par son successeur pour passer sous la domination de la maison d'Autriche qui la conserva durant deux siècles. Louis XIV la reprit en 1667, la fit fortifier par Vauban, mais ce n'est qu'au traité d'Utrecht, en 1713, qu'elle rentra définitivement dans le domaine de la France. En 1792, la ville subit encore un nouveau siège, plus terrible encore que tous les précédents. Le corps des canonniers de Lille, institué en 1483, se distingua dans cette occasion et contribua par son courage à la levée du siège par les Autrichiens.

—Bravo, René, approuva René Lhier toujours caustique. Tu as bien appris ta leçon. Félicitations!

Le Mécène ne daigna pas relever ce compliment ironique et se hâta de rattraper son retard sur les autres dîneurs.

—Quel est l'itinéraire du jour? questionna à son tour Garruel.

—Le trajet est exactement de même étendue qu'hier, répondit La Tour-Miranne. Nous allons à l'ouest et passerons Armentières, Hazebrouck, Saint-Omer, où nous ferons escale, puis de Saint-Omer nous irons d'une traite à Boulogne-sur-Mer. Il y a quatorze kilomètres de Lille à Armentières, trente-deux d'Armentières à Hazebrouck, et vingt d'Hazebrouck à Saint-Omer, c'est-à-dire soixante-six kilomètres pour la première partie de l'étape.

—Et de Saint-Omer à Boulogne?...

—Cinquante kilomètres exactement.

—Combien avons-nous fait hier?...

—Trente d'Amiens à Orville, et quatre-vingts d'Orville à Lille, soit cent dix kilomètres.

—Et demain, où irons-nous? fit à son tour Médrival.

—Nous irons de Boulogne à Dieppe en suivant le bord de la mer; le parcours sera d'environ cent vingt kilomètres.

—Me permettez-vous une observation, président? continua le clubman.

—Certainement, mon cher ami, parlez.

—Eh bien, il me semble que les étapes sont un peu courtes et qu'on pourrait sans inconvénient les allonger un peu, afin de ne pas nous éterniser en route. Qu'est-ce que cent vingt kilomètres?... A peine deux heures de route pour les biplans, une heure et demie au plus pour les monos!... D'autre part, qui ne connaît Boulogne, Paris-Plage, Berck, Cayeux, le Tréport et Dieppe?... Ne pourrait-on pas partir de bonne heure demain matin, de manière à arriver à Dieppe pour l'heure du déjeuner? L'après-midi, nous pourrions gagner Rouen qui mérite, plus que Lille et Boulogne, une visite attentive. Qu'en pensez-vous?...

—Je vous répondrai, mon cher ami, que mon rôle est de refléter simplement l'opinion de nos collègues, et qu'en toutes circonstances je me rangerai à leur avis. Je mets donc votre proposition aux voix.

Après une discussion de quelques instants, l'idée de Médrival fut adoptée; et comme le repas touchait à sa fin, le trésorier s'empressa de régler les dépenses de l'hôtel et de faire charger les bagages sur les autos qui devaient conduire les jeunes gens à l'hippodrome lillois où les mécaniciens veillaient sur les planeurs.

—En route pour la Manche! proféra en se levant le secrétaire général.

—Tu pourrais mettre les deux! observa André Lhier, toujours taquin.

—Qu'est-ce que tu veux encore dire par là?...

—Oh! simplement qu'une veste a ordinairement deux manches, et que, si tu remportes la tienne...

—Je te promets que si tu continues sur ce ton, fit Médouville, comiquement courroucé, interrompant son cousin, je te ferai prendre un bain à la première occasion.

—Cela ne te sera pas difficile, tu es si maladroit!... Et si tu avouais ensuite que tu l'as fait exprès on ne te croirait pas!

La voiture, en démarrant, mit fin à la plaisante discussion des deux cousins.

A l'hippodrome de Lille, comme à la Hotoie, la nouvelle, propagée par les journaux, de l'arrivée de la caravane aérienne avait attiré une foule de personnes curieuses de voir de près les appareils à la mode et d'assister à leur départ. Cette foule était assez gênante pour qu'Outremécourt, le *Père Tranquille*, adressât à La Tour-Miranne la réflexion suivante:

—Décidément il sera préférable, je crois, de terminer les étapes à distance des grandes villes, afin de ne pas être entravés comme nous le sommes chaque fois dans nos manoeuvres.

—Ce sera à voir, en effet, répondit le jeune président, avant de prendre sa place de pilote.

Au moment précis où sonnaient deux heures à toutes les horloges de la ville, le premier aéro, celui du chef de l'expédition, s'envola dans le tourbillon de ses trois hélices tournant à toute vitesse. De trente en trente secondes, une autre machine volante s'élança dans l'atmosphère, et bientôt la place fut nette; toute la caravane était partie vers le nord-ouest. Un quart d'heure plus tard, les aviateurs traversaient Armentières, ville de trente mille habitants sur la rivière la Lys, et passaient à trente mètres au-dessus des bâtiments de l'École Professionnelle. Médouville, qui avait changé de passager pour ne pas continuer à subir les plaisanteries de son cousin Lhier et avait engagé celui-ci à permuter avec sa femme, ne manqua pas de faire part à celle-ci de ce qu'il avait eu soin d'apprendre au sujet de la ville dont ils traversaient les faubourgs. C'est ainsi que Mme Lhier dut savoir bon gré mal gré qu'Armentières, en raison de sa proximité de la frontière, avait été exposée pendant des siècles à toutes les calamités de la guerre. Elle avait été prise et incendiée par les Anglais en 1339, pillée par les Français en 1382, détruite par les calvinistes en 1566, occupée par les maréchaux de Gassion et de Rantzau en 1645, par l'archiduc Léopold en 1647, par les Français en 1667, pour finir par demeurer à ces derniers en vertu du traité d'Aix-la-Chapelle en 1668.

—C'est une ville fort commerçante, à ce que je vois, interrompit l'auditrice forcée du cicérone.

—Certes. Il y a de nombreuses filatures de coton, des fabriques de toile, de dentelle, des distilleries, mais peu d'industries mécaniques. C'est à Fives-Lille et à la Madeleine que se trouvent les fonderies, les usines métallurgiques et les ateliers de construction mécanique. Damblin, en sa qualité d'ingénieur, n'a pas manqué de consacrer sa matinée à la visite de ces ateliers et il en est revenu émerveillé.

—Et Hazebrouck et Saint-Omer que nous allons apercevoir tout à l'heure, ce sont aussi sans aucun doute, des villes industrielles?...

—Hazebrouck est dans le département du Nord et Saint-Omer dans le Pas-de-Calais. Ce sont deux régions bien différentes. La première de ces deux villes qui compte douze mille habitants, était autrefois entourée de marais (*broucks*), asséchés depuis. La campagne environnante produit des céréales, du houblon, du tabac, du lin et renferme de beaux pâturages où l'on fait l'élevage du bétail.

Hazebrouck possède également de nombreuses usines: des brasseries, savonneries, teintureries, filatures de lin et de coton, corroieries. Quant à Saint-Omer, sa population est de vingt mille âmes; c'est une très ancienne cité, appelée autrefois *Sithiu*, et qui prit ensuite le nom d'un évêque de Thérouanne à qui elle fut concédée, en 720. On y trouve des fabriques de lainages, de tissus, de broderies; des sucreries, des scieries mécaniques, des brasseries. Comme monument remarquable, Saint-Omer contient l'église Notre-Dame, ancienne cathédrale du XIIe et du XVe siècle avec une tour de cinquante mètres de haut, et où l'on peut remarquer des oeuvres d'art telles que les tombeaux remontant au VIIe siècle, de saint Erkembolde et de saint Omer.

—L'église du Saint-Sépulcre et le monastère ruiné de Saint-Bertin sont également dignes d'une visite, mais le temps nous manque, et nous devrons nous borner à jeter un coup-d'oeil en passant sur ces débris des temps passés.

—Vous êtes, ainsi qu'on le dit dans un certain monde, «calé» sur toutes ces questions, mon cousin. C'est un plaisir que de vous écouter.

Vue intérieure des usines de Fives-Lille.

—Votre mari n'est pas comme vous, ma cousine. Il me crible de plaisanteries à ce sujet, à tel point que je l'ai impérativement prié de permuter avec vous et de changer de pilote. A un moment ou à un autre je n'aurais plus été maître de mes nerfs et il est facile de faire un faux mouvement, une embardée involontaire, capable d'amener un accident.

—Il est vrai qu'André a un caractère taquin, mais vous auriez tort de prendre ses paroles trop au sérieux. Il n'en pense pas lui-même le premier mot.

—Je le sais, mais il m'agace bien tout de même.

—Mon pauvre René!... fit Mme Lhier avec une compassion railleuse. Tenez, parlez-moi plutôt du pays que nous devons visiter ce soir.

—Boulogne-sur-Mer?... Comment, vous ne connaissez pas Boulogne?...

—Ma foi non, mon cousin. Quand je suis allée en Angleterre avec André, nous nous sommes embarqués à Calais pour diminuer autant que possible la longueur de la traversée, et nous passons notre saison de bains de mer à Royan.

—Eh bien! je vais vous dire, cousine, ce que je sais de Boulogne, dès que nous aurons laissé derrière nous tous ces canaux qui traversent ces prairies pour aboutir à la rivière qu'on aperçoit là-bas traversant Hazebrouck. Il faut faire attention de ne pas aller tomber dans l'eau!

La région des tourbières une fois franchie, le conférencier reprit son discours.

—A l'époque gallo-romaine, Boulogne était le principal établissement des peuples appelés Morins et portait le nom de *Gesoriacum*, puis de *Bononia*. Les empereurs romains Caligula et Claude la visitèrent, mais peu après Constance Chlore fit combler le port. Boulogne se releva au VIIe siècle grâce à son pèlerinage à Notre-Dame et ses établissements monastiques. Les comtes de Boulogne donnèrent des rois à l'Angleterre et à Jérusalem. En 1544, les Anglais prirent la ville, mais ils la restituèrent moins de six ans plus tard. C'est à Boulogne que Bonaparte consacra toutes les ressources qui lui semblaient nécessaires pour tenter une descente en Angleterre. Parmi les hommes illustres nés à Boulogne, je vous citerai Godefroy de Bouillon, le héros des croisades, Lequien, Daunou, érudits, ce dernier fondateur de l'Institut, l'égyptologue Mariette, Frédéric Sauvage, le promoteur de l'hélice maritime, Sainte-Beuve, critique et littérateur, enfin les frères Coquelin, les célèbres acteurs.

Boulogne-sur-Mer, chef-lieu d'arrondissement du département du Pas-de-Calais, est bâtie à l'embouchure de la rivière la Liane et compte quarante-sept mille habitants. Elle renferme un tribunal de première instance, un tribunal et une chambre de commerce, une école nationale de musique, une école d'hydrographie, une bibliothèque, un musée, une station agronomique. Le port, le neuvième de France par rang d'importance et de trafic, s'ouvre au nord-ouest de la ville, entre deux jetées construites en 1839, par un chenal de 72 mètres de largeur. L'arrière-port est formé par le lit de la Liane, et, en amont du pont reliant les berges, se trouve le bassin de retenue. Des travaux récents ont permis au port de Boulogne de conserver l'importance qu'il s'était acquise grâce à ses relations avec l'Angleterre par Folkestone. En outre, Boulogne arme pour la grande pêche du hareng, de la morue, du maquereau, et elle tient à cet égard le premier rang parmi les ports français. Le commerce général d'importation a surtout pour objet les matières premières: laine, coton, soie, chanvre, les fils de toute sorte, le caoutchouc, le charbon, les bois communs, les matériaux de construction. Le commerce d'exportation porte principalement sur les tissus, passementeries, rubans, peaux brutes et préparées, les vins, l'horlogerie, la tabletterie, le liège ouvré, les fruits de table, oeufs, volailles gibiers, produits alimentaires, les instruments de musique, les outils, la parfumerie, les produits chimiques, etc. Boulogne possède également des industries développées: des hauts fourneaux et fonderies, des scieries, des fabriques de plumes métalliques, des filatures de lin, des fabriques de savon, de ciment, des tonnelleries, teintureries, etc. Deux ponts réunissent la ville principale, la haute ville juchée sur une colline, aux quartiers situés sur la rive gauche de la Liane...

Le secrétaire général des *aérotouristes* aurait sans doute encore continué longtemps sur le même ton et fait preuve une fois de plus de sa prodigieuse mémoire, si, à cet instant, le signal n'avait pas été donné de l'atterrissage pour l'escale. Il y avait une heure et quart que la flottille avait quitté l'ancienne capitale des Flandres.

Le fourrier Damblin, envoyé en avant avec son monoplan, avait découvert un emplacement des plus favorables pour l'escale: c'était un vaste pâturage à l'orée d'un petit bois; les aéros vinrent l'un après l'autre se poser mollement dans l'herbe haute et drue, et aussitôt les deux mécaniciens commencèrent, l'inspection des moteurs et des accessoires:

—Reste-il suffisamment d'essence dans les réservoirs pour faire les cinquante kilomètres nous séparant de Boulogne-sur-Mer? demanda La Tour-Miranne à Pouliot.

—Je ne le pense pas, monsieur le marquis, répondit celui-ci. Il sera nécessaire de faire le plein, et pour cela d'aller chercher une dizaine de bidons d'essence à la ville là-bas.

La ville en question, reconnaissable à sa haute tour carrée, était Saint-Omer, et ne paraissait pas éloignée de plus d'un kilomètre. Plusieurs touristes, dont des dames, offrirent de se charger de la commission et de rapporter les bidons, après avoir visité la ville.

—Vous les ferez charger sur une brouette et amener jusqu'ici par un garçon épicier! recommanda le *Père Tranquille*, qui s'étendit de tout son long sur le gazon, à l'ombre d'un buisson, et s'empressa de bourrer de tabac une courte pipe de bruyère qu'il venait de tirer de sa poche.

—Vous ne venez pas avec nous? demanda Breuval.

—Non, je préfère profiter de ce moment d'arrêt pour faire travailler. Pétronille, répliqua le vice-président, en montrant son instrument fumigatoire auquel il donnait—comme Cocardasse, du *Bossu*, à son épée—le nom grotesque de Pétronille.

—Gros paresseux, va!... fît le trésorier en s'éloignant.

—Attention! recommanda La Tour-Miranne aux excursionnistes, ne soyez pas trop longtemps et n'oubliez pas que nous avons encore une étape de cinquante kilomètres à faire aujourd'hui!...

—Combien de minutes nous accordez-vous? président, cria Médrival.

—Une heure et demie, pas davantage! Il faut qu'à cinq heures précises nous ayons démarré!...

—C'est entendu! nous serons de retour à cinq heures avec de l'essence, acquiesça le jeune sportsman.

L'escale s'étant opérée en pleine campagne n'avait que peu attiré l'attention, et les Audomarois qui avaient pu voir passer la flottille aérienne, ne se doutaient certes pas qu'elle avait atterri à moins de cinq minutes de marche des dernières maisons du faubourg. Les touristes ne furent donc, cette fois, aucunement dérangés par un public impatient et curieux, et ils n'aperçurent même aucun re-présentant de l'autorité pendant la durée de cette escale.

A l'heure dite, les promeneurs reparurent, escortant un gamin d'une douzaine d'années qui conduisait une charrette attelée de deux chiens et chargée de bidons d'essence. Breuval s'était bien gardé de dire que cette cargaison était destinée à ravitailler les aéros qui venaient de traverser la ville: cette déclaration n'aurait pas manqué d'émouvoir les paisibles habitants de Saint-Omer et les inciter à venir en procession assister au départ. Le commis de l'épi-cier, qui avait cru n'avoir affaire qu'à des automobilistes ordinaires, ouvrit des yeux énormes à la vue des treize aéroplanes disséminés dans le pâturage désert, et il n'eut garde de s'éloigner immédiate-ment avec ses bidons vides; il demeura l'unique spectateur de l'ascension, laborieuse pour plusieurs, des appareils d'aviation, dont le chariot roulait péniblement sur le terrain raboteux. Cependant après quelques essais-infructueux, les derniers biplans finirent par s'envoler, laissant le garçonnet pétrifié d'étonnement, la bouche béante et les yeux écarquillés.

Suivant les prévisions de son chef, la caravane ne mit pas plus d'une heure à franchir les cinquante kilomètres séparant Saint-Omer de Boulogne, au-dessus d'une campagne bien cultivée et très plate. Pendant ce trajet, M. Dermilly, professeur à l'École des Mines et géologue distingué, en même temps qu'amateur fanatique d'aviati-on, expliquait à sa fille, sa passagère, comment s'était opérée la for-mation des terrains au-dessus desquels volaient les aéroplanes.

—Depuis le pied des dernières collines qui forment le plateau on-dulé du Boulonnais jusqu'à l'extrémité du Jutland, exposa-t-il, s'étend une plaine immense située au niveau de la mer: les Pays-

Bas. Cette plaine n'est séparée de l'Océan que par un long cordon de dunes coupé de distance en distance pour laisser s'écouler à marée basse les eaux provenant de l'intérieur des terres. Car le sol n'est pas au niveau de la mer: il est plus bas, singulier phénomène dont on n'a pu jusqu'à présent trouver d'explication satisfaisante.

A l'époque où les Gaulois nos pères étaient encore fort loin de la civilisation, ces vastes étendues que nous venons de voir enrichies de cultures intensives et parsemées de villes industrieuses, étaient recouvertes par les eaux de la mer qui, poussées par les vents du large, pénétraient par les issues ouvertes pendant les tempêtes d'équinoxe. Les marécages ainsi formés disparurent peu à peu, soit par suite d'un exhaussement lent du sol, soit par suite des digues naturelles que la mer élevait suivant ses caprices. Les eaux de l'intérieur ne pouvant s'écouler à travers le cordon de dunes, s'épanchèrent sur ces plaines au sous-sol imperméable. Elles se transformèrent en marais stagnants parsemés de roseaux, ou *moëres* en termes du pays, et ce jusqu'à ce que la main de l'homme leur ouvrît un chemin régulier d'écoulement et opérât le dessèchement de la contrée. Ces métamorphoses et ces alternances d'inondations et de sécheresses ont laissé leurs empreintes dans le sol: quand la mer le recouvrait, ses eaux déposaient une couche de fine argile marine; quand les eaux douces se substituaient à la mer, un lit de tourbe se formait insensiblement par la végétation des marécages. Les fouilles effectuées ont ainsi mis en évidence l'histoire même de ces territoires, et l'épaisseur plus ou moins forte des différentes couches de tourbe et d'argile fournit une indication sur la durée de ces phénomènes.

Les habitants de ces contrées à ces époques reculées, les Morins, joignirent leurs efforts à ceux des forces naturelles, pour s'assurer la possession de ces terres et préserver leurs demeures des inondations. En creusant le sol en certains points, on y a reconnu, à travers des couches successives de dépôts, des objets remontant à l'âge de bronze ou de pierre, et même, assure-t-on, des antiquités carthaginoises. Bergues, Saint-Omer et bien d'autres villes de Flandre se sont ainsi créées, car, à mesure de l'accroissement de la population, les habitants s'efforçaient de faire disparaître ces marais et d'empêcher le retour de la mer par des constructions de digues formées de fascines remplies de terre et de plantations de saules.

Sur une carte du VIIe siècle, on retrouve tous ces noyaux de villes et on peut établir la concordance avec les noms de pays actuels. Thérouanne (Teruana) était l'un des principaux centres, toutes les routes y aboutissaient comme à un chef-lieu. Le *casiellum Morinorum*, la forteresse des Morins, aujourd'hui Cassel, était une ville guerrière dont les tours dominaient la plaine de plus de quatre-vingts mètres. Beaucoup de villages étaient groupés sur les rives d'un estuaire, le *Sinus Itius*, port naturel peu profond transformé plus tard en marécage; quelques géographes ont admis que cet estuaire ait été la baie au fond de laquelle a été élevé Saint-Omer; c'était au milieu qu'existait la petite île des Morins: *Morini parva insula*.

Les parties basses de ces terrains demeurèrent longtemps à l'état de *moëres*, car aux fortes marées, les eaux furieuses démolissaient les obstacles qui leur étaient opposés, anéantissaient les cultures et la mer reprenait son ancien domaine. Pendant une longue suite de siècles, la lutte de l'homme contre les éléments fut continuelle, et ce n'est qu'au XVIIIe siècle, que l'oeuvre fut complétée par l'ingénieur Bélidor, et la mer définitivement vaincue et repoussée aux limites actuelles, grâce à un système de drainage et d'écluses dès plus ingénieux. Dirigée par la main de l'homme, emprisonnée entre des murs solides, l'eau qui s'épanchait jadis dans les marais et y séjournait engendrant de meurtrières épidémies, s'écoule aujourd'hui dans la mer à marée basse par les soins de l'Etat. Dans les tempêtes, la mer ferait irruption et démolirait tous ces travaux, si les précautions n'étaient pas prises, autant contre la violence des vagues que contre les sables qu'elles apportent. La Flandre n'est donc pas un pays donné par la nature comme tant d'autres. Son sol a été conquis lentement par le travail et il ne reste assuré à la culture que par suite d'une sage organisation. Les Flamands, eux aussi, à l'imitation des Hollandais, leurs devanciers et leurs maîtres en matière de dessèchement, peuvent donc prendre cette fière devise: *Luctor et emergo.* Je lutte et je sors de l'eau!

Tout en parlant, le professeur dirigeait d'une main sûre la course de son véhicule, mais il dut à ce moment interrompre son discours, car la flottille aérienne arrivait en vue de la ville où devait s'achever l'étape du jour.

—Tiens, fillette, dit-il, voici la mer!...

La caravane venait de traverser, à trente mètres de hauteur, la route nationale de Paris à Calais. Un peu au delà du village de Wimereux, Damblin, faisant toujours fonctions de guide, avait avisé un vallon abrité du vent du large, et il était venu y atterrir le premier. Suivant son exemple, La Tour-Miranne et tous les autres aviateurs vinrent se poser le plus doucement possible au fond de ce pli de terrain, l'un après l'autre. Mais l'espace manquait un peu, et à la suite d'une fausse manoeuvré, le monoplan de M. Morengian vint heurter, à trois mètres du sol, le biplan de M. Le Clair, et les deux appareils s'abattirent lourdement avec un craquement caractéristique de bois que l'on fend.

Il y eut un moment d'angoisse parmi les touristes qui se précipitèrent en désordre vers le lieu de l'accident, mais on constata que les voyageurs avaient eu plus de peur que de mal, car ils n'avaient subi que le contre-coup du choc. La seule victime était l'aéroplane qui avait été abordé. Un longeron de son châssis, avait été brisé net comme une vulgaire allumette de la régie, et l'extrémité de son aile gauche s'était faussée. L'auteur de l'accident fut consterné de ce résultat de sa maladresse.

—Bah! déclara le mécanicien Pouliot, ce n'est pas grave: c'est un peu de travail de menuisier: on mettra un manchon en aluminium au longeron et on redressera l'aile, c'est l'affaire d'une matinée tout au plus!...

—Mais on devait repartir demain matin de très bonne heure!... observa l'infortuné aviateur.

—C'est vrai, dit La Tour-Miranne s'approchant, mais devant ce qui vous arrive, nous ne vous abandonnerons pas. La caravane se scindera en deux fractions. La première, composée des biplans sauf le vôtre, bien entendu, partira de bonne heure pour aller à Dieppe en suivant la côte; vous partirez ensuite avec les monoplans, une fois la réparation achevée. Cette proposition du chef de l'expédition n'eut pas le don de plaire aux pilotes de «monos», dont l'un, Médrival, était justement l'auteur de la proposition de la double étape.

—Vous oubliez, président, fit-il observer à La Tour-Miranne, que nos *monos* volent beaucoup plus vite que vos biplans, et surtout que celui de M. Le Clair, qui est le plus lent de tous puisqu'il arrive toujours bon dernier à l'étape. Il ne pourra donc pas nous suivre, quoi que nous fassions les uns et les autres pour essayer de diminuer notre vitesse!...

—Nous ne pouvons cependant pas laisser ici notre camarade?...

—Ne vous «bilez». donc pas, monsieur le président, intervint le mécanicien. Les journées sont longues et le soleil se lève de bonne heure en cette saison. Nous allons nous mettre immédiatement à l'ouvrage, mon camarade et moi, et nous continuerons demain dès qu'il fera jour. Nous ne perdrons pas de temps; nous allons monter la tente chargée avec les autres bagages du «camping» sur l'aéro de M. Morengian. Tout sera «arrangé» pour neuf heures du matin.

—Je vous remercie d'avance, mon brave Pouliot. C'est cela, montez la tente, je vais vous faire envoyer des vivres du restaurant de Boulogne où nous allons demander l'hospitalité.

L'ouvrier tint sa promesse. Quand, le lendemain à neuf heures et demie du matin, un break frété par le président de l'*Aéro-tourist-club* ramena les aviateurs à Wimille, après les avoir promenés dans Boulogne-sur-Mer, de Capécure à la haute ville et tout le long du quai Gambetta jusqu'à la jetée et à la plage des bains, il ne restait plus trace de l'accident de la veille. La caravane pouvait repartir dès que les réservoirs d'essence auraient été remplis. La Tour-Miranne et M. Le Clair remercièrent chaleureusement les mécaniciens de leur persévérance et de l'habileté qu'ils avaient déployée, puis le président s'écria:

—En route, mes amis, et rondement, il faut que nous soyons à Dieppe pour déjeuner. J'ai télégraphié notre arrivée à l'Hôtel-Royal; nous serons donc attendus.

—Si les monos, plus rapides, partaient les premiers, insinua Médrival. Ils pourraient atteindre l'étape avant midi et faire patienter les hôteliers...

—C'est cela!... Vous recommanderez que l'on conserve notre dîner au chaud!... répondit en riant le président. Quant à l'itinéraire, je vous rappelle que l'on fera escale au Crotoy pour le plein d'essence. On traversera ensuite l'estuaire de la Somme en amont de Saint-Valéry, puis de là nous gagnerons Eu et Dieppe. Ce sont deux étapes, l'une de soixante-dix, l'autre de soixante kilomètres.

La flotille traversa l'estuaire de la Somme.

Ayant ainsi donné ses dernières instructions, La Tour-Miranne se hissa à bord de son véhicule aérien, et quelques minutes plus tard, la caravane, partagée en deux groupes qui ne tardèrent pas à se séparer en raison de la différence de vitesse entre les machines à plan de suspension unique et de celles à deux plans superposés, s'éleva dans les airs, en présence de quelques habitants de Wimille et de Wimereux qui avaient appris la présence de la flottille sur le terroir de leur commune et s'étaient empressés d'accourir, poussés par la curiosité. Les aéros suivirent un moment la route nationale, et leurs pilotes purent apercevoir à peu de distance la colonne commémorative de la Grande-Armée, élevée en souvenir de l'expédition contre l'Angleterre en 1804 par Napoléon. La caravane traversa ensuite la basse ville de Boulogne, du cimetière du nord au pont de l'Écluse, puis le faubourg de Capécure. Elle laissa à droite le Portel et descendit directement au sud vers Hardelot et Etaples.

Le temps était remarquablement clair et limpide, la chaleur modérée; il n'avait pas encore fait une aussi belle journée, d'autant plus que la brise de mer était presque insensible et ne contrariait en rien la course des planeurs. Le professeur Darmilly profita de ce que l'état de l'atmosphère facilitait la conduite de l'appareil, pour continuer son discours de la veille sur les modifications subies, avec les siècles, par la configuration des rivages de la France.

— A l'embouchure de la Canche où nous allons arriver dans quelques minutes, dit-il à sa fille, tu vas voir le paysage, changer complètement d'aspect. Le plateau ondulé du Boulonnais est séparé du rivage par une vaste plaine rappelant la Flandre, bien qu'elle soit infiniment moins vaste. Cette plaine est encore une conquête réalisée sur la mer, d'où son nom de *Marquenterre*, mer en terre.

Formé par des alluvions successives, le Marquenterre est un exemple frappant du travail séculaire de la mer qui a déposé les grains de sable en les ajoutant les uns aux autres depuis des temps que l'imagination hésite à déterminer. Dans les temps anciens, la mer baignait le pied des collines, mais, à une époque postérieure, ces plages peu inclinées servirent de lieu de décharge aux matériaux arrachés aux falaises du Boulonnais au nord, et à celles de la Normandie au sud. Entre la baie de la Canche et celle de la Somme, se retrouvent les traces de l'ancien étang littoral où, d'après les traditions, les eaux de la rivière, retardées dans leur écoulement par des barres de sable, venaient s'épancher librement. Le sol à peine élevé de deux mètres au-dessus du niveau de la mer, a été, comme les Pays-Bas, desséché par la main des hommes; on a ainsi acquis vingt mille hectares à la culture, depuis le IX'e siècle, où le Marquenterre était encore recouvert par les eaux croupissantes où les rivières de la Canche, de l'Authie et de la Maye venaient se déverser. Sur quelques îles émergeant à peine de la plaine liquide, s'élevèrent les huttes des premiers pionniers de la culture, en même temps que celles des pêcheurs. Plus tard, les habitants rattachèrent ces fragments de sol les uns aux autres par des digues, et c'est ainsi que l'on gagna du terrain sur la mer.

Toute la partie du Marquenterre comprise entre l'Authie et la baie de la Somme, c'est-à-dire justement l'endroit au-dessus duquel nous planons en ce moment, ajouta le professeur, porte encore gravés sur son sol les témoignages du déplacement graduel des limites de la mer. Depuis la chaîne des dunes littorales jusqu'à la base des collines du plateau du Ponthieu, les marais sont parsemés d'éminences isolées, dont la direction longitudinale est sensiblement parallèle à la direction de la côte. Les travaux d'assèchement ont fermé l'accès des hautes marées, en même temps qu'augmentait le cordon de dunes et que les rivières devenaient innavigables. Le système de drainage employé rappelle les *watergands* de la Flandre; l'exutoire des eaux s'opère par une vieille écluse du XVIIe siècle, à Villiers, près d'Etaples.

—C'est le phare d'Etaples que nous avons aperçu tout à l'heure, père?... interrompit Mlle Dermilly.

—Oui, fillette, et l'agglomération que l'on pouvait distinguer à l'horizon oriental était Montreuil-sur-Mer, ainsi nommé parce qu'autrefois il possédait un port, alors que maintenant les flots s'en sont éloignés de quinze kilomètres. Nous avons suivi un moment la rigole d'écoulement dite de la Grande-Tringue et passé les dunes de Cucq et de Merlimont. C'est la plage de Berck, avec son hôpital pour les enfants scrofuleux de l'Assistance Publique, que tu peux voir à ta droite. Nous allons traverser, à l'endroit appelé le *Pas-d'Authie*, la rivière, sur les bords de laquelle nous avons visité l'usine des phosphates d'Orville, puis nous continuerons à voir des dunes jusqu'au Crotoy où nous devons nous arrêter pour reconstituer notre provision d'essence.

—Et du Crotoy à Dieppe, père, le pays est-il toujours aussi triste?...

—Non, non. Après la baie de la Somme, à Ault, commencent les
falaises qui s'étendent sans interruption jusqu'au cap de la Hève,
près du Havre. C'est dans cet endroit que les choses ont le plus
changé depuis le moyen âge, soit par un effet d'envasement, soit par
un lent exhaussement du sol. Ainsi, à l'époque où les Romains con-
quirent la Gaule, les barques pouvaient remonter la Somme jusqu'à
Amiens. Le niveau des hautes mers a notablement diminué dans ces
régions, ainsi que les documents historiques le prouvent.

AULT -- La plage et les falaises.

Aujourd'hui, si les bateaux d'un certain tonnage peuvent encore
gagner Amiens, ce n'est que grâce aux écluses et à la canalisation de
la Somme. La navigation avec Abbeville serait même compromise si
l'on n'avait creusé au milieu des alluvions séculaires de la rive gauche un profond canal reliant ce port à Saint-Valéry. D'ailleurs tu te
rendras compte par toi-même, puisque nous allons voir défiler tous
les pays dont je viens de te citer les noms. Nous voilà au Crotoy et
nous allons prendre terre un instant, car nous sommes, si je ne me
trompe, à moitié chemin.

Le fourrier Damblin, parti comme toujours une demi-heure avant le gros de la caravane, avait fait préparer les bidons d'essence et quelques arrosoirs d'eau, dans le but de gagner du temps. Pendant que les mécaniciens transvasaient le carburant et vérifiaient le graissage et l'allumage des moteurs, La Tour-Miranne prévenait ses compagnons.

— La marée est basse en ce moment, dit-il, et la baie de la Somme n'est plus qu'une immense plaine de sables vasards de dix mille hectares de surface où quelques minces filets d'eau serpentent en méandres. En face de nous se trouve Saint-Valéry, dont une distance de trois kilomètres seulement nous sépare. Je vous recommande de déployer la plus grande précaution pendant cette courte traversée, car une descente intempestive dans ces sables mouvants ne serait pas sans danger. J'ai d'ailleurs prié les mécaniciens de régler attentivement les moteurs pour éviter toute éventualité.

— Compris! seigneur président!... répliqua ironiquement Outremécourt. On sera prudent!

Les appréhensions de La Tour-Miranne se trouvèrent heureusement inutiles, et ce fut avec un vif sentiment de soulagement qu'il constata que la flottille aérienne avait franchi le dangereux passage et qu'elle était revenue au-dessus de la terre ferme. Il donna à peine un coup d'oeil aux vieilles maisons de Saint-Valéry-sur-Somme et à l'estacade sur laquelle passe la voie ferrée reliant la ville à la ligne du Nord.

Au contraire, il mit de l'avance à l'allumage, et sous l'impulsion de son hélice tournant à toute vitesse, l'aéro défila à soixante kilomètres à l'heure à vingt mètres au-dessus de la route d'Eu. Dans un vol égal et rapide, la flottille passa successivement au-dessus des villages de Routhiauville, Sallenelles, Lanchères, Brutelles, Hautebut, laissant la pointe du Hourdel et Cayeux sur la droite. Midi sonnait au moment où l'on revit la Manche comme une vaste nappe d'azur, à moins d'un kilomètre de distance. Une aiguille de pierre se dressait, blanche comme un bâton de craie, sur la falaise, au-dessus d'une agglomération de maisons s'étendant jusqu'au bord de la grande bleue.

— Ault et son phare, dit le président à son compagnon, en lui indiquant le monument d'un mouvement de tête.

—Je connais!... répondit le mécanicien. J'ai passé l'année dernière huit jours de vacances au Tréport et j'ai parcouru toutes les routes des environs en motocyclette. Je reconnais le pays. Voilà Onival, le bois de Cise, là-bas dans le renfoncement, et puis la plage de Mers tout au loin. A gauche on aperçoit la chapelle de Saint-Laurent sur le haut de la colline.

La caravane aérienne arrivait en vue de la ville d'Eu. Maintenant une route parfaitement horizontale, les machines volantes traversèrent à plus de cent cinquante mètres de haut, la vallée au fond de laquelle coule la Bresle. La ville une fois franchie, elles se retrouvèrent, comme auparavant, à quarante mètres du sol. La route de Dieppe s'étendait, droite comme une ligne tracée au cordeau, jusqu'à l'extrême horizon.

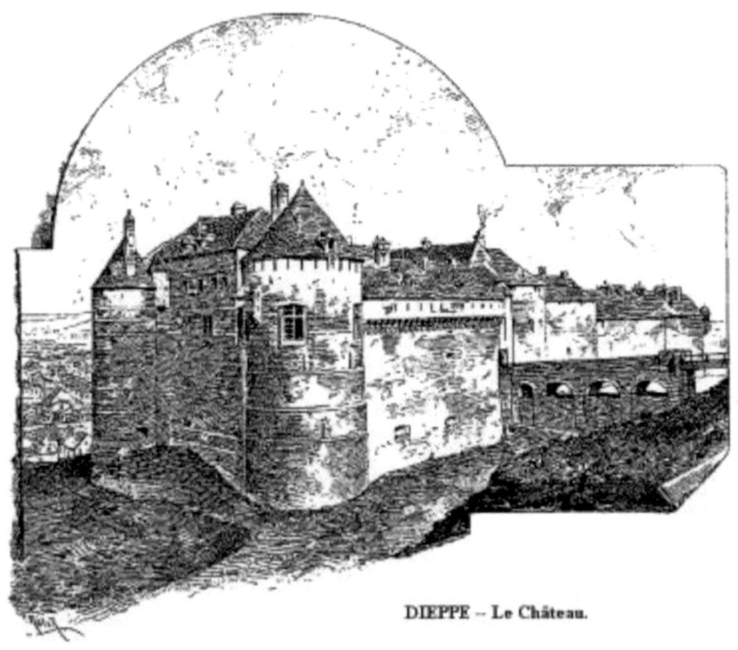

—Il y a trois ans, expliqua Pouliot, j'ai fait le circuit de Dieppe comme mécanicien de Barabas, l'ancien coureur cycliste passé à l'automobile. Nous montions une voiture de la marque Feuardant,

210

et nous abattions les trente kilomètres d'Eu à Dieppe en quatorze minutes, soit une moyenne de cent-vingt-cinq à l'heure. Nous n'irons pas aussi vite aujourd'hui!...

—Vous n'avez pas gagné la course, interrogea le pilote. Vous avez eu un accident?...

—Non, non, nous sommes arrivés bons sixièmes, car nous avions perdu du temps à changer nos pneus. C'est un «Boche» qui nous a *grattés* et a décroché la Coupe!

—Vous n'avez pas eu de chance!

—C'est vrai, car Barabas et moi nous avions fait de notre mieux. Ah! quelle vitesse, mon président!... on était suffoqué! Et il y avait avec cela des damnés virages en S, surtout celui de Douvrend. C'était terrible; j'ai cru, à chaque tour, que la voiture allait s'y retourner!...

La flottille avait franchi, pendant cette conversation, la vallée de l'Yerres, au fond de laquelle est bâti le bourg de Criel, et laissant la route un peu à gauche pour se rapprocher du bord de l'interminable falaise, elle semait l'émotion dans tous les villages qu'elle traversait sans ralentir son vol. Tocqueville-sur-Eu, Biville-sur-Mer, Penly, Berneval-le-Grand, Belleville-sur-Mer, Bracquemont furent dépassés les uns après les autres. On aperçut de loin le casino de Puys, près de l'emplacement désigné sous le nom de Camp-de-César, et enfin Notre-Dame de Bon-Secours et le faubourg du Pollet. On était à Dieppe, et les soixante kilomètres séparant cette ville du Crotoy avaient été parcourus en une heure huit minutes.

Les aéroplanes s'abattirent sur les pelouses du boulevard Maritime qui longe la plage, en face de l'hôtel où leur prochaine arrivée avait été signalée. Ils avaient reconnu, d'ailleurs, régulièrement rangés à quelques centaines de mètres de l'entrée du Casino, les monoplans qui avaient été perdus de vue dès le commencement de l'étape.

—Enfin vous voilà!... s'exclama l'ingénieur Damblin s'avançant les mains tendues vers les arrivants. Vite à table, le dîner refroidit, et voilà plus de trois quarts d'heure que nous vous «espérons» comme on dit dans mon pays natal, en Bretagne.

CHAPITRE XIII

UNE RENCONTRE IMPRÉVUE

UNE VISITE A LA VILLE SOUTERRAINE DE NAOURS.—LES CURIOSITÉS ARCHITECTURALES ET ARCHÉOLOGIQUES DE ROUEN.—MÉDOUVILLE FAIT L'HISTORIQUE DE ROUEN.—EN ROUTE POUR LE HAVRE.—DESCENTE DU COURS DE LA SEINE.—QUELQUES VERS DE VICTOR HUGO AU SUJET DU DRAMATIQUE ACCIDENT DE CAUDEBEC EN 1843.—LES CHANGEMENTS SÉCULAIRES DE L'ESTUAIRE DE LA SEINE.—L'AVENIR DU PORT DU HAVRE.—DIRIGEABLE EN VUE.

—Ainsi, vous avez visité les souterrains de Naours? Vous ne nous l'aviez pas dit. Est-ce intéressant? demanda Mme Lhier en s'adressant au professeur Dermilly.

—Oui, j'ai préféré, connaissant la ville d'Amiens, vous laisser admirer ses vieux quartiers et ses monuments et aller jusque-là avec ma fille. Il s'agissait de quatre lieues à peine à parcourir, et un auto-taxi nous y a conduit en un peu plus d'une demi-heure.

—Est-ce que cela vaut le puits de Padirac et les grottes de Han? fit curieusement Médouville qui était voisin de table du professeur.

—Je ne saurais vous répondre, ne connaissant que par les descriptions qui en ont été publiées ces curiosités géologiques qui sont, elles, de formation naturelle, alors que les catacombes de Naours sont dues à la main de l'homme.

—C'est singulier, dit à son tour l'ingénieur Damblin se mêlant à la conversation, je ne connais pas ce nom-là, je ne l'ai même pas vu sur la carte. Nord, dites-vous?...

—Cela se prononce Nord, mais s'écrit *Naours*.

—C'est bien différent. Je suis fixé, dans ce cas.

—Quoi qu'il en soit, ces souterrains sont des plus étranges. Ce sont des refuges creusés sous la colline du Guet, et qui ont été utilisés, depuis l'époque des invasions normandes, par les populations de ce pays dans les périodes troublées que la Picardie a dû traverser. Figurez-vous donc un dédale d'étroites rues qu'il faudrait des heures pour visiter, et qui s'entre-croisent, se superposent, et sont flanquées de chaque côté d'étroites cellules qui forment autant de demeures séparées, comportant encore ça et là, scellés dans les parois des grottes, des supports de fermeture, des lampes ou des ferrures diverses. Plus loin, on trouve une pièce plus grande, une véritable chapelle avec un dôme. Ailleurs, d'énormes cheminées d'aération conservant encore un épais enduit de suie sont combinées pour éviter le contact direct avec l'extérieur. Tel est l'agencement des souterrains de Naours. Détail curieux: chacune de ces cheminées communiquait à une habitation du village terrestre, si bien que les fumées provenant des souterrains paraissaient s'échapper de cette habitation même, ce qui permettait aux troglodytes de dissimuler complètement leur présence.

— C'est bizarre, en effet.

ROUEN. -- Le portail des libraires.

—Ces catacombes sont bien loin d'être entièrement explorées, continua M. Dermilly, et il paraît certain qu'elles recèlent encore plus d'une surprise. Actuellement on peut visiter 28 galeries et 300 chambres dont une dizaine sont vastes comme des nefs d'église, d'un aspect imposant et un peu sépulcral. Quatre d'entre elles forment comme des places ou carrefours où viennent se ramifier de nombreuses avenues. Trois chapelles, avec autels taillés dans la pierre, donnent à ces souterrains, relativement peu connus des touristes, un aspect véritablement impressionnant. Aussi me suis-je applaudi d'avoir eu l'idée de cette petite excursion, dans laquelle j'ai eu pour guide la personne même qui, à force de persévérance et de dépenses, est parvenue à déblayer ces grottes si intéressantes: M. Danicourt, maire de Naours depuis vingt ans.

—Eh bien! pour notre part, nous sommes très satisfaites de notre promenade de ce matin à travers les rues de l'ancienne capitale de la Normandie, dit à son tour Mlle Geneviève d'Outremécourt. Nous avons pu admirer bien des choses curieuses.

—Ah! oui, la cathédrale, approuva Breuval. C'est, je crois, le monument lé plus ancien de Rouen?...

—C'est exact, fit à son tour Médouville, pressé de placer les données puisées dans le *Guide du voyageur* qui ne le quittait pas. La cathédrale date du XIIIe siècle; elle a été commencée sous le roi d'Angleterre Jean sans Terre, et représente un mélange du gothique de la Normandie et du gothique de l'Ile-de-France. Vous avez remarqué la tour de Beurre et les sculptures du portail des libraires?...

—Certainement. Nous avons également vu à l'intérieur les statues et les tombeaux de Rollon, de Richard Coeur de Lion, du duc de Bedford, ainsi que le mausolée élevé au grand sénéchal Louis de Brézé par sa veuve, Diane de Poitiers. C'est l'un des plus beaux monuments de la Renaissance et on en attribue le travail au grand sculpteur Jean Goujon.

—Nous avons également visité l'église Saint-Ouen. Elle n'est pas moins intéressante, extérieurement et intérieurement, ajouta Mlle d'Outremécourt.

—Et ensuite? demanda La Tour-Miranne avec intérêt en se penchant vers sa jeune voisine.

—Ensuite, les voitures nous ont conduites à la Tour Jeanne-d'Arc, à Saint-Maclou, au Palais de Justice, à la Grosse-Horloge, à la place du Vieux-Marché, où l'héroïne française fut brûlée vive par les Anglais, enfin nous avons été au port donner un coup d'oeil au pont transbordeur.

—Tu dois bien connaître l'histoire de Rouen, dit en s'adressant à René de Médouville, André Lhier, du ton le plus sérieux qu'il put prendre. Tu devrais nous en dire un mot.

—C'est facile, répliqua le secrétaire de l'*Aéro-tourist*, donnant immédiatement dans le piège. Rouen remonte à l'époque celtique; elle était la capitale des Velliocasses et devint, sous la domination romaine, le chef-lieu de la Lyonnaise IIe. A l'époque franque, alors qu'elle était comprise dans la Neustrie, elle fut très exposée aux ravages des Normands qui détruisirent en 841 le premier monastère de Saint-Ouen. En 911, l'archevêque Françon négocia entre le roi de France, Charles le Simple, et le chef des pirates, Rollon, l'arrangement qui fonda le duché de Normandie, dont Rouen devint la capitale. Depuis la conquête de l'Angleterre par Guillaume le Conquérant jusqu'à la réunion de La Normandie au domaine royal par Philippe-Auguste, de 1066 à 1204, Rouen fut une des principales résidences des rois d'Angleterre sur le continent. L'un d'entre eux, Henri Plantagenet, accorda à Rouen la première charte de commune.

ROUEN. -- Le cloître de Saint-Maclou.

—Très bien, mon ami, murmura Lhier sans perdre un coup de dent. Continue!...

—Dans le cours du XIVe siècle, Rouen devint le siège de l'*Échiquier* ou parlement de Normandie, d'une cour des aides et d'une cour des comptes. Sous Charles V, qui séjourna longtemps à Rouen avant d'être roi de France, le commerce et l'industrie prirent un grand essor, mais au début du règne de Charles VI éclata la sédition de la *Harelle*, provoquée par le poids excessif des impôts. A la fin du même règne, la ville, malgré sa longue résistance, fut prise par le roi anglais Henri V. C'est pendant la domination anglaise que Rouen a été le théâtre du procès et du supplice de Jeanne d'Arc, en 1431. Mais après la guerre de Cent ans et la retraite des Anglais, Rouen retrouve une nouvelle ère de prospérité, un moment compromise par les guerres de religion en 1562 et la révolte des *Va-nu-pieds* causée par l'excessive fiscalité du gouvernement de Richelieu. La Révolution de 1789 n'entrave que momentanément le commerce de Rouen, qui a encore vu les ennemis de la France l'envahir en 1814 et en 1870...

—Ouf! fit André Lhier en soufflant, repose-toi un moment, mon ami. Tu dois être fatigué!

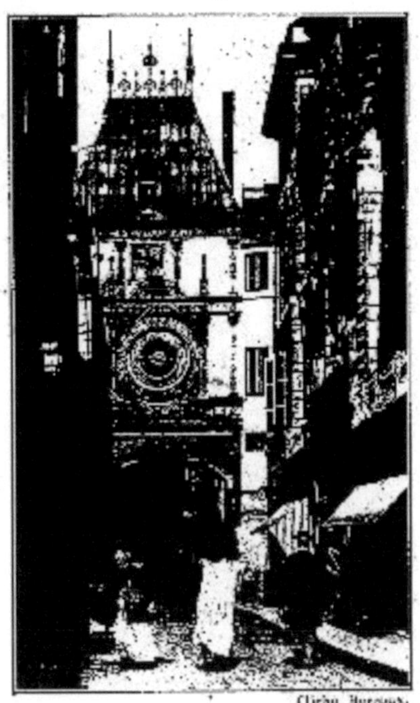

ROUEN -- La grosse horloge.

218

Les dames n'avaient pas perdu un mot de l'historique succinct de Rouen que venait de rappeler, avec une remarquable sûreté de mémoire, le Mécène des inventeurs pauvres, et elles le félicitèrent, non pas ironiquement comme l'avait fait le richissime industriel, mais cordialement.

—Ce n'est pas tout que de visiter les curiosités, interrompit l'impatient Médrival, mais je voudrais bien savoir quand nous démarrerons d'ici?...

—Vous n'êtes donc bien qu'en compagnie de votre «demoiselle», ricana l'ingénieur Damblin.

—Certainement; cela m'intéresse plus de voir la campagne défiler au-dessous de moi comme dans un cinématographe, que de me trimballer à pied ou en auto dans les rues de la ville, la plus antique — ou *en toc* — du monde!

—Eh bien! dans ce cas, soyez satisfait; nous allons faire, cet après-midi, une excursion qui, paraît-il, est charmante, dit en intervenant à son tour Robert de La Tour-Miranne.

—Pas possible!... Et laquelle, président? interrogèrent plusieurs voix.

—Nous allons descendre la Seine de Rouen au Havre. Toutefois, pour raccourcir ce trajet, nous ne suivrons pas obligatoirement toutes les boucles du fleuve. Nous allons nous élever de Deville-les-Rouen où nos appareils sont garés et nous nous dirigerons tout d'abord sur Saint-Martin-de-Boscherville, de l'autre côté de la forêt de Roumare. Nous suivrons la Seine jusqu'à Duclair, et couperons ensuite la presqu'île jusqu'à Yainville où nous retrouverons la rivière dont nous suivrons la rive gauche en passant près d'Heurteauville, Guerbaville, la Meilleraye, Caudebec, Villequier, Quillebeuf, Tancarville, Saint-Vigor-d'Ymonville, Gonfreville, Harfleur, Gravil-le-Sainte-Honorine et Sanvic où nous atterrirons.

—Quel est le développement de cette route? demanda Médrival.

—Au maximum quatre-vingt-dix kilomètres, répondit sans hésiter le président.

—Bon!... c'est l'affaire d'une heure tout au plus pour moi, en ce cas!... J'ai fait en quarante-trois minutes, hier après-midi, l'étape Dieppe-Rouen.

—Nous nous sommes contentés de faire ce trajet en un peu plus d'une heure, pour notre part, et nous en avons été très satisfaits! déclara Outremécourt.

—Oh! vous, le *Père Tranquille*, vous trouvez toujours que cela va trop vite! Vous devriez plutôt voyager dans la boîte à roulettes du père Rampaterre, le cul-de-jatte! Moi, j'aime que ça défile!...

—Oui, jusqu'au moment où vous ramasserez une bûche terrible avec votre outil ultra-rapide!

—La navigation aérienne sera ultra-rapide ou ne sera pas!... Elle ne sera réellement pratique que lorsqu'on pourra faire cent lieues à l'heure sans danger, et, comme le disait déjà Nadar en 1863 en parlant de l'hélicoptère, «faire le tour du globe en quelques enjambées fantastiques»!...

—En attendant, contentons-nous du petit cinquante de père de famille, conclut Outremécourt; nous arriverons toujours à temps à l'étape.

Les aviateurs levèrent le siège. Le trésorier, Léonce Breuval, régla la dépense, et la troupe s'étant empilée dans des autos de louage, se fit conduire à Deville-lès-Rouen, où les appareils volants étaient restés sous la garde des deux mécaniciens. Un quart d'heure plus tard, Damblin, Garuel, Bourdon et Médrival s'envolaient à bord de leurs «monos», et à trois heures et demie les «bis» prenaient à leur tour la voie de l'air. Les deux groupes devaient se retrouver au cap de la Hève, près de Sanvic, dans un terrain que Damblin, le fourrier, se chargeait de découvrir.

A coté de ces merveilles de l'art ancien on aperçoit les cheminées géantes des manufactures.

Les représentants du beau sexe faisant partie de la caravane purent admirer, dans les premiers instants de cette traversée, le panorama de la ville qui, vue de la hauteur du deuxième étage de la tour Eiffel, déployait à leurs yeux éblouis ses splendeurs d'architecture incomparables. Des flèches aériennes, véritables dentelles de pierre, se profilaient sur le ciel, à côté de tours massives ouvragées par des artistes qui y sculptèrent, de la base au sommet, des chefs-d'oeuvre. Et à côté de ces merveilles de l'art ancien, on apercevait les cheminées géantes des manufactures, les édifices civils et religieux, le port bondé de navires venus de tous les points du monde, puis, en amont, la terrasse de Bon-Secours, où Jeanne d'Arc glorifiée pardonne à ceux qui la brûlèrent comme hérétique et relapse, et, en aval, les faubourgs populeux et les villas enfouies dans les bois, dissimulées dans d'opulents ombrages, montant, avec les forêts, à l'assaut des coteaux tapissés des plus riches toisons. Enfin, la Seine, comme un large ruban d'argent, déroulant ses méandres dans les riches campagnes normandes, depuis Pont-de-l'Arche d'un côté jusqu'à Caudebec-en-Caux de l'autre, tel était le tableau inoubliable que les aviatrices avaient sous les yeux.

Le temps était resté au beau fixe depuis le départ d'Aérovilla. Le ciel était bleu et presque sans nuages, sauf vers le sud-ouest où l'horizon était bordé de quelques légers cirrus. Ce bleu du ciel n'était pas l'outremer des ciels méridionaux, mais un bleu tendre et laiteux, et l'on eût dit que dans ce firmament si pur où brillait dans tout son éclat le radieux soleil de juin, descendait une buée, une gaze légère, diaphane, devinée plutôt que visible, et qui enveloppait d'une atmosphère éthérée les têtes chevelues des grands arbres, couronnant les collines crayeuses d'un blanc grisâtre, arrondissait les angles, adoucissait les ombres, et faisait flotter autour des voyageuses charmées on ne saurait expliquer quoi de vague, de vaporeux, d'indéfini, tenant de l'irréel et du rêve.

Une sensation de fraîcheur saisit tout à coup les touristes et les tira de leur contemplation. Ils étaient au-dessus des fourrés de la forêt de Roumare, et il existait une grande différence de température entre les champs et les bois, toujours surmontés d'une couche d'air plus humide. Cette sensation est d'ailleurs bien connue des aéronautes, et ce fut même dans l'idée de la combattre et d'atténuer ses effets que Capazza imagina le procédé de délestage fictif des ballons libres dit: parachute-lest, qui n'eut pas d'ailleurs meilleur succès que l'*hélice-lest* de van Hecke.

Partout, aussi loin que la vue pouvait porter, on n'apercevait, sur les deux rives de la Seine, que des forêts ressemblant de loin à de véritables tapis de mousse d'un vert plus ou moins foncé. C'étaient les forêts de Pont-de-l'Arche, de la Londe, du Rouvray, de Mauny, de Jumièges, du Trait, de Saint-Wandrille, du Maulévrier, l'immense forêt de Bretonne, tous ces bois épais qui recueillent et retiennent les eaux et assurent la régularité du débit du fleuve. Si la cognée du bûcheron s'était exercée sur ces massifs qui enlacent les nombreuses bouches du fleuve de Lutèce, a écrit M. Henri Boland, il en serait de la Seine comme de la Loire. La navigation du fleuve deviendrait irrégulière, difficile; des inondations ravageraient la riche vallée, sèmeraient la ruine où règne l'abondance, et le fleuve vidé ne laisserait plus filtrer que de minces filets d'eau sans profondeur entre des bancs de vase ou de sable.

Le groupe des volateurs suivit pendant quelques kilomètres le lit du fleuve, à une centaine de mètres de la rive droite et à une cinquantaine de mètres de hauteur. A certains endroits, de hautes falaises grises se dressaient perpendiculairement, enserrant la rivière rétrécie. La Tour-Miranne lança le signal d'un changement de direction; il donna un coup de gouvernail qui fit dévier son aéro sur la droite, avant d'arriver à Duclair. Les aviateurs qui le suivaient répétèrent cette même manoeuvre. La caravane escalada alors le saillant ombragé par la forêt du Trait, et deux lieues plus loin elle retrouvait la rivière, entre Guerbaville et Caudebec-en-Caux, n'ayant aperçu que de loin, par delà l'ancienne chapelle de Sainte-Anne, le gigantesque fauteuil de pierre qui surplombe la commerçante et prospère Duclair et porte le nom de chaire de Gargantua.

Sans quitter la rive droite de la Seine, les biplans passèrent audessus de l'ancienne capitale du pays de Caux, qui étend ses maisons proprettes, dominées par une église du xve siècle, le long d'un quai auquel sont amarrées de nombreuses barques. A quelque distance, avant la chapelle de Notre-Dame de Barre-y-va, René de Médouville fit remarquer à sa passagère, Mme Lhier, une petite ville assoupie au bord de l'eau, au milieu d'un parc aux ombrages séculaires. C'était Villequier, son château, son église, son cimetière où reposent Léopoldine Hugo et son mari Charles Vacquerie, engloutis par le fleuve, un jour de mascaret, en 1843, avec un batelier et un enfant de dix ans, et le secrétaire général rappela à sa compagne les vers du grand écrivain sur ce drame douloureux dont les victimes avaient, lui vingt-six ans, elle, la fille du poète, dix-neuf printemps à peine:

O chers êtres absents, on ne vous verra plus

Marcher au vert penchant des coteaux chevelus

Disant tout bas de douces choses

Dans le mois des chansons, des nids et des lilas

Vous n'irez plus semant des sourires. Hélas!

Vous n'irez plus cueillant des roses.

Villequier, Gaudebec et tous ces frais vallons,

Ne vous entendront plus vous écrier: Allons

Le vent est bon, la Seine est belle.

Comme ces lieux charmants vont être pleins d'ennui!

Les hardis goélands ne diront plus: «C'est lui!»

Les fleurs ne diront plus: «C'est elle!»...

Dans le même cimetière, une tombe en ogive porte ces simples mots: *Adèle, femme de Victor Hugo*; quinze ans après la catastrophe qui endeuilla l'âme du poète, la mère, morte à Bruxelles en exil, est venue reposer auprès de son enfant.

Les falaises bordant le fleuve disparaissaient et l'horizon s'élargissait. Les aviateurs aperçurent Quillebeuf, station de pilotage située sur la rive gauche, à l'issue du marais Vernier. Devant eux, une masse imposante se dressait juchée sur un promontoire qui projetait son ombre dans le lit de la Seine: c'était la colossale ruine de Tancarville, qu'une gorge boisée sépare de l'Aiguille de Pierre-Gante, rocher en forme de parasol élevé de soixante-cinq mètres au-dessus du niveau de l'eau et d'où l'on découvre un point de vue très étendu.

Par mesure de prudence, le chef de l'expédition s'était constamment tenu de préférence au-dessus de la terre ferme. Il obliqua un peu au nord afin d'éviter la pointe de Tancarville, et l'on découvrit alors le canal du même nom, long de vingt-cinq kilomètres, séparé du fleuve par une bande d'alluvions, et l'estuaire de la Seine dont les rives s'écartaient largement au delà de la pointe de la Roque et de l'embouchure de la Risle.

—La mer!... s'écria Mme Lhier.

—Non, pas encore, lui répondit son compagnon. Ce n'est encore que l'embouchure. Voyez-vous là-bas, à gauche, le phare de Fatouville, Fiquefleur et Honfleur, au pied de la côte de Grâce ombragée de grands châtaigniers, puis, à l'extrême horizon, les frondaisons touffues de la forêt de Touques, qui nous cachent la mondaine Trouville et l'aristocratique Deauville. Devant nous, c'est Harfleur, la banlieue du Havre, puis ce grand port lui-même un peu indistinct dans la brume et l'éloignement.

—Que c'est beau!... murmura la jeune femme joignant les mains, comme en extase.

Pendant que la caravane continuait à voler vers l'ouest, le professeur Dermilly expliquait à sa fille les changements opérés par le travail des siècles dans la configuration de la région si intéressante qu'ils traversaient à ce moment.

—Après avoir arrosé les plaines fertiles de l'Ile-de-France et traversé Paris, disait le savant géologue, la Seine se jette dans la Manche par un estuaire soumis depuis les temps les plus reculés aux capricieux mouvements des marées. Tandis qu'en aval de Rouen, le fleuve conserve des proportions modestes, en traversant les sites pittoresques de la Bouille, Duclair, Jumièges, célèbre par son abbaye et ses *Énervés*; puis Caudebec, à partir de Quillebeuf il s'élargit et c'est en ce point que commence vraiment l'estuaire. Or, toutes les côtes à partir de cet endroit ont été perpétuellement remaniées par la violence des courants. Ainsi, au moment de la conquête des Gaules, l'embouchure de la Seine était beaucoup plus étendue que maintenant. Il reste encore plusieurs centres de population qui se sont perpétués à travers les âges et que la tradition nous représente comme ayant été des ports de mer. De nos jours ils se trouvent relégués à l'intérieur des terres à plusieurs kilomètres de l'embouchure. Tel est le cas, notamment, pour Lillebonne, qui s'appelait autrefois *Julia Bona*, et où l'on a retrouvé de nombreux vestiges de l'époque romaine ensevelis sous les alluvions de la mer.

«La marée qui venait jadis baigner ses murs ne vient plus aujourd'hui qu'à trois kilomètres de l'endroit où les galères romaines jetaient l'ancre. La main des hommes, a aidé la nature, construit des endiguements et transformé toute cette partie de la côte. L'espace compris entre le cap de la Roque et la pointe de Quillebeuf constitue le Marais-Vernier, vaste prairie entourée encore par la trace d'un méandre demi-circulaire que le fleuve avait tracé au XVIIe siècle; il se jetait alors dans ce canal sinueux, qui a été depuis obstrué par les bancs de sable de l'embouchure.

«En face du Havre, existait à l'époque gallo-romaine la station navale de *Caracotinum*, sur l'emplacement de laquelle s'élève Honfleur. Au XVe siècle, cette ville avait une importance plus grande que sa voisine; elle était le port militaire de la Seine d'où partit, en 1503, Paulmier, l'un de ceux qui découvrirent l'Australie. La petite rivière de la Lézarde servait alors de port aux galères; maintenant, elle n'est accessible aux navires de faible tonnage qu'aux jours de grandes marées. On a calculé que, depuis quatre siècles, les atterrissements de la pointe du Hoc ont reporté l'embouchure proprement dite à plus de trois kilomètres.

«L'embouchure de la Seine doit ces transformations aux matériaux arrachés aux falaises et transportés de proche en proche, par le jeu des courants, jusqu'à l'endroit où un calme relatif leur fournit un bassin naturel de décantation. On pourrait affirmer que le cap de la Hève, démoli pièce à pièce et dissous par les eaux, a servi pendant une suite de siècles à modifier la configuration de l'estuaire de la Seine. Pour retrouver ces masses de craie arrachées chaque année dans les mauvais temps d'hiver, il faut aller les rechercher, réduites en vases et en sables, sur tout le littoral de l'estuaire. Ce sont elles qui ont changé les bords de la Lézarde et ont rempli le marais Vernier.

Jumièges -- L'Abbaye.

«Sur la hauteur de la Hève existait autrefois la petite ville de Saint-Denis-Chef-de-Caux; elle occupait la place actuelle du banc de l'Éclat, situé à quatorze cents mètres du pied des falaises. Cette ville est signalée sur les cartes de Stapleton; une charte de 1295 en fait mention; en 1373, la commune avait été autorisée à relever l'église «chue en mer»; puis, à partir du XVIIe siècle, son nom disparaît. La mer l'avait absorbée. Les cartes marines du XVIIe et du XVIIIe siècle mentionnent le banc de l'Éclat, sans le déterminer plus rigoureusement; le promontoire des Calètes, dont il est l'unique reste, ne paraît plus dans l'histoire locale. En se rapportant aux estimations de l'ingénieur de Lamblardie, on trouve un recul de deux mètres par an au cap de la Hève; d'après ce calcul, la limite du rivage, à l'époque de la conquête des Gaules, était à trois mille cinq cents mètres du point qu'il occupe actuellement. A l'endroit où existait la ville, la sonde donne aujourd'hui de six à dix mètres de profondeur. On peut dire que les ruines même ont péri.

«Autrefois, les galets, formant digue au pied de la Hève, s'étendaient en ligne droite jusqu'à Honfleur; les marées submergeaient cet épi naturel, permettant aux plus furieuses vagues de s'étaler et de s'épanouir sur un bas-fond où les eaux déposaient, comme dans un bassin de colmatage, les matières légères qu'elles apportaient; ces matières restaient là jusqu'à ce qu'une forte marée ou une succession de tempêtes finît par faire irruption à travers le cordon de galets. Ce chenal s'agrandit vers le XVe siècle et forma un petit port qui fut l'origine du Havre, bâti sur un coin des alluvions de la plaine de l'Heure. Sa fondation est donc relativement récente. La ville ne date réellement que de Louis XII; au XVIIe siècle, elle consistait uniquement dans le groupe de maisons des quartiers Notre-Dame et Saint-François. Ce fut François Ier qui, sur un rapport de l'amiral Bonnivet, fit creuser le port pour remplacer celui de Harfleur, alors abandonné par la mer. Une citadelle s'élevait sur l'emplacement du bassin de l'Heure; entre elle et la ville proprement dite, se trouvait un bassin qui porte aujourd'hui le nom de Vieux-Bassin.

«Le canal de Harfleur fut creusé en 1666 pour assainir la plaine de l'Heure, entrecoupée de ruisseaux et de mares d'eau stagnante, qui s'étendaient jusque sous les murs de la ville. Ce canal rendait aussi à Harfleur une partie de sa prospérité compromise par les alluvions; on faisait à cette époque, pour ce port, ce qu'on fait aujourd'hui en creusant le canal de Tancarville pour assurer la navigation de la basse Seine.

«L'importance du Havre vient surtout de sa position à l'embouchure du fleuve et de ce qu'il n'y a pas de bons ports sur toute cette côte où les alluvions détruisent les travaux les plus considérables. La ville s'est étendue sur la plaine de l'Heure, qui mesure une surface de dix-huit cents hectares, et dont le niveau excède de quelques centimètres à peine la limite des hautes marées, quoiqu'elle présente en certains endroits des relèvements du sol à côté de parties plus basses, derniers témoignages des travaux accomplis par la mer dans les âges précédents. Les fouilles ont permis de constater la présence d'un banc de tourbe affleurant la laisse de basse mer. On y a rencontré des tronçons d'arbres, des pierres et des silex taillés, vestiges d'une station préhistorique. Cette tourbe imperméable, empêchant l'absorption des eaux répandues sur le sol, transforma la plaine en un marécage, pendant la dernière partie du moyen âge. Ce voisinage malsain produisit dans la ville naissante des épidémies de fièvres paludéennes. Elles disparurent avec l'extension des quartiers bas; mais, au dire de personnes autorisées, il existe encore actuellement, pendant la saison chaude, des cas de fièvres paludéennes.

«L'embouchure de la Seine, qui a une largeur de neuf kilomètres, doit les transformations rapides de ses rives au régime complexe des courants de la marée qui y pénètre et en sort continuellement. Examinons, d'après l'ingénieur Baude, les phénomènes qui se produisent dans le mouvement des cinquante millions de mètres cubes d'eau apportés à chaque marée. La configuration de l'estuaire donnant des vitesses différentes aux courants de marée, il s'ensuit des retards qu'on peut ainsi expliquer: à l'heure de la «molle eau», la mer, descendue à son niveau le plus bas, laisse à découvert de longues grèves dont elle doit bientôt reprendre possession. Au bout de quelques minutes d'immobilité, un frémissement imperceptible annonce que la marée de l'Atlantique entre dans la Manche.

«Bientôt des ondulations puissantes élèvent rapidement le niveau du canal. Cette énergique propulsion marche parallèlement à l'équateur, et le flot court du cap de Barfleur au cap d'Antifer. Au sud de la ligne qu'il trace, s'ouvre la baie de la Seine; couverte par la presqu'île du Cotentin, elle ne reçoit pas le vif mouvement de translation qui vient de l'Océan et, tant que les eaux de la Manche proprement dite s'élèvent, elles dominent celles de la baie; mais cet exhaussement ne peut avoir lieu sans qu'à l'instant même les eaux qui le produisent ne s'épanchent sur le plan inférieur qui leur est adjacent et n'en entraînent la masse fluide dans le mouvement. A mesure que le flot marche vers l'est, il laisse couler ses eaux sur la pente latérale qui les sollicite et, quand il atteint la côte de Caux, au cap d'Antifer, il se divise en deux branches: celle du nord, obéissant à l'impulsion générale, suit la rive oblique qui la conduit vers Dieppe; celle du sud descend vers le Havre.

«Dans ce mouvement, résultant de l'opposition des forces de l'attraction lunaire et de la pesanteur terrestre, la surface de la baie de la Seine forme un plan incliné dont l'arête supérieure se confond avec la ligne que décrit le flot, de Barfleur au cap d'Antifer, et dont l'arête inférieure s'appuie sur la côte de la basse Normandie.

«Le courant direct suit une route plus longue en entrant dans l'estuaire: il contourne les rives de la baie. Il se présente donc à l'entrée en même temps que la marée commence à descendre; il la soutient et retarde un peu l'heure de l'écoulement. Ce moment d'équilibre est l'*étale*. Elle ne dure que onze minutes; à ce moment la hauteur de l'eau sur les bas-fonds de la rade est de huit mètres. L'étalé, tout en diminuant, se-soutient pendant trois heures, ce qui permet aux navires d'entrer et de sortir plus facilement, privilège que ne possède aucun port de la Manche. Pendant ce temps, la différence du niveau n'excède pas trente centimètres. Le flot entrant dans l'embouchure de la Seine passe d'une large baie à un chenal rétréci, où il rencontre le courant descendant. Il trouve ainsi, au lieu d'un plan incliné, un plan montant insensiblement. L'ondulation éprouve donc des ralentissements successifs en passant sur des profondeurs de moins en moins grandes.

«Les eaux s'amoncellent dans un temps très court, formant une grosse lame qui, à l'arrivée du flot, prenant subitement une hauteur d'un ou deux mètres, s'élance avec une vitesse effrayante dans l'embouchure. Sa vitesse est d'autant plus grande qu'elle coïncide avec l'arrivée d'une onde interférente de la marée. C'est le *mascaret*. Le premier flot se précipite comme une immense cataracte, formant une vague roulante, et occupe toute la largeur du fleuve sur une hauteur qui atteint trois mètres aux grandes marées. Rien de plus majestueux que cette formidable lame si rapide en son mouvement. Dès qu'elle s'est brisée contre les quais de Quillebeuf qu'elle inonde de ses rejaillissements ou «ételles», elle s'engage en remontant dans le lit plus étroit du fleuve qui semble alors refluer vers sa source avec une grande rapidité.

«Le phénomène atteint toute son intensité aux grandes marées d'équinoxe à Quillebeuf et à Caudebec. La masse d'eau glisse alors sur la surface de la rivière, s'avançant en cascades dont la concavité est tournée vers le milieu du fleuve, où elle fait l'effet d'une éclusée gigantesque sur le chenal rempli d'eau tranquille. Elle inonde les prairies; elle les met «en fonte» et déracine les arbres sur son passage.

«Les travaux exécutés dans ces derniers temps pour approfondir le chenal de la navigation ont fait, pendant quelques années, disparaître les effets du mascaret; mais des bancs de sable s'étant déplacés par suite de ces travaux de canalisation, le mascaret se reproduisit comme par le passé; sa violence s'est même accrue et il a fini, en 1860, par bouleverser tous les endiguements qui le contrariaient. En une seule marée, les dégâts se sont élevés à plusieurs millions.

«La navigation de la Seine a toujours été dangereuse, à cause des bancs mobiles: une barre s'était formée près Villequier. De 1842 à 1847, cent quatre-vingt-quatre navires s'échouèrent sur la *traverse de Villequier*; il n'y avait à cet endroit que quarante centimètres d'eau à marée basse, tandis qu'on trouvait une profondeur de dix à douze mètres entre Villequier et Rouen. On construisit une première digue en 1848, sur une longueur de huit mille quatre cents mètres, et ensuite une seconde de douze mille mètres sur la rive droite de Villequier. En août 1851, l'endiguement atteignait Quillebeuf.

«Avant d'être ainsi régularisé, le chenal était variable; il fut ramené à une largeur uniforme de trois cents mètres avec une profondeur de cinq mètres en morte eau. Le succès paraissait complet: les digues avaient créé un courant artificiel, comme celui d'un canal, qui opérait automatiquement les déblais. Alors on continua la prolongation des digues jusqu'à la pointe de la Roque; ce qui permit de transformer définitivement en prairies le marais Vernier, marécage dont les émanations pestilentielles avaient déjà été combattues sans efficacité sous Henri IV. On assainit ainsi mille hectares de relais du fleuve.

«En 1867, tous ces dispendieux travaux étaient terminés; les digues submersibles de Berville-sur-Mer complétaient ce gigantesque endiguement pour lequel on avait dépensé dix-sept millions. Une hauteur de sept mètres d'eau était assurée à la navigation et dix mille hectares de marécages étaient convertis en prairies. Mais on avait compté, dans cette vaste entreprise, sans les caprices du régime des eaux dans l'estuaire, ainsi changé par ces moyens artificiels. De nouveaux courants se produisirent; ils ensablèrent les passes conduisant au Havre à partir du nouveau chenal. A marée basse, un fleuve artificiel coule entre les digues, entraînant toutes les vases amenées par la marée montante et rejetant ainsi tous les produits de ce dragage naturel à la sortie du chenal où il forme un banc qui s'accroît de jour en jour. La barre, qui était à Villequier, a été reportée entre Quillebeuf et le fanal de Courval.

«On pensa que, pour remédier à cet effet fâcheux, il n'y avait qu'à prolonger les digues; en 1851, elles étaient amenées jusqu'à Port-Jérôme. Mais, là encore, une nouvelle barre se reforma à la sortie du chenal prolongé. D'autres digues furent encore créées, sans plus de réussite; la barre se reportait toujours à l'extrémité du chenal, au point où le courant de la marée descendante s'épanchait librement dans l'eau calme de l'estuaire et déposait les matériaux qu'il avait entraînés.

«Cette barre est indispensable. Si, d'ailleurs, par un travail qui violenterait la nature, on arrivait à faire disparaître ce seuil, les eaux de la Seine, d'après la loi naturelle de la pesanteur, prendraient le niveau de la basse mer, et alors la Seine maritime se viderait comme les avant-ports du Havre et de Honfleur et deviendrait, à marée basse, un vaste port d'échouage; le remède serait alors pire que le mal. La barre joint donc à l'inconvénient de gêner la navigation l'avantage de retenir dans la partie supérieure les eaux sur une assez grande hauteur. Par suite, les ingénieurs se trouvent en présence d'un dilemme: si l'on prolonge les digues, on crée des atterrissements qui finiront, avant un siècle, par ensabler notre premier port de la Manche; si l'on n'améliore pas la Seine maritime, Rouen cessera d'être favorisé. De là une hostilité entre les administrations de ces deux ports rivaux. Afin de satisfaire ces exigences inconciliables, on a entrepris le creusement du canal de Tancarville sur la rive droite de la Seine. Passant à travers la plaine d'alluvions, il conduit les navires qui remontent à Rouen jusqu'au point où les échouages sur les bancs de l'embouchure ne sont plus à craindre. La navigation de l'estuaire est ainsi remplacée par un canal à grande section.

«Pendant ces dernières années, des changements importants ont été la conséquence directe des obstacles qu'on a opposés aux forces naturelles: les contours de la baie ont été modifiés et le volume d'eau introduit à chaque marée a diminué. Les fonds des abords du Havre ne se sont pas maintenus. Les études les plus récentes ont démontré que la masse des alluvions dépassait toutes les prévisions: les dépôts accumulés dans le courant d'une seule année s'élèvent à la masse énorme de un million cent quarante-quatre mille mètres cubes. Si l'envasement continue, l'avenir du Havre est sérieusement compromis: ses deux ennemis, les galets de la Hève et les alluvions de la Seine, le rendront impraticable.

«L'observateur qui se tient sur la jetée du Havre, au moment de la marée basse, peut juger des transformations que les marées opèrent à l'entrée de la baie de la Seine. Quand les eaux se retirent, elles laissent à découvert un petit perrey, nommé le *Poulier du Sud*. Il est formé des relais les plus légers, c'est-à-dire le sable et la vase. Le galet, trop lourd pour franchir le courant qui agit constamment, soit dans un sens, soit dans un autre, par suite de l'entrée et de la sortie des eaux dans la passe, et qui reste permanent, se dépose sur la plage au nord des jetées.

«Le Poulier, fréquenté à marée basse par les pêcheurs d'*équilles*, constitue un véritable danger pour les navires d'un fort tirant d'eau; bien des sinistres y ont été enregistrés, malgré le balisage indiquant la limite de ce banc malencontreux; un changement subit du vent, une fausse manoeuvre, la mauvaise interprétation d'un signal, suffisent pour y jeter un navire.

«Le chenal n'est entretenu entre les jetées que par les écluses de chasse; mais, si bien dirigé que soit ce courant artificiel, il n'entraîne pas le galet, qu'il faut enlever à la drague et qui, roulant plus loin que le Poulier, va former le banc des Petites-Buttes. Les empiétements du galet et des alluvions, qui semblent conjurer la ruine du Havre, ont exercé la sagacité des ingénieurs; depuis le commencement du siècle, ils dressent des plans qui peuvent se classer en deux catégories: ceux relatifs à l'entrée du nord et ceux relatifs à l'entrée du sud; deux espèces de projets dont les partisans, plus soucieux d'intérêts privés que de ceux du port, sont incessamment en contradiction. Pendant qu'on discute ainsi, la mer travaille, avec l'ampleur qui caractérise toutes les oeuvres de la nature; elle poursuit une oeuvre contre laquelle les hommes finiront par se déclarer impuissants [1].»

[Note 1: Jules Girard, *Les Rivages de la France autrefois et aujourd'hui.* — Ch. Delagrave, édit.]

Comme le professeur prononçait ces dernières paroles, la caravane aérienne, qui avait franchi, pendant qu'il parlait, les vingt-six kilomètres séparant la pointe de Tancarville du Havre, arrivait sur les hauteurs dominant Sainte-Adresse après avoir laissé la grande ville en arrière dans le sud.

Sur un plateau dénudé, à peine recouvert d'une herbe courte et lépreuse, deux hommes, en lesquels on reconnaissait du premier coup d'oeil Damblin et les frères Bourdon, agitaient des drapeaux, en même temps qu'ils soufflaient à en devenir emphysémateux pour le reste de leurs jours, dans des instruments rendant un son discordant et aigu perceptible à plus d'une lieue. Obéissant à ce double signal, les touristes manoeuvrèrent pour reprendre contact avec le sol, ce qui s'effectua sans anicroche.

—Il y a longtemps que vous êtes là?... demanda La Tour-Miranne à l'ingénieur après lui avoir serré la main.

—Une heure environ; le temps de trouver, à cinq cents mètres d'ici, un endroit fermé pour garer nos aéros. Garuel est arrivé un quart-d'heure après moi, puis Bourdon.

—Et Médrival?...

—Pas vu!

—Comment cela!... Où l'avez-vous perdu de vue?...

—Nous avons volé de conserve, jusqu'à Caudebec, répondit Garuel qui, comme son ami Médrival, montait un mono type Santos. Mon moteur tapait comme un enragé, tandis que le sien avait de nombreux ratés d'allumage. C'est pourquoi je l'ai dépassé petit à petit. Je comptais cependant qu'il ne tarderait pas à me rattraper, et je suis très surpris de ne pas le voir arriver.

—Pourvu qu'il ne lui soit survenu aucun accident!... murmura La Tour-Miranne, non sans inquiétude. La hardiesse de notre jeune camarade m'a toujours fait craindre pour lui.

—Quand il aura démoli une paire de fois son outil ainsi que cela m'est arrivé, dit Damblin, cela le rendra plus circonspect.

—Enfin, espérons qu'il n'y a rien de grave et que nous l'apercevrons bientôt, conclut le président.

Les aéros ayant été amenés jusqu'au terrain clos de murs où ils devaient être garés, les touristes se mirent en mesure de gagner le Havre dont ils étaient éloignés d'une petite demi-heure de marche environ. Toutefois ils trouvèrent place dans le funiculaire de Sanvic qui les amena en peu d'instants dans la grande ville. Ils arrivaient à la place de l'Hôtel-de-Ville quand ils furent frappés de voir tous les promeneurs qui déambulaient sur les trottoirs, s'arrêter les uns après les autres, comme figés de surprise, et les yeux tournés vers la voûte céleste. Les aviateurs, à leur tour, imitèrent ce geste et braquèrent leurs regards dans la direction indiquée par leurs voisins. Un même cri de stupéfaction leur échappa. A moins de deux cents mètres en l'air, un magnifique dirigeable fendait l'espace à toute vitesse, sous la traction de son hélice qu'on voyait tourbillonner à l'avant de la nacelle, tandis que l'on entendait nettement le bruit du moteur.

—Réviliod! C'est Réviliod! murmura La Tour-Miranne qui se sentit mordu par un inexplicable sentiment de jalousie. Ah! ah!... voilà du nouveau!...

CHAPITRE XIV

M. RÉVILIOD VOYAGE

DÉPART DU «RÉVILIOD N° 1».—EN ROUTE POUR LA BOURGOGNE.—FIRMIN AÉRONAUTE.—LE DÉPARTEMENT DE L'YONNE A VOL D'OISEAU.—MONTEREAU.—AUXERRE ET SES MONUMENTS.—LE CHÂTEAU DES FRÊNES.—M. ET Mme CORGIVAL.—LE TOURISME EN BALLON DIRIGEABLE.

—Eh bien! Neffodor, tout est prêt?...

—Tout est paré, oui, monsieur. Vous pourrez commander le départ quand vous voudrez.

—Vous avez fait le plein des réservoirs?...

—Gélinier, le mécanicien, s'en est occupé. Nous avons tout revu. On pourra marcher pendant au moins six heures à pleine puissance.

—Quelle est la vitesse du vent et sa direction?

—Nord-nord-est, monsieur. Vitesse de trois à cinq mètres par seconde.

—Nous allons nous rendre dans les environs d'Auxerre. Ce vent ne peut-il contrarier la marche du ballon?...

—Bien au contraire, monsieur. Il va nous aider, puisque nous descendons vers le sud.

—Tant mieux, nous arriverons plus vite. Je vais donc télégraphier et prévenir de notre prochaine arrivée, de manière qu'il y ait une équipe prête à nous recevoir à l'atterrissage.

—Ce sera une bonne précaution, en effet. Et à quelle heure le «lâchez-tout», monsieur Réviliod?

Le *Petit Biscuitier* réfléchit quelques secondes.

—A midi précis. Vous avez donc le temps de vous restaurer, ainsi que l'équipe, avant l'instant du départ. Moi je déjeunerai à bord. Je vais donner des ordres en conséquence.

L'armateur du yacht aérien fît demi-tour pour regagner l'auto qui l'avait amené.

—Tiburce, dit-il, vous allez me conduire à Pontoise.

—Bien, monsieur, répondit le chauffeur en baissant la tête d'un geste d'acquiescement.

—Et toi, Firmin, tu t'occuperas de réunir les matières premières de mon déjeuner, que tu me serviras aussitôt que nous serons en l'air.

Le digne valet de chambre blêmit.

—Mon...monsieur ne va pas plutôt à l'hôtel, bégaya-t-il.

—Non, j'ai la fantaisie de faire mon repas en plein ciel. Tu me serviras à bord!

Le malheureux domestique connaissait son maître, et n'ignorait pas qu'il ne gagnerait rien à discuter, lorsqu'il lui avait fait connaître ses volontés. Il considéra tristement son collègue, le chauffeur Tiburce, en hochant la tête d'un air profondément navré.

—Ce sera ma mort!... murmura-t-il.

—Et moi, j'échangerais bien ma place avec la vôtre!... riposta le chauffeur avec une expression de regret. Quel beau voyage vous allez faire!... Veinard, va!...

—Je vous la céderais bien volontiers, si mon maître voulait accepter semblable permutation.

Réviliod, qui revenait, après avoir transmis une dernière recommandation à Neffodor, l'aéronaute chargé de piloter le dirigeable, sauta dans la voiture et mit fin à la conversation.

—Allons!... dit-il de sa voix sèche et autoritaire. En route pour Pontoise, et vite!...

Le valet de chambre prit place auprès du chauffeur, et l'auto démarra. En moins d'un quart d'heure on fut arrivé à la sous-préfecture. Le navigateur aérien se fit conduire au bureau du télégraphe, pendant que son valet courait aux provisions, et il expédia la dépêche suivante:

«Corgival, Château des Frênes, Cintry, par Saint-Bris. Arriverai en dirigeable à quatre heures. Prière m'attendre avec équipe douze hommes pour faciliter atterrissage. — Réviliod.»

A l'heure dite, au moment où les cloches des villages environnants sonnaient midi pour rappeler à la ferme les travailleurs disséminés dans les champs, l'aéronat, tiré de son hangar, fut amené sur la pelouse des départs; l'armateur et son domestique prirent place dans le «salon» d'arrière, et l'aéronaute Neffodor procéda à l'équilibrage du navire aérien. Après quelques tâtonnements, la force ascensionnelle lui ayant paru suffisante, le pilote put ordonner le traditionnel «lâchez-tout», transformé aujourd'hui en un simple avertissement: «Levez les mains.» Il était midi douze minutes.

Parvenu à une hauteur de quatre cents mètres, le ballon simplement entraîné par le vent, dériva dans la direction de Triel, mais l'aéronaute fit mettre le moteur en route, à petite vitesse d'abord, afin d'utiliser le gaz hydrogène provenant de la dilatation du ballon, puis, manoeuvrant le gouvernail d'arrière, il décrivit une courbe de grand rayon et prit une direction presque perpendiculaire à celle du vent: la pointe de l'aéronat étant braquée sur Saint-Denis afin de contrebalancer la poussée de l'air.

En dix minutes, le dirigeable arriva à la Seine, qu'il traversa une première fois au-dessus de la pointe extrême de l'île d'Andrésy, puis une deuxième à proximité de l'île de Maisons, après avoir plané au-dessus de la forêt de Saint-Germain, qu'il avait franchie dans sa plus grande largeur, des terrains d'Achères à Maisons-Laffitte, en passant par le carrefour de la Croix-de-Noailles.

En arrivant dans la nouvelle boucle du fleuve, la presqu'île de Houilles, le pilote fit mettre en route les cylindres fonctionnant à l'essence de pétrole. Aussitôt, la vitesse s'accrut sensiblement. Poussé par ses soixante-dix chevaux-vapeur attelés à l'arbre de l'hélice, l'aéronat avança à raison de cinquante kilomètres à l'heure; en huit minutes, les cinq kilomètres de là presqu'île furent franchis. Un nouveau bras de la Seine fut laissé en arrière, en aval du pont de Bezons, et on arriva au zénith de Courbevoie: il allait falloir traverser le fleuve une quatrième fois, non loin du pont de Neuilly et de l'île de la Grande-Jatte.

Réunissant tout son courage, l'infortuné Firmin s'était efforcé, durant ce temps, de satisfaire son terrible maître, l'intraitable *Biscuitier*. Il avait dressé la table sur le guéridon léger occupant le milieu du salon; les mets achetés à Pontoise étaient disposés sur des tablettes articulées à la cloison et pouvant se rabattre horizontalement dans les angles. Fermant les yeux, chaque fois qu'il était forcé de s'approcher du côté où les rideaux étaient largement ouverts sur l'espace, il avait installé tous les ustensiles emmagasinés dans un tiroir du meuble à usages multiples, et maintenant, debout derrière son maître, il était tout à son service de domestique bien stylé.

Lorsque l'aéronat parvint aux fortifications de Paris, l'armateur du «Réviliod n° 1» arrivait au dessert. Il interpella le pilote.

Paris. -- Place de la Bastille
La Colonne de Juillet.

—Neffodor!... appela-t-il en se penchant au-dessus du bordage recouvert de velours.

L'aéronaute, qui serrait vigoureusement de ses deux mains le volant commandant les mouvements du gouvernail de direction, tourna la tête.

—Qu'est-ce qu'il y a pour votre service, monsieur? demanda-t-il.

—A quelle hauteur sommes-nous?...

—Six cent quarante mètres, monsieur......

Le *Biscuitier* eut une moue désappointée.

—Ne pourriez-vous pas nous faire descendre quelque peu, dit-il. Je voudrais que les Parisiens puissent admirer à leur aise l'oeuvre de votre patron Fruscou. Est-ce possible?...

—Nous allons essayer, monsieur Réviliod. Nous verrons ce que donnent nos aéronats!

Un peu en avant du poste occupé dans la nacelle par le pilote, entre la poutre armée et la face inférieure—ventrale pourrait-on dire—du ballon, se trouvait un agencement déjà appliqué dans les précédents dirigeables Fruscou. C'était un assemblage de six lamelles en soie, tendues sur un cadre métallique léger, et superposées à cinquante centimètres l'une au-dessus de l'autre, entre deux montants verticaux. Ces lamelles mesuraient trois mètres de longueur et présentaient une surface totale de près de huit mètres carrés. Un mécanisme très simple permettait d'incliner à volonté ces espèces de jalousies et de donner aux plans une plus ou moins grande obliquité par rapport à l'horizontale. Cet agencement pouvait donc fonctionner exactement comme les gouvernails d'immersion des bateaux sous-marins, et assurer le changement de niveau de la carène, sous l'impulsion du propulseur, de même que le gouvernail horizontal permet, par la résistance qu'il offre à l'avancement, de faire pivoter le navire dans le plan horizontal.

Neffodor manoeuvra donc le volant commandant l'obliquité des plans, dont il présenta la surface supérieure à l'action de l'air. Sous l'effet de la résistance du fluide, combinée avec la traction de l'hélice, l'aéronat fut obligé de descendre suivant un plan incliné assez accentué. En arrivant au-dessus de l'Arc de Triomphe de l'Étoile, l'altitude était de cinq cent vingt mètres; elle n'était plus que de quatre cents mètres au rond-point des Champs-Elysées et de trois cents à la place de la Concorde. Sur la demande de son armateur, l'aéronaute continua à peser sur le volant, et le dirigeable se rapprocha à moins de deux cents mètres des toits au-dessus du Palais-Royal et de la rue de Rivoli, qui fut suivie à cette faible hauteur jusqu'à la place de la Bastille.

De nombreuses acclamations montèrent vers le yacht aérien; des promeneurs s'arrêtèrent et agitèrent leurs chapeaux ou leurs mouchoirs. L'orgueilleux Réviliod, recevait ces hommages, accoudé à son balcon, et tout en sirotant un moka parfumé, qui avait été

emporté dans un de ces flacons à double paroi argentée, entre lesquelles le vide a été opéré, ce qui fournit l'avantage d'éviter toute
déperdition de chaleur. La pensée du navigateur aérien se reporta
vers ses anciens amis: La Tour-Miranne, Outremécourt, Médouville
et les autres, dont les journaux venaient d'annoncer le prochain
départ en excursion fixé au dimanche suivant. Or, on était au mardi.

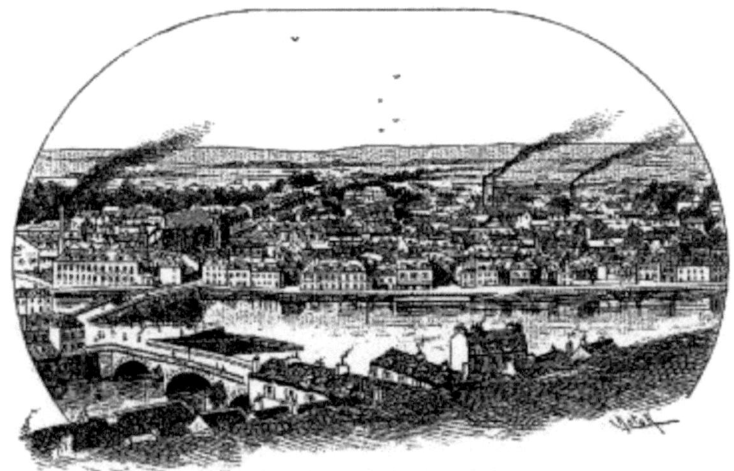
Montereau. -- Vue prise du côteau de Surville.

—Je voudrais les voir ici avec leurs boîtes de toile montées sur
chariot, avec une hélice et un moteur, pensa le sportsman. Oui, je
voudrais les voir traverser Paris à la queue leu leu, comme je le fais
en toute sécurité, sans la crainte continuelle d'une panne de moteur
m'obligeant à dégringoler sur les cheminées!...

Sa pensée dévia et la tête hirsute de Charles Bader, dit Charlot,
apparut un instant dans le miroir de son imagination. Il sourit:

—C'est dimanche que ce bon La Tour-Miranne va se trouver ahuri par le tour qui va lui être joué!... songea-t-il. Tous les adhérents à
sa fameuse société qui vont s'envoler, alors que lui, qui est leur chef,
restera piteusement par terre!... Il en sera quitte pour remettre à la
semaine des quatre jeudis son projet de Tour de France en aéroplane!... Il m'agaçait avec sa sérénité et sa confiance, ce La Tour-
Miranne, et je suis enchanté de lui faire cette plaisanterie-là! C'est
égal, avec de l'argent, on trouve à Paris des individus prêts à exécu-

ter n'importe quelle besogne! Quel type que ce Charlot! Et quand je pense que c'est ce niais de Médouville qui l'a introduit dans la place, je ne peux m'empêcher de rire de sa sottise. Ils n'auront que ce qu'ils méritent, après tout!

Pendant que le *Biscuitier* monologuait ainsi, l'aéronat qui le portait, avait continué à avancer, et il avait traversé Paris dans sa plus grande largeur, de la Porte-Maillot à la porte de Saint-Mandé. Le pilote ayant donné une inclinaison inverse de la première aux lames de l'aéroplane en persiennes, le navire aérien avait atteint des niveaux de plus en plus élevés. Le baromètre qui indiquait quatre cents mètres au-dessus de la place de la Nation, en accusa six cents au moment où l'on pénétrait dans le bois de Vincennes et sept cent cinquante au moment de la traversée de la Marne en vue du pont de Joinville.

La boucle de la Marne franchie, la rivière laissée en arrière entre la Varenne et Sucy, le dirigeable obliqua un peu vers le sud pour gagner Melun en passant non loin de Marolles et de Santeny-Servon, dans la Brie.

Il était une heure lorsque l'aéronat traversait la place du Palais-Royal; à deux heures, il arrivait en vue de Melun où l'on retrouva la Seine qui avait été perdue de vue depuis Neuilly. L'aéronaute ne voulant pas passer une fois de plus d'une rive à l'autre du fleuve, fit décrire un quart de cercle à l'appareil pour le diriger vers Montereau et Sens. Réviliod n'aperçut donc que d'assez loin le panorama du chef-lieu du département de Seine-et-Marne et ses monuments: l'église Notre-Dame qui date du XIe siècle et Saint-Aspais du XIIIe, la maison centrale de détention, située dans l'île, et les parcs et promenades de Vaux. Le dirigeable plana au-dessus des immenses plaines de la Brie, entre la route de Dijon à bâbord et la Seine, dont les circonvolutions se distinguaient à tribord, et à trois heures il arriva à Montereau, après avoir franchi, à trois cents mètres de haut, les futaies du bois de Valence.

Montereau-faut-Yonne, simple chef-lieu de canton de Seine-et-Marne, à trente kilomètres de Melun, possède huit mille habitants. Cette ville est le siège d'une importante fabrication de poterie fine ou porcelaine opaque. On y trouve également des briqueteries, des usines de ciment, de blanc d'Espagne, de carreaux pour mosaïques.

Son église paroissiale remonte au XIe et au XVIe siècle; à l'un des piliers du choeur est suspendue une épée que l'on dit avoir appartenu à Jean sans Peur, duc de Bourgogne, assassiné sur le pont de Montereau en 1419, par Tanneguy du Châtel, lors d'une entrevue du duc avec le dauphin Charles VII.

Laissant derrière lui le château de Surville, qui est bâti sur la colline dominant la ville, l'aéronat poursuivant sa route, arriva à Sens, dont la cathédrale était visible depuis longtemps à l'horizon. Réviliod regretta un instant de ne pouvoir s'arrêter afin d'examiner un instant cette merveille architecturale, mais il était assez peu sensible à ce genre de beautés artistiques et son regret fut court.

JOIGNY. -- Portail Saint-Jean.

Sens mérite cependant une visite, car cette ville, qui tend à se moderniser aujourd'hui, contient de nombreux spécimens de l'art ancien, dont le plus remarquable est évidemment la cathédrale Saint-Etienne, qui a été bâtie du XIIe au XVIe siècle et possède des portails richement sculptés et de beaux vitraux. A l'intérieur, on remarque les tombeaux du dauphin Louis, fils de Louis XV et de sa deuxième femme, Marie-Josèphe de Saxe. Dans un pilier, on aperçoit une curieuse effigie en pierre dite Jean de Cognot. Les autres édifices intéressants de Sens sont le palais archiépiscopal du XVIe siècle, avec le célèbre bâtiment de l'*Officialité*, les églises Saint-Savinien, Saint-Jean, Saint-Pierre-le-Rond, Saint-Maurice et l'Hôtel-de-Ville, de construction moderne.

Depuis Montereau, le dirigeable suivait la rive droite de l'Yonne, laissant sur l'autre rive Villeneuve-la-Guyard et Pont-sur-Yonne. A Sens, il franchit la Vanne et continua à descendre vers le sud. Le soleil étant ardent, son hydrogène s'était dilaté et l'altitude de douze cents mètres avait été dépassée malgré le jeu du ballonnet compensateur.

—Serons-nous bientôt à Auxerre?... fit à ce moment Réviliod, en s'adressant à l'aéronaute. Nous ne marchons plus, il me semble!...

Neffodor se retourna.

—Je vous demande pardon, monsieur, répliqua-t-il avec vivacité. Nous allons même plus vite que tout à l'heure. Du parc d'aérostation à Paris, nous ne faisions que trente kilomètres à l'heure à peine. De Paris à Melun, nous avons fait du quarante-cinq et de Melun à Sens du trente-cinq. Maintenant nous faisons presque du cinquante. Nous serons à Auxerre vers cinq heures. Ce n'est pas mal marcher, car nous aurons parcouru à ce moment deux cents kilomètres depuis Ecancourt.

—On va nous attendre aux Frênes; j'avais annoncé notre arrivée pour quatre heures.

—Est-ce à Auxerre même que nous devons atterrir, monsieur Réviliod?...

Le jeune homme haussa les épaules.

—Atterrir sur le clocher de l'église Saint-Pierre, cela manquerait plutôt de charme!... riposta-t-il non sans une pointe d'humeur. Non, nous allons à trois lieues au-delà d'Auxerre, du côté de Saint-Bris. Vous tâcherez de vous rapprocher du sol tout à l'heure, et je vous indiquerai la route à suivre, je connais le pays.

Le dirigeable se mouvait à ce moment au-dessus d'immenses forêts s'étendant jusqu'à l'horizon, et, malgré la hauteur, on sentait une singulière impression de fraîcheur émanant de ce tapis de verdure. Le thermomètre avait accusé immédiatement une baisse de température de plusieurs degrés et le gaz remplissant la vaste capacité de l'aéronat, sensible à cette variation, se contracta, amenant la descente désirée par le jeune aéro-yachtman. Les objets terrestres parurent grossir, et les bruits montant du sol, devinrent de plus en plus perceptibles.

Le pilote suivait l'aiguille du baromètre anéroïde se déplaçant devant son cadran.

—Mille mètres... neuf cents... huit cents... grommela-t-il tout en manoeuvrant le volant de commande des lames d'aéroplanes. Où cela va-t-il s'arrêter?...

Ce ne fut qu'à deux cents mètres du sol et quatre cents mètres de hauteur au-dessus du niveau de la mer, que le mouvement descensionnel prit fin, au moment où les dernières futaies de la forêt d'Othe disparaissaient dans l'éloignement. La ville de Joigny apparaissait en avant, dans un coude de l'Yonne qui dut être traversée un peu en aval de son confluent avec l'Armançon. Les voyageurs aperçurent, un peu après, le bourg d'Appoigny, puis les clochers des églises d'Auxerre.

AUXERRE. -- Église Saint-Étienne et la Préfecture.

Le *Petit Biscuitier* ne cessait de tirer son chronomètre de son gousset par un mouvement nerveux et de le remettre en place après avoir consulté la position des aiguilles qui ne lui paraissaient pas se déplacer. Ainsi que Neffodor l'avait présumé, il était cinq heures moins deux minutes lorsque l'aéronat surplomba le chef-lieu de l'Yonne, auquel son armateur, dans son impatience d'arriver, n'accorda qu'un regard distrait.

Auxerre est cependant une ville fort intéressante à parcourir en détail, car elle possède de vieilles maisons d'un style très curieux et de nombreux monuments anciens et très remarquables, tels que la cathédrale, un des plus beaux édifices gothiques de France, l'église Saint-Germain qui dépendait, avant la Révolution, d'un couvent de bénédictins; l'église Saint-Père ou Saint-Pierre-en-Vallée, ancienne église abbatiale, monument de la Renaissance; l'église Saint-Eusèbe, avec sa tour carrée à la base et octogonale au sommet; l'ancienne église paroissiale de Saint-Pèlerin, bâtie près de la fontaine où, d'après la tradition, le saint de ce nom soumettait, au IIIe siècle, les Auxerrois au baptême. La tour de l'Horloge, la Préfecture, l'abbaye avec son cloître du pur style roman, sont également à visiter.

Auxerre, qui compte dix-huit mille habitants, est d'ailleurs de fondation très ancienne, car elle avait déjà acquis une grande importance à l'époque de la domination romaine. Saccagée par les Huns en 451, conquise par les Francs en 486, elle fut gouvernée par des comtes au IXe siècle. Deux cents ans plus tard, ce comté fut attribué à la famille des comtes de Nevers, et une branche de cette famille en porta le titre jusqu'à la fin du XIIe siècle. Il passa ensuite entre diverses mains et finit par être vendu au roi Charles V qui l'acheta la modique somme de trois cent mille francs. Réuni à la couronne, l'Auxerrois fut cédé au duc de Bourgogne par une clause du traité d'Arras, puis définitivement enlevé à cette maison et acquis à la France sous Louis XI. Deux conciles furent tenus à Auxerre: l'un en 578, l'autre en 1098. Un accord désigné sous le nom de *paix d'Auxerre* y fut signé en 1412 entre les Armagnacs et les Bourguignons; enfin des conférences s'y tinrent en 1432 pour ménager une réconciliation entre Charles VII et le duc de Bourgogne. Ajoutons que la ville ou ses environs ont vu naître le biographe Daubenton, le conventionnel Maure, le littérateur Lacurne de Sainte-Palaye, le baron Fourier, l'avocat Marie, membre du gouvernement provisoire en 1848, le chirurgien Roux, l'économiste Garnier, le physiologiste Paul Bert, etc.

Traversant une dernière fois la rivière d'Yonne, le dirigeable suivit un moment la route d'Auxerre à Montbard jusqu'à quelques kilomètres au delà de Saint-Bris. Là, il obliqua vers le nord-est, son pilote suivant les indications que lui donnait à mesure son passager.

—Là!... Là!... dit tout à coup le *Petit Biscuitier*, en montrant de son index tendu une construction massive au milieu d'un bois et précédée de pelouses ornées de bassins. Voilà le château des Frênes, c'est là qu'il faut nous arrêter!...

—Bien, monsieur Réviliod, nous allons y amener le ballon répliqua Neffodor.

Les lames de jalousie de l'aéroplane qui jouaient le rôle de gouvernail de profondeur furent braquées vers l'avant et l'aéronat s'abaissa graduellement. Au moment où il traversait à cent mètres à peine du sol, un petit village dont il mit toute la population en rumeur, l'aéronaute, occupé à sa manoeuvre, commanda au mécanicien.

—Gélinier, larguez les deux guideropes!...

Ces cordages, qui ne mesuraient pas moins de cinquante mètres de longueur, étaient roulés de chaque côté de la nacelle. L'interpellé se leva et trancha les ficelles maintenant les rouleaux de corde qui pendirent à droite et à gauche de la poutre armée.

—Attention!... dit encore l'aéronaute à son second, nous arrivons à la pelouse. Stoppez le moteur à gaz!... Je vais donner un coup de soupape!

Il se pencha en dehors du bordage et regarda au-dessous de lui. Une cinquantaine de paysans, hommes, femmes et enfants, galopaient éperdument pour essayer d'atteindre les cordes pendantes.

Jugeant le moment propice, le pilote, qui s'était mis debout saisit la corde commandant l'ouverture de la soupape à gaz et opéra une vigoureuse pesée pour opérer le déclanchement des clapets. Aussitôt, le ballon s'abaissa d'une cinquantaine de mètres; l'extrémité des guideropes toucha le sol, puis l'aéronat continuant à descendre, les cordages s'étalèrent de plus en plus sur le gazon.

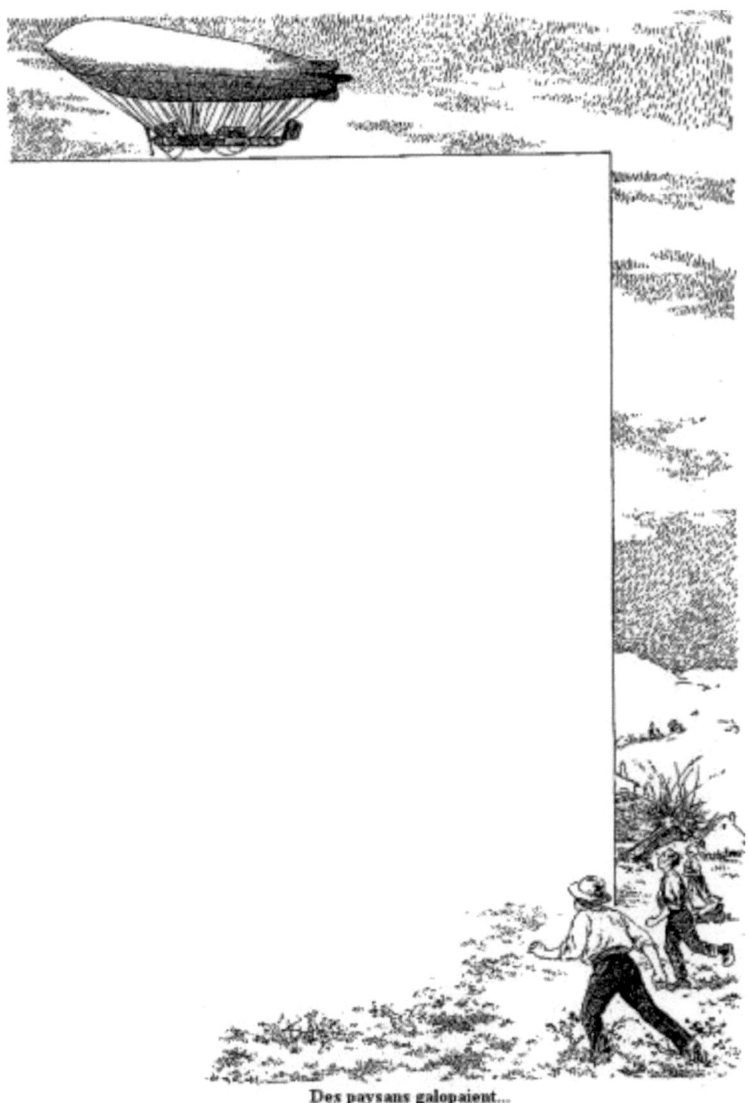

Attentif aux ordres de son chef, ce dernier renversa aussitôt le sens de rotation de l'hélice et le yacht aérien demeura immobile par rapport au sol, malgré le vent qui tendait à l'entraîner.

—Saisissez les cordes et amenez-nous à terre!.. cria alors le pilote en s'adressant aux paysans qui accouraient de tous côtés.

Il n'était pas besoin de cette recommandation. Les guideropes avaient à peine touché le sol que vingt paires de bras vigoureux s'y étaient accrochés et halaient l'aéronat.

—Stop!... fit encore Neffodor en s'adressant au mécanicien, qui arrêta aussitôt le mouvement de l'hélice, en replaçant ses deux branches horizontalement pour éviter leur rupture par suite d'un contact malencontreux avec le sol.

Une dizaine de personnes qui, jusqu'alors étaient restées immobiles sur le perron de l'habitation désignée sous le nom un peu prétentieux de château des Frênes, s'approchèrent de l'aéronat, que contenaient les paysans cramponnés à sa longue nacelle.

—Eh bien! vous voilà enfin!... prononça, en s'avançant les mains tendues, un personnage à la face fleurie et rubiconde de Bourguignon, et qui n'était autre que Corgival, le cousin germain du *Petit Biscuitier*. Nous étions inquiets, car votre télégramme nous annonçait votre arrivée pour quatre heures,, et il est cinq heures et demie!... Votre voyage s'est-il bien effectué?...

—Sans le moindre incident sauf le vent qui nous a contrariés et a causé notre retard.

—Quoi qu'il en soit, ce n'est pas une manière banale de rendre visite à ses amis que d'arriver ainsi chez eux en ballon dirigeable!... On peut dire que c'est un signe des temps!

—En attendant, il s'agit de garer ma voiture...

—Elle est un peu encombrante, votre voiture, mon cher Claude; je crains fort de n'avoir pas de remise suffisamment spacieuse pour la loger.

—Si vous voulez bien, monsieur, dit l'aéronaute, je vais me faire remplacer dans la nacelle par deux des personnes qui nous maintiennent et j'irai chercher l'endroit qui sera le plus convenable pour camper le ballon. On ne saurait le laisser passer la nuit sur cette pelouse trop exposée au vent.

—Faites pour le mieux, mon ami, répliqua l'armateur. Vous êtes le capitaine et je ne suis que votre passager.

Neffodor jeta un coup d'oeil sur ceux qui maintenaient la nacelle et les compta. Ils étaient vingt. Il hocha la tête en constatant ce petit nombre et surtout en remarquant que M. Réviliod s'était empressé d'ouvrir le portillon de son salon et de sauter sur le gazon, suivi de son domestique enfin délivré de la torture qu'il subissait depuis cinq heures.

—Bon! grommela-t-il! je ne puis plus bouger maintenant, sans quoi le ballon aurait au moins trois cents kilos de force ascensionnelle, et je ne me fie pas à ces gaillards-là pour le tenir!

Il décrocha de la paroi intérieure de sa logette un sac de toile qui s'y trouvait suspendu.

—Tenez bien, tout le monde!... commanda-t-il à ses aides improvisés, et que personne ne bouge. Où est le jardinier du château?...

—C'est moi, monsieur, dit un homme dans toute la force de l'âge, et qu'enserrait un vaste tablier bleu à poches.

—Bon, approchez-vous et prenez-moi ce sac. Vous trouverez dedans une vingtaine de petits sacs en treillis que vous allez me remplir de terre ou de sable et me rapporter le plus tôt possible. Avez-vous compris?....

—Certainement, monsieur. Il y a du sable dans la serre, je vas remplir vos sacs et je vous les renverrai à mesure par mon gamin.

—C'est entendu, mais faites vite; je ne puis bouger tant que vous ne m'aurez pas apporté cette provision de lest qui empêchera le ballon de repartir subitement.

—Je vas me dépêcher, mon bon monsieur! assura le jardinier en s'éloignant à grandes enjambées.

Dix minutes, puis un quart d'heure se passèrent. Le domestique ne reparaissait toujours pas et l'aéronaute commençait à s'impatienter, car il craignait de voir les paysans, fatigués, lâcher le bordage. Enfin il l'aperçut, poussant une brouette chargée de sacs, et suivi d'un gamin d'une douzaine d'années remorquant un second véhicule non moins chargé.

—Ne vous impatientez pas, mon bon monsieur, voilà ce que vous m'avez demandé.

—C'est très bien, mon brave. Passez-moi cela par-dessus le bordage de la nacelle.

Le pilote répartit les sacs dans le carré des machines et le long de la poutre armée, puis il descendit à son tour à terre suivi de Gélinier le mécanicien. L'aéronat surchargé de lest demeura comme rivé à la terre, et ses deux conducteurs purent s'en éloigner pour chercher un emplacement convenable pour son garage nocturne. Ils finirent par découvrir cet emplacement, derrière les bâtiments des communs, qui étaient séparés du parc par un rideau de gros marronniers.

—Voilà ce qu'il nous faut, déclara Neffodor à son second. Les arbres nous protégeront contre le vent. Nous allons donc amener le ballon ici en nous faisant aider des paysans, puis nous remplirons le ballonnet compensateur afin de remplacer l'hydrogène consommé et remettre l'aéronat sous pression, en attendant qu'on puisse le ravitailler.

L'opération du transport à bras du yacht aérien s'effectua sans incident. La nacelle, alourdie de sacs remplis de sable fut, par surcroît de précaution, amarrée à de forts piquets enfoncés dans le sol. L'atmosphère était d'ailleurs calme et rien ne faisait présager un changement de temps prochain.

Avant de prendre place à la table de son cousin Corgival, Claude Réviliod s'était empressé de télégraphier à Écancourt pour donner l'ordre à son chauffeur Tiburce de venir immédiatement apporter, à bord de l'auto, les tubes d'hydrogène comprimé préparés dans le hangar. Ces tubes contenant chacun 18 mètres cubes d'hydrogène pur sous une pression de 150 kilogrammes par centimètre carré, six seraient suffisants et l'auto ne serait chargée que d'un poids de 420 kilos. En partant d'Écancourt à huit heures du soir, Réviliod supposait que la voiture arriverait au château vers trois heures du matin, et ces prévisions devaient se justifier.

—Ce n'est pas tout cela!... déclara le *Petit Biscuitier* à son cousin, à l'issue du dîner, mais je ne suis pas venu pour vous rendre, à vous et à ma charmante cousine, une simple visite de politesse. Non! j'ai entrepris un voyage de tourisme, mais je ne suis pas égoïste et je vous offre une place à tous deux à bord de mon yacht aérien. Nous irons d'abord visiter Nevers que je ne connais pas, puis nous descendrons la Loire pour admirer les châteaux historiques qui se dressent sur ses bords. De là, nous irons en Bretagne...

—Mais, cousin, vous n'y pensez pas; ce n'est pas sérieux!... s'exclama Mme Corgival, une brune aux yeux bleus, qui paraissait cependant une femme au caractère décidé et énergique.

—Pourquoi, pas sérieux, rétorqua l'aéro-yachtman. Quel inconvénient voyez-vous à m'accompagner?... Vous n'avez pas peur, j'espère, de monter en ballon; vous n'êtes pas comme mon stupide domestique qui a l'horreur du vide, aussi bien à l'extérieur qu'à l'intérieur de son long corps dégingandé... Que pourriez-vous objecter à ma proposition?... Vous n'avez rien d'absolument pressant qui vous retienne ici, je pense!...

Les deux époux se regardèrent d'un air indécis. Ils ne paraissaient que médiocrement goûter l'offre de leur cousin.

—Cependant, les bagages, voulut dire Mme Corgival.

—Une simple valise suffira. Nous n'allons pas demeurer des mois en l'air, que diable!... Enfin, je vous en préviens, il est inutile de chercher de mauvaises raisons. Demain matin, je vous enlève, quoi que vous puissiez dire. Je veux que vous goûtiez des charmes du voyage aérien; quand vous en aurez tâté, vous ne voudrez plus entendre parler d'un autre mode de locomotion. Maintenant la chose est convenue, entendue, n'en parlons plus!...

Et l'autoritaire jeune homme changea de conversation, sans se soucier le moins du monde de ce que ses interlocuteurs pouvaient avoir à objecter à sa décision.

Le premier mouvement du propriétaire du Réviliod n° 1, le lendemain matin, fut d'aller rendre visite à son navire. Neffodor, l'aéronaute, et Gélinier, le mécanicien, étaient en grande conversation avec Tiburce, le chauffeur, arrivé dans la nuit, le digne M. Firmin et Joseph, le jardinier du château des Frênes. A la vue du «patron», la discussion s'arrêta net.

—La nuit s'est-elle bien passée?... demanda Claude Réviliod au pilote.

—On ne peut mieux, monsieur, répondit avec empressement Neffodor. Il n'y avait pas un souffle de vent. D'ailleurs, j'avais pris soin de nous abriter derrière ce rideau d'arbres qui nous aurait protégés, le cas échéant.

—Quand pourrons-nous repartir, dans ce cas?...

—Dans une demi-heure tout sera paré. Nous avons à transfuser une centaine de mètres cubes d'hydrogène dans l'enveloppe aérostatique et à faire le plein des réservoirs à essence et à eau. Mais je me permettrai de vous demander, Monsieur, quelle sera la route de la journée?...

—Vous nous dirigerez d'abord sur Avallon, et de là sur Nevers, mais nous n'y poserons pas; il suffira de planer quelque temps sur là ville. Ensuite nous descendrons le cours de la Loire le plus long-temps possible, jusqu'à la nuit, si la chose est faisable.

L'aéronaute, qui avait déplié une carte à grande échelle du centre de la France, mesura les distances et fit un rapide calcul sur une feuille de calepin. Il releva ensuite la tête.

—Je vous ferai remarquer, monsieur, que nous sommes à quaran-te-deux kilomètres d'Avallon, dit-il enfin à son passager, qu'il y a trente-deux kilomètres d'Avallon à Clamecy et soixante-dix de Clamecy à Nevers. Cela nous donne déjà un total de cent quarante kilomètres, c'est-à-dire près de quatre heures de marche. C'est tout au plus si nous pourrons dépasser Cosne-sur-Loire ce soir...

Réviliod réfléchit un instant.

—Et quelle distance sépare Nevers de Bourges, fit-il.

—Un peu plus de quinze lieues, répondit Neffodor.

—Dans ce cas, conduisez-nous à Bourges par l'itinéraire que je vous ai indiqué. Nous camperons dans la banlieue de cette ville et demain nous regagnerons la Loire en amont d'Orléans.

—Bien, monsieur. Tiburce va, dans ce cas, reporter à Écancourt les tubes d'hydrogène quand nous les aurons vidés dans le ballon, et il repartira aussitôt pour Bourges avec des tubes pleins.

Le chauffeur, entendant ces paroles, secoua énergiquement la tête.

—Il y a plus de cent lieues, aller et retour, murmura-t-il. Ce n'est pas une paille!...

—Cela fait à peine dix heures de route! En partant dans une de-mi-heure, vous arriverez au hangar à trois heures de l'après-midi. Vous ne le quitterez qu'à minuit pour être revenu à cinq ou six heu-res du matin. Vous pourrez donc prendre neuf heures de repos. D'ailleurs, il faut absolument que nous soyons ravitaillés et je comp-te sur vous, ajouta Réviliod.

—Mais, monsieur, je ne pourrai pas faire tous les jours un pareil trajet!... s'exclama le chauffeur.

—Ce serait fatigant, en effet, et d'ailleurs il faut compter avec les pannes possibles. Or, l'hydrogène nous est indispensable et c'est pourquoi je ferai expédier le prochain envoi à Tours; j'enverrai une dépêche à ce sujet à Fruscou qui fera le nécessaire.

Le visage contracté du chauffeur se rasséréna.

—Préparez donc l'aéronat, conclut l'armateur; dans une demi-heure, nous serons prêts à embarquer. Ah!... à ce sujet, je dois vous prévenir que vous aurez aujourd'hui trois passagers au lieu de deux.

—En vous comptant, monsieur Réviliod?...

—En me comptant. J'ai offert l'hospitalité de ma nacelle aux châtelains de céans.

—Mais vous serez quatre, dans ce cas.

—Non, trois!... Je laisse Firmin à terre.

—Oh! comment vous remercier, monsieur?... s'exclama le domes-tique avec un soupir partant du coeur.

—J'y suis bien obligé; tu es incapable de faire convenablement ton service, dès que la nacelle est à trente centimètres du sol. Et tu arbo-res alors une face couleur crème à la vanille qui m'empêche de manger à ma faim.

Le valet de chambre ne répondit pas, mais son visage refléta une joie intense de ne plus compter désormais parmi l'équipage du *Réviliod n° 1.*

—Tu vas par conséquent te rendre au château et te charger de la valise des passagers qui vont te remplacer...

—J'y cours, monsieur...

—Ecoute-moi donc, avant de t'enfuir comme un zèbre!... rugit le *Petit Biscuitier*. Tu apporteras en même temps les provisions pour le déjeuner. C'est important, cela, car je ne veux pas transformer le ballon en un nouveau radeau de la *Méduse* et obliger ses voyageurs à se dévorer les uns les autres, faute de vivres suffisants. Tu as compris?...

—Certainement. Les ordres de Monsieur seront exécutés.

—Bon! Et quand nous serons partis, tu pourras accompagner Tiburce et rentrer à Paris. Je préfère me passer désormais de ta société.

—Monsieur est bien bon.

—Quant à moi, je vais chercher nos passagers et les embarquer de gré ou de force. Je veux qu'ils apprécient en connaissance de cause les charmes de la navigation aérienne.

Et sur cette déclaration proférée d'un ton qui n'admettait pas de réplique l'aéro-yachtman partit à grands pas dans la direction du château.

CHAPITRE XV

HUIT CENTS KILOMÈTRES EN DIRIGEABLE

TRAVERSÉE DU MORVAN.—DÉCOUVERTES PALÉONTO-LOGIQUES.—LE PETIT BISCUITIER FAIT DE L'ESPRIT.—NEVERS ET BOURGES.—TRAVERSÉE DE LA SOLOGNE.—A BOUT D'ESSENCE ET DE LEST.—VISITES AUX CHÂTEAUX HIS-TORIQUES DES BORDS DE LA LOIRE.—LES VIEUX DONJONS DE FRANCE: MONTBAZON, LOCHES, LANGEAIS.—TEMPÊTE MENAÇANTE.—RETOUR AU HANGAR.—DEUX CENT CIN-QUANTE KILOMÈTRES EN TROIS HEURES ET DEMIE.

—Soyez franche, cousine, n'est-ce pas admirable?... Regrettez-vous encore d'être venue?...

—J'aurais tort de ne pas reconnaître que le spectacle est véritablement merveilleux. D'ailleurs ma résistance ne provenait que de ma seule ignorance, mon cousin.

—Et vous, Philippe, que pensez-vous maintenant du dirigeable comme moyen de locomotion?

—Il est évident qu'il est très agréable, mais gare à l'atterrissage. C'est là le point noir!...

Claude Réviliod haussa les épaules avec commisération.

—L'atterrissage!... répéta-t-il. Vous avez vu hier devant votre porte comment il s'opère. Rien n'est plus facile!...

—Oui, mais s'il y a du vent?...

—S'il y a du vent, l'aéronaute qui conduit le dirigeable manoeuvre en conséquence: il fait tête à la brise, de manière à immobiliser le ballon par rapport au sol, et les terriens présents n'ont plus qu'à empoigner les cordes traînantes pour haler la nacelle à terre.

—Vous avez réponse à tout, mais il n'empêche que l'opération doit être particulièrement laborieuse et délicate en cas de tempête!

—En cas de tempête menaçante—les tempêtes peuvent toujours être prévues quelque temps d'avance—le dirigeable reste bien tranquillement à l'abri sous son hangar! C'est simple comme bonjour!...

M. Corgival se tut, bien que sa physionomie n'annonçât en rien que les arguments de son hôte, fanatique d'aérostation, l'eussent convaincu. Il se pencha en dehors de la rampe de velours cerclant, à hauteur de la poitrine, le salon aérien et il regarda le panorama grandiose qui se déroulait à cinq cents mètres au-dessous de lui.

Il était neuf heures et demie du matin; depuis un quart d'heure, l'aéronat avait quitté le château des Frênes, et il descendait vers le sud, dans la direction d'Avallon. Le vent d'est, assez fort à cette hauteur, contrariait assez sa marche pour que le mécanicien eût jugé nécessaire d'employer toute la force motrice.

On arrivait à Vermenton, village de deux mille habitants sur les rives de la Cure, affluent de l'Yonne. Vu de l'altitude où planait l'aéronat, ce n'était qu'un petit tas de pierres au bord d'une rigole où une mouche se serait noyée. Devant eux, les aéronautes distinguaient les massifs chevelus de la forêt d'Hervaux, et au delà les prairies de la riche Terre-Plaine, féconde en céréales, et la Puisaye, avec ses innombrables étangs et ses hautes futaies. On arrivait vers la partie la plus pittoresque du département de l'Yonne, dans la région la plus accidentée et où l'on rencontre de profondes vallées, des gorges majestueuses enserrées entre des collines boisées annonçant la proximité du sévère Morvan aux rochers sombres. D'innombrables filets d'eau serpentaient dans ces vallées.

—Il me semble qu'il y a beaucoup de rivières par ici, fit observer Réviliod à son cousin.

—En effet, répondit celui-ci avec empressement. Il y a d'abord l'Yonne, le principal cours d'eau du département, qui rejoint, comme vous savez, la Seine à Montereau, et reçoit en route la Cure, le Serein, l'Armançon, le Ravillon, le Tholon, la Vanne et bien d'autres encore dont le nom ne me revient pas. Il y a ensuite le Loing, qui va également se jeter dans la Seine, après avoir reçu les eaux de l'Ouanne et du Branlin. Je citerai encore quatre canaux mettant en rapport les bassins de la Loire, de la Seine et de la Saône et qui sont, d'abord, le canal de Bourgogne qui commence à Laroche, celui du Nivernais, celui de Briare et enfin le petit canal d'intérêt local qui réunit Vermenton et la Cure à l'Yonne.

—Dites-moi, cousine, interrompit l'aéro-yachtman qui avait écouté d'une oreille distraite les explications de son passager, est-ce qu'il y a des curiosités naturelles dans votre pays?...

—Certainement, mon cher Claude, il existe des grottes très curieuses formées par la rivière la Cure à Larris-Blanc et à Arcy, qui doit être justement le village au-dessus duquel nous passons en ce moment.

—Ah! pas possible!... Si nous descendions visiter ces grottes?...

—Oh! elles ne sont pas assez spacieuses, je crains que votre ballon ne puisse y évoluer!... repartit en riant la jeune femme.

—C'est regrettable, en vérité. Alors, nous nous résignerons à n'admirer que de loin.

D'ailleurs, nous sommes dans le pays de la résignation, n'est-ce pas?...

—Comment cela, mon cousin?...

—Dame!... J'ai toujours entendu parler du *résigné* de Bourgogne. Ce devait être quelque pauvre honteux.

Cet affreux calembour arracha un franc éclat de rire aux deux époux.

—J'ai eu l'occasion, dit, au bout d'un instant Philippe Corgival, de causer avec un savant naturaliste, professeur au Muséum d'histoire naturelle de Paris, et il m'a expliqué qu'il avait découvert, dans les alluvions anciennes de cette vallée, des stations préhistoriques très curieuses et représentant ce que les paléontologistes appellent des stations de surface de l'industrie de Saint-Acheul. Ainsi, M. Boule a trouvé dans ces alluvions de la Cure, à Vermenton, à quinze mètres au-dessus de la vallée, des débris de l'*elephas antiquus* auxquels étaient joints les ossements d'un boeuf et d'un cerf appartenant à la faune contemporaine. Le naturaliste dont je vous parle a fait la découverte, dans le lit d'un ruisseau très modeste s'échappant des premières pentes du massif du Morvan, le Rudaillon, à quatre kilomètres au sud d'Avallon et par 265 mètres d'altitude, au lieu dit l'étang Minard, d'une station de ce genre. Sur un plat de granulite, les roches d'épanchement ont laissé quelques lambeaux témoins du recouvrement primitif; ce sont des quartz de filon, le quartz jaspoïde zonaire ou meuliériforme et aussi quelques grès du trias.

L'ingénieur Belgrand ayant capté les eaux du Rudaillon que les barrages avaient autrefois transformé en étangs, on ouvrit des tranchées de 1 m. 30 dans les alluvions du ruisseau, et c'est dans ces dépôts qu'on trouva les spécimens que je vais vous décrire. D'après ces recherches, le terrain de l'étang comprend 20 centimètres de terre végétale, un lit de tourbe de 20 centimètres, une couche d'argile grise, pure, puis sableuse de 30 centimètres, enfin des alluvions sableuses de plus en plus caillouteuses en descendant, et formées des roches énoncées plus haut. De ces cailloux, les uns sont à angles à peine émoussés, d'autres polis sur les arêtes, quelques-uns forment des galets; ils ont tous la patine et le vernis que donne l'eau courante, charriant du sable. La récolte du professeur s'est composée d'une amande hache ou coup de poing et de deux éclats. L'amande est un rognon de silex de la craie ovalaire, retaillé sur les deux faces à grands éclats, avec un large talon à la base, où la croûte de carrière est intacte; les bords sont sinueux et assez grossièrement tranchants, se terminant en pointe mousse. La pièce mesure 18 cm. 5 de longueur, 11 cm. 5 de largeur et 4 cm. 5 d'épaisseur; elle pèse 1150 grammes; elle se classe donc parmi les plus gros types. Sa couleur est le gris brun, à la base, et le rouge brun, sur les faces d'éclatement, avec quelques taches de patine blanche, le tout fortement verni ou lustré. Les éclats sont en quartz jaspoïde zonaire de la localité: l'un d'eux, qui est entier, de forme lancéolée, avec plan de frappe et concoïde de percussion, mesure 18 cm. 5 de longueur, 5 centimètres de largeur et 2 cm. 5 d'épaisseur, c'est un jaspe à cassure jaunâtre dont la patine est verte, lustrée.

Ces éclats volumineux de roche locale montrent que l'amande en question n'était pas là comme un objet perdu par hasard, mais que les primitifs sont venus dans la région chercher des pierres convenables pour en fabriquer leurs outils, ce qui est l'indice d'une station. La situation du gisement dans les alluvions d'un petit ruisseau, à une altitude assez élevée, l'association d'une grosse amande, de type archaïque, avec de grandes et épaisses lames simplement éclatées, chose que des préhistoriens refusent d'admettre, lui donnent donc une certain intérêt, tout au moins au dire du professeur dont je vous ai parlé.

—Avallon!... cria à ce moment le pilote, annonçant la ville au-dessus de laquelle le navire aérien allait arriver.

Le *Petit Biscuitier* qui était décidément en verve, se pencha vers son aéronaute, et d'un ton sérieux:

—Hein! Quoi!... lui dit-il, qu'est-ce que vous voulez avaler?...

L'infortuné Neffodor tourna vers son passager un faciès ahuri et le fixa de ses yeux ronds, tandis que l'hilarité des deux bourguignons redoublait. Enfin il parvint à articuler:

—Je voulais dire que nous arrivons à Avallon et que nous ne tarderons pas à pénétrer dans le département de la Nièvre.

—Ah! très bien, dans ce cas. Rapprochez-nous du sol, que nous puissions distinguer un peu plus nettement les monuments historiques. Ensuite, vous ferez comme le nègre!

—Je me ferai nègre, monsieur?...

—Non, non, vous ne me comprenez pas. Je dis que vous ferez comme le fameux nègre du maréchal de Mac-Mahon, vous continuerez... à avancer pour nous conduire à Nevers.

—Ah! très bien, monsieur, je n'avais pas compris.

—Vous n'avez pas besoin de me le dire. Je m'en étais aperçu, conclut le propriétaire du dirigeable, aux rires inextinguibles de ses passagers.

Avallon, que traversait l'aéronat, est une ville extrêmement ancienne, car on l'a identifiée avec l'*Aballo* de l'itinéraire d'Antonin. Au VIe siècle, c'était une place forte que se disputèrent à plusieurs reprises les rois de France et les ducs de Bourgogne. Robert le Pieux assiégea sans succès le château fort d'Avallon, mais plus tard, ayant été mis en possession de cette forteresse, il la fit démanteler. En 1433, Charles VII s'empara de l'Avallonnais, que le duc Philippe le Bon replaça peu après sous la domination de la maison de Bourgogne. A la mort de Charles le Téméraire, Avallon fut définitivement réuni à la couronne de France. La ville fut pillée en 1594 par les ligueurs.

La ville moderne, bâtie sur le ruisseau du Cousin, affluent de la Cure, possède près de six mille habitants. Les coteaux qui l'environnent fournissent des crus renommés; on y rencontre aussi d'importantes carrières de pierre à bâtir et de granit, et des gisements de minerai de fer. Parmi les industries qui s'y trouvent exploitées, on trouve des fabriques de draps, des tanneries, des moulins à foulon, des papeteries, des filatures de laine, enfin le commerce s'opère surtout sur les grains, les vins, les bois, les laines, le bétail et les chevaux.

Les voyageurs aériens aperçurent de loin les quelques monuments d'Avallon qui dominent les habitations: la Tour de l'Horloge qui date du XVe siècle, et l'église Saint-Lazare du XIIe. Ils distinguèrent la promenade des Capucins et la terrasse de la Petite-Porte, puis la ville parut s'éloigner et se fondre dans les brumes de l'horizon du Nord.

L'aéronat traversa une partie du massif montagneux du Morvan et ne tarda pas à pénétrer dans le département de la Nièvre.

AVALLON. — Un coin de la vieille ville.

Le Morvan prolonge le massif central de la France dans la direction du nord, par delà le fleuve de la Loire. Il mesure quatre-vingt-deux kilomètres de longueur sur une largeur maximum de cinquante, ce qui représente une surface de deux mille sept cents kilomètres carrés. C'est une agglomération de gneiss et de granit avec d'innombrables coulées de porphyre, manifestations volcaniques qui ont laissé encore d'autres témoins, exemple les sources thermales de Montreuillon, Saint-Honoré, Bourbon-Lancy. Son altitude moyenne est de cinq cents mètres; son point culminant est le Bois du Roi ou Haut-Folin qui s'élève à neuf cent deux mètres, mais l'endroit le plus célèbre est le Beuvray, haut de huit cent dix mètres, où existait la cité gauloise de Bibracte. L'Yonne naît au pied du Prénelay, à huit cent dix mètres d'altitude, ainsi que la Cure et les tributaires de l'Arroux; rivière qui se jette dans la Loire. Le Morvan renferme de nombreux étangs, des vallées pittoresques et de vastes forêts qui approvisionnent Paris de bois à brûler et de charbon de bois.

L'aéronat, qui luttait péniblement contre le vent d'est, mit toute la matinée à atteindre Château-Chinon, qui n'est cependant éloigné que de soixante kilomètres d'Avallon. Le panorama était dur, triste, âpre, sévère, avec des bois séparés par des flaques d'eau miroitant au soleil.

—Il me semble que nous allons un train de tortue, fit observer à Réviliod le cousin Corgival. Midi va sonner et nous sommes encore en plein Morvan. Voilà seulement Château-Chinon là-bas; j'aperçois les ruines de son château fort. Il ne va pas beaucoup plus vite qu'une péniche sur le canal de Bourgogne, votre ballon dirigeable.

Le *Petit Biscuitier*, en fanatique d'aérostation qu'il était, fut piqué au vif par la réflexion. Il appela Neffodor et lui dit d'un ton rogue:

—Comment se fait-il que nous ne soyons pas encore arrivés à Nevers? L'aéronat n'avance pas. Qu'est-ce que cela veut dire?...

—Nous luttons contre un vent d'est d'une vitesse de près de dix mètres par seconde, monsieur, répliqua celui-ci, et c'est ce qui nous a tant retardés. J'ai même eu bien du mal à conserver le cap au sud-est. Maintenant, ce vent qui nous a tant gênés va nous aider et nous allons rattraper le temps perdu car nous allons naviguer vers l'ou-est.

Ainsi que l'avait annoncé le pilote, aussitôt que l'aéronat eut viré et décrit un quart de cercle, sa rapidité s'accéléra considérablement, la vitesse du vent qui soufflait en poupe s'ajoutant à sa vitesse prop-re due à la traction de l'hélice.

L'aéronaute prit des points de repère sur le terrain qui défilait avec une surprenante vélocité à quatre cents mètres au-dessous de lui.

—Nous dépassons le quatre-vingts à l'heure, déclara-t-il à son armateur. Avant trois quarts d'heure d'ici, nous serons à Nevers!

Réviliod se tourna vers ses hôtes avec un air de triomphe:

—Vous entendez, leur dit-il, nous filons plus de quatre-vingts ki-lomètres à l'heure. C'est une belle allure, je pense. Regardez comme le panorama semble se déplacer vivement!

—Oui! maintenant, cela avance bon train.

—Eh bien! nous allons en profiter pour nous restaurer, n'est-ce pas? Mon domestique a dû garnir la soute aux vivres de provisions, et je vais dresser le couvert.

—Laissez, mon cousin, fit vivement Mme Corgival. C'est plutôt l'ouvrage d'une femme que le vôtre. J'ai remarqué, lorsque vous nous avez fait les honneurs de votre salon aérien, l'emplacement des objets et ustensiles indispensables. Je vais m'occuper du repas.

En quelques instants, la charmante passagère eut préparé la table, et le déjeuner s'écoula cordialement. Le menu était substantiel, mais tel qu'il pouvait être à bord d'un navire aérien où il eût été imprudent de faire de la cuisine sur un foyer en ignition. Il se composait donc de viandes froides: poulet rôti, pâté de jambon à la gelée, fromage et fruits.

—Je donnerais bien cinquante centimes de bon coeur pour avoir deux sous de pommes de terre frites bien bouillantes, déclara Neffodor au mécanicien, tout en dévorant à belles dents les tranches de viande que les passagers lui avaient octroyées. Je n'aime pas beaucoup manger froid, cela me détraque l'estomac.

Gélinier hocha la tête sans répondre.

—Ah! voilà Nevers, dit au bout d'un instant l'aéronaute.

—Rapprochez-nous un peu du sol et faites le tour de la ville à petite vitesse, ordonna quelques minutes plus tard le propriétaire de l'aéronat, de sa voix sèche et métallique.

Agissant sur le système des lames de jalousie formant aéroplane, le pilote obligea le ballon à se rapprocher de terre, et il lui fit décrire, à allure modérée, un demi-cercle presque parfait au zénith du cheflieu de la Nièvre, qui se développait en plan sous les pieds des voyageurs.

—C'est égal! il faut reconnaître que c'est une manière vraiment idéale de voyager! constata le cousin Corgival, et je ne regrette plus de vous avoir accompagné. On distingue vraiment bien tout! Voici la vieille ville, juchée sur son coteau, les constructions enserrant son antique cathédrale, et plus loin, sur le plateau, hors de l'ancienne enceinte, la nouvelle cité. Tenez, Claude, regardez: voilà là-bas

Saint-Cyr, avec ses deux absides opposées sans façade, et qui est un mélange de gothique, de roman et de Renaissance, voilà le beffroi, cette tour-clocher du XVIe siècle, puis Saint-Etienne, qui a été édifiée de 1063 à 1097, et constitue un spécimen remarquable du pur style roman. Voilà enfin l'ancien couvent de la Visitation, le palais ducal, construit par les Clèves et les Gonzague, ducs de Nevers, et qui est un échantillon intéressant de l'architecture Renaissance, et les vieilles portes de Croux, du XIVe siècle, et de Paris, du XVIIe, avec son arc de triomphe sur lequel on a gravé des vers dus à Voltaire.

—Nevers est une cité ancienne? demanda Réviliod à son passager, tout en suivant du regard les monuments que celui-ci lui désignait de son index tendu.

—Certes. C'était une cité gauloise, place éduenne, puis romaine, importante comme point de passage de la Loire. Elle fut évêché franc au VIe siècle, capitale du comté au IXe, et indépendant depuis 987. Pierre de Courtenay accorda à la ville une charte communale, confirmée en 1231 et commença l'enceinte fortifiée dont la porte de Croux est un des débris. Devenue anglaise par le traité de Troyes, Nevers eut fort à souffrir de la guerre de Cent ans et des guerres de religion. Depuis 1538, elle fut la capitale du duché, Mazarin en fut un moment possesseur, et ce n'est en réalité que depuis la Révolution que le Nivernais et Nevers ont fait retour à la France.

Pendant que le Bourguignon donnait ainsi ces explications à Réviliod, le dirigeable avait continué à évoluer lentement à une faible distance des toits de la ville dont les habitants, massés dans les rues, le considéraient avec stupéfaction et les yeux écarquillés. Il avait décrit un cercle tangent au pont de la Loire et qui l'avait conduit de la place du Champ-de-Foire à la Gare, en passant au-dessus des bâtiments de la manufacture de porcelaine, du palais ducal, de la tour Goguin et de la tour Saint-Eloi, puis il était revenu planer non loin du cimetière et de la route de Clamecy et de Corbigny.

Le *Petit Biscuitier* avait tiré sa montre.

—Une heure et demie! murmura-t-il.

Il se pencha au-dessus du bordage et appela l'aéronaute.

—Conduisez-nous maintenant à Bourges, lui dit-il.

—Bien, monsieur, répliqua Neffodor en manoeuvrant les volants commandant les gouvernails. Nous y serons dans une heure. Faudra-t-il atterrir, vous savez que vous avez donné l'ordre à Tiburce, votre chauffeur, de venir nous y apporter les bouteilles d'hydrogène pour le ravitaillement.

—Ah! oui, c'est vrai, je n'y songeais plus, fit l'armateur en se frappant le front. Eh bien, dites-moi jusqu'où nous pouvons aller cette après-midi.

—Avec vent arrière et en petite vitesse, un moteur seul en fonctions, nous pouvons tenir encore jusqu'à six heures du soir et parcourir plus de deux cents kilomètres!...

—Dans ce cas, nous examinerons simplement la ville de Bourges à deux cents mètres d'altitude, comme nous venons de le faire de Nevers, et vous nous promènerez ensuite au-dessus de la Sologne pour atterrir ce soir à Blois. Je vais rédiger une dépêche à l'adresse de Tiburce sur une feuille de mon carnet, et nous la laisserons tomber, avec le prix de son expédition et un bon pourboire, aux pieds d'un de nos admirateurs. Je pense, qu'avec cette précaution, le télégramme parviendra à destination. Tiburce sera prévenu et c'est à Blois qu'il nous apportera notre hydrogène en bouteilles.

NEVERS. – Le palais ducal.

Le pilote fit mettre le moteur en petite vitesse, les deux cylindres alimentés à l'essence fonctionnant seuls. L'aéronat, après avoir traversé la Loire, passa au-dessus de la Guerche-sur-l'Aubois, de Germigny-l'Exempt, Blet et Dun-sur-Auron. S'apercevant alors que cette route l'amenait trop au sud, Neffodor s'efforça de suivre le cours de la rivière pour remonter vers le chef-lieu du département du Cher, mais il fut nécessaire alors de remettre en marche les deux cylindres alimentés par le gaz du ballon. Il était trois heures quand l'appareil arriva en vue de Bourges, après avoir suivi depuis Dun le canal du Berry. L'aéronat évolua un moment au-dessus de cette ville, à très faible hauteur, pour permettre à son armateur de jeter la dépêche qu'il avait préparée à l'adresse de son chauffeur, et lui laisser examiner, ainsi qu'à ses hôtes, l'ensemble de cette cité, bâtie au confluent de l'Yèvre, affluent de droite du Cher, et du Langis, du Moulon et de l'Auron, sur le canal du Berry.

Bourges, située à deux cent trente-deux kilomètres de Paris, est une des villes qui ont conservé le plus de débris de leur enceinte gallo-romaine, car au IVe siècle, alors qu'elle portait le nom d'*Avaricum*, elle était la capitale d'une puissante nation gauloise, les *Bituriges Cubi*. On peut encore voir une partie considérable de ses anciens remparts à l'hôtel de Jacques Coeur, où ils servent de base à la façade donnant sur les jardins. La cathédrale Saint-Etienne est un monument remarquable. Projetée en 1182, elle ne fut consacrée qu'en 1324; ses cinq portails sont ornés de bas-reliefs et de statues représentant les scènes du Nouveau-Testament, du Jugement dernier, etc. Les deux tours sont restées inachevées. Le choeur est supporté par une spacieuse crypte datant du XIIIe siècle. On peut admirer à l'intérieur de magnifiques vitraux de la même époque, ne comportant pas moins de seize cents figures.

L'église Notre-Dame a été bâtie du XVe au XVIe siècle, ainsi que Saint-Bonnet qui contient de beaux vitraux de la Renaissance. Saint-Pierre-le-Guillard remonte au XIIe. L'hôtel de Jacques Coeur, qui fut le grand argentier de France sous le règne de Charles VII, constitue maintenant le Palais de Justice, et devant sa façade principale se dresse la statue en marbre de son fondateur, oeuvre du sculpteur Préault, inaugurée en 1879.

Bourges renferme encore de beaux édifices, tels que les hôtels Cujas, Lallemant, et de nombreuses maisons en bois construites il y a trois et quatre cents ans.

Le dirigeable, après avoir stationné une vingtaine de minutes audessus de la ville, repartit vers le nord-ouest et plana bientôt audessus de la ville industrielle de Vierzon, distante de trente-deux kilomètres à vol d'oiseau du chef-lieu du département.

On peut remarquer à Vierzon, de même qu'à Bourges, de très anciennes maisons, une église du XVe siècle contenant un bénitier de forme curieuse, et un tableau sur bois du peintre Boucher représentant saint Jean, puis une porte romane et surtout une porte féodale surmontée d'un beffroi moderne. La ville est bâtie sur l'Yèvre, le canal de Berry et le Cher; ses faubourgs s'étendent sur le coteau dominant la rivière. On y trouve une école professionnelle nationale, des manufactures de porcelaine, des fonderies, tréfileries, chaudronneries, tuileries, verreries, des ateliers de construction mécanique, principalement de machines agricoles, des fabriques de bonneterie, etc. C'est donc une cité ouvrière au premier chef.

Le ballon, qui avait à peine ralenti son vol pendant la traversée de l'agglomération, ne tarda pas à pénétrer en Sologne.

BOURGES. — Hôtel Jacques Cœur.

La Sologne est une région naturelle du bassin de la Loire, entre la Beauce, la Touraine, la Brenne, le Berry et le Sancerrois. Elle fait partie des formations tertiaires du bassin géologique de Paris dont elle marque l'étage supérieur. C'est un îlot de terrain argilo-siliceux au milieu de formations calcaires plus anciennes, le sable prédominant à l'ouest, l'argile au centre et le silex à l'est, ce qui fait donner à cette région le nom de Sologne pierreuse. Au point de vue physique, la Sologne est un plateau dont la pente générale est indiquée par la direction des rivières qui coulent toutes parallèlement de l'est à l'ouest. Ces rivières se jettent dans la Loire soit directement, le Beuvron et le Cosson par exemple, soit par l'intermédiaire du Cher (Grande-Sauldre).

Les conditions générales de cette région à l'aspect désolé étaient des plus défavorables pour l'agriculture et le peuplement; cependant, grâce à l'initiative de Napoléon III et à la fondation en 1859 du Comité central agricole, la Sologne fut parcourue de voies de communication et d'exploitation, asséchée, reboisée avec des pins maritimes, assainie. Le sol, enrichi par des apports de marnes, put recevoir les cultures les plus variées et devenir propre à l'élevage du mouton, de la vache, du cheval, du porc. D'anciens vignobles furent reconstitués, et l'industrie prit un développement que l'on n'aurait osé prévoir. Romorantin possède d'importantes manufactures de draps; Salbris, des usines d'agglomérés; la Ferté-Saint-Aubin, des briqueteries: enfin on peut dire que la contrée a été régénérée par la seule application des principes les plus élémentaires de l'hygiène publique.

Lorsque le dirigeable arriva en vue de Romorantin, vers cinq heures du soir, après avoir traversé la région solognote, l'aéronaute appela le «patron», Claude Réviliod.

—Qu'y a-t-il encore? demanda celui-ci, non sans impatience.

—Nous sommes à bout d'essence, monsieur, et le mécanicien m'avertit qu'il va être obligé d'arrêter le moteur. Je ne sais pas si nous allons pouvoir gagner Blois rien qu'avec le moteur à gaz.

—Diable!... fit le *Petit Biscuitier* inquiet, ce serait fâcheux, car Tiburce ne saurait alors où nous rejoindre.

—Enfin, nous allons faire de notre mieux, monsieur, mais je tenais à vous prévenir.

—Nous naviguons depuis combien de temps?...

—Ma foi, monsieur Réviliod, cela fait huit heures et demie que nous sommes en l'air; cela n'a rien d'étonnant que la provision d'essence soit consommée. Il ne me reste plus guère de lest non plus, et nous serons forcés de prendre terre avant une demi-heure. Au premier refroidissement de l'atmosphère, le gaz va se condenser et nous serons au sol, quoi que je fasse.

L'hélice n'étant plus actionnée depuis un moment que par les deux cylindres à gaz, l'aéronat dérivait vers l'ouest sous l'influence du vent d'est qui tendait à fraîchir avec la prochaine arrivée du crépuscule, et bien que le pilote manoeuvrât pour gagner le plus possible vers le nord. A six heures du soir, le dirigeable arrivait au-dessus de Cour-Cheverny, il ne lui restait plus que la forêt de Bussy à traverser pour atteindre la Loire et Blois, quand à son tour le moteur à gaz éprouva de nombreux ratés. L'eau de réfrigération s'était presque totalement évaporée et le refroidissement ne s'opérait plus suffisamment. Il devenait dangereux de continuer à tourner plus longtemps et le mécanicien stoppa.

—Nous sommes arrêtés?... demanda l'aéro-yachtman au pilote.

—Hélas! oui, monsieur, tout nous manque en même temps. Il faut descendre.

La condensation de l'hydrogène prévue par l'aéronaute, ne tarda pas à se produire, et le ballon, qui avait atteint une altitude maximum de treize cents mètres, redescendit de cette hauteur en moins de dix minutes. Neffodor avait largué les deux guideropes et préparé l'ancre, mais il n'eut pas besoin de faire usage de cet engin. On arrivait devant une ferme, et, à son appel, les habitants saisirent les cordages et amenèrent l'aéronat au sol où il fut cloué par une surcharge de sacs de terre comme on l'avait fait la veille au château des Frênes.

—Ma foi! cela fait plaisir de retrouver un plancher solide, après une pareille traversée, déclara Philippe Corgival aidant sa femme à descendre de la nacelle. Que faisons-nous, maintenant, cousin?

—Je vais m'efforcer d'avoir une voiture, afin de gagner au plus tôt Blois, où j'ai dit dans ma dépêche à mon chauffeur de nous rejoindre. Vous venez avec moi tous les deux, n'est-ce pas?

—Volontiers. Et ensuite?...

—Nous reviendrons ici demain matin nous rembarquer. J'ai l'intention de visiter les châteaux des bords de la Loire. Vous m'accompagnerez encore cette fois.

—Mais nous ne verrons que l'extérieur des constructions, du haut de votre ballon.

—Justement. C'est le coup d'oeil d'ensemble qui est le plus intéressant et celui que les voyageurs ne peuvent avoir. Quant aux salles intérieures, quel que soit leur ameublement et leur décoration, cela me laisse froid....

—Pardon, monsieur Réviliod, interrompit Neffodor en saluant, voudriez-vous me donner un coup de main pour abaisser le ballon à terre. Comme il est très flasque, ayant perdu beaucoup de gaz pendant la route que nous venons de faire, il serait prudent de le camper pour la nuit, et il n'y a pas assez de monde à la ferme pour m'aider.

Le *Petit Biscuitier* fronça les sourcils d'un air de mauvaise humeur, mais comprenant qu'il devait donner l'exemple à ses hommes, il répondit:

— C'est bon!... je vais vous aider. Indiquez-nous ce qu'il y a à faire.

L'aéronaute rassembla les douze personnes dont il pouvait disposer et fit amener le ballon le long des bâtiments afin de le mettre à l'abri du vent d'est qui continuait à souffler, puis ayant fait remplir de terre une soixantaine de sacs à lest, dont il avait pris soin de se munir, il parvint à amener le gros bout du long fuseau de soie au niveau du sol et à suspendre ces sacs, pesant environ vingt-cinq kilogrammes chacun, à la ralingue. L'opération terminée, la nacelle put être enlevée et retirée un peu en arrière, tandis que l'enveloppe aérostatique aplatie sur le sol ressemblait à une baleine échouée sur le rivage.

— Maintenant, je suis plus tranquille! déclara l'aéronaute, une fois cette manoeuvre terminée. Le vent peut souffler cette nuit, il n'emportera pas le ballon comme un fétu.

Réviliod, tout en prêtant l'aide de sa force musculaire au capitaine de son navire aérien, s'était renseigné auprès des fermiers de la possibilité de gagner au plus vite Blois dont on était éloigné de quatre lieues et demie. Alléché par la somme qui lui était offerte, le cultivateur accepta d'atteler immédiatement et de conduire les voyageurs à la ville.

— Nous serons à la rue Denis-Papin avant huit heures du soir, assura-t-il. J'ai un bon trotteur qui fera la route en un peu plus d'une heure.

— Tant mieux! répliqua Réviliod, mon excursion dans les nuages m'a creusé et j'ai hâte de faire un repas un peu plus sérieux que celui que nous avons fait à bord.

Le fermier tint parole: à huit heures tapant, les aéronavigateurs faisaient leur entrée dans la patrie de l'inventeur de la machine à vapeur, et ils se hâtaient de gagner l'hôtel où ils avaient donné ordre à Tiburce de les rejoindre. Celui-ci n'arriva qu'à huit heures du matin, après avoir mis cinq heures à parcourir les cinquante lieues séparant Écancourt de Blois. Son maître, réveillé depuis plus d'une heure, en avait profité pour aller jeter un coup d'oeil sur le château, la cathédrale et l'hôtel d'Alluye, style Renaissance, et était déjà de retour de sa courte excursion. Il accueillit l'arrivant d'une façon plutôt fraîche.

—Te voilà enfin, lambin!... s'écria-t-il. Tu devrais être arrivé depuis minuit! Mais tu as préféré te reposer, te dorloter, n'est-ce pas, comme si je n'attendais pas après toi avec impatience!

—Dame, monsieur, j'étais fatigué.

—Ne voilà-t-il pas une belle trotte: cent lieues à peine! Qu'est-ce que c'est que cela!... Enfin, c'est bien; je vais voir si ma cousine est prête et nous partirons. Pendant ce temps, va me chercher douze bidons de dix litres d'*Aéro-naphta*.

Le chauffeur, qui connaissait l'humeur de son maître, ne répliqua pas et se mit en devoir d'exécuter l'ordre qui venait de lui être donné.

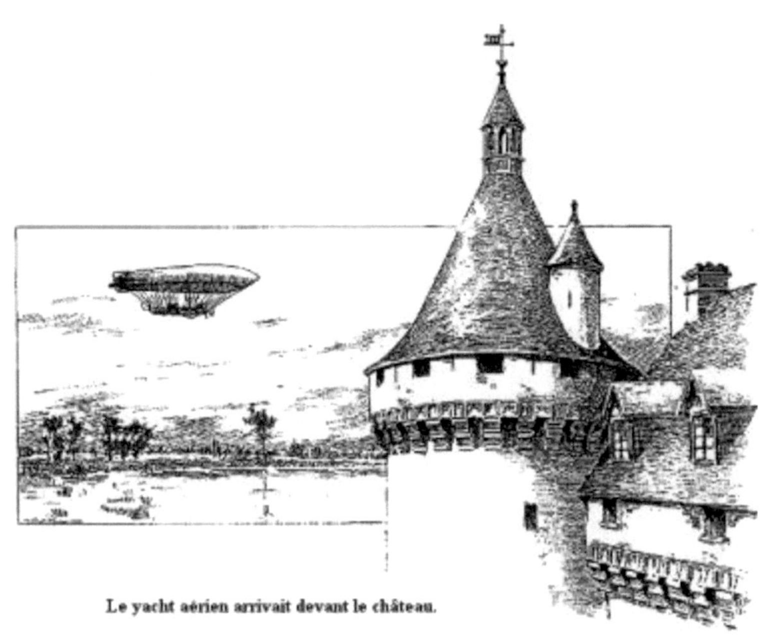

Le yacht aérien arrivait devant le château.

A neuf heures du matin, Claude Réviliod et ses hôtes se trouvaient de nouveau rassemblés à la ferme des Éteules, à trois kilomètres de Chaumont-sur-Loire où ils avaient été obligés la veille d'atterrir. L'aéronaute Neffodor s'était empressé de faire passer le contenu des récipients d'acier apportés par Tiburce, dans l'enveloppe aérostatique, qui avait repris son aspect luisant et tendu, puis la nacelle avait été raccrochée aux suspentes, débarrassées des sacs de terre qui clouaient l'appareil au sol par leur poids. Tout ayant été rétabli, les passagers montèrent à bord.

—Vous allez nous amener au-dessus du château de Chaumont, ordonna le *Petit Biscuitier*, de là à Chenonceaux, Loches, Montbazon et Langeais. Vous tâcherez de reprendre terre ce soir dans les environs de Tours. J'ai averti Fruscou de nous apporter en cette ville une provision de gaz comprimé suffisante pour continuer nos randonnées.

—Nous ne verrons pas le château de Chambord, mon cousin, demanda Mme Corgival au moment de mettre le pied dans la nacelle.

—Pas aujourd'hui, tout au moins, cousine, nous en sommes un peu trop éloignés et cela nous écarterait par trop de notre itinéraire. C'est évidemment un beau monument, mais il paraît que Chenonceaux n'est pas trop mal non plus, vous verrez.

L'équilibrage ayant été effectué, le yacht aérien s'éleva et son pilote le dirigea d'abord vers l'ouest, en le maintenant à la plus faible hauteur possible. Quelques minutes après il arrivait devant le château dont les tours crénelées dominent le bourg de Chaumont-sur-Loire. Il fit le tour de la massive construction élevée par le neveu du cardinal d'Amboise, Charles, maréchal de Chaumont, et qui, devenue en 1560 la propriété de la reine Catherine de Médicis fut échangée par celle-ci contre Chenonceaux. L'édifice porte encore l'empreinte des premiers seigneurs qui l'habitèrent: une porte est surmontée des armoiries du cardinal d'Amboise, et des figures cabalistiques décorent la tour où, suivant la légende, Catherine de Médicis consultait les astres en compagnie d'astrologues italiens.

De Chaumont-sur-Loire, le dirigeable gagna Chenonceaux, et ses passagers purent longuement admirer, du haut de leur balcon aérien, les lignes élégantes de ce monument dont les façades et les tourelles se reflètent dans l'eau claire du Cher. Chenonceaux a subi, à différentes époques de l'histoire, de nombreuses retouches qui ont quelque peu dénaturé le caractère original de son architecture inspirée de l'école italienne, mais il n'en reste pas moins, avec Chambord, un bijou sans prix du temps de la Renaissance, car son principal ouvrier a été Philibert Delorme.

A onze heures du matin, les excursionnistes arrivaient en vue de Loches, dont les tours se découpaient sur le ciel clair et s'apercevaient du fond de l'horizon; ils firent le tour du colossal donjon, de forme rectangulaire, et qui ne mesure pas moins de vingt-cinq mètres de long sur quatorze de large et près de trente mètres de haut. L'épaisseur des murs atteint et dépasse même un mètre: des contreforts demi-ronds soutiennent cette énorme construction. Au-dessus du rez-de-chaussée, qui servait de magasin du temps de Foulques le Noir, constructeur de la forteresse, se développaient quatre étages dont on voit encore les arrachements. Suivant l'usage du temps, il n'y avait pas de porte au niveau du sol; on pénétrait à l'intérieur en passant par un premier donjon accolé au donjon principal et formant lui-même un édifice considérable. Un escalier de pierre, dont les restes de l'emmarchement ruiné se tiennent dans le vide, et qui comprend plus de cent cinquante degrés, évoluait le long des parois du petit donjon et accédait au premier étage de l'autre, dans l'épaisseur même des murs. De ce point, un escalier spécial permettait de descendre au rez-de-chaussée où se trouvaient les provisions, le puits et les réserves de guerre, et en même temps de monter aux étages supérieurs. Les défenseurs se tenaient aux embrasures des fenêtres, au fond des meurtrières, et sur la galerie en bois dite «hourd», qui couronnait superbement la forteresse. Assurément, il n'est pas en France de spécimen d'architecture militaire au moyen âge qui mérite davantage de fixer l'attention des ingénieurs et des archéologues, tant au point de vue technique que sous le rapport de l'aménagement intérieur.

Château de Chenonceau.

Le château de Montbazon que les navigateurs aériens aperçurent après avoir admiré le donjon de Loches, a eu le même promoteur que celui-ci: Foulques Nerra, qui bâtit, à la fin du Xe siècle le *castellum montis Bosonis*, forteresse devant faire partie du réseau d'ouvra-

276

ges militaires élevés en Touraine par le grand batailleur qu'était ce comte d'Anjou.

Sur le point culminant commandant la vallée, Foulques éleva donc un *castellum* entouré d'une double enceinte d'épaisses murailles, la première à l'aplomb du coteau et la seconde enveloppant plus immédiatement la place où la garnison se tenait habituellement. Du périmètre le plus étendu, subsiste encore la portion orientale qui se rattache à l'époque même du donjon. On reconnaît encore la place de l'entrée principale et du pont-levis. A l'endroit le plus élevé, se voit la citadelle formée d'un double donjon, l'un de dimension plus grande, et l'autre de dimension plus modeste. Ils présentent ceci de commun que l'appareil général est une construction en moellon irrégulier, au lieu de l'*opus quadratum* que l'on rencontre d'ordinaire dans les monuments de cette époque: cette différence tient à la nature des matériaux du pays, sorte de calcaire siliceux d'une taille très difficile et partant d'un appareillage fort incommode.

Le grand donjon forme un rectangle de quinze mètres de large sur vingt mètres de long, et cette dernière façade regarde la rivière de l'Indre. La tour primitive avait environ vingt mètres de hauteur; elle a été surélevée plus tard, peut-être au siècle suivant, de manière à atteindre environ vingt-sept mètres; l'épaisseur des murs est de un mètre soixante-dix. Les contreforts sont ronds, mais à la différence de ceux de Loches, dont la partie circulaire est appliquée après coup, ceux de Montbazon sont liés avec l'édifice; en divers endroits on remarque, par extraordinaire, des pierres taillées employées sur champ, ce qui donne un aspect insolite à la physionomie de certaines parties.

Avant de pénétrer dans le grand donjon, qui forme la place d'armes principale, il fallait passer par le petit donjon qui servait de vestibule. Celui-ci, qui mesurait seulement sept mètres sur quatre mètres, atteignait la hauteur de son frère majeur avant l'exhaussement; les remaniements sont visibles, en particulier dans deux grandes baies au nord. L'entrée s'ouvrait à deux mètres cinquante au-dessus du sol et l'ascension s'opérait par l'escalier renfermé dans le petit donjon.

Cette forteresse fut le théâtre de rudes coups d'épée, notamment au cours des luttes acharnées contre les comtes d'Anjou et de Blois. Parmi ces derniers, Eudes II parvint à s'emparer de la place qu'il conserva quelque temps. Dans la suite, les seigneurs de Montbazon, qui d'abord s'étaient contentés d'un logement militaire, édifièrent une habitation plus confortable qui se développait sur une esplanade d'environ quatre-vingts mètres allant de l'est à l'ouest; il n'en subsiste que quelques débris, en particulier une tour circulaire qui semble du XVe siècle.

Un aveu féodal, rendu en 1583 par le comte de Montbazon, mentionne le chastel avec «sa forteresse, ses tours, tourelles, canonnières, mâchicoulis, faulces-brayes, douves, pont-levis», ainsi que «bastimens manables, une belle grande chapelle en l'honneur de saint Georges, et la grosse tour carrée bastie de temps immémorial».

Ajoutez que le coteau est percé d'une série de souterrains qui servirent de carrière, puis de caves et aussi de refuges et de magasins militaires. Les éboulis empêchent qu'on puisse les étudier; mais leur disposition autorise à penser que ce plateau fut occupé par des tribus guerrières, de très bonne heure, peut-être même aux temps préhistoriques.

C'est également à une époque reculée qu'il convient de rattacher la Motte, ouvrage considérable en terre qui se dresse plus à l'est, à quelques centaines de mètres. Cet énorme monticule appelé, dès le XIIe siècle, Basonneau, ou petit Bason, à en juger par sa forme, ses fossés, les travaux en terre qu'il surplombe sur le penchant du coteau et par les découvertes du voisinage, dut servir de bastion avancé pour la protection du *castellum* de Montbazon.

Avant d'élever le colossal donjon de Loches, le comte d'Anjou avait élevé celui de Montbazon, mais il s'était, pour ainsi dire, préparé et essayé à bâtir ces deux forteresses par la construction de celle de Langeais, vraisemblablement la plus ancienne de toute la France, et où le dirigeable parvint vers trois heures du soir. En ingénieur consommé, Foulques le Noir créa le type du donjon tel qu'il a persisté durant tout le moyen âge, en développant bien entendu les forces de résistance selon les nécessités de la guerre. Ce n'est qu'un peu plus tard, à Loches notamment, que la pierre de grand appareil fut employée par l'infatigable bâtisseur et, à

Langeais, il se borna à appliquer les procédés de construction en usage parmi les ouvriers de son temps. Un épais noyau en blocage de moellon et de chaux très résistante fut recouvert, sur les deux faces, d'un parement régulier de petites pierres cubiques, si bien qu'il y a peu de différence entre ce mode et celui des Romains; près de dix siècles après la venue des conquérants, on suivait encore leur méthode.

Le donjon de Langeais, édifié d'après cette technique, présente la forme rectangulaire et mesure environ 17 mètres de longueur, sur 7 mètres de largeur et 12 mètres de hauteur. Il comprend deux étages dont on distingue les arrachements, et qui sont éclairés par une série de fenêtres à plein cintre dont les claveaux, par un ressouvenir gallo-romain très manifeste, montrent des briques, et c'est d'ailleurs le seul endroit où celles-ci paraissent dans les épaisses murailles.

Nous ne raconterons pas les vicissitudes traversées par le *castellum Landegavense*, suivant les expressions des annalistes d'antan, et il nous suffira de jalonner rapidement son histoire. Le donjon eut à soutenir les assauts des comtes de Blois qu'il gênait dans leurs incursions, et Eudes batailla sous ses murs en l'année 994. Les successeurs de Foulques continuèrent d'en faire leur meilleur allié et leur plus sûr appui sur la rive droite de la Loire, et une charte de l'an 1270 mentionne l'endroit «où le chastel souloit estre».

A cette époque, le donjon, qui avait subi non sans dommages les atteintes du temps et des hommes, fut l'objet de réfections de la part de Pierre de Brosse, «sergent» du roi saint Louis et seigneur de Langeais. Par une méprise qui s'évanouit devant le plus simple examen archéologique, on a commis la faute d'attribuer à ce chevalier la construction du château actuel; c'est une erreur évidente, mais du moins, il faut reconnaître que Pierre de Brosse exécuta dans le donjon des réparations, visibles à la différence du travail, des matériaux et du style des ouvertures, dont l'une garde encore la forme ogivale du XIIIe siècle.

Le donjon langeaisien remplit son rôle de défenseur armé de pied en cap jusqu'au moment où la flèche fut distancée par le boulet vigoureusement lancé par la gueule fumante des bombardes. Ce jour-là, l'architecture militaire était tenue, sous peine de ne plus répondre au but, d'opérer une transformation radicale. C'est sous l'empire de ces exigences nouvelles de la défensive que Louis XI fit bâtir, sous la direction de son ministre, Jean Bourré, le château si imposant de Langeais, qui compte parmi les monuments les plus caractéristiques de la fin du XVe siècle.

De nos jours, ce château fort a eu la bonne fortune de venir aux mains de M. et de Mme Jacques Siegfried. S'inspirant du culte qu'ils gardent pour leur superbe demeure, ces mécènes l'ont dotée de tous les embellissements désirables et l'ont enrichie d'un mobilier ancien du meilleur goût, si bien que le visiteur se croit transporté au coeur du moyen âge et qu'à chaque instant il s'attend à voir apparaître quelque preux l'épée à la main ou quelque page le faucon sur le poing. Le cadre est absolument séduisant et laisse l'impression d'une résurrection achevée.

En face du chevalier à l'armure duquel ne manque aucune pièce et dont le visage a cicatrisé ses balafres, se dresse, sur le flanc du coteau, le titan, foudroyé, le glorieux invalide, qui s'efforce de cacher sous les bandeaux de lierre les mutilations qu'il a subies. Pourtant, malgré ses blessures profondes le donjon ne garde pas moins un aspect imposant et vénérable, auquel on peut rendre hommage. A son grand déplaisir, l'armateur du *Réviliod n°1* vit sa contemplation des ruines du donjon de Langeais écourtée. Depuis une heure, le pilote de son navire aérien, manifestait une inquiétude de plus en plus vive. Enfin, il n'y put tenir et se tourna vers ses passagers.

—Je dois vous prévenir, monsieur, déclara-t-il, que le vent tend à augmenter de plus en plus depuis un moment. Sa vitesse égale presque celle de l'aéronat, et je crains de ne plus être maître bientôt de notre direction. Il serait prudent, je crois, de regagner Tours au plus vite et de nous amarrer à terre.

—Diable!... c'est contrariant, grogna le *Petit Biscuitier*. Enfin, s'il n'y a pas moyen de faire autrement, allons à Tours!

Les vingt-quatre kilomètres séparant Langeais du chef-lieu de l'Indre-et-Loire furent franchis en moins d'une demi-heure, l'aéronat voguant vent arrière. Pour l'atterrissage, son pilote lui fit décrire un demi-cercle complet afin de l'amener le nez au vent. En diminuant la vitesse de rotation de l'hélice, l'appareil demeura à peu près stationnaire par rapport au sol, ce qui permit à quelques journaliers occupés aux travaux des champs d'accourir et de saisir les cordes traînantes.

Le premier soin de l'aéronaute fut d'immobiliser le dirigeable en le chargeant de sacs de terre. Les passagers purent alors mettre pied à terre.

—Nous allons nous rendre à Tours, dit Réviliod à Neffodor. Vous n'avez pas besoin de nous?...

—Écoutez, monsieur, répondit celui-ci d'un ton sérieux, je suis très inquiet.

—Bah!... Qu'y a-t-il donc?...

—Il y a que, si le vent augmente encore, je ne réponds plus de la sécurité du ballon.

—Comment cela?...

—Voyez, monsieur, comme l'enveloppe est flasque!... Nous avons beaucoup perdu de gaz pendant la route par suite des alternatives de chaleur et d'humidité résultant du passage de nombreux nuages glissant devant le soleil, et sans compter ce qui a été consommé par le moteur pendant la route. Or, un ballon flasque se défend mal contre le vent; il se creuse de longs plis, il fait voile et une rafale peut le déchirer ou l'emporter. Rappelez-vous le «*Patrie*».

—C'est bon, je vais en ce cas téléphoner à Fruscou de nous expédier immédiatement, s'il ne l'a fait déjà, une voiture d'hydrogène comprimé.

—Oui, mais je ne sais si nous pourrons attendre l'arrivée de cette voiture dans le cas où l'intensité du vent viendrait à s'accroître encore un peu.

—Que devons-nous faire, en ce cas?...

—Au lieu d'augmenter, le vent peut aussi venir à tomber avec la nuit, cela arrive souvent. Actuellement il n'y a pas encore péril en la demeure, mais je vous engage fort, monsieur, à ne faire qu'aller et venir. Je désirerais que vous soyez présent au cas où il surviendrait quelque coup de chien. En vous attendant, je vais amarrer le ballon le plus solidement possible.

—C'est entendu, je me hâterai!

L'atterrissage s'était opéré non loin du village de Saint-Cyr, dont les premières maisons s'apercevaient à peu de distance. Les navigateurs aériens étaient à moins de deux kilomètres du pont de pierre traversant la Loire et reliant Tours à la rive droite du fleuve. Ils partirent à grands pas dans cette direction et bientôt on les perdit de vue.

Deux heures s'écoulèrent, mortellement longues pour l'aéronaute qui assistait, impuissant, à l'assaut que les éléments donnaient au dirigeable. Bien loin de se calmer, ainsi que Neffodor l'espérait, les rafales redoublaient de furie, creusant de longs sillons dans l'enveloppe qui détonait sourdement et oscillait convulsivement, tendant et détendant successivement les suspentes du gréement. De nombreux curieux, arrivés des villages de Fondettes et de Saint-Cyr étaient venus prêter main-forte au pilote, mais, en dépit de leurs efforts, l'aéronat entraînait par instants la nacelle au point de la renverser. Enfin une voiture apparut et l'armateur du navire aérien, Réviliod, en descendit.

—Ce n'est pas trop tôt! grommela le capitaine avec-un soupir de soulagement.

Il reprit à haute voix en s'adressant à son passager avec empressement.

—Les tubes d'hydrogène vont arriver?

Le *Petit Biscuitier* paraissait furieux.

—Pas d'hydrogène, répondit-il. Fruscou en manque complètement en ce moment, à ce qu'il paraît.

—Alors, il ne nous reste plus qu'à dégonfler, dans ce cas, répliqua l'aéronaute cherchant déjà la corde ouvrant le *chemin de déchirure* donnant issue au gaz, mais Réviliod posant la main sur son bras arrêta son mouvement.

—Hé! pas si vite, je vous prie, dit-il froidement.

—Mais, monsieur, si nous tardons encore, le ballon va être déchiré!... s'écria Neffodor.

—Nous n'avons pas de gaz pour nous ravitailler, mais nous avons le générateur d'hydrogène du parc d'Écancourt, prononça l'aéroyachtman. Regagnons donc le parc et le hangar.

—Il n'y a presque plus d'essence pour le moteur, ni de lest!...

—De l'essence, j'en apporte. Quant au lest, vous pouvez le remplacer par le poids de deux de vos passagers. M. et Mme Corgival sont restés à Tours et je suis seul à enlever.

—C'est très différent, en ce cas, monsieur, mais nous allons arriver en pleine nuit au parc....

—Craignez-vous de vous égarer en route?...

—Je ne pense pas, mais avec un pareil vent l'atterrissage sera des plus difficiles.

—J'y ai pensé, aussi ai-je télégraphié au gardien du parc pour le prévenir de notre arrivée et lui demander de recruter le monde voulu au village pour rentrer le dirigeable dans son hangar qui nous sera indiqué de loin par le phare à acétylène que j'ai commandé de tenir allumé.

—Vous avez réponse à tout, monsieur, et je n'ai plus rien à dire. Partons donc immédiatement.

L'essence apportée fut versée dans le réservoir, puis l'aéronaute ayant repris sa place aux volants de direction, s'empressa de rétablir l'équilibre de l'appareil, ce qui ne fut pas des plus faciles, malgré le nombre de bras qui essayaient de le maintenir. Enfin, lorsqu'il jugea que la puissance ascensionnelle était suffisante, il cria d'une voix qui domina les sifflements du vent dans les agrès.

—Lâchez tout, tout le monde!...

Les aides bénévoles abandonnèrent la membrure de la poutre armée à laquelle ils se cramponnaient, et, en quelques minutes, l'aéronat parvint à mille mètres de hauteur. Entraîné par un courant atmosphérique du sud-ouest filant près de soixante kilomètres à l'heure, il partit comme une flèche dans la direction d'Orléans. La nuit allait venir dans quelques instants, et le capitaine de bord fit allumer les lampes à incandescence dont on avait eu soin de munir le dirigeable.

—Cela éclairera un peu la situation! murmura-t-il en aparté.

L'hélice avait été mise en marche, et son frou-frou caractéristique était le seul bruit perceptible dans l'atmosphère qui paraissait s'être figée depuis que le navire aérien s'était abandonné à ses caprices. En quarante minutes, les cinquante-cinq kilomètres séparant Tours de Vendôme furent abattus. Une demi-heure plus tard, une agglomération de lumières aperçue à tribord montra que l'aéronat arrivait à Chartres; à neuf heures et demie le navire aérien traversait la forêt de Rambouillet.

—C'est égal, cela défile tout de même, nous faisons au moins du quatre-vingts à l'heure, marmotta l'aéronaute en constatant la rapidité avec laquelle disparaissaient dans le noir les îles lumineuses qui étaient les villes. Nous serons au parc avant onze heures!...

Il ne devait se tromper que de fort peu dans son évaluation, et seulement parce qu'en arrivant à la hauteur de Neauphle-le-Château, le vent tomba brusquement, obligeant même à remettre en route les deux cylindres à gaz. Il était onze heures vingt, quand il reconnut le pont suspendu de Triel et aperçut au loin la lumière éclatante du puissant phare à acétylène fixé au fronton du hangar.

Le gardien du parc ayant reçu à temps la dépêche l'avertissant du retour imminent du dirigeable avait pu racoler une quinzaine d'habitants du village voisin qui happèrent les cordes de l'aéronat, le halèrent à terre et lui firent réintégrer son hangar en moins de quelques minutes.

Réviliod, descendit de son salon, sans paraître le moins du monde impressionné par cette randonnée de soixante lieues en un peu plus de trois heures qu'il venait d'effectuer. Il dit simplement:

—Vous ferez ravitailler le ballon, Neffodor, nous repartirons après demain pour le Havre! Maintenant, faites-moi venir Tiburce, je retourne à Paris!

CHAPITRE XVI

LA NORMANDIE A VOL D'OISEAU

UN ENTREFILET DE «L'AÉRO-SPORT».—LA VALLÉE DE LA SEINE EN DIRIGEABLE.—AÉROPLANES ET AÉRONAT.—TRAVERSÉE DE L'ESTUAIRE DE LA SEINE.—AU REVOIR, RÉVILIOD!—LES MONUMENTS HISTORIQUES DE LA NOR-

MANDIE. – CAEN. – SAINT-LÔ. – AVRANCHES. – HISTOIRE DU MONT SAINT-MICHEL.

En homme que n'effraie nulle superstition, le *Petit Biscuitier* n'avait pas hésité à entamer ses pérégrinations en ballon dirigeable, un vendredi, et le choix de ce jour prétendu néfaste ne lui avait été en somme nullement défavorable, puisqu'il avait parcouru plus de deux cents lieues en trois jours sans le moindre incident. Toutefois, ce qui l'avait incité à fausser compagnie à ses hôtes et à les laisser rentrer dans leur manoir bourguignon tandis qu'il se hâtait, de son côté, de regagner le parc d'aérostation d'Écancourt, c'était simplement un entrefilet qu'il avait lu à Tours, dans le journal l'*Aéro-Sport* pendant qu'il se rendait au bureau du télégraphe lancer sa dépêche.

Cet entrefilet était court: il annonçait simplement, suivant le cliché ordinaire: *De notre correspondant, par fil spécial*, que la flottille d'aéroplanes de la société l'*Aéro-tourist-club* venait de prendre son vol du champ d'aviation d'Aérovilla, mais que le président de cette Société, le jeune marquis de La Tour-Miranne, victime d'une panne subite, s'était trouvé dans l'impossibilité d'accompagner ses amis.

Le haineux partisan des aérostats s'était frotté les mains sans le moindre remords.

— Allons! monologua-t-il, la mine a joué, et le Charlot a tenu sa promesse. J'aurai sans aucun doute sa visite demain matin. Il me faut donc revenir à Paris au plus vite si je veux avoir des détails.

Les journaux du matin donnaient tous le compte rendu détaillé de la manifestation d'Aérovilla, et ils annonçaient comment le promoteur de la jeune Société était parvenu à s'élever quand même dans les airs pour essayer de rejoindre ses collègues. Dans les organes les mieux informés, on ajoutait en *Dernière Heure* que M. de La Tour-Miranne avait franchi sans incident l'étape Paris-Amiens et que les touristes avaient reçu le meilleur accueil dans la cité picarde. La nouvelle stupéfia le *Petit Biscuitier* qui escomptait un tout autre dénouement.

— Enfin, Charlot va venir et il m'expliquera ce qui s'est passé! songeat-il.

Mais le mécanicien, déconfit de l'insuccès de sa tentative, n'ayant d'ailleurs aucune somme à réclamer de ceux qui l'avaient poussé à

l'accomplir, se tint coi et se garda bien de montrer son triste individu à l'hôtel Réviliod. Il n'était pas d'ailleurs, sans inquiétude, car le
constructeur Martin Landoux avait hautement annoncé son intention de déposer une plainte au Parquet afin de faire ouvrir une enquête serrée et découvrir la main criminelle ayant détruit les organes de l'appareil du marquis de La Tour-Miranne, dans le but évident de lui faire manquer son départ.

Claude Réviliod attendit deux jours la visite de son complice,
mais celui-ci s'abstint de paraître, afin de détourner les soupçons
qui pouvaient se porter sur sa personne. Il affectait un zèle exagéré,
à l'atelier de Levallois qu'il avait réintégré, une fois la flottille des
aéros envolée, masquant sous une feinte bonne humeur son dépit
d'avoir manqué l'occasion d'une fructueuse affaire et perdu tout
droit à la prime promise.

Lorsque l'aéro-yachtman se fut convaincu qu'il ne saurait pas ce
qui s'était passé ni en raison de quelles circonstances son projet
avait échoué, il conçut une vive irritation contre son maladroit complice, en même temps qu'une réelle humiliation, en constatant par la
lecture des journaux que le «Tour de France en aéroplane» qu'il
avait tant raillé, s'effectuait dans de bonnes conditions sous la direction de La Tour-Miranne, ayant pour second le constructeur Martin
Landoux.

Bientôt il n'y put plus tenir, et il voulut montrer à son tour ce dont
il était capable avec son yacht aérien. Un de ses amis, le grand
Godeau, qui faisait édifier une villa à Saint-Jouin au bord de la
Manche, le talonnait depuis des mois pour l'accompagner à bord de
son dirigeable, Réviliod finit par céder à ses sollicitations et lui déclara:

—Nous partirons demain, à neuf heures du matin, et je te condui-
rai à Saint-Jouin, que je quitterai dimanche pour gagner Trouville
où plusieurs de nos amis m'attendent. J'y séjournerai quelque temps
et ensuite j'ai l'intention de gagner Biarritz par étapes.

—Mâtin, ce sera un beau voyage. Il y a plus de deux cents lieues,
jusque-là! remarqua Godeau.

—En attendant, tâche d'être à l'heure au parc, si tu veux que je
t'emmène!...

—Sois tranquille, je n'y manquerai pas, je serai exact!...

En effet, dès huit heures précises, l'invité du partisan de l'aéronautique fit son apparition au hangar.

L'aéronaute Neffodor et son aide Gélinier s'empressaient autour de l'appareil, qui avait été regonflé et revu dans ses moindres parties après sa première excursion en Bourgogne et en Touraine.

—L'ami Réviliod n'est pas encore arrivé? demanda-t-il aux deux marins de l'atmosphère.

—Ma foi, nous n'avons pas encore aperçu le patron, ce matin, répliqua le pilote. Il n'est pas si matinal que cela.

Le nouvel arrivant examina avec attention l'aéronat immobile et qui remplissait presque complètement la vaste construction de charpente, tout en hochant la tête d'un air connaisseur.

—C'est un beau travail, murmura-t-il, tout est vraiment bien compris.

A ce moment, le bruit caractéristique d'une automobile arrivant à toute allure se fit entendre à quelque distance; ce bruit cessa brusquement et le *Petit Biscuitier* pénétra en coup de vent dans le hangar.

—Te voilà, Godeau, dit-il, c'est bien. Bonjour, Neffodor, tout est-il prêt, pouvons-nous partir?...

L'aéronaute répéta sa phrase habituelle:

—Oui, monsieur, tout est paré, nous sommes à vos ordres.

—Quel est le temps ce matin?...

—Petite brise de l'est de trois mètres à la seconde. Le baromètre n'a pas bougé.

—Bon, nous allons dans l'ouest, le vent nous aidera. Il faudra faire escale à proximité d'une petite ville aux approches de midi. Pourvu que nous soyons ce soir au Havre, c'est tout ce que je désire.

—On tâchera de vous contenter, monsieur Réviliod.

Les manoeuvres ordinaires précédant l'ascension furent prestement exécutées, et, à neuf heures moins cinq minutes du matin, l'aéronat abandonnait la pelouse sur laquelle son équilibrage avait été effectué, s'élevant doucement dans un ciel radieux à peine parsemé de quelques légers cumulus.

Pendant toute la matinée il descendit à petite allure le cours de la Seine qu'il abandonna à Gaillon pour se diriger en plein occident, vers le Neubourg. A onze heures et demie, le pilote, profitant de ce que le vent était tombé et que les guideropes traînaient depuis un instant, atterrit à proximité des bâtiments d'une distillerie dépendant de la ville de Brionne, et les passagers quittèrent la nacelle.

Ils ne furent de retour qu'à trois heures, ayant tenu à visiter les ruines d'un vieux donjon roman qu'ils avaient aperçu en sortant de table. L'aéronat reprit son vol en suivant le cours de la Risle; à quatre heures, il passait à trois cents mètres de hauteur au-dessus de Pont-Audemer, ville très commerçante, de près de six mille âmes, et à cinq heures vingt minutes au-dessus de Lillebonne après avoir franchi la Seine en amont de Quillebeuf. Virant alors à l'ouest pour retrouver le courant qui déjà lui avait été favorable le matin et économiser ainsi la puissance motrice, le pilote prit la direction du Havre où l'on arriva à six heures.

Après avoir évolué quelques minutes au-dessus de la ville, depuis la gare jusqu'aux jetées, en passant au-dessus du bassin de l'Eure où plusieurs transatlantiques étaient amarrés, et de l'avant-port, puis de l'hôtel Frascati à l'Hôpital, près duquel s'élance le funiculaire escaladant la côte d'Ingouville, le dirigeable remonta vers le nord pour gagner Saint-Jouin, point terminus de son parcours de la journée.

En arrivant sur les hauteurs couronnant la grande cité maritime, non loin des phares de la Hève, l'aéronaute, dont la vue était perçante, distingua un objet dont la forme caractéristique le fit tressaillir. Il appela l'attention de son armateur sur cet objet qui ressemblait à un oiseau blanc posé sur le sol, et qui demeurait immobile.

—Un aéroplane, dit-il simplement.

Toujours maître de ses sensations, le *Petit Biscuitier* ne broncha pas.

—Ah! ah! répondit-il d'un ton qu'il s'efforça de rendre indifférent, un aéroplane! Sans doute quelque amateur qui s'entraîne sur les bords de la grande bleue, pour essayer de recommencer l'exploit de Blériot.

Et mentalement, l'aéro-yachtman songea:

—Ce sont «eux», les touristes en aéroplane. Nous allons rire!...

On ne tarda pas à apercevoir la petite agglomération de maisons constituant le village de Saint-Jouin. Des matelots, les yeux écarquillés, regardaient le ballon arriver sur eux; l'aéronaute leur lança les cordes de retenue, et se fit conduire dans une espèce de ravin qu'il avait aperçu de loin et où l'appareil se trouva complètement à l'abri du vent de mer.

Réviliod avait compté se rendre dès le lendemain à Trouville-Deauville à bord de son yacht aérien, mais il en fut empêché par le temps. Il avait plu durant une partie de la nuit, et pendant toute la journée du samedi il tomba encore de violentes averses accompagnées de coups de vent. On ne pouvait songer à sortir, et il fut heureux que le pilote eût trouvé le ravin pour abriter l'aéronat contre le vent du sud-ouest qui soufflait en rafales. Mais ce qui consola en partie l'aéronaute amateur, fut que ce mauvais temps empêchait également ses rivaux, les aviateurs, de continuer leur voyage.

Le dimanche matin, l'état de l'atmosphère parut s'améliorer. Il tomba encore quelques averses, entre lesquelles le soleil brillait, mais, ce qui fut plus heureux, c'est que le vent se calmait, en même temps que la mer, fort houleuse depuis deux jours, s'apaisait.

La Tour-Miranne, flanqué de ses deux inévitables amis, Médouville et Outremécourt, était monté une fois de plus à la Hève pour examiner le temps. Il avisa l'un des gardiens des phares électriques et, entrant en conversation, il lui demanda son avis sur le temps probable. Avec les formes dubitatives chères aux normands, le brave homme assura que le temps allait se remettre au beau et que l'après-midi serait belle.

—Allons, tant mieux, soupira le *Père Tranquille*, nous allons pouvoir ordonner le branle-bas et tenter la traversée de la baie de Seine.

L'annonce de la reprise du voyage fut saluée d'une joyeuse acclamation par tous les clubmen qui se hâtèrent d'accourir à Sainte-Adresse où les appareils avaient été garés à l'intérieur de toutes les granges vides que l'on avait pu trouver. Dès la veille, les deux mécaniciens accompagnant la caravane avaient fait le plein des réservoirs et exécuté les menues réparations reconnues utiles. C'était la «Demoiselle» de Médrival qui leur avait donné le plus de besogne, car, au cours d'une fausse manoeuvre, celui-ci avait faussé une aile et à moitié démoli son gouvernail équilibreur, et il avait dû terminer son étape par le chemin de fer depuis Lillebonne. Enfin tout avait été remis en état, et les treize aéroplanes purent être amenés sur la falaise, d'où ils devaient s'élancer vers Trouville, et de là sans interruption jusqu'à Caen.

—Nous avons dix-huit kilomètres à parcourir au-dessus de la mer, annonça le président. Bien que les fonds ne soient pas supérieurs à dix mètres, il y a là cependant de quoi se noyer si par malheur l'un de nous tombait à l'eau à la suite d'une panne de moteur toujours possible malheureusement. C'est pourquoi je vous engage, mes chers amis, à remplir d'air les flotteurs de soie imperméable roulés à la partie inférieure des châssis; cette précaution évitera tout danger de naufrage.

Les mécaniciens s'empressèrent d'obéir à la recommandation du chef de l'expédition et les flotteurs en question, dont la contenance totale était de cinq cents litres par appareil, furent gonflés. Les touristes allaient prendre place chacun à bord de son aéroplane respectif quand un cri de joie échappa à La Tour-Miranne. Du milieu de la foule de marins, de pêcheurs et de citadins du Havre qui faisaient cercle autour de la flottille aérienne, venait de surgir un homme que le jeune sportsman reconnut aussitôt.

—Martin Landoux!... s'écria-t-il. Comment, c'est vous?..

—Oui, me voilà, j'ai pris l'express ce matin pour venir vous retrouver et effectuer avec vous la traversée—qui peut présenter quelque danger, malgré tout—de l'estuaire de la Seine.

—Vraiment, je ne sais comment vous remercier!...

Le constructeur échangea de cordiales poignées de mains avec tous les clubmen qui, heureux de revoir leur professeur, l'avaient aussitôt entouré et le questionnaient sur son voyage à Paris, quand on entendit le bruit caractéristique d'un moteur à pétrole et le frou-

frou d'une hélice aérienne. Tout le monde leva la tête, et un même cri d'étonnement s'échappa des lèvres des aviateurs.

—Réviliod!...

C'était bien, en effet, le dirigeable monté par le *Petit Biscuitier* et son ami Godeau qui venait de quitter son abri de Saint-Jouin et se dirigeait vers Trouville-Deauville, où une équipe envoyée par Fruscou devait l'attendre pour le ravitailler et établir son campement nocturne. Il passa majestueusement à 200 mètres au-dessus de la tête des touristes surpris, puis obliqua légèrement au sud-est pour traverser la ville du Havre dans toute sa largeur et se faire admirer en passant par tous les habitants de la grande cité, que le beau temps revenu avait dû inciter à la promenade.

—Allons, à notre tour, en route!... prononça La Tour-Miranne en prenant sa place habituelle dans son biplan, tandis que Martin Landoux s'installait à côté de lui.

L'un après l'autre, les aéroplanes se décollèrent du sol et prirent possession de l'atmosphère. Vingt minutes ne s'étaient pas écoulées, que toute la flottille planait au-dessus de la mer. Elle passa à moins d'un kilomètre des jetées du Havre, qui parurent noires de monde et franchit les bancs dangereux d'Amfard puis du Ratier. A la hauteur de celui-ci, en face de Villerville, les monoplans rattrapèrent le dirigeable qui s'était constamment tenu à moins de 300 mètres de hauteur. Par bravade et pour faire montre une fois de plus de sa hardiesse, le jeune Médrival s'éleva soudain comme une hirondelle jusqu'à l'altitude où naviguait l'aéronat, et, bien que celui-ci fendît l'air de toute la vitesse que pouvait lui communiquer sa vaste hélice poussée par les soixante-dix chevaux-vapeur de son moteur, le «plus lourd que l'air» traça autour de lui plusieurs orbes de diamètre décroissant, et après avoir donné au fanatique du «plus léger» cette démonstration de sa docilité de manoeuvre, le monoplan s'éloigna avec une vitesse plus du double supérieure à celle du monstre d'étoffe aux flancs gonflés d'hydrogène, tandis que son conducteur poussait un cri de triomphe, ou plutôt un hurlement diabolique que la surface liquide renvoya en écho vers la voûte céleste.

TROUVILLE. -- La Plage

Claude Réviliod était devenu vert de rage, et il tendit un poing, heureusement impuissant, dans la direction de l'aéroplane qui n'était déjà plus qu'un point à l'horizon. S'il avait pu, d'un geste, anéantir toute la flottille, qui le narguait en le laissant en arrière ainsi qu'un gros éléphant poussif, il eût fait ce geste avec bonheur. Malgré la preuve que Médrival venait de lui administrer—à peu près comme Guignol administre un coup de bâton sur la tête du gendarme—son amour-propre froissé se refusait à admettre la supériorité éclatante, visible aux yeux des plus prévenus, de l'aviation sur l'aérostation.

—J'aurai ma revanche!... grinça-t-il. Patience, rira bien qui rira le dernier!...

Tandis que Neffodor manoeuvrait pour amener l'aéronat sur les pelouses du champ de courses de Deauville où les ouvriers de l'Établissement civil d'aérostation l'attendaient, les aviateurs suivant la côte, avaient déjà laissé derrière eux la plus parisienne des plages: la coquette et aristocratique Trouville, et maintenant délivrés du péril toujours menaçant de la mer, ils volaient à 20 mètres au-dessus de la terre ferme dans la direction des stations balnéaires de Villers-sur-Mer, Houlgate, Beuzeval, Dives, Cabourg, et enfin Rivabella-Ouistreham, au débouché du canal de Caen à la mer. La caravane aérienne n'avait mis que vingt-deux minutes à franchir les 17 kilomètres que mesure l'embouchure de la Seine, et, ce qu'il y avait de plus remarquable, sans le moindre accident à aucune des unités dont elle se composait. Une heure plus tard, elle arrivait à Caen et prenait terre dans les prairies arrosées par l'Orne.

Laissant les aéros à la garde des deux mécaniciens, la troupe joyeuse se dirigea à pied vers la cité renommée par ses tripes, et comme il était à peine trois heures et demie du soir, les jeunes gens frétèrent des voitures et visitèrent la ville qu'aucun d'eux ne connaissait.

—N'oubliez pas, mes chers amis, dit La Tour-Miranne à ses compagnons, que nous aurons demain une journée très chargée.

—Combien de kilomètres?... interrogea brièvement Médriva.

—Nous avons deux étapes à faire si le temps le permet: Bayeux, Saint-Lô et Coutances le matin, soit 90 kilomètres environ; Granville, Avranches et Pontorson l'après-midi, 80.

—C'est-à-dire 170 kilomètres au total; cela pourra se faire en deux heures, approuva le jeune clubman.

—Parlez pour vous, mon camarade; avec nos biplans, nous qui sommes plus prudents, nous mettrons le double pour arriver sans avaries.

—Ah! vous autres biplanistes, vous êtes des traîne-la-patte, c'est connu! répliqua irrévérencieusement le fanatique du monoplan.

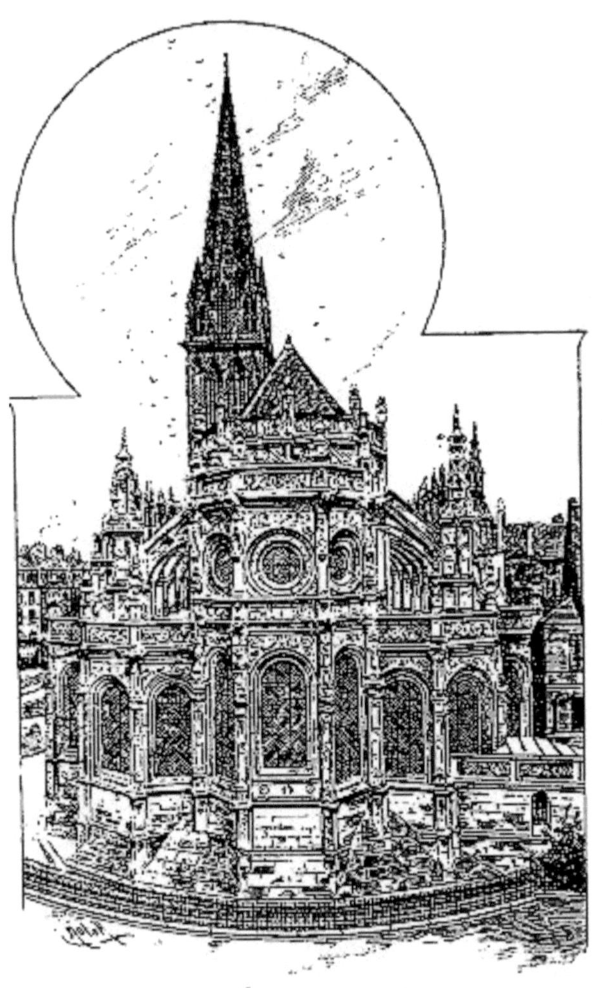

CAEN. -- Église Saint-Pierre

Les clubmen arrivaient en cet instant devant la Préfecture, sur la façade de laquelle ils jetèrent un coup d'oeil; ils aperçurent ensuite l'Hôtel de ville bâti en 1538, les églises Notre-Dame et Saint-Etienne, le musée des Antiquaires de Normandie. Ils traversèrent ensuite la place du Parc, au milieu de laquelle se dresse une statue de Louis

XIV et passèrent devant le Palais de Justice et le Palais des Facultés. Ils arrivèrent alors au centre de la ville, et, après avoir donné un regard à l'église Saint-Sauveur, à la Bourse, au Tribunal de Commerce et à Saint-Pierre, dont la tour a été construite en 1308, ils parvinrent à l'Abbaye-aux-Hommes, édifiée en 1066 par Guillaume le Conquérant qui y a son tombeau, puis à l'Abbaye-aux-Femmes qui contient le tombeau de la reine Mathilde. Médouville, ferré sur l'histoire de France, apprit à ses voisins pendant la route, que la ville présentait déjà une grande importance à l'époque de Guillaume le Conquérant qui en avait fait sa résidence favorite. Philippe-Auguste s'étant rendu maître de la ville en 1204, Edouard III d'Angleterre la reprit et la livra au pillage en 1346, et ce ne fut qu'en 1450 que Charles VII la réunit définitivement à la couronne de France. La ville fut encore pillée par les huguenots un siècle plus tard. La révolte dite des Pieds-Nus lui causa également un tort considérable; la révocation de l'édit de Nantes porta un coup fatal à son industrie, et les Girondins en firent leur quartier général après le 2 juin 1793. Le secrétaire général termina sa dissertation en rappelant que le chef-lieu du Calvados est très commerçant, qu'il exporte des dentelles, du tulle, de la bonneterie, du linge damassé, du bétail, des grains, des chevaux, et que Caen, où l'on trouve une Cour d'appel, une Académie-université avec Facultés de droit, de lettres, de sciences, de médecine et de pharmacie, une école normale d'instituteurs, une école de dressage, des musées et de nombreuses sociétés savantes, a donné le jour à une foule d'hommes illustres, parmi lesquels on peut citer Malherbe, Boisrobert, Segrais, Malfilâtre, Jean Restout, Choron, Aubert, Huet, évêque d'Avranches. Il fit encore remarquer que Élie de Beaumont, le célèbre géologue, était né à Canou, village des environs.

Après avoir examiné les ruines des anciennes fortifications normandes connues sous le nom de «Château», les aviateurs redescendirent en ville en longeant le bassin à flot où débouche le canal maritime de Caen à la mer, et ils revinrent, par les rues des Carmes et de l'Oratoire, à la place de la République, où se trouvait situé l'hôtel dans lequel ils comptaient demander l'hospitalité jusqu'au lendemain.

—Ainsi, dit pendant le repas le professeur Darmilly en s'adressant à Médouville, nous allons passer demain à Bayeux, Saint-Lô et

Coutances?... Je vous serais obligé si vous vouliez avoir l'amabilité de nous dire quelques mots au sujet de ces villes normandes.

—Volontiers! répliqua avec empressement l'interpellé, heureux de faire partager sa science à un auditeur aussi bénévole; je vais vous dire ce que je sais à leur égard. En ce qui concerne Bayeux je vous dirai donc qu'elle fut l'ancienne capitale des *Baïocasses*, florissante du temps des Romains mais qui fut prise au IIIe siècle par des pirates saxons qui s'y établirent. Les descendants de ces Saxons se soumirent à Clovis qui fit de leur territoire, le pays bessin, un comté.

Pendant longtemps le pays compris entre Bayeux et Isigny fut appelé la *Petite Saxe*. En 1044 les Normands, repoussés de Paris, se jetèrent sur Bayeux qu'ils prirent d'assaut et dont ils firent une ville normande. Au Xe siècle, l'idiome et les moeurs des habitants étaient encore scandinaves. Guillaume le Conquérant soumit, non sans peine, les barons du pays bessin. Après lui, Robert Courteheuse s'enferma dans le château de Bayeux que le roi Henri d'Angleterre assiégea et livra aux flammes, l'année 1105. La ville se rendit, peu de temps après la défaite des Anglais à Formigny, en 1450, et devint française. Voilà pour l'histoire. En fait d'édifices, j'ajouterai que Bayeux possède une chapelle du séminaire, qui est un monument historique du XIIe siècle, et une cathédrale gothique dont le choeur est admirable. On fabrique à Bayeux des porcelaines, du papier et des dentelles, et le commerce porte sur les volailles, les bestiaux et le beurre...

—Puisque vous êtes si admirablement documenté sur Bayeux, mon cousin, interrompit Mme Lhier, voudriez-vous nous dire un mot de la fameuse tapisserie qui a illustré cette ville?...

—Mais on ne fait pas de tapisserie à Bayeux, se récria l'orateur effaré. Vous confondez avec Beauvais ou Aubusson...

Tapisserie de Bayeux

—Je vous demande pardon, fit la jeune femme au milieu des rires de l'assistance amusée, c'est bien à Bayeux qu'il existe une tapisserie fameuse...

—Ah! j'y suis maintenant! s'exclama le secrétaire de l'*Aéro-tourist*. Vous voulez parler de la tapisserie brodée à l'aiguille par la reine Mathilde et qui est conservée à la bibliothèque!...

—En effet!

—Oui, j'avais omis de parler de cette pièce, oeuvre de la femme de Guillaume le Conquérant, et qui présente un réel intérêt historique parce qu'elle représente l'histoire de la conquête de l'Angleterre, de la visite de Harold à la cour normande jusqu'à la mort de ce prince sur le champ de bataille d'Hastings. Cette tapisserie, brodée sur une toile de lin avec des laines de huit couleurs différentes, est divisée en cinquante-cinq parties dont chaque sujet est indiqué par une inscription latine; sa longueur atteint 74 mètres sur une largeur de cinquante centimètres.

—C'est bien cela. Je vois que vous avez une bonne mémoire, mon cousin.

—Et Saint-Lô, parlez-nous maintenant de Saint-Lô, fit le jeune Médrival malicieusement.

—Saint-Lô, *Briovera* ou *Sanctus Laudus*, reprit Médouville sans se faire prier, est le chef-lieu du département de la Manche. Il est situé sur une éminence qui domine la rive droite de la Vire. Appelée à l'origine *Bourg l'Abbé*, la ville reçut son nom de Saint-Laud ou Saint-Lô, évêque de Coutances, qui y avait fondé une église. Fortifiée au début par Charlemagne, et rasée plus tard par Rollon, elle fut rétablie en 1096 par Henri, fils de Guillaume le Conquérant. Les monuments les plus remarquables de Saint-Lô sont l'église Notre-Dame, ancienne cathédrale du XVe siècle, que surmontent deux flèches élégantes, et l'église Sainte-Croix, du XIe siècle, qui fut jadis considérée comme le monument le plus complet de l'architecture saxonne; mais elle a été rebâtie en 1860.

—Très bien, René, gouailla à son tour André Lhier. Et Coutances?

—Coutances, sept mille habitants, siège d'un évêché, continua imperturbablement l'infatigable parleur, est une ancienne cité celtique qui doit son nom, ainsi que du reste le pays du Cotentin dont elle est le centre, à l'empereur romain Constance Chlore qui l'agrandit et la fortifia. On y aperçoit de nombreux monuments du moyen âge, les églises Saint-Nicolas, du XIVe siècle, Saint-Pierre du XVeme, et les ruines d'un aqueduc bâti vers 1250, mais son édifice le plus remarquable est évidemment sa magnifique cathédrale, élevée dans la seconde moitié du XIIIe siècle, et dont la façade possède deux flèches très aiguës surmontées, à plus de 80 mètres de haut, d'une croix sur laquelle, entre parenthèses, il y a un quart de siècle environ, un aéronaute de mes amis, qui exécutait une ascension à Coutances le jour de la Fête nationale du 14 juillet, trouva le moyen de venir crever son ballon. On peut admirer également la lanterne octogonale nommée le Plomb, qui surmonte la croisée du transept dans cette cathédrale. Coutances-possède encore un grand jardin botanique, une bibliothèque publique, un grand séminaire, un...

—Arrête-toi, mon bon ami, tu vas t'époumonner!... interrompit narquoisement Lhier.

—Que cela ne t'inquiète pas. Je veux encore vous parler d'Avranches. L'ancienne *Ingena Abrincae*, située à 50 kilomètres de Saint-Lô, entre les petits fleuves côtiers la Sée et la Sélune, a une histoire assez intéressante. C'était, à l'époque romaine, une station militaire importante....

— Arrives-en à l'an mille, je t'en prie, implora l'interrupteur.

COUTANCES. — Vue générale.

—Je veux bien. En 1141, Geoffroy Plantagenet s'empara d'Avranches sans coup férir. Un peu plus tard, Henri II d'Angleterre y fit, suivant la tradition, sur la pierre dite *de Henri II*, seul reste de la cathédrale, amende honorable du meurtre de Thomas Becket en présence des légats du pape. En 1203, Avranches fut prise par Guy de Thouars qui rasa ses fortifications, d'ailleurs rétablies peu après, ce qui empêcha, en 1346, les Anglais de brûler autre chose que les faubourgs situés hors la ville. Quelque temps après, Avranches et le Cotentin furent cédés à Charles le Mauvais, roi de Navarre. Française de 1404 à 1418, puis anglaise, puis reconquise par le connétable de Richemont en 1438, Avranches fut encore dévastée par les calvinistes en 1562. Elle refusa en 1589 de reconnaître Henri IV comme roi de France et ne se rendit qu'en 1591 après une résistance longue et acharnée. Ce fut en 1639 le centre de réunion des Va-nu-pieds, soulevés contre la royauté par les exactions de la gabelle. Depuis lors, l'histoire d'Avranches se confond avec l'histoire de France proprement dite....

—Et j'en suis enchanté! conclut, en étouffant un bâillement, le marchand de produits alimentaires, sans quoi nous en avions pour jusqu'à minuit avec l'histoire des villes de la Normandie. Pour ma part, je te déclare, mon cher René, que je suis plus pressé, pour l'instant, d'aller trouver mon lit, que d'apprendre en quelle année Avranches a pu être reprise par les Français sur les Anglais.

—Tu n'es qu'un sauvage, tiens! Va te coucher!... grommela Médouville en se levant, ce qui donna aux excursionnistes le motif de lever la séance.

Les deux étapes prévues pour le lundi 13 juin furent franchies sans incident notable par les treize équipages aériens volant de conserve. Partie à huit heures et demie du matin des prairies de l'Orne, la caravane arrivait à Saint-Lô, une heure un quart plus tard, après avoir passé au-dessus des bourgs de Tilly et de Balleroy, choisis comme points de repères le long de la route. Les aéroplanes atterrirent à l'abri d'un haut rideau de peupliers, dans un champ dépendant de la commune de la Luzerne, à moins de deux kilomètres du chef-lieu de la Manche, que les jeunes gens les plus alertes s'empressèrent d'aller visiter, pour vérifier l'exactitude de ce que leur en avait appris la veille leur secrétaire général.

A onze heures et demie, les promeneurs étaient de retour et l'escale prenait fin. La troupe tout entière prenait son vol pour s'abattre à midi aux portes de Coutances, dont les deux tours aiguës, visibles à plus de huit lieues à la ronde, avaient guidé les pilotes.

Le temps continuant à se montrer propice, la flottille abandonna Coutances à trois heures et demie en se dirigeant vers Granville. Mais, en arrivant à la hauteur de Bricqueville-sur-Mer, un vent d'ouest impétueux chassa les aéros vers l'intérieur des terres. On ne put donc apercevoir la ville et le rocher de Bellevue qu'à l'aide des jumelles. La caravane passa entre la Haye-Pesnel et Sartilly et arriva à Avranches où elle fit une escale d'une heure. A cinq heures et demie, les touristes prirent terre, pour la dernière fois de la journée, à Pontorson, où ils entrèrent par une pluie battante.

—Bon, voilà qu'il pleut de nouveau!... s'exclama Médrival fort contrarié. Nous n'allons pas pouvoir voler demain, si cela continue!

—Espérons que cela ne durera pas, lui répondit La Tour-Miranne conciliant. Nous ne devons d'ailleurs repartir qu'après déjeuner, et le parcours n'est pas très étendu. Nous devons faire le tour de la presqu'île du Groin, de Cancale à Saint-Malo, et nous descendrons le cours de la Rance de Dinard à Dinan, le tout représente à peine 70 kilomètres.

—Et demain matin, questionna Mlle Geneviève Outremécourt, que faisons-nous? quel est le programme?

—Demain, mademoiselle, nous visitons la merveille: Saint-Michel au péril de la mer. Nous partirons en break à sept heures du matin pour être revenus à midi à Pontorson.

Après le dîner, Médouville, sur la demande qui lui en fut adressée par ses compagnons, rappela l'histoire du mont Saint-Michel, et alla jusqu'au bout, sans se laisser démonter par les réflexions ironiques de son cousin Lhier qui se faisait un malin plaisir de le taquiner.

—Il paraît certain, commença le jeune homme, que, depuis les temps les plus reculés, le cône granitique de 122 mètres de hauteur qui constitue la base du Mont Saint-Michel, a été surmonté d'un temple et d'une forteresse. Les Gaulois y possédaient un collège de druidesses qui rendaient des oracles. Les Romains, maîtres des Gaules, ayant aboli le culte de Teutatès, élevèrent un temple à Jupiter sur le mont qui prit alors le nom de *Mons Jovis*, d'où Mont-Jou. Devenus chrétiens, les Francs élevèrent sur le versant méridional du rocher consacré à Jupiter, deux oratoires sous l'invocation de saint Etienne et de saint Symphorien. Le Mont-Jou prit alors le nom de *Mons Tumbae* (ou Mont de la Tombe), *tumba* étant pris ici dans le sens de *tumulus*, colline, et le rocher voisin s'appelait *tumbella*, petite tombe ou *Mont Belenus*, d'où on a fait Tombelaine. Des ermites ayant pareillement bâti des cellules en ce dernier endroit, les deux monts formèrent plus tard une seule communauté, l'abbaye mérovingienne de Mandane qu'on appela *Monasterium ad duas Tumbas* (le monastère des deux Tombes).

C'est sans doute à la submersion graduelle de la forêt de Scissy qu'il faut attribuer cette tendance des ermites à aller s'établir, soit au Mont-Bélène, soit au Mont-Tombe, et à se fixer définitivement sur ce dernier mont, plus considérable que le premier comme hauteur, et plus abordable.

En 708, saint Aubert, douzième évêque d'Avranches, qui se retirait fréquemment au Mont-Tombe pour s'y livrer à la prière et à la méditation, y fit jeter les fondements d'une modeste chapelle en forme de grotte, dédiée à l'archange saint Michel. Depuis cette époque, le Mont-Tombe ne fut plus connu que sous le nom de Mont Saint-Michel.

Saint Aubert remplaça les ermites de l'abbaye de Mandane par douze chanoines, et détacha de son propre patrimoine les villages d'Huysnes et de Genest, pour les ériger en dotation de la nouvelle communauté. Le bruit s'étant répandu que des miracles se produisaient en cet endroit, les pèlerins y accoururent en foule, apportant aux chanoines leurs offrandes, qui servirent à développer les constructions de l'abbaye. Les monarques ne dédaignèrent pas de suivre la foule, et le Mont reçut la visite de Childebert II, de Charlemagne, dont un ancien roman de chevalerie dit:

Au Mont s'en va le bon roy de saison,

A Saint-Michel faire son oraison.

de Robert le Diable, de saint Louis, Louis XI, François Ier, etc.

Par sa position, le Mont devint bientôt un lieu de refuge pour les populations de la Neustrie occidentale que les ravages des Normands refoulaient dans les endroits inaccessibles. Ce furent les premières origines du bourg établi au pied du rocher, vers la fin du IXe siècle.

Le contact de ces nouveaux habitants ayant apporté quelque relâchement dans la vie cénobitique des chanoines, le duc de Normandie, Richard Ier dit Sans-Peur, fils de Guillaume Longue-Epée, fit abattre l'oratoire de saint Aubert et construire, à sa place, en 963, sur le faîte même de la pyramide de granit, une vaste église entourée de bâtiments spacieux. Puis, dans une charte qu'il fit ratifier par le roi Lothaire et par une bulle du pape Jean XIII, il y établit des moines bénédictins du Mont-Cassin, déclara l'abbé électif par ses religieux, et l'investit de la pleine et entière juridiction temporelle sur les habitants du Mont.

De 1017 à 1023, Richard II, fils du précédent, fait jeter les fondements d'un édifice plus vaste encore. D'épaisses voûtes, audacieusement élevées à l'est, au sud et à l'ouest de la cime du rocher, en élargissent la surface. Ces constructions souterraines, qui supportent la masse de l'église, existent encore aujourd'hui. Leur partie la plus remarquable est celle connue sous le nom de voûte des Gros-Piliers. C'est le reste de construction le plus ancien qui subsiste au Mont.

Le Mont Saint-Michel

Depuis cette époque, il semble que la principale préoccupation des abbés, presque tous hommes des plus remarquables, ait été d'élever lentement, à travers les siècles, l'édifice que nous admirons aujourd'hui. Bernard le Vénérable fit même construire en 1197, au sommet du rocher de Tombelaine, une belle chapelle et des lieux réguliers, avec un jardin, une citerne et toutes choses nécessaires pour une communauté de dix ou douze religieux qu'il y entretenait sous l'autorité d'un prieur ou prévôt. Ce prieuré était très fréquenté et une forteresse fut bâtie à proximité par Philippe-Auguste. Au temps de la guerre de Cent Ans, une poignée de braves y abrita, de 1418 à 1444, les lys étouffés ailleurs par les Anglais. Quoi qu'ils fissent durant vingt-six années, Saint-Michel resta terre française et le flot de l'invasion se brisa contre ses remparts. Il n'y a pas, dans les annales des sièges, exemple d'une résistance aussi longue que celle qu'opposèrent aux Anglais quelques gentilshommes normands ou bretons groupés. Pour demeurer fidèles au roi, ils souffrirent la ruine et bravèrent la mort pendant un quart de siècle. Cet épisode de notre histoire étant assez peu connu, je le retracerai d'après un résumé publié par le général baron Rebillot dans la *Revue du T.C.F.* «Durant cette lutte si longue, la garnison de la forteresse, plus ou moins étroitement bloquée, subit les vicissitudes de la lutte poursuivie par ailleurs, et son effectif ne dépassa pas deux cents gentilshommes avec leur suite d'écuyers. Le premier qui dirigea la lutte fut un jeune homme de vingt-quatre ans nommé Jean d'Harcourt; il fut nommé capitaine du Mont en 1420, et infligea aux envahisseurs deux sanglants échecs, l'un à Montaigu dans l'Avranchin, l'autre à Bressinières dans le Maine. Il périt en 1424 à la bataille de Verneuil. Son successeur fut le bâtard d'Orléans qui transmit le commandement qu'il ne pouvait exercer en personne, à l'un des plus puissants barons du Cotentin, Paynel ou Pesnel, seigneur de Bricqueville, dont la tâche fut des plus ardues. Assailli à la fois par terre et par mer, il parvint à repousser l'assaut donné au Mont par l'amiral de Normandie. L'année suivante, le successeur de Pesnel fut battu et emmené prisonnier. Les Anglais revinrent à la charge avec vingt navires, mais, à leur tour, ils furent repoussés, grâce à messire Louis d'Estouteville, seigneur d'Auzebosc et gendre du baron de Bricqueville, qui, au dire des chroniqueurs du temps, fut le plus ferme soutien de la forteresse attaquée.

Tandis qu'autour de l'indolent roi de Bourges, Charles VII, s'entrecroisaient des intrigues que l'histoire a fait connaître, la garnison du Mont Saint-Michel, sous la direction de son nouveau chef qui sut s'imposer par l'ascendant de son mérite, donnait à la France envahie un admirable et réconfortant spectacle.

Le Mont, pyramide rocheuse isolée au milieu d'une plaine que le reflux recouvre deux fois par jour, formait une sorte de petit royaume divisé en trois provinces: à la base, une ville qu'habitaient des bourgeois, des hôteliers au nombre d'environ trois cents, faisant vivre les hommes d'armes de la garnison et les pèlerins qui réussissaient à passer à travers les troupes anglaises. Au milieu, un châtelet, poste fortifié, qui commandait l'entrée de l'abbaye, espèce de citadelle où se tenait la plus grande partie de la garnison. Au sommet enfin, l'église abbatiale et le monastère abritant une vingtaine de religieux réunis sous l'autorité de l'un des leurs en l'absence de leur abbé, mis dehors comme ami des Anglais. Ces religieux vivaient en bonne intelligence avec les défenseurs, dont ils partageaient les sentiments et à qui ils prêtaient le secours de leurs prières et au besoin l'aide de leurs bras.

Le nouveau capitaine travailla sans relâche, avec le concours des bourgeois de la ville, à augmenter les défenses de la forteresse qui lui était confiée. Souvent, forcé d'interrompre son oeuvre pour faire face à quelque attaque soudaine de l'envahisseur, il rappelait Zorobabel au retour de la captivité, tenant d'une main l'épée et de l'autre la truelle.

Pour mieux protester contre la conquête, le sire d'Auzebosc investit quelques-uns de ses compagnons, de fonctions judiciaires et administratives du pays occupé par l'ennemi. C'est ainsi qu'il nomma un bailli du Cotentin, un vicomte d'Avranches, et fit élever une potence pour affirmer son droit de justice, tandis que de sages dispositions réglaient les rapports des hommes d'armes avec les religieux, afin que ceux-ci n'eussent pas à souffrir du voisinage.

Contre les Anglais, depuis sept ans maîtres de la Normandie, un des facteurs importants de la résistance du Mont Saint-Michel, fut la flottille, qui put constamment ravitailler la garnison. Cette flottille se composait de navires d'un faible tonnage, quelques-uns simples barques, mais montés par d'intrépides marins, dressés dès l'enfance à se diriger sûrement parmi les dangereux écueils de la côte. Ils profitaient des nuits sans étoiles, même des orages, pour apporter à la garnison des provisions de toutes espèces. Sortant de leur rôle défensif, ces marins ne tardèrent pas à devenir d'audacieux corsaires, terreur des Anglais et des Normands traîtres à la patrie. Un baleinier de Saint-Malo, monté par des gens d'armes de la garnison, fit la course sur les côtes septentrionales du Cotentin, et leva même des contributions de guerre sur des paroisses situées aux environs de Caen.

Sans l'aide de ces infatigables et vaillants auxiliaires, la défense du Mont Saint-Michel n'aurait pu être prolongée jusqu'en 1444, année de la trêve avec l'Angleterre. Depuis Azincourt jusqu'à 1428, la conquête anglaise n'avait cessé de s'étendre sur la France; à cette époque, il ne restait plus, au nord de la Loire, que trois centres de résistance: le Mont Saint-Michel, Vaucouleurs et Orléans. Le régent Bedfort résolut d'en triompher à tout prix; c'est alors qu'il fit entreprendre le siège d'Orléans, presser Baudricourt à Vaucouleurs et redoubler d'efforts contre la forteresse normande. Le trop fameux Pierre Cauchon avait obtenu du pape l'autorisation de prélever sur les revenus ecclésiastiques un impôt exclusivement affecté aux frais de ces attaques, poussées sur mer et sur terre à l'aide de nombreuses bastilles dont les garnisons venaient d'Angleterre. Le moment était solennel; il semblait à tous que les jours de la résistance fussent comptés. Les défenseurs du Mont n'avaient aucun secours à attendre, lorsqu'on apprit qu'une jeune fille s'était présentée au roi, se disant appelée par l'archange protecteur du Mont, à chasser de France ces Anglais. Cette nouvelle, accueillie avec enthousiasme, rendit courage aux défenseurs du sanctuaire de Saint-Michel, et après les succès de Jeanne d'Arc, leur espoir se changea en confiance intrépide. La levée du siège d'Orléans, suivie de la défaite de Patay, entama, au contraire, l'outrecuidance des Anglais, qui, en Normandie, passèrent de l'offensive à la défensive. Dès la fin de 1429, démantelant Pontorson, ils se confinèrent dans les places d'Avranches et de Caen. D'Estouteville escarmoucha souvent avec les garnisons de ces villes, qu'une terreur superstitieuse travaillait aux récits des prouesses de Jeanne.

En les entendant, les recrues anglaises désertaient en masse, malgré les mesures rigoureuses prises pour les retenir, et l'héroïne française aurait pu se vanter d'avoir grandement contribué, quoique de loin, au salut de l'abbaye qui portait le nom de son conseiller céleste. A partir de 1430, l'invasion anglaise recula comme le flot qu'emporte le reflux; les populations, durement foulées, se soulevèrent en Normandie, et le clergé lui-même prit les armes contre l'envahisseur.

Sur ces entrefaites, survint un événement qui soumit les défenseurs du Mont Saint-Michel à une nouvelle et décisive épreuve. Un incendie détruisit presque toutes les maisons qui abritaient la garnison et les bourgeois de Saint-Michel. Le sire de Scales, gouverneur de Domfront, crut l'occasion favorable pour emporter par un assaut vigoureux, cette forteresse qui depuis si longtemps défiait ses compatriotes. Il assembla les garnisons voisines et, avec une artillerie puissante, arriva devant les murs du mont incendié. Ses canons firent en quelques heures une brèche dans la première enceinte et dans un grand bâtiment, dépôt des provisions de la garnison. Il lança alors à l'assaut des troupes beaucoup plus nombreuses que les défenseurs. Déjà les assaillants couronnaient la brèche et criaient: «Ville gagnée!», lorsque d'Estouteville et les siens tombèrent sur eux comme une avalanche et les culbutèrent. Scales est jeté bas de son cheval; ses soldats le croient tué, prennent peur et s'enfuient dans toutes les directions; l'artillerie est prise et deux de ces pièces, appelées les *michelettes*, ont été conservées jusqu'à nos jours.

Après cette déconvenue, le sire de Scales, qui put se tirer de la déroute, ne songea plus qu'à se fortifier contre les Montois avec force bastilles, dont la construction dut être payée par les habitants du Cotentin. Comme les paysans se refusaient à se laisser tailler, deux capitaines anglais, Thomas Waterhoo et Roger Yker, en massacrèrent douze cents; cette boucherie eut pour théâtre le village de Vicques, dans la vallée de la Dives.

Un monument devrait être élevé dans cet endroit, ainsi qu'auprès d'Azincourt, où Henri V, après la bataille gagnée, fit assommer de sang-froid quatre mille prisonniers français.

Cette odieuse exécution provoqua d'ailleurs une insurrection générale dans tout le pays, et partout les paysans se joignirent aux troupes régulières envoyées contre les Anglais. Le sire de Scales dut abandonner Avranches, et se replier vers le gros de ses compatriotes. Le 14 août de cette même année, les Montois infligèrent aux Anglais de Tombelaine une défaite humiliante, dont ils se vengèrent par d'abominables cruautés, faisant enfouir vivantes de pauvres femmes coupables d'entretenir des intelligences avec les rebelles. En 1436, le soulèvement se propagea, et d'Estouteville put s'emparer de Granville.

Déjà les assaillants couronnaient la brèche.

Pendant les années suivantes, Français et Anglais luttèrent sans relâche les uns contre les autres, avec des alternatives de succès et de revers infligés plus nombreux à nos ennemis; cela dura ainsi jusqu'à la trêve de 1444.

Comme tous les hommes qui s'élèvent au-dessus de la foule, d'Estouteville avait des ennemis ardents; aussi bien le devoir l'obligeait à réprimer chez quelques-uns de ses auxiliaires, des habitudes de pillage, voire de brigandage, communes à cette époque chez les gens de guerre. Tandis qu'il servait glorieusement sa patrie et son roi, un complot fut tramé contre lui par quelques officiers de la garnison montoise complot dans lequel entra l'un de ses obligés, le baron de Coutances. De concert avec quelques bourgeois, les conjurés devaient se saisir de leur capitaine, et l'expulser de la forteresse. Découverte à temps, cette conjuration ne fut point punie avec rigueur. Coutances fut pardonné, et ses complices profitèrent aussi de la magnanimité de d'Estouteville.

«Peu de temps après que le glorieux soldat s'était enfermé dans le Mont Saint-Michel, un fils lui était né, qui avait grandi au milieu des épreuves. Parvenu à l'âge viril, ce jeune homme était devenu l'un des meilleurs lieutenants de son père, lorsqu'en 1444 fut conclue la trève qui permit à la garnison de Saint-Michel de se reposer d'une lutte poursuivie sans relâche depuis vingt-six ans.

«Quand la guerre se ralluma en 1449, d'Estouteville joua le rôle le plus actif et le plus glorieux dans la campagne qui libéra la Normandie. Il put enfin entrer dans les grands biens qu'il tenait de sa femme, Jeanne Paynel, l'une des plus riches héritières du royaume. Il mourut en 1464, huit ans après sa vaillante compagne, qui ne s'était jamais séparée de lui, et avait, durant le long siège, partagé sans faiblir les privations et les périls de son époux.

«Voulant être uni à elle dans la mort, comme il l'avait été dans la vie, d'Estouteville ordonna qu'on l'ensevelît à côté de sa chère épouse, enterrée au milieu du choeur de l'église de Hambye. Jusqu'à la Révolution, on put admirer le beau monument qui renfermait ces glorieuses reliques. Mais en 1793, le tombeau où dormait sous la garde de la mort et de sa renommée, ce grand serviteur de la patrie, fut violé. La pierre tumulaire qui disait son nom sert maintenant de seuil à l'entrée d'une ferme. Aucun monument ne rappelle aux jeunes générations l'héroïque soldat qui, pendant vingt-cinq ans, défendit le Mont Saint-Michel contre les Anglais, et le siège peut-être le plus long qui ait jamais été soutenu.

«Louis XI, un des rois les plus sensibles aux gloires de la France, créa l'ordre de chevalerie portant le nom de l'archange Saint-Michel, puis combla de bienfaits et de privilèges les habitants et les religieux du Mont. Ses libéralités s'étendirent jusqu'aux descendants des chiens qui, dressés par les Montois, les aidèrent à se garder des surprises de l'ennemi; il affecta une somme annuelle de 24 livres tournois à l'entretien des chiens employés à faire, pendant la nuit, le guet autour du célèbre rocher.

«A partir de 1523, les abbés du Mont Saint-Michel devinrent commendataires. Choisis parmi les évêques ou les cardinaux et ne résidant pas au Mont, ils se désintéressèrent généralement des travaux dont l'abbaye éprouvait le besoin. Il fallut un arrêt du Parlement de Rouen pour obliger François de Joyeuse à restaurer ces magnifiques monuments.

«Pendant les guerres religieuses du XVIe siècle, l'abbé commendataire Arthur de Cossé (1570) défendit le Mont contre les protestants. Toutefois l'abbaye tomba plusieurs fois entre les mains de ces derniers, mais elle leur fut toujours reprise.

«En 1622 les bénédictins de la congrégation de Saint-Maur furent installés au Mont Saint-Michel, et donnèrent un nouvel essor aux pèlerinages.

«Depuis l'époque de Louis XI, le Mont était prison d'État, et ses cachots regorgèrent de prisonniers sous les règnes de Louis XIV et de Louis XV.

«Pendant la régence de Philippe d'Orléans, le comte de Broglie, en 1721, obtint pour son frère la commende de l'abbaye en échange de six cents bouteilles de grand vin de Bourgogne. L'abbé de Broglie conserva sa charge jusqu'en 1766. Parmi les nombreux prisonniers qui peuplaient les cachots à cette époque, citons le poète Desroches et Victor de la Cassagne, plus connu sous le nom de Dubourg.

«A la Révolution, les religieux furent dispersés, les prisonniers délivrés, et la plupart des manuscrits transportés à la bibliothèque d'Avranches.

«Le Monastère ne cessa pas d'être prison d'État; ce fut la Révolution qui y enferma ses ennemis. En 1793 et 1794, trois cents prêtres des diocèses d'Avranches, de Coutances et de Rennes, y furent renfermés pour avoir refusé de prêter le serment civique.

«Un décret du 6 juin 1811 le convertit en maison centrale de détention et de correction.

«Ces nouvelles appropriations furent très dommageables à l'oeuvre architecturale des abbés du Mont. Bien des sculptures furent mutilées, des vitraux détruits; les plus belles salles obstruées par des cloisons, des planchers, sans le moindre souci de la conservation ou de la consolidation des murailles. Aussi, en 1817, une partie de l'ancienne hôtellerie, servant de prison pour les femmes, s'écroula-t-elle avec fracas.

«Pendant le règne de Louis-Philippe, on entreprit quelques réparations, mais on continua à détériorer le monument en y entassant dès prisonniers.

«Ce fut à cette époque que les cachots reçurent des hommes politiques, comme Barbes, Blanqui, Raspail, Martin Bernard, etc.

«Un décret en date du 20 octobre 1863 supprima la prison, et le Mont Saint-Michel devint propriété domaniale, puis l'abbaye fut louée à l'évêque d'Avranches et de Coutances qui obtint, en 1865, pour l'entretien du monument, un secours annuel de vingt mille francs payés sur la cassette de Napoléon III. En 1872, le gouvernement fit préparer des projets de restauration du Mont Saint-Michel, et on procéda aux réparations les plus urgentes, entre autres à la consolidation des bâtiments du sud-ouest qui menaçaient ruine. Deux ans plus tard, l'abbaye fut classée comme monument historique; les travaux de restauration décidés furent commencés par l'architecte Corroyer et continués par Petitgrand. Ce dernier a dégagé l'abbaye des constructions qui masquaient sa base et mis à jour de nombreux souvenirs qui sont venus enrichir les galeries du Musée du Mont, si intéressant déjà par les collections qu'il a pu recueillir et qui retracent toute l'histoire de cette ville célèbre.»

Voilà, conclut le secrétaire général de l'*Aéro-tourist-club*, en s'adressant à ses auditeurs, ce que je puis vous apprendre au sujet de l'histoire du Mont Saint-Michel que nous allons visiter demain matin. Quant aux curiosités archéologiques que renferment ces constructions grandioses, les gardiens, qui ne doivent pas manquer puisque c'est un monument historique et dépendant par conséquent de l'administration des Beaux-Arts, nous les décrirons pendant que nous passerons d'un étage à l'autre de la merveille féodale.

CHAPITRE XVII

LE MONT SAINT-MICHEL ET SES ENVIRONS

VISITE DU MONT SAINT-MICHEL. — LES CURIOSITÉS DU MONT. — LA MERVEILLE. — LES CACHOTS. — LE MARQUIS DE TOMBELAINE. — TRAVERSÉE DU GOULFE. — LE MARAIS DE DOL. — LE GROIN DE CANCALE ET LA PROVENCE CANGALAISE. — CIRCUIT AUTOUR DE LA VILLE DE SAINT-MALO. — DESCENTE DE LA RANCE. — DINAN LA JOLIE ET SES ENVIRONS.

La baie du Mont Saint-Michel se creuse au fond du golfe de Bretagne ou de Saint-Malo, à la limite des départements de la Manche et d'Ille-et-Vilaine. Granville est au nord de la baie et Saint-Malo à l'ouest; plus près on aperçoit Cancale avec ses pêcheries qui courent en zigzag dans les lagunes, ses majestueux rochers, les côtes de Dol, et Pontorson, le vieux fief de Bertrand du Guesclin. Le fond de la baie n'est qu'une vaste plaine de sables, comprenant environ dix lieues carrées de superficie, qui chaque jour sont deux fois couvertes en partie par la mer et deux fois par elle abandonnées. Dans cette espèce d'entonnoir, dont le Mont Saint-Michel occupe l'extrémité, la disposition particulière des côtes, celle des bancs, des plateaux de roche, et des îles nombreuses qui s'étendent au nord jusqu'à la pointe de la Hague, exercent sur la grandeur des marées une telle influence, que les eaux s'y élèvent à une hauteur plus que double de celle qu'elles atteignent sur les autres points de notre littoral. Tandis que la mer ne monte qu'à 7 mètres à Cherbourg et à 8 mètres dans le port de Brest, elle atteint à Granville jusqu'à 15 mètres. Qu'on se figure cette énorme masse d'eau, à l'instant où le *flot* arrive, s'élançant dans le fond, de la baie, vers le Mont Saint-Michel qui, au moment de la mer basse, en est éloigné de deux lieues, et qui bientôt n'est plus qu'une île semblant seulement reliée à la terre par un mince câble, aspect que présente de loin la digue élevée entre le Mont et Pontorson. La rapidité de la mer est telle, dans les grandes marées d'équinoxe, que le cheval le plus agile serait bientôt dépassé sur ce terrain sablonneux et mouvant. Les marées de mars et de septembre sont très redoutées, surtout celles de septembre, appelées *marées des gaspas*, et qui ont laissé de terribles souvenirs en faisant disparaître des exploitations entières du côté de Courtils et d'Ardevon.

Heureusement, les heures exactes de la marée étant bien connues d'avance, on peut, sans craindre d'être envahi, aller explorer les plages qu'elle laisse à découvert.

Les produits de la mer sont la principale ressource des habitants du Mont.

Les hommes pêchent au filet, ce qui est un rude métier, car il faut suivre les heures des marées, qui se produisent souvent par des nuits froides et sombres. On trouve, autour du Mont Saint-Michel, des saumons de forte taille et d'un goût exquis, renommés sur toute la côte, des bars, des plies ou limandes, des guitans ou merlans, quelquefois des soles, de petits mulets et des crevettes grises.

Pendant ce temps, toute la famille du pêcheur, femmes, filles, garçons, se livre à la recherche des coques. C'est une espèce de coquillage bivalve ayant la forme et la grosseur d'un oeuf de pigeon un peu aplati. On l'extrait du sable avec les doigts, après que la marée s'est retirée, et dans des parties de la grève très faciles à reconnaître pour les gens adonnés à ce métier. Les coques sont très mal réputées dans le pays, peut-être uniquement parce qu'elles sont très communes et par conséquent à vil prix. Elles se consomment presque toutes dans les campagnes environnantes. Ce genre de pêche, quoique peu productif en apparence, est cependant une véritable source d'aisance pour le pays, toute la famille du pêcheur pouvant s'y livrer presque en toute saison. Aussi, la misère est-elle inconnue au Mont Saint-Michel.

Une excursion au Mont Saint-Michel est une des plus intéressantes que l'on puisse accomplir en France.

Le chemin de fer conduit jusqu'à Pontorson, petite ville située à trois lieues au sud-est d'Avranches, et à deux lieues au midi du Mont Saint-Michel. Pontorson a longtemps servi de boulevard contre les Bretons. Robert, duc de Normandie, étant en guerre avec Alain Barbe-Torte, comte de Bretagne, y bâtit un château et fortifia la ville; mais Louis XIII, après la reddition de la Rochelle, voulant ôter aux seigneurs de Montgomery, qui étaient calvinistes, toute occasion de soutenir ce parti, la fit entièrement démanteler.

Au lieu de prendre place dans les voitures du petit chemin de fer de Pontorson à Moidrey-le-Mont-Saint-Michel, La Tour-Miranne, chef de l'expédition, préféra fréter un grand break où ses vingt-deux compagnons trouvèrent place à côté de lui. Au bruit argentin des sonnailles, dont il était garni, l'attelage démarra et, sortant du bourg de Pontorson, suivit au grand trot la route longeant la rivière du Couesnon, qui constitue la ligne de démarcation entre la Normandie et la Bretagne. En raison de la faible pente et du peu de consistance du sol, le Couesnon a changé plusieurs fois de lit. Autrefois, il déversait ses eaux entre Tombelaine et le Mont; ce dernier était alors breton. Depuis lors, il s'est creusé un chenal à l'ouest du Mont, ce qui a donné naissance au dicton bien connu:

Le Couesnon,

Par sa folie,

A mis le Mont

En Normandie.

Le pays étant très plat, les touristes n'apercevaient partout autour d'eux que la *langue* grise, embrumée et silencieuse. Enfin la silhouette de la montagne célèbre se dessina sur l'horizon, et bientôt l'équipage atteignit la digue, longue de deux kilomètres qui relie le Mont à la terre ferme. Ce beau travail, exécuté par le corps des Ponts et Chaussées, permet aux voitures et au tramway à vapeur de Pontorson, d'atteindre le Mont en tout temps, alors qu'avant sa construction on n'abordait que difficilement; la traversée, sur le sable à marée basse ou en bateau à marée haute, était pénible et dangereuse. Cependant, le mieux est souvent l'ennemi du bien, la présence de l'obstacle formé par la digue a facilité le colmatage, et l'on craint qu'au bout d'un certain nombre d'années, la baie soit entièrement transformée en terre ferme. Au lieu de rester une île, le Mont ne sera plus qu'un rocher isolé au milieu d'une plaine herbue et verdoyante, et il perdra ainsi la majeure partie de son charme qu'il doit surtout à sa situation insulaire. C'est pourquoi, des voix autorisées ont fait entendre des protestations pour sauver le Mont menacé et demander aux pouvoirs publics de couper la digue et d'arrêter le colmatage à 1500 mètres des vieux remparts. Le *Touring-club* a soutenu ces légitimes revendications, et il est à souhaiter qu'il les fasse enfin aboutir.

A mesure que le break avançait sur la chaussée, le Mont semblait grandir à vue d'oeil et l'on en distinguait les moindres détails. La ville de Saint-Michel collée au roc et surmontant le mur d'enceinte, la plate-forme dominant la ville, la muraille du château couronnant la plate-forme, le château hardiment lancé par-dessus la muraille, l'église perchée sur le château, et sur l'église l'audacieux campanile portant à son plus haut sommet la statue monumentale de l'archange, due au ciseau du sculpteur Frémiet.

Le break fit halte à l'extrémité de la digue; ses occupants en descendirent alors et pénétrèrent l'un après l'autre dans la ville par la Porte du Roi, encadrée des deux bombardes ou *Michelettes*, prises aux Anglais, et donnant accès dans l'*avancée*. Ils escaladèrent ensuite l'unique rue, qui serpente sur le flanc du Mont et conduit à l'abbaye, en jetant un coup d'oeil'à droite et à gauche sur les boutiques de marchands d'objets de sainteté, et les hôtels bordant cette rue. Le professeur Darmilly appela l'attention de ses camarades sur cette particularité du Mont, que l'eau potable y est plutôt rare, en raison de la nature granitique du roc lui servant de base et qui ne laisse sourdre aucun filet d'eau. Cette situation est exprimée d'une façon humoristique par une eau-forte de Dubouchet représentant «la dispute pour un seau d'eau dans la Grande-rue», avec ce distique:

On a du bon cidre à gogo,

On se bat pour avoir de l'eau!

Les fruits et les légumes sont non moins rares au Mont Saint-Michel, car la sécheresse les brûle presque toujours sur pied. Il faut, comme pour l'eau, s'en approvisionner au dehors. En revanche, et c'est encore là une curiosité de ce rocher, il fournit des figues qui, pour la saveur, ne le cèdent en rien à celles du Midi. Malheureusement, elles sont devenues fort rares, la majeure partie des figuiers ayant gelé il y a près d'un siècle.

Les constructions bordant la rue n'ont rien de remarquable, à part quelques restes du XVe siècle, tels que la tour du guet et le «beau logis que Du Guesclin fit construire en 1356 pour sa femme, Typhaine de Raguenel, demoiselle bien versée en philosophie et astronomie». Les touristes jetèrent un coup d'oeil, en passant, sur ces restes puis, après avoir escaladé le *Grand degré* qui fait suite à la grande rue, ils arrivèrent à la barbacane ou défense extérieure du châtelet. Ils s'arrêtèrent un instant au pied de la croix érigée en cet endroit en 1889 et qui a, paraît-il, été rapportée de Jérusalem. En se retournant, ils aperçurent toute la ville avec ses toits en pente, et au loin le rocher de Tombelaine. Ils pénétrèrent enfin sous la voûte étroite du châtelet entre les deux grosses tours cylindriques imitant deux pièces de canon debout sur leurs culasses, et commencèrent, dans l'ordre traditionnel, et sous la conduite d'un gardien, la visite du monument abbatial. Le groupe des excursionnistes traversa donc la salle des gardes, lourdement voûtée, et se hissa par une série d'escaliers à la plate-forme de Beauregard ou Sault-Gautier au niveau de l'église haute. De cette esplanade, le regard pouvait embrasser un splendide panorama des côtes du Cotentin et de la Bretagne, avec le mont Dol comme point saillant, alors que les visiteurs avaient à leurs pieds les substructions considérables formant les soubassements de l'église et des principaux bâtiments'qui l'entourent.

Si l'on en croit les traditions, l'église qui couronne le rocher aurait été élevée sur les ruines de l'oratoire érigé par saint Aubert en 708, et de l'église construite en 963 par Richard, petit-fils de Rollon. Il ne subsiste aucun vestige de ces deux édifices; mais il existe encore, de l'église romane fondée en 1020 par le duc de Normandie, Richard II, et dont la construction fut dirigée par l'abbé Hildebert II, les transepts, la plus grande partie de la nef et tous les soubassements.

Cette partie du Mont Saint-Michel, dit M. Corroyer, est des plus intéressantes à étudier; elle démontre la grandeur et la hardiesse de l'oeuvre de l'architecte Hildebert. Au lieu de saper la crête de la montagne et surtout pour ne rien enlever à la majesté du piédestal, il forma un vaste plateau, dont le centre affleure l'extrémité du rocher et dont les côtés reposent sur des murs et des piles, reliés par des voûtes, et forment un soubassement d'une solidité parfaite.

Cette immense construction est admirable de tous points: d'abord par la grandeur de la conception, et ensuite par les efforts qu'il a fallu faire pour la réaliser au milieu d'obstacles de toute nature résultant de la situation même, de la difficulté d'approvisionnement des matériaux et des moyens restreints pour les mettre en oeuvre.

L'église fut achevée vers 1113 par Bernard du Bec, treizième abbé du Mont. Ce vaste édifice avait alors la forme d'une croix latine, figurée par la nef composée de sept travées, par les deux transepts, et enfin par le choeur. Il subsiste de l'église romane: quatre travées de la nef, les deux transepts, avec les chapelles semi-circulaires pratiquées dans les faces est, et enfin les amorces du choeur ruiné en 1421.

Le sommet du roc qui compose le Mont Saint-Michel étant fort inégal, il fallut, pour obtenir le nivellement nécessaire, élever de puissants soubassements qui forment, sous le choeur, en reproduisant d'une façon plus grossière le dessin de celui-ci, la crypte des Gros-Piliers.

Après avoir visité les chapelles, où le guide fit remarquer les bas-reliefs de la chapelle nord et le rétable en albâtre, on visita le dessus.

Un escalier ménagé dans l'épaisseur d'un contrefort au sud, monte au-dessus des chapelles et aboutit au comble supérieur, en franchissant, sous le nom d'*escalier de dentelle*, sur un des arcs-boutants supérieurs, l'espace compris entre le contrefort du bas côté et la balustrade surmontant la corniche du choeur.

Du haut de cet escalier on aperçoit un panorama immense: au nord, la pointe de Granville, et vers l'est, en suivant la côte normande, la ville d'Avranches; au midi, Pontorson; au sud-ouest, le mont Dol et la ville de Dol en Bretagne; au couchant, le havre de Cancale; enfin, au nord-ouest, quoiqu'elle soit éloignée de seize lieues, l'île de Jersey apparaît comme un nuage. On la distingue très bien avec une lunette d'approche.

De ce point élevé, 150 mètres au-dessus du niveau de la mer, l'aspect du Mont lui-même est des plus intéressants.

En redescendant, on visita le transept nord, et on sortit sur la grande plate-forme de l'ouest. La merveille et le cloître retinrent surtout l'attention des aviateurs: «La Merveille» est le nom sous lequel l'admiration des siècles a désigné les gigantesques constructions accolées au nord de l'église et qui forment la façade nord du Mont Saint-Michel, du côté où l'on'remarque un petit bois, dernier vestige de l'antique forêt de Scissy.

La Merveille comprend trois étages superposés: tout au bas sont le cellier et l'aumônerie; au-dessus le réfectoire et la salle des chevaliers; comme couronnement, le dortoir et le cloître.

C'est Roger II, onzième abbé du Mont, qui commença cet édifice (1106-1123). Ayant été détruit, il fut reconstruit, à partir de 1203, par Jourdain, dix-septième abbé du Mont, dont les successeurs suivirent religieusement les plans jusqu'à la fin. «Il faut rendre hommage à cette oeuvre grandiose, dit M. Corroyer, et l'admirer, en songeant aux efforts énormes qu'il a fallu faire pour la réaliser en vingt-cinq ans, au sommet d'un rocher escarpé, séparé du continent par la mer ou une grève mobile et dangereuse, cette situation augmentant les difficultés du transport des matériaux qui provenaient des carrières de la côte, d'où les religieux tiraient le granit nécessaire à leurs travaux. Une partie de ces matériaux, fort peu importante du reste, était extraite de la base même du rocher; mais si la traversée de la grève était évitée, il existait néanmoins de grands obstacles pour les mettre en oeuvre après les avoir montés au pied de la Merveille, dont la base est à plus de cinquante mètres au-dessus du niveau de la mer.»

[ILLUSTRATION Le marquis de Tombelaine retomba dans les flots, perdit connaissance et se noya (p. 291).]

Le cloître, construit de 1225 à 1236, par les ordres et sous la savante et artistique direction de Raoul de Villedieu, vingt et unième abbé, est un préau trapézoïdal environné de quatre galeries. Il est cité comme modèle d'architecture claustrale. Ses fines colonnettes de granit rose sont disposées deux par deux, et leurs motifs sculpturaux, très variés, sont minutieusement fouillés.

Au sud est le bassin de pierre, ou *lavatorium*, où les religieux se lavaient les pieds. A l'extrémité de la galerie se trouve le dortoir. Au milieu, la porte par laquelle il faut passer pour descendre dans les immenses et innombrables salles souterraines.

L'aumônerie à l'est et le cellier à l'ouest ont été édifiés par Jourdain, vers 1203, d'après un plan mûrement étudié, ainsi que le prouve, par la disposition des piles inférieures, la superposition des colonnes devant supporter à l'étage supérieur les voûtes des deux salles hautes et qui sont, l'une le réfectoire et l'autre la salle des chevaliers.

Les touristes aperçurent dans un angle à côté de l'escalier descendant au cellier, l'entrée du Chartrier, bâti sur l'angle extérieur nordouest de la Merveille, et qui se compose de trois petites salles superposées dont la première seule est voûtée. L'Administration a réuni en ce lieu les diverses curiosités découvertes dans les fouilles opérées au Mont, telles que monnaies, vitraux, dalles armoriées, crosses, débris de vêtements et de vases, etc.

Le Cellier, qui communique par un escalier avec la Salle des Chevaliers située exactement au-dessus, porte également le nom de *Montgomery*, qui lui vient d'un tragique événement, dont un moine qui en fut le témoin oculaire en 1591, a laissé le récit que nous nous bornons à transcrire ici exactement pour lui laisser toute sa saveur:

«... Le pécheur tombe presque toujours de mal en pire... Cela est si commun qu'il n'est besoing d'en apporter autre preuve que celle qui suit d'un meschant et abominable criminel appelé Goupigny, qui, pour ses forfaits exécrables, devoit estre condamné à mort en la ville de Caen, où il estoit prisonnier, mais par je ne sçay quelle nouvelle invention trouva moyen de se sauver, et pour estre en plus grande seureté se retira en ce château le traistre avec Monsieur de Beausuzay qui en estoit lors gouverneur, se reputant heureux de trouver refuge pour sauver sa misérable vie: mais à peine eut-il passé quelques mois qu'oublieux de la mort qu'il avoit évitée, commence à tramer de plus grandes meschancetez, trahissant la place qui naguerre l'avoit sauvé du gibet, et pour cest effait complota avec Monsieur de Sourdeval, hérétique, moyennant quelque somme d'argent, de luy livrer la place, luy donnant le jour et l'heure pour exécuter ceste horrible trahison en la manière qui suit. C'est que le dit Goupigny devoit monter le dit Sourdeval et ses gens, du costé des grandes salles, par le moyen d'une grande roue et cordages qui servoient d'ordinaire pour monter les grosses provisions du monastère; mais Dieu ne permit point que la chose en allast ainsy; car le traistre ayant tiré l'argent du sieur Sourdeval descouvrit luy mesme à Monsieur de Beausuzay et à toute la garnison du château ce qui se passoit, pour faire le bon valet, car c'est ainsy que se gouvernent les gens sans âmes, tournans à droite et à gauche.

»Cependant voicy le jour assigné venu. Les sieurs de Sourdeval et de Montgomery avec plus de deux cents hommes paroissent à l'heure préfixe, un jour de Saint-Michel, en septembre, sur les huict heures du soir, l'an 1591, en intention de mettre tout au feu et au sang. Monsieur de Beausuzay d'autre costé donne ordre que de Goupigny se trouvât à la dite roue d'où il leur crioit qu'il n'y avoit que craindre, qu'ils montassent au plus viste. Vous eussiez veu aussy tost les ennemis s'accrocher à la corde deux ou trois à la fois à l'envie l'un de l'autre, et celui-cy les tiroit en haut, leur faisant grand accueil, puis soudain les menoit dans le corps de garde où le gouverneur les faisoit poignarder. Et cependant le dit Goupigny continuoit d'en monter d'autres, puis après d'autres, jusqu'au nombre de 78, lesquels à mesme temps les soldats du château lardoient de coups d'espées, amoncelens les corps les uns sur les autres (chose horrible à dire) comme on fait les bûches de bois et fagots dans le bûcher, pensans attirer les dits sieurs de Sourdeval et Montgomery pour les arranger aussy avec les autres en lieu plus éminent.

»Mais voylà qu'ils commencèrent à se denier, voyans que pas un de leurs gens ne leur parloit, ce qui fut cause qu'ils demandèrent audit Goupigny qu'il eut à jetter en bas du rocher un des religieux pour signe que ses gens estoient maistres en la place, et aussy tost le gouverneur fît revestir un des corps morts des habits d'un religieux qu'ils jetteront ainsy du haut en bas; pour lors le dit Sourdeval s'escria d'aise: *Allons, Montgomery, c'est a bon; regarde comme les moynes volent,* et soudain s'approchèrent pour monter comme les autres; mais le comte de Montgomery plus sage et prudent luy persuada de ne point monter qu'un nommé Rablotière, l'un de leur plus affidé, ne leur parlast. On fit venir celuy-cy qu'exprès on n'avoit fait encore mourir, et Monsieur de Beausuzay gouverneur luy promit de lui donner la vie, s'il voulut crier à Monsieur de Sourdeval, son maistre, qu'il montast en assurance et qu'il n'y avoit rien à craindre; mais il fut si fidelle à son maistre, qu'il n'en voulut rien faire, ains desguisant sa voix, lui fit entendre la trahison. Cet acte si fidelle pénétra le coeur du gouverneur, qui lui donna la vie, et les dits sieurs de Sourdeval et Montgomery avec ce qui leur restoit de gens, s'en retournèrent plus viste que le pas.»

MONT SAINT-MICHEL. -- Salle des Chevaliers.

Le misérable Goupigny ne jouit pas longtemps, paraît-il, de sa double trahison, car il fut tué l'année suivante dans Tombelaine.

Les touristes sortant du Cellier sous la conduite du gardien, traversèrent le réfectoire, bâti dans les premières années du XIIIe siècle et qui constitue la plus belle pièce de la Merveille, puis la Salle des Chevaliers, datant de 1215, dans laquelle Louis XI institua l'ordre du Mont Saint-Michel en 1469, et après avoir jeté un coup d'oeil au dortoir, ils redescendirent aux cryptes, en s'arrêtant un instant dans la plus curieuse et qui est dénommée *Crypte de l'Aquilon*.

Cette pièce romano-gothique est due, comme le promenoir au-dessous duquel elle est située, à Roger II. Elle est divisée en deux nefs par trois gros piliers romans et un beaucoup plus petit. La crypte de l'Aquilon, avec son escalier, est d'un aspect tellement saisissant qu'on l'a reproduite dans le décor du cimetière des nonnes, dans l'opéra de Robert le Diable.

L'administration des prisons y avait fait construire des cachots.

Au bout de la crypte, un petit escalier conduit dans une dizaine d'autres cachots, tels que les «Deux Jumeaux» accolés l'un à l'autre, et à la fameuse Cage de fer.

Cette terrible cage est une niche en voûte, ménagée au ras du sol dans l'épaisseur du mur. Elle était fermée par devant au moyen d'une grille de fer, remplacée dans la suite par une grille de bois, qui elle-même fut enlevée à la suite d'une visite du duc de Chartres (devenu depuis Louis-Philippe).

A droite de la galerie de la cage de fer, une petite porte conduit à des pièces voûtées qui servaient jadis de cellier à l'hôtellerie. On ne voit plus que les ruines de cette dernière; la croisée qui est dans la galerie, côté du midi, était autrefois une porte qui y menait.

Quelques degrés conduisent dans une sorte de cave, que les prisonniers désignaient sous le nom de Cachot du Diable.

Cette pièce servait autrefois de vestibule à la salle des Chevaliers et au promenoir, dans lequel on entre de plain-pied.

En revenant dans la crypte de l'Aquilon, au palier de l'escalier qui monte au promenoir à droite, s'ouvre une porte qui donne entrée dans les catacombes.

Leur voûte immense, bâtie en cailloutis sans nervures et élevée de 10 mètres, est sombre et lugubre. A gauche de ce cimetière, qui présente une superficie de 150 mètres et qui est situé sous la nef de la basilique, on remarque un canal sombre appelé oubliettes, qui recevait primitivement une rare lumière par une ouverture circulaire pratiquée au sommet.

Auprès de ce couloir, du côté du midi, on trouve la chapelle Saint-Etienne; elle était l'une des'plus belles de cette partie du monument, mais deux murs bâtis aux deux extrémités la diminuent de moitié. Au fond de cette chapelle est un escalier conduisant à des salles qui se trouvent au-dessous, et qui servaient de lieu de sépulture, ainsi que l'indiquaient les nombreux ossements qui y ont été trouvés.»

En face de la chapelle Saint-Etienne, on voit la chapelle de Notre-Dame-des-Trente-Cierges, ainsi appelée parce que trente cierges brûlaient toujours devant une statue de la Vierge.

Jusqu'en 1857, cette chapelle fut occupée par une immense roue, que tournaient les prisonniers en marchant à l'intérieur à la manière des écureuils, et qui servait à monter les provisions sur un plan incliné ou poulain.

—Quels ont été les prisonniers célèbres qui ont été enfermés dans ces cachots, demanda au gardien Madame Lhier, qui paraissait péniblement impressionnée.

—Il paraît que l'homme au masque de fer a fait un assez long séjour ici, répondit l'interpellé. Dans les temps plus rapprochés de nous, il y a eu plusieurs détenus politiques célèbres, tels que Blanqui, Raspail et Barbès entre autres.

—Et quelqu'un de ces malheureux est-il parvenu à s'échapper? continua la visiteuse.

—Oh! ce n'était pas facile, madame, de s'évader du Mont. Ainsi, du temps de François Ier, un jeune sculpteur nommé Gaultier fut enfermé ici je ne sais pour quel motif, et les abbés utilisèrent son talent pour décorer les stalles du choeur. Ces stalles, très bien conservées, dénotent de la part de celui qui les a ornées un très réel talent, car elles sont fouillées avec un goût fort original, qui répond d'ailleurs à l'ensemble de la décoration du choeur. Ce qui frappe surtout dans ce travail, c'est le temps prodigieux qu'il a fallu consacrer à l'exécution des plus petits détails. On lui attribue également l'escalier de dentelle.

Grâce à son talent reconnu, Gaultier bénéficiait, par suite même de son emploi, d'une liberté relative qui lui permettait de parcourir les diverses parties de l'abbaye. C'était un tempérament très doux et une nature contemplative. Il fit des projets de décorations merveilleuses pour l'intérieur du Mont. L'exécution de ces projets ayant été contrariée, il en fut extrêmement affecté, et on raconte qu'un jour, pris d'une sorte de folie, il se précipita du haut de la plate-forme située au niveau de l'église haute, ce qui a fait attribuer à cet acte le nom de Saut-Gaultier que porte cette plate-forme, mais en réalité, ce nom est beaucoup plus ancien.

Un autre prisonnier, connu sous le nom de Dubourg, qui fut enfermé en 1745 dans la cage de fer, eut un sort encore plus lamentable: il fut dévoré par les rats. Le véritable nom de Dubourg était: Victor de la Cassagne, journaliste hollandais qui avait pris la liberté de censurer les actes du roi de France, Louis XV. Il fut enlevé, sur le territoire hollandais, par les agents de la police royale, et jeté dans un des plus affreux cachots du Mont Saint-Michel. Touché par ses supplications, le prieur du Mont fit parvenir à sa femme, mère de quatre enfants, à Leyde, un billet lui apprenant qu'il vivait encore, mais qu'il était comme enterré vivant au Mont Saint-Michel.

Enterré était le mot. Affaibli par le chagrin et par les privations, Dubourg mourut dans la nuit du 27 août 1746. Au matin on trouva son corps rongé par une légion de rats.

Le seul prisonnier qui soit jamais parvenu à s'évader des cachots du Mont, est un peintre du nom de Colombat, qui avait été emprisonné à la suite d'une manifestation politique en 1832. Comme il avait été chargé de restaurer les peintures de l'église, il avait à sa disposition tout un matériel, notamment des cordages et une lanterne pour éclairer les coins sombres. En 1842, ayant soulevé une dalle dans la pièce où il était détenu, il parvint à l'entrée d'un puits, dans lequel il descendit à l'aide de sa corde. A sa grande terreur, il aperçut, à l'aide de la demi-clarté que sa lanterne sourde projetait dans les ténèbres de ce gouffre, des squelettes dans toutes les attitudes. Les uns gisaient pêle-mêle sur le sol humide où erraient des légions d'araignées et de scolopendres; d'autres, retenus au mur par des carcans d'acier, témoignaient que les malheureux enfermés dans cet abîme y étaient morts lentement de faim. C'était une oubliette ou *in-pace*, qui ne lui offrait aucune issue pour s'évader.

Après deux autres tentatives infructueuses, il parvint enfin à s'échapper par un conduit souterrain donnant accès sur les grèves. Il se réfugia à Jersey, et ne revint en France qu'en 1848, lors de l'amnistie accordée aux condamnés politiques. Il s'établit à Caen où il ouvrit un restaurant: *A la descente du Mont Saint-Michel.* Il y racontait volontiers les détails de son internement et des diverses péripéties par lesquelles il était passé avant de parvenir à s'évader. Il est mort en 1881.

Tout en donnant ces explications, le gardien avait ramené les visiteurs à la porte de sortie du Châtelet. Les touristes, enchantés, terminèrent leur excursion par une promenade sur les vieux remparts du Mont, remparts qui présentent un certain intérêt. En suivant leur ligne continue, l'on se rend compte de la puissance qu'offraient les défenses du Mont.

Tout à l'ouest de l'île se trouve la vieille chapelle de Saint-Aubert, pittoresquement perchée au sommet d'un roc qui, d'après la légende, était autrefois la cime de la montagne, et qui, sur la prière de saint Aubert, s'en détacha pour laisser la place libre aux ouvriers qui devaient construire l'église, et alla se précipiter du côté du Nord. On monte à cette petite chapelle, qui n'a que 4 mètres de long sur 2 m. 50 de large, par douze degrés taillés dans le roc. Au pied du bois qui couvre les pentes au haut desquelles s'élève la Merveille, on peut encore visiter la fontaine de Saint-Aubert, et les restes d'une tour destinée à protéger les plans inclinés aboutissant en cet endroit. Sur les tangues, on peut faire le tour du Mont en une demi-heure: Les endroits dangereux en sont tous relativement éloignés et ils sont aujourd'hui parfaitement connus. D'ailleurs, des guides accompagnent les touristes qui veulent parcourir sans la moindre inquiétude toute l'étendue des grèves. On peut pousser jusqu'à Tombelaine et même jusqu'à Genêts, mais le temps manquait aux compagnons de La Tour-Miranne pour cette dernière excursion.

A l'îlot de Tombelaine se rattache le souvenir d'un personnage qui était une véritable curiosité du Mont.

Tous les visiteurs du Mont Saint-Michel ont connu ce pêcheur étrange, aux allures mystiques, généralement désigné sous le nom de *Marquis de Tombelaine*, tant à cause de son élégance physique et de la distinction de ses manières, que de son séjour favori, qui était la solitude de Tombelaine.

Venu au Mont Saint-Michel, on ne sait d'où, à l'époque de la construction de la digue, il y exerçait alternativement les métiers de pêcheur et de guide.

Il parlait peu, mais écoutait et observait beaucoup.

Peu après la dernière grande marée d'équinoxe, qui avait déplacé les lises de la baie, le 3 avril 1892, se fiant à sa connaissance des mouvements de la mer, il était parti pour Tombelaine, à la nuit tombante. Les eaux montèrent d'une façon extraordinaire et à une heure inattendue. Étonnamment fort nageur, le marquis de Tombelaine, surpris par le danger, quitta ses vêtements, et lutta avec acharnement contre le flot. Il allait aborder à la grève de Saint-Marcan, lorsque la touffe d'herbe qu'il avait saisie ayant cédé sous son poids, il retomba à bout de forces dans les flots, perdit connaissance et se noya. Son cadavre fut retrouvé le lendemain sur la grève.

L'excursion au Mont Saint-Michel était terminée. Les voyageurs regagnèrent le break qui les avait amenés, après que les dames eurent fait leurs achats ordinaires de souvenirs et de cartes postales illustrées. A midi, la Société, de retour à Pontorson, dévorait à belles dents, l'appétit ayant été aiguisé par cette longue promenade, le plantureux déjeuner préparé pendant la visite à la Merveille.

—Allons!... dit Médouville pendant que ses amis sirotaient leur tasse de café, ne nous endormons pas, comme on dit, sur le rôti! Il faut maintenant nous diriger sur Saint-Malo et Dinan, et je vous assure que c'est là une excursion qui en vaut la peine. Profitons donc que le temps s'est remis au beau et partons.

—Nous vous suivons, marchez devant!... lui répondit Médrival.

Trois quarts d'heure plus tard, la flottille aérienne quittait la prairie où elle s'était abattue la veille, laissant impressionnés du spectacle, les curieux accourus de Pontorson pour assister au départ des treize aéroplanes. Les aviateurs passèrent au-dessus de Saint-Georges de Gréhaigne, de La Rue et de Roz-sur-Couesnon et ils se dirigèrent en droite ligne vers la pointe du Groin de Cancale qui ferme la baie au-nord-ouest.

Pendant une demi-heure, la caravane vola à dix mètres au-dessus de l'immense plaine grise, la mer, qui était pleine à neuf heures du matin et battait les remparts du Mont, s'étant retirée jusqu'au delà des limites de la vision.

Pendant le parcours, le professeur Darmilly expliqua à sa fille qu'aux temps anciens, la baie du Mont Saint-Michel présentait des proportions beaucoup plus vastes que de nos jours, car elle s'étendait jusqu'aux dernières pentes des collines du fond du golfe et comprenait l'immense étendue désignée sous le nom de «marais de Dol» au milieu duquel se dresse le mont Dol, haut de 65 mètres, et qui possède cette curieuse particularité d'avoir à son sommet une fontaine jaillissante intarissable. Or, au VIe siècle, ce mont était entouré de bois et de marais, comme les rochers voisins du mont Saint-Michel et de Tombelaine. Ces trois éminences sont d'ailleurs considérées comme les derniers débris d'une région de terre ferme qui aurait réuni la Bretagne au Cotentin.

Le sol du marais de Dol renferme, comme les grèves du Mont, des arbres fossiles parmi lesquels on a reconnu le chêne, le bouleau, le châtaignier. Ces arbres, les *coërons* dans l'ancien idiome du pays, étaient tous couchés dans le même sens à une profondeur uniforme de 3 mètres. L'emplacement du marais était submergé à l'époque romaine mais, insensiblement abandonné par les eaux, il se transforma en marécages à la suite de la formation d'un bourrelet de sables déposé par la mer à la limite extrême des marées. Ce bourrelet fut le point de départ d'une digue artificielle élevée successivement par les générations qui se succédèrent. Pendant des siècles, les riverains travaillèrent à consolider et à surélever cette défense contre la mer; puis en 1550, l'Administration prit la direction de l'oeuvre qui fut poursuivie, à partir de cette époque, avec plus de méthode que jusqu'alors. Cette digue, qui mesure 35 kilomètres de développement, commence aux environs de Pontorson, s'étend en demi-cercle et se termine au sud de Cancale. En défendant le marais contre les marées de vives eaux qui, en mars et septembre, s'élèvent jusqu'à 3 ou 4 mètres au-dessus du niveau moyen, cette construction a fourni à la culture une superficie de 15,000 hectares. Le marais de Dol, ainsi asséché par les efforts persévérants de plusieurs générations, constitue l'acquisition sur la mer, d'un terrain représentant un capital de plus de vingt-cinq millions, rapportant annuellement plus d'un million. On a formé le projet d'augmenter encore la surface cultivable en établissant une nouvelle digue appuyée d'un côté sur l'ancienne, au lieu dit «les Quatre-Salines», et de l'autre sur le Mont Saint-Michel, mais, si l'on tient, d'autre part, à ce que le mont conserve sa situation insulaire, ce projet ne pourra être réalisé. J'ajouterai que l'écoulement des eaux de l'intérieur, qui, avant la régularisation de la digue, ne pouvait se faire, se pratique actuellement au moyen d'un réseau de biefs ou fossés à pente insensible, qui permettent aux eaux de se déverser au moment de la basse mer. Tout ce système d'écoulement est placé sous la surveillance d'un syndicat composé de propriétaires. Les canaux collecteurs sont encore maintenant tels qu'ils étaient au moyen âge; ils ont été seulement agrandis à la suite d'améliorations progressives, et ils comportent trois exutoires principaux qui réunissent tout l'ensemble du réseau.

La flottille aérienne arrivait à ce moment à la hauteur de La Houle, faubourg de Cancale, et du rocher désigné sous le nom de la Fenêtre. Les aéros longèrent la côte sur laquelle est érigée la ville et passèrent à moins de cinq cents mètres de la façade de l'hôtel Duguesclin qui s'adosse contre la haute falaise de schiste. Quelques minutes plus tard, les aviateurs doublaient la pointe du Groin et viraient à l'ouest, suivant le cordon littoral bordant cette côte pittoresque justement appelée la Provence cancalaise. Les baies, ou mieux anses, de Port-Mer, Port-Piquin, Port-Briac furent franchies l'une après l'autre, et les aviateurs purent admirer, au passage, les nombreuses villas échelonnées tout le long de cette partie de la Côte d'Émeraude peu connue, en général, des touristes, en raison de sa situation en dehors des routes ordinaires.

Bientôt la baie de Saint-Malo apparut aux yeux des voyageurs aériens qui dépassèrent Rotheneuf et planèrent bientôt au-dessus du Sillon, isthme étroit qui relie le rocher malouin à la côte et au faubourg de Rocabey. Bientôt la patrie de Robert Surcouf et de Chateaubriand se développa en plan sous les aéroplanes qui en firent deux fois le tour, à cent mètres de haut, de façon à voir de près ses monuments les plus intéressants.

Saint-Malo, qui tire son nom de Saint-Mac-Law ou saint Maclou, évêque du pays de Galles qui apporta, à l'époque gallo-romaine, un concours actif à la fondation du village naissant, est à la fois une place de guerre et un port de commerce très actif qui envoie de nombreux bateaux à la grande pêche en Islande et à Terre-Neuve. Entre la mer, la Rance et son propre port, la ville occupe une île allongée entièrement entourée par de hauts remparts élevés au XVIe siècle et qui forment une curieuse promenade. La partie la plus considérable de cette fortification est le château situé à l'entrée de la ville, avec la grosse tour de Quiquengrogne construite par les ordres de la duchesse Anne malgré les récriminations de l'évêque Guillaume Briçonnet. Les monuments de la ville sont l'église Saint-Vincent, ancienne cathédrale du XIIe siècle avec une tour centrale du XVe, achevée seulement en 1859, puis l'église Saint-Sauveur, l'Hôtel de Ville moderne et le Musée. Derrière l'Hôtel de Ville, entre la rue Saint-Benoît et la rue Danycan, au point culminant du rocher malouin, se trouve la chapelle de Saint-Aaron qui marque, dit-on, l'emplacement où cet anachorète aurait été inhumé au VIe siècle.

Autour de la ville, à une certaine distance en mer, se trouvent de nombreux écueils fortifiés, tels que le fort National, les batteries de l'île Cézembre, le fort Harbour, le Petit et le Grand-Bey, ce dernier contenant le tombeau de Chateaubriand. Saint-Malo, qui remplace la ville épiscopale d'Aleth, a quelque peu perdu de sa prospérité passée; c'est surtout au XVIIe siècle que son port fut le plus florissant, en raison de ses relations avec le Nouveau-Monde. Un marin malouin, Jacques Cartier, découvrit le Canada, et la Compagnie des Indes Orientales fut fondée à Saint-Malo. Les guerres avec l'Angleterre donnèrent l'occasion aux corsaires de Saint-Malo de s'enrichir aux dépens du commerce anglais: Tout en demeurant un port actif, le douzième de France par son importance, et gardant le décor de sa situation pittoresque ainsi que le caractère de ses vieilles rues enserrées dans leurs remparts de granit, Saint-Malo est devenu le centre balnéaire le plus considérable du littoral, car ses beaux paysages, ses grèves de sable, attirent de très nombreux touristes.

Après avoir fait le tour de Saint-Malo, la flottille d'aéros passa au-dessus de Saint-Servan qui n'en est séparé que par le port. Les aviateurs examinèrent d'un regard curieux l'église paroissiale de style gréco-romain, et, sur les deux caps s'élevant dans la Rance, la tour

Solidor bâtie en 1384 par le duc de Bretagne Jean IV, et qui porte actuellement un sémaphore à son sommet. La Tour-Miranne, qui tenait la tête de la caravane, se lança alors au-dessus de l'embouchure de la Rance qu'il traversa en deux minutes et, suivi de ses compagnons, traversa Dinard, la station balnéaire chère aux Anglais, pour virer ensuite dans la direction du sud et suivre le cours de la rivière jusqu'à Dinan.

Les bords de la Rance sont ravissants, et une excursion des plus agréables est celle qui consiste à remonter la rivière à bord du bateau à vapeur faisant le service entre les deux villes. Dominant la contrée du haut de leurs rapides aéros, les touristes apercevaient un panorama grandiose: le mont Dol à l'orient, avec le mont Saint-Michel à l'horizon, au-dessous d'eux la Rance roulant ses flots azurés, puis tout autour la plaine immense, les vallées, les bois, les prairies, les champs fleuris des pommiers roses et des ajoncs d'or; puis, de loin en loin, comme de petits tas de pierres disséminés au hasard, avec de frêles aiguilles surmontant l'agglomération, des villages qui sont Plouër, dont les filles ont le type très purement conservé des filles d'Italie, Pleurtuit, La Hisse, Saint-Jouan-des-Guérets, avec leurs clochers.

La rivière décrit des courbes accentuées, traverse le lac Saint-Suliac, large de 2 kilomètres et bordé de rochers escarpés, passe devant les chantiers de construction de la Landriais, et se perd un instant dans la grande nappe d'eau de Mordrenc, où sont le port Saint-Jean et le port Saint-Hubert. Elle traverse ensuite un site enchanteur au Chêne-Vert où se dresse la façade d'un château gothique moderne, et sous le beau viaduc de Lessart qui soutient la voie ferrée reliant Dinan à la Gouesnière et Saint-Malo.

Apercevant au delà de Dinan des prairies convenant pour un atterrissage, le président de l'*Aéro-tourist* donna un coup de gouvernail de profondeur pour escalader à une hauteur rassurante le viaduc de Lanvallay qui relie l'un à l'autre par-dessus la vallée les deux coteaux de la Rance. Il coupa ensuite l'allumage, une fois ce passage difficile franchi, et vint descendre avec une aisance et une sûreté de manoeuvre étonnantes à l'endroit même qu'il avait visé. Cinq minutes plus tard, tous ses compagnons ayant imité son exemple s'abattaient mollement dans l'herbe humide. L'étape du jour était terminée, on était à Dinan et il n'était que quatre heures à peine.

Dinan, ville de dix mille habitants, chef-lieu d'arrondissement des Côtes-du-Nord, est restée malgré ses embellissements, la ville de Duguesclin, a écrit Ardouin-Dumazet, car elle a gardé les édifices, les habitations particulières et maisons à encorbellement du temps. En créant des promenades et des jardins, en transformant ses douves en allées ombreuses, en jetant un superbe viaduc sur la vallée, elle a gardé assez de souvenirs du passé pour attirer le visiteur. Le charme de cette petite ville est pénétrant, avec ses rues montueuses bordées de fantastiques maisons déjetées, avec ses églises qui virent Duguesclin—l'une d'elles renferme le coeur du héros—et ses terrasses ombreuses qui dominent la rivière.

Les remparts, datant des XIIIe et XIVe siècles, étaient défendus par vingt-quatre tours, dont une quinzaine subsistent. Ils sont percés de trois portes: celle du Jerzual, de Saint-Malo et de Saint-Louis. Au sud, le château de la reine Anne, ou donjon, fait saillie sur l'enceinte. Construit par les ducs de Bretagne en 1382, il fut longtemps utilisé comme prison. C'est une énorme masse qu'un ravelin isole de la ville. Un pont de trois arches traversant deux profonds fossés conduit au portail et à la première cour. Sur la gauche, se trouvent le corps de garde et la courtine conduisant à la tour de Coëtquen, une des plus fortes de l'enceinte féodale de la ville. Cette belle tour contient une salle remarquable par son architecture. Pour pénétrer dans le château proprement dit, il faut franchir un second pont d'une seule arche.

A peu près au milieu de la ville se trouve la Tour de l'Horloge qui a été édifiée à la fin du XVe siècle. C'est une tour carrée surmontée d'une pyramide aussi aiguë que le clocher de pierre ajouré de la cathédrale de Saint Malo, et du haut de laquelle on jouit d'une vue splendide. Les rues avoisinant ce monument sont des plus curieuses à voir avec leurs vieilles masures aux toits surplombants. La plus intéressante est celle du Jerzual, qui aboutit à la porte de ce nom. C'est un coin des plus pittoresques de Dinan, en raison des constructions antiques qui la bordent et de sa pente accentuée. La porte, qui s'ouvre dans une tour, est de style roman à l'intérieur et gothique à l'extérieur.

Les églises intéressantes de Dinan sont Saint-Sauveur et Saint-Malo, cette dernière du XVe siècle, sauf la nef qui a été reconstruite il y a trente ans. On remarque à l'intérieur un bénitier de pierre soutenu par le diable, dont l'expression est saisissante, la chaire, et le banc d'oeuvre d'un travail très fouillé, dans le pourtour du choeur, un grand tableau moderne, puis le maître-autel, digne d'attention, que surmonte la statue du patron de l'église et qui est orné d'un bas-relief par Savary, représentant la légende du saint.

Le secrétaire général de l'*Aéro-tourist-club* n'avait pas manqué de narrer à ses voisins l'histoire succincte de la ville. Il rappela que Dinan, d'origine féodale, eut, depuis le Xe siècle jusqu'en 1225, des seigneurs particuliers, auxquels succédèrent les ducs de Bretagne qui firent de Dinan une des places les plus fortes de leurs états. La fidélité des habitants à la cause de Charles de Blois, durant la guerre de succession, leur attira deux sièges meurtriers, l'un en 1344 par Thomas d'Ageworth, l'autre en 1359 par le duc de Lancastre. La première fois, la ville, prise, fut pillée et brûlée; la seconde, elle fut secourue à temps par Du Guesclin qui provoqua en combat singulier un chevalier anglais, Thomas de Cantorbéry, le vainquit, et, en vertu des conditions du combat, obligea les assiégeants à se retirer. En 1598, un coup de main hardi, tenté contre le château par le gouverneur de Saint-Malo, Henri de Coëtquen, valut a Henri IV la possession de Dinan, à laquelle le roi attachait la plus grande importance. De 1634 à 1727, les États de la Bretagne siégèrent huit fois à Dinan. C'est à l'intérieur du château que, protégé par ses épaisses murailles, Olivier de Clisson se reposait, vers 1372, des ravages qu'il exerçait au nom du roi de France dans la ville et dans le pays voisin. En 1488, le vicomte de Rohan, commandant une partie de l'armée de Charles VIII, s'y installa, après avoir conquis la place qu'habita, en 1507, la duchesse Anne de Bretagne. C'est également dans le château de Dinan que le duc de Mercoeur vint, pendant les guerres de la Ligue, se renfermer à diverses reprises pour mûrir ses projets, et c'est dans ses salles que furent entassés, en 1778, plus de 2,000 prisonniers anglais, ce qui engendra une peste blanche qui décima la ville. Enfin c'est encore dans cet édifice devenu prison que fut enfermé en 1797 un individu qui avait pris le nom de comte d'Egmont et se disait le fils de Louis XVI.

Médouville se tut, et Bourdon put achever à son tour le récit qu'il faisait à ses collègues, Lhier et Médrival, des procédés de pêche aux huîtres appliqués dans la baie de Cancale, que les aéroplanes avaient traversée durant l'après-midi. Il expliquait comment la grande pêche ne s'effectuait qu'une seule fois par an, dans la deuxième quinzaine d'avril, et sous la surveillance d'un navire de l'État. Ce jour-là, c'est la vraie fête nationale de Cancale et de la Houle, et on la désigne sous le nom de *Caravane*. Au jour indiqué, 500 bateaux de pêche prennent dans le port leur place de bataille et, au signal convenu (deux drapeaux tricolores hissés à la *Fenêtre*, rocher en face du calvaire), prennent le large, suivis par le navire de l'Etat et par quatre bateaux jurés. Arrivé à l'endroit fixé pour la pêche, le navire de l'État tire, comme signal, un coup de canon. Aussitôt, comme électrisés par une même étincelle, les marins hissent leurs voiles, lancent leurs dragues (triangles en fer avec filets), et détachant les huîtres du fond, les ramènent dans leurs bateaux avec des treuils. Les huîtres qui n'ont pas la dimension réglementaire sont rejetées à la mer.

La pêche dure de sept à huit heures, suivant le temps. La fin de la pêche est annoncée par un second coup de canon, et immédiatement le bateau juré hisse, à la place du drapeau tricolore, un drapeau blanc et rouge, signal de la clôture. Les bateaux, escortés par le navire de l'État et les quatre bateaux jurés, reviennent, alors à Cancale et prennent position dans le port, pour procéder au débarquement de leurs huîtres.

Chaque patron les met en tas et, pour éviter les erreurs, marque son lot d'une planchette portant le nom et le numéro de son bateau. Si la mer monte, on recouvre les huîtres d'un filet, puis, à marée basse, on revient procéder au triage. Ces opérations terminées, le port se couvre d'une nuée de femmes et d'enfants qui viennent *rébiner*, c'est-à-dire glaner les huîtres oubliées. Quant aux dragues, pour éviter toute pêche de contrebande, elles sont mises sous clé jusqu'à l'année suivante.

Les bancs de Cancale s'appauvrissent. En 1874 la pêche totale était de 25 millions de mollusques, en 1890, de 6 millions seulement; le prix s'abaisse aussi par suite de l'invasion grandissante de l'huître portugaise à Paris. A Cancale l'huître est vendue 1 franc le cent; avec transport, elle revient, à Paris, à 1 fr. 45; on la revend 2 fr. 50.

Les huîtres draguées aux grandes marées sont versées dans les parcs; en deux ans, elles obtiennent la dimension voulue. On a ajouté aux bancs, dont la pêche était insuffisante, des «étalages», sortes de ruches en bois où l'on recueille le naissain, que l'on place sur des claies jusqu'à ce que les mollusques aient atteint la taille comestible.

CHAPITRE XVIII

LE PAYS D'ARMOR

EN ROUTE POUR SAINT-BRIEUC ET GUINGAMP.—UN VOL ININTERROMPU DE TROIS HEURES.—EXCURSION EN AUTO-MOBILE AUX ROCHERS DU RAZ.—LES CÔTES DE BRETAG-NE.—VISITE AU PHARE DE PENMARCH.—QUIMPER, VAN-NES, LORIENT.—LES ÎLES BRETONNES: SEIN, GROIX, HOÉDIC.—LES MÉGALITHES DU MORBIHAN.—ARRIVÉE A NANTES.

—Avons-nous beaucoup de kilomètres à parcourir aujourd'hui, président? demanda Médrival au moment d'occuper son siège in-commode, sous les ailes étroites de sa *Demoiselle*.

Le marquis de La Tour-Miranne sourit.

—Vous ne songez donc qu'à franchir le plus de kilomètres possib-le, mon cher ami, plaisanta-t-il. Depuis dix jours que nous voguons dans les airs, vous devriez cependant être un peu calmé!

—Voyez-vous, président, vous avez fait les étapes trop courtes! Quel chemin voulez-vous qu'on puisse faire en deux heures tout au plus de vol! Aussi, je réclame!...

—Vous oubliez que nous ne saurions suivre, avec nos lourds biplans, votre subtil monoplan. Il faut donc vous résigner, mon bon Médrival!... Aujourd'hui nous allons visiter d'abord Saint-Brieuc mais, cet après-midi, nous avons près de quarante lieues de pays à franchir—exactement 146 kilomètres—avec escale à moitié chemin.

—Une misère, cela ne fait même pas deux heures de vol!... Enfin, il faut bien se contenter!...

—En attendant, je vous rappellerai encore à la prudence, mon cher ami, car vous me faites trembler avec les vitesses folles auxquelles vous vous plaisez.

—Bah!... n'ayez pas peur, président; je ne vous imposerai pas la corvée de rapporter mes morceaux dans votre mouchoir de poche.

Sur ces paroles, le jeune homme mit son moteur en route, et quelques secondes plus tard, il filait, aussi rapide que l'hirondelle, dans la direction de l'Ouest. La Tour-Miranne le regarda s'éloigner en secouant la tête d'un air chagrin, puis il se hissa à sa place de manoeuvre et démarra à son tour, donnant ainsi le signal de l'envolée à ses compagnons qui se hâtèrent de le suivre. Bientôt toute la flottille eut perdu Dinan de vue et dévora l'espace au-dessus des campagnes bretonnes. En un peu plus d'une heure, les 60 kilomètres séparant la ville de Duguesclin du chef-lieu des Côtes-du-Nord furent parcourus sans incident par les aéroplanes, qui atterrirent doucement dans les prairies bordant la petite rivière du Gouëdic, et leurs conducteurs les délaissèrent pour visiter la ville et le port, mais ils furent un peu déçus en trouvant à Saint-Brieuc l'aspect d'une capitale de terroir agricole, aux rues noires et tristes, aux places irrégulières, vides et mornes. Ils remarquèrent toutefois, ça et là, quelques débris de la cité ancienne: de vieilles maisons sculptées, quelques tourelles élégantes, un hôtel Renaissance coquet, puis les églises: Saint-Guillaume, édifice moderne dans le style du XIIIe siècle, bâtie sur l'emplacement d'une ancienne collégiale du XIe et la cathédrale Saint-Etienne, restaurée au siècle dernier, et qui contient les tombeaux des évêques, anciens et modernes, de la ville.

Le secrétaire général de *L'Aéro-tourist-club* expliqua à ses collègues que la ville de Saint-Brieuc devait son origine et son nom à un missionnaire de la Grande-Bretagne qui vint, à la fin du Ve siècle, avec quatre-vingt-quatre disciples, prêcher l'Évangile dans l'Armorique. En 1375, Olivier de Clisson se fortifia dans la cathédrale et y soutint un siège contre le duc. En 1394, il vint à son tour assiéger les Briochins qui s'étaient réfugiés dans leur église et ne purent en être délogés qu'au bout de quinze jours. En 1592, Saint-Brieuc fut pillée par les Espagnols, et elle eut à souffrir en 1601 d'une peste qui emporta une grande quantité d'habitants. Les États de Bretagne s'y réunirent fréquemment de 1602 à 1768. En 1793, pendant la Terreur, la guerre civile éclata autour de Saint-Brieuc, et jusqu'à l'avènement du Consulat qui permit la réouverture des églises, et à part quelques courts moments de tranquillité et d'apaisement, ce fut, de la part des chouans et des bleus, une guerre sans pitié, des meurtres sans nombre. Dans la nuit du 26 octobre 1799, une troupe de partisans que conduisaient Mercier, dit la *Vendée*, et Carrefort, parvint à enlever de la prison de Saint-Brieuc quelques prisonniers royalistes dont l'arrêt de mort devait être exécuté le lendemain, et à rendre en même temps à la liberté plusieurs chefs qui étaient également détenus.

La promenade des jeunes gens se termina par l'examen du Légué, qui est le port de Saint-Brieuc. Il se trouve aménagé au fond de la vallée du Gouet; la route qui y conduit est très agréable. De hautes collines rocheuses et dénudées, à l'aspect pittoresquement sauvage, encadrent la baie qui paraît toujours voilée d'un peu de tristesse, même aux heures de soleil. Sur l'autre rive du Gouet, en face du village de Sous-la-Tour se dressent, sur un promontoire boisé, les ruines de la tour de Cesson, élevée à la fin du XIVe siècle par le duc Jean IV. Cette tour fut enlevée aux Ligueurs, en 1598, par le maréchal de Brissac. Henri IV, à la demande des Briochins, la fit démolir d'un coup de mine; l'explosion fit seulement s'écrouler une moitié de l'édifice dont les murs ne mesuraient pas moins de quatre mètres d'épaisseur à la base.

Outremécourt, qui connaissait la contrée, apprit à ses camarades qu'à deux lieues à peine de Saint-Brieuc se trouvait la grève des Rosaires, l'une des plus belles plages des côtes de France, encaissée entre le rocher du Poissonnet et celui du Guérinet, au sommet duquel on accède par un sentier. De cet endroit on embrasse un immense panorama sur la baie tout entière, de Saint-Quay, dont on voit émerger tout l'archipel d'écueils jusqu'au cap Fréhel, dont l'autre face regarde Saint-Malo.

Les touristes revinrent à la ville et se rendirent à l'Hôtel de France pour déjeuner. Pendant le repas, Médouville, répondant aux questions qui lui furent adressées par les dames participant au Tour de

France, fournit les explications qui lui étaient demandées sur les villes que l'on allait voir.

—Guingamp, dit-il, est une ville de neuf mille âmes bâtie dans un site pittoresque sur le Trieux. C'était autrefois la capitale du *Goello* et du duché de Penthièvre. Ses environs surtout sont intéressants, car la ville elle-même ne possède comme monument méritant l'attention que l'église Notre-Dame de Bon Secours, du XIVe siècle, avec son portail richement sculpté qui est du XVIe. La tour de l'Horloge, et la tour plate, où se trouvent les cloches, sont de beaux spécimens de l'art breton à l'époque de la Renaissance. Le porche pénétrant dans le bas côté où il coupe deux voûtes, renferme la statue de Notre-Dame du Halgoët, objet de pèlerinage. La tour centrale ainsi que la flèche mesurent 60 mètres de hauteur. L'intérieur est à cinq nefs, dont trois sont de même hauteur, et, chose curieuse, il y a dans les collatéraux, des arcs-boutants soutenant la voûte du milieu. Les piliers de gauche sont du style gothique, tandis que ceux de droite sont Renaissance, et, autre bizarrerie, on remarque des têtes et des bras sortant des piliers sous le clocher du transept. A gauche, existe un triforium gothique, et à droite un triforium Renaissance à trois étages d'arcades. Il faut encore mentionner des tombeaux des XIVe et XVIe siècles sur les côtés du choeur, puis un beau buffet d'orgues, des verrières modernes, dont l'une représente la bataille de Patay en 1870, une armoire aux reliques, du XVIIe siècle, et, dans la chapelle des Morts, un petit retable de la Renaissance.

Le pèlerinage à Notre-Dame du Halgoët, ou grand Pardon, a lieu le samedi soir qui précède le premier dimanche de juillet; il attire des milliers de pèlerins qui animent la vieille cité par la pittoresque variété de leurs costumes bretons.

Non loin de l'église, en suivant la Grande-Rue, on arrive à la place de la Pompe, où se trouve la fontaine du duc Pierre, en plomb repoussé, alimentée par un aqueduc bâti au XVIe siècle. Cette fontaine est une des oeuvres les plus exquises de l'époque de la Renaissance. Les figures de nymphes et de chevaux marins, dominées par une statue de la Vierge, étonnent par leur grâce dans le décor un peu sévère de la vieille place aux maisons rappelant l'ancien rang occupé autrefois par la cité.

—Et Carhaix où nous devons faire halte, vous ne nous en parlez pas?... demanda Breuval à l'orateur.

—D'abord je dois vous parler d'Huelgoat, que nous rencontrerons sur notre route. C'est, paraît-il, un bourg d'aspect agréable, avec ses maisons blanches aux portes et aux fenêtres encadrées de granit gris, et qui se trouve situé au bord d'un étang de 40 hectares, entouré de prairies, de bois, de petites collines marbrées de roches aiguës. Sur la chaussée de l'étang se dresse un vieux manoir seigneurial du XVIe siècle, tout empanaché de lierre et dominant le plus extraordinaire chaos de rochers qui se puisse voir. Entre les roches, un torrent gronde et se perd. Il a creusé, dans les granits, des marmites et des niches, sculpté des colonnes, et il se précipite de très haut dans des gouffres insondables.

L'église, du XVIe siècle, a un clocher moderne. On y remarque le vieux couvercle des fonts, un dais et une frise en bois identique à celle qu'on peut voir à Landerneau et à Roscoff, et un groupe sculpté représentant un prêtre entre un seigneur et un mendiant. Près de l'église se trouve la chapelle de Notre-Dame des Cieux, du XVe siècle, qui possède un curieux retable. En suivant le chemin qui conduit à l'étang, on arrive à un pont qui porte un moulin d'aspect pittoresque; non loin d'un chaos de rochers appelé le *ménage de la Vierge*, l'*oreille*, les *fauteuils*, etc. Au delà du pont, on aperçoit une énorme pierre branlante appelée le *rocher tremblant*.

Maintenant, pour parler de Carhaix, poursuivit Médouville, je vous dirai que c'est un point de jonction très important des routes et voies ferrées de la Bretagne, et qui compte trois mille habitants. C'est la patrie du premier grenadier de France, Malo Corret de la Tour d'Auvergne, mort en 1800. Carhaix passe pour avoir été, sous le nom de *Vorganium*, la capitale des Osimiens, peuple d'Armorique ayant pris part à la guerre des Vénètes contre César. La découverte de sept voies romaines qui rayonnaient de la ville, prouve que les Romains s'y établirent. Au Ve siècle, elle fit partie du royaume de Cornouailles et devint la résidence d'Ahès, fille du roi Gradlon, d'où est venu, croit-on, le nom de *Ker Ahès*, ville d'Ahès, en français Carhaix. Au VIe siècle, elle fut prise et reprise par les troupes de Jean de Montfort et de Charles de Blois et par Duguesclin lui-même en 1364, enfin saccagée plus tard par les Ligueurs et les royaux. Carhaix, la cité montueuse de Brizeux, est juchée sur le plateau où se croisaient jadis toutes les voies romaines de l'Armorique; c'est encore aujourd'hui le noeud principal du réseau intérieur des chemins de fer sillonnant la Bretagne. Un moment, la prospérité des mines de plomb argentifère exploitées dans les environs, à Poullaouen notamment, parut prédire une situation florissante à Carhaix, mais ces mines, insuffisamment rémunératrices, furent abandonnées et la région dut rester agricole et pastorale. Le monument principal de Carhaix est l'église Saint-Trémeur, ancienne collégiale, que domine une tour de 45 mètres de haut.

—Et notre point d'arrêt définitif, je serais aise de le connaître avant d'arriver, fit à son tour le fabricant de produits alimentaires, Lhier. Tu devrais nous en dire quelques mots, si tu es documenté.

—A ton service. Quimper, chef-lieu du Finistère, au confluent du Steir et de l'Odet, à quatre lieues de la mer, possède dix-huit mille habitants. C'est, d'après les guides que j'ai consultés, une ville assez agréable, que les deux rivières sus-nommées coupent de nombreux petits canaux dans l'eau paisible desquels se reflètent les vieilles maisons. Il existe également des rues plus modernes et de belles promenades ombragées. Quimper, dont le nom en breton *kemper* signifie *confluent*, s'est longtemps appelé Quimper-Corentin, du nom de son premier évêque, saint Corentin. C'était, au commencement du moyen âge, la capitale de la Cornouaille, et le prince qui l'habitait, le roi Gradlon, est souvent mentionné dans les légendes bretonnes. Le pays fut réuni au duché de Bretagne dès le XI'e siècle. Quimper fut pris et pillé en 1344 par Charles de Blois et assiégé l'année suivante par Montfort qui ne put le reprendre. La ville se soumit dix ans plus tard après la bataille. Quimper, qui était pour le parti ligueur, ne revint à la France qu'en 1594; après l'entrée de Henri IV à Paris. Depuis lors son histoire ne présente plus aucun fait important.

«On remarque à Quimper le palais épiscopal, édifié sur l'emplacement de l'ancien évêché construit par Bertrand de Rosmadeuc et qui ne contient plus, à l'intérieur, qu'une cage d'escalier, seul reste de la construction primitive, puis, à très peu de distance de l'évêché, la cathédrale Saint-Corentin, un des plus beaux édifices gothiques de la Bretagne. Élevée de 1239 à 1515, avec une interruption des travaux pendant tout le XIV'e siècle, elle présente le style gothique breton dans toutes ses phases. C'est également la cathédrale gothique la plus complète de la Bretagne, avec celle de Saint-Pol-de-Léon, et la plus belle avec celle de Tréguier, si l'on met à part la cathédrale de Nantes dont le choeur est moderne. Les flèches des tours, hautes de 75 mètres, ont été reconstruites en 1754, et l'on a placé entre elles la statue équestre du roi Gradlon. L'édifice, qui mesure 92 mètres de longueur sur 15 de largeur, affecte en plan la forme d'une croix latine, et l'axe du choeur est fortement dévié pour symboliser l'inclinaison de la tête du Christ sur là croix. Les bas côtés et le pourtour du choeur sont occupés par seize chapelles dont plusieurs appartenaient aux grandes familles de la contrée qui y avaient leurs tombeaux. Ces chapelles sont ornées de fresques. Les vitraux, en partie du XVe siècle, sont admirables. La plupart des peintures murales des chapelles sont de l'artiste breton Yan d'Argent.»

L'orateur dut interrompre sa conférence. L'heure du départ avait sonné et il était temps de rejoindre les véhicules aériens immobiles dans la prairie. Au signal, les monoplans s'envolèrent d'abord, puis le gros de la caravane formé des biplans Landoux. Le président ayant recommandé à ses amis d'emporter la quantité d'essence nécessaire pour effectuer un trajet de 150 kilomètres, il ne fut pas besoin de reprendre terre pendant le trajet qui fut exécuté d'une seule traite en passant au-dessus de Guingamp et de Carhaix. A six heures du soir, les touristes arrivaient, après deux heures quarante minutes de vol ininterrompu, en vue de l'ancienne ville du roi Gradlon. Un seul appareil manquait à l'appel à l'arrivée, celui du *Père Tranquille.* La Tour-Miranne commençait à être inquiet quand l'aéro reparut, avec un retard d'une demi-heure qui s'expliquait par une panne d'allumage, la magnéto s'étant déréglée et ayant obligé Outremécourt à atterrir quelques instants sur les bords de l'Aulne, à Châteauneuf, pour réparer.

En attendant l'heure du dîner, les aviateurs firent le tour de la ville, mais à un certain moment, le secrétaire général du club disparut à un tournant de rue. Ses amis, attablés au restaurant, attaquaient déjà le rôti quand il revint, l'air radieux et en se frottant les mains avec satisfaction.

—J'ai trouvé cinq autos, s'écria-t-il en pénétrant dans la salle du repas.

—Hein! que dites-vous, Saint-Otto?... s'étonna Damblin. C'est le patron des chauffeurs, ce saint-là?

Un éclat de rire général accueillit l'exclamation de l'ingénieur, et Médouville lui-même sourit.

—Non, vous vous méprenez, dit-il. Je veux dire que j'ai trouvé à louer pour demain cinq voitures automobiles qui vont nous permettre de visiter, mieux que nous ne saurions le faire avec nos aéros, toute la côte du Finistère. Si vous voulez, nous irons d'abord à Douarnenez, puis, de là, à la pointe du Raz. Nous suivrons ensuite la côte jusqu'à Penmarc'h et nous reviendrons par Pont-l'Abbé et Rosporden.

—Si l'excursion en vaut la peine, j'en suis, déclara l'industriel Lhier. Et vous, Mesdames?...

L'avis unanime fut pour accepter la proposition du secrétaire. Il n'y eut que les enragés du monoplan, Médrival et Garuel, qui firent quelque peu la grimace, car pour eux il n'existait plus d'autre mode de locomotion que l'aéroplane à grande vitesse. Cependant ils ne voulurent pas encore se séparer de leurs camarades, et il fut convenu que le lendemain, à sept heures du matin, on partirait pour l'excursion projetée.

Il se trouva justement que Médouville avait eu une très heureuse idée en organisant cette petite randonnée terrestre, car un orage éclata dans la nuit, et le vent était tel, le lendemain, que l'on n'aurait pu tenter aucun vol. La caravane partit donc en autos, sous un ciel gris que traversaient de petits nuages bas emportés avec une excessive vitesse par le vent du sud-ouest, et elle arriva bientôt à Locronan, célèbre par son église très curieuse et son pèlerinage. Les touristes s'arrêtèrent quelques minutes à examiner ce monument dont la grosse tour carrée est surmontée d'une lanterne moderne. Faisant saillie d'une travée sur la façade, la chapelle du *Peniti*, ou maison de pénitence, construite en 1530 aux frais de Renée de France, duchesse de Ferrare, fille de Louis XII et d'Anne de Bretagne. Cette chapelle, qui a son portail et son campanile particuliers, renferme le tombeau de saint Ronan. La statue couchée du saint repose sur une table massive; la tête est soutenue sur un coussin porté par des anges. Six autres anges, adossés à des pilastres, supportent la table funèbre sous laquelle les infirmes doivent passer en rampant pour être guéris de leurs maladies. On conserve dans l'église la clochette de Saint-Ronan que l'on porte dans les processions comme une relique.

Médouville rappela à ce sujet la légende du saint qui, venant d'Irlande, aborda sur la plage du pays de Léon et, s'arrêtant dans un lieu fort retiré, y bâtit une petite hutte où il se retira pour prier. «Il pensoit, dit un vieux chroniqueur, être si bien caché que personne ne le connaistroit que Dieu, mais il en arriva tout autrement, car quelques paouvres malades estans par spéciale Providence venus à son ermitage demander l'aumosne, le Saint leur donna la santé qui leur fut plus chère que tout l'or du monde. Cela fut cause que, de tout le Léonnois, on accouroyt vers luy.»

Lorsque saint Ronan mourut dans la forêt, sur les confins de l'évêché de Vannes, les trois comtes de Vannes, de Cornouaille et de Léon, pour décider à quel diocèse appartiendrait le corps, le mirent dans une charrette attelée de deux boeufs farouches. Les boeufs, conduits par la main invisible de Ronan, marchèrent droit devant eux au plus épais de la forêt. Les arbres s'inclinaient ou se brisaient sous leurs pas avec des craquements effroyables. Arrivés au centre de la forêt, à l'endroit où étaient les plus grands chênes, le chariot s'arrêta. On comprit, on enterra le saint, et on bâtit son église en ce lieu.

Tous les ans a lieu en son honneur un Pardon très fréquenté, mais l'affluence est surtout nombreuse au Pardon septennal, appelé la *Grande Troménie*, et qui dure huit jours.

La *Grande Troménie*, dit Dom Plaine, consiste dans une immense procession composée de quinze à vingt mille personnes, devant toucher successivement au territoire de cinq paroisses, et faire douze stations à différentes chapelles de piété.

Le parcours de la procession, parfaitement déterminé par la tradition immémoriale, est de tout point invariable. C'est celui que saint Ronan s'était condamné à faire pieds nus, chaque septième jour, avant de prendre aucune nourriture. Aussi la procession en question n'est-elle arrêtée ni par haie, ni par barrière. Rien ne saurait empêcher les fidèles, dans la circonstance, d'accomplir le parcours traditionnel... Les vingt mille personnes qui accompagnent cette magnifique procession, le font d'ailleurs avec le plus grand esprit de foi et de piété. C'est à chaque septième année que se fait cette procession avec un éclat et une pompe qui n'a rien de comparable peut-être dans toute la France, au moins comme usage constant, ininterrompu, séculaire. La *Petite Troménie*, ou procession annuelle, n'a pas la même solennité; elle ne dépasse pas les limites de la paroisse. Le mot *troménie*, vient de *Tromenez*, le tour de la montagne, ou de *tro minieh*, tour de l'asile. La procession qui a lieu le deuxième dimanche de juillet, se met en marche à midi. A quatre heures, elle fait halte au sommet de la montagne de Saint-Ronan, et de ce point dominant la baie de Douarnenez, un prêtre adresse une allocution aux pèlerins. A sept heures la cérémonie est terminée et les fidèles de retour à Locronan.

Médouville avait narré la légende du saint et donné ces explications complémentaires pendant le trajet de l'auto de Locronan à Douarnenez, où l'on arriva quarante minutes après avoir quitté Quimper.

La baie immense de Douarnenez, avec sa bordure de collines que domine la masse arrondie du Méné-Hom, avec ses rives hardiment découpées et ses grands pins descendant jusqu'aux grèves, forme un admirable paysage; la ville est bien située dans la coupure profonde de la rivière de Poul-David; la plage même de Douarnenez est très petite (cabines de bains), mais, à 2 kilomètres, s'étend la plage de Riez dans un site charmant.

Douarnenez est le premier des ports sardiniers de la France. C'est une ville populeuse et sans intérêt, aux maisons banales mais animées par une population de pêcheurs et d'ouvrières employées dans les confiseries de sardines. Toute son activité, toute son industrie sont concentrées dans la pêche, la salaison et la confiserie de la sardine. Pendant cinq mois, du 20 juin au mois de décembre, 800 bateaux et 4,000 pêcheurs y prennent certaines années plus de cent millions de poissons. En outre, plus de 200 embarcations (2,500 à 3,000 hommes d'équipage) vont pêcher le maquereau sur les côtes d'Écosse.

Pendant les guerres civiles du XIV'e siècle, Douarnenez fut prise par Jacques de Guengat, qui tenait le parti du roi. Elle fut reprise par Fontenelle en 1595, et ses maisons furent démolies pour fortifier l'île Tristan, située en face de Douarnenez. Ce dernier nom, qui signifie littéralement la terre de l'Ile, a été donné à Douarnenez en raison de son voisinage de l'île Tristan. Cette île renfermait un prieuré dédié à Saint-Tutuarn; Fontenelle s'établit dans le prieuré, qu'il transforma pendant trois ans en un repaire de bandits, malgré les efforts réitérés de la garnison de Brest.

Les touristes ne firent que traverser Douarnenez, et les voitures filèrent, sans ralentir leur allure, sur Audierne et la pointe du Raz. Audierne est une petite ville de 3,400 habitants située au pied d'une colline boisée sur la rive droite de la rivière du Goyen. Son port dé pêche, d'un accès difficile, signalé par deux phares, était très important jusqu'au XVIe siècle, alors que la pêche de la morue était florissante, mais il a perdu de son importance, depuis cette époque. Il assèche complètement à marée basse et ne peut recevoir, à marée haute, des navires de plus de trois cents tonneaux. La plage d'Audierne, assez fréquentée, s'étend à droite du môle situé à la pointe de Raoulic; à deux kilomètres de cette pointe, la pointe de Lervily forme l'extrémité de la vaste baie d'Audierne dont les parages sont dangereux et les rives, les plus mauvaises de nos côtes, s'étendent en arc de cercle jusqu'aux rochers de Penmarc'h.

La pointe du Raz, extrémité du Finistère, n'est éloignée que d'une quinzaine de kilomètres d'Audierne. La Tour-Miranne avait eu la précaution de prendre un guide à Audierne, et ce fut sous sa conduite que les touristes purent faire l'excursion à pied, par le sentier longeant la crête de la falaise, à cent mètres au-dessus de la mer mugissante, et jouir ainsi d'un spectacle grandiose et vraiment unique au monde.

La pointe du Raz, ou cap Sizun, limite extrême du littoral de l'ouest de la France, est l'un des points d'où l'on peut admirer l'Océan dans toute sa splendeur.

Cette route du Raz est une des plus sauvagement impressionnantes de la péninsule celtique. La végétation n'ose s'éloigner d'Audierne. Jusqu'à Plogoff se rencontrent encore quelques ajoncs rabougris, quelques arbres chétifs penchés vers le nord-est, comme s'ils cherchaient à fuir éperdument les assauts incessants de la tempête toujours régnante.

Mais, après ce pauvre village, rien ne pousse plus que des pierres stériles, que des croix émaciées, «calvaires» de granit dressant vers les cieux leurs bras décharnés. De-ci, de-là, quelques misérables cabanes aux portes desquelles, en dépit de la pluie et du vent, se montrent curieusement au passage, de moyenâgeuses silhouettes, d'austères «bigoudines» au béguin noir collé sur les oreilles, aux cheveux lissés, à la jupe courte embrodée au bas de quelque vague et claire ornementation.

La pointe du Raz.

Tout ce paysage, hommes et choses, évoque la vision de la lutte incessante, de l'âpre combat pour la vie, pour la vie qu'il faut arracher, miette à bribe, à l'ouragan qui règne ici en maître incontesté, à l'Océan, toujours en fureur, dont les grondements clament aux oreilles, semblant réclamer des victimes nouvelles, toujours irrassasié.

A perte de vue la mer était blanche, d'un blanc jaune, jauni comme par le fiel d'une fureur incalmable; sur les brisants du Raz, sur les sinistres «têtes de chiens» qui si souvent déchirèrent les navires en perdition de leurs pointes acérées, le courant s'enfuyait, laissant des traînées rapides.

Au premier plan, à quelques centaines de mètres de la Pointe, le phare de mer, le phare planté là au milieu du chaos comme une exclamation de défi de l'homme à la Grande agitée, le phare qu'à ce moment noyaient les vagues jusqu'à hauteur de la lanterne, grondant de fureur de ne pouvoir trouver d'issue pour pénétrer l'étroit pylône de pierre en lequel deux créatures humaines, séparées du reste du monde, s'abritaient.

Au loin, coupant la ligne d'horizon, comme plus bas que l'écume blanche, semblait s'engloutir une tache sombre, la pauvre île de Sein que paraissaient par moments, recouvrir les embruns.

Ile de Sein! Courtes syllabes qui sonnent comme un glas! Terre lugubre qui, pendant huit mois de la longue année, ne connaît du monde civilisé que le feu brillant du phare de terre aperçu parfois dans la trouée des vagues, tout là-haut, tout là-bas; triste lieu qu'envahissent chaque hiver la mer et la famine, acculant les habitants dans les parties hautes de l'île. Contrée de la mélancolie d'où toute note claire est bannie, où les femmes elles-mêmes se vêtent à l'unisson de la nature, prenant dès l'enfance les voiles et la coiffe sombre de la veuve et ne les quittent jamais.

L'île de Sein ne ressemble en rien aux îles du Morbihan; l'espace semble rigoureusement mesuré, les rues ont à peine un mètre de large. Toute la vie est concentrée dans le bourg de 842 habitants. L'activité y est assez grande à cause de la pêche; non seulement la population de l'île, mais en été les marins de Paimpol se livrent à la pêche du homard; cette activité a amené une aisance relative et a fait perdre à l'île son caractère farouche. Elle ne renferme ni arbre, ni buisson; on y cultive l'orge et les pommes de terre, une soixantaine de vaches paissent l'herbe rare; l'eau est insuffisante, une seule fontaine pour l'île, oblige à recourir aux citernes et même à des tonneaux d'eau amenés du continent. En revanche, les cabarets sont nombreux, on en compte 24 dans l'île. Tous les hommes sont pêcheurs ou marins; les femmes sont tristement habillées de robes sombres et d'une coiffe de laine noire tombant sur les épaules.

La vie est rude à l'île de Sein; non seulement l'Océan broie ses barques et noie ses pêcheurs, mais aux grandes marées il la submerge parfois. Au XVIIIe siècle, le duc d'Aiguillon, gouverneur de Bretagne, fit construire la digue qui préserve un peu l'île au sud; il décida aussi que, tous les trois mois, les habitants seraient ravitaillés. En 1868, un raz de marée envahit l'île en pleine nuit, les habitants se réfugièrent sur les toits, dans le clocher, la mer se retira heureusement. Les Iliens du Sein sont d'admirables sauveteurs.

L'île se prolonge dans la direction de l'ouest, jusqu'à une distance de 8 milles, par une chaîne de récifs. Les uns élèvent leurs cimes audessus des plus hautes mers, d'autres se couvrent et se découvrent alternativement; la plupart sont toujours submergés. Ils constituent une sorte de barrage dont la-direction est à peu près normale à celle des courants de marée, et la mer s'y brise avec une violence extrême. Cette singulière formation géologique, connue sous le nom de *Chaussée de Sein*, était tristement célèbre parmi les navigateurs avant la construction du *phare d'Ar-Men*, de second ordre, à feu scintillant, haut de 28 m. 50 au-dessus des plus hautes mers.

Des hommes descendaient sur la roche, munis de ceintures de sauvetage.

Cette construction du phare est prodigieuse; élevé sur une roche sans cesse submergée, elle fut commencée en 1867. Dès que l'on pouvait accoster, des hommes descendaient sur la roche, munis de ceintures de sauvetage, se couchaient sur elle, s'y cramponnant d'une main, tenant de l'autre un fleuret ou un marteau et travaillant avec une activité fébrile, incessamment couverts par la lame. Si l'un d'eux était entraîné par la violence du courant, sa ceinture le soutenait et une embarcation allait le reprendre pour le ramener au travail. En 1869, la construction proprement dite commença. En 1872, on avait 144 mètres cubes de maçonnerie représentant une dépense de 135,486 francs. Le maximum d'heures de travail auquel on avait pu arriver était de 22 heures par an. Enfin, en 1881, le phare était inauguré. Ses gardiens sont parmi les plus isolés; leur ravitaillement, toujours difficile, est parfois impossible.

Les touristes ne se lassaient pas de regarder l'Océan s'étendant jusqu'à l'extrême horizon, et le guide leur nommait les écueils dressant leurs têtes menaçantes jusqu'à l'horizon. C'étaient les rochers de Gorlégreiz, Gorlébella et de la Vieille, ce dernier avec le nouveau phare dressant sa haute silhouette de pierre en plein Raz, dans une solitude éternelle, au milieu d'une mer farouche agitée d'incessants remous, puis les roches des Barulets, de Beguelnan et de Tevennec, cette dernière également pourvue d'un phare.

—Un bateau a encore sombré au Raz il y a quinze jours, dit le guide à La Tour-Miranne, entre deux crachats d'embruns. Il a été pris par le courant au sud d'Ouessant, la tempête avait démoli sa mâture, le Raz l'entraîna et ne le lâcha plus. Dix hommes ont péri. La baie des Trépassés a rendu les cadavres la semaine dernière seulement, lors de l'accalmie.

S'arrachant avec peine à sa contemplation, le président entraîna ses compagnons qui revinrent à Plogoff, après avoir remarqué au passage une sorte de siège naturel que les habitants du pays appellent le fauteuil de Sarah Bernhardt depuis que la célèbre tragédienne s'y est assise pour admirer l'Océan dans toute sa fureur.

—Au phare d'Eckmühl, maintenant!... s'écria le jeune homme en remontant en voiture.

Mais il y a plus de 50 kilomètres de la pointe du Raz à la pointe de Penmarc'h. Les automobiles durent faire halte à Pont-l'Abbé, sur le parcours, et, ayant trouvé un hôtel d'apparence assez confortable, la caravane demanda à déjeuner. Les excursionnistes avaient pu remarquer, en traversant la petite ville, qu'elle ne ressemblait en rien aux autres villes bretonnes qu'ils avaient vues jusqu'alors. En effet, Pont-l'Abbé est un centre des plus curieux de la presqu'île armoricaine, et sa devise: *Ep chang*, qui veut dire sans changer, ne ment pas. Pont-l'Abbé a de grandes places et des petites rues étroites. Les hommes ont un costume que l'on ne rencontre nulle part, brillant et bizarre. Les femmes portent trois jupes en étage et une coiffe pointue qui rappellent les symboles et les cultes de la vieille Asie. Les broderies jaunes, la coiffure, tout est singulier et semble plus ancien que la Bretagne elle-même si parfumée d'ancienneté.

Les *Bigoudens*, comme on les nomme de la pièce caractéristique qui termine la coiffure des femmes, sont à ce point particuliers parmi tous les autres Bretons, qu'on leur prête une origine différente, presque fabuleuse. Les uns les font descendre des Phéniciens; Tyr aurait envoyé une colonie sur ce point de la côte; les autres les rangent au nombre des Mongols.

Le climat de cette terre est délicieux, et comme à Roscoff en Léon, il n'est rien que l'on n'obtienne de la culture.

Le repas expédié, les touristes reprirent place dans les voitures et se firent conduire à Penmarc'h—la tête de cheval—qui constitue l'extrémité sud-ouest du Finistère. Ils passèrent, avant de quitter Pont-l'Abbé, devant son église, ancienne chapelle édifiée en 1383, et que surmonte un clocher de forme bizarre, puis devant le Château, construction plus ancienne encore, car c'était une vieille forteresse qui appartint en 1500 à Toussaint de Beaumanoir. Elle fut, plus tard, assiégée et prise par les Ligueurs qui la conservèrent jusqu'à leur soumission, c'est-à-dire pendant près de cent ans. Ce monument, où sont installées aujourd'hui la mairie et la gendarmerie, se compose d'un corps de bâtiment flanqué d'une grosse tour ronde à créneaux et d'une tourelle carrée renfermant l'horloge de la ville.

La route de Pont-l'Abbé à Penmarc'h n'a rien de bien intéressant, aussi les douze kilomètres séparant ces deux pays l'un de l'autre furent-ils rapidement franchis, et les promeneurs, ayant mis pied à terre à peu de distance du phare qu'ils désiraient visiter, aperçurent en passant le petit village de Kérity qui posséde une église du XIIIe siècle en ruines et un petit port.

Les plus puissants phares du monde sont ceux de la Hève, situés à quatre kilomètres de l'entrée du port du Havre, et inaugurés en 1893 et dont la lumière serait aperçue à trente kilomètres au delà de Paris, si la sphéricité de la terre ne s'y opposait pas, et celui d'Eckmühl, allumé pour la première fois en 1897, et qui a été édifié sur l'extrémité de la pointe de Penmarc'h, grâce à un legs de trois cent mille francs de la marquise de Blocqueville, née d'Eckmühl. C'est un phare électrique placé au sommet d'une tour de granit de soixante mètres de hauteur. Les touristes firent l'ascension des trois cent cinquante-sept marches conduisant à la lanterne, et, arrivés en ce point, purent examiner l'appareil optique du feu-éclair, dont l'ingénieur Damblin leur fournit la théorie.

— La source lumineuse, dit-il, peut-être considérée comme un robinet donnant un débit constant ou un flux lumineux constant dans l'unité de temps. Le réservoir qui se remplit et se vide périodiquement, à l'aide d'une soupape, c'est l'appareil optique à éclats. Plus courte sera la durée de l'ouverture de la soupape, plus grande sera l'intensité du faisceau ou le débit du jet. La section de la soupape est comparable à celle de la lentille annulaire; plus elle est grande, plus elle rassemble une forte proportion du flux lumineux, mais naturellement aussi, plus l'intervalle qui sépare deux éclats consécutifs est grand, puisqu'il faut laisser au réservoir le temps de se remplir de nouveau. Tel est le principe des feux éclairs, et celui de Penmarc'h en est une application. L'éclair lumineux a une durée d'un dixième de seconde et il se répète toutes les cinq secondes; sa portée est de cinquante milles marins, soit 90 kilomètres par temps clair.

— Mais lorsqu'il y a de la brume, hasarda M. Le Clair.

— La portée est naturellement réduite suivant l'opacité de la brume, mais le phare est muni d'un signal sonore, une puissante sirène à air comprimé, qui annonce aux navires la proximité de la côte.

Les visiteurs donnèrent un dernier regard à la statue du maréchal Davoust, prince d'Eckmühl, d'après Dumont, et qui est érigée dans la salle au-dessous de la lanterne, puis ils redescendirent les trois cent cinquante-sept marches et se retrouvèrent sur le sol ferme. Quelques minutes après, ils arrivaient aux célèbres rochers de Penmarc'h, après s'être un instant arrêtés devant une croix de fer scellée dans la falaise et rappelant que, le 10 octobre 1870, cinq personnes, assises tranquillement en cet endroit, furent subitement balayées par une vague de fond colossale.

«L'océan de Penmarc'h, a dit l'écrivain Suarès, est le roi des épouvantements. Là règne la fureur; les rocs sombres paraissent figés, roidis dans la terreur que leur cause le combat éternel d'un ciel gros de menaces et de vagues sinistrés. Des blocs et des blocs, des montagnes éboulées, partout des débris et des ruines. Pas un arbre; seuls règnent le sable et le granit. Sur cette terre virile, toute en os et en promontoires, pareille aux squelettes décharnés d'un ossuaire de géants, la douceur des arbres se fait sentir par un regret. C'est un canton de deuil, un littoral sans pitié, le plus riche en naufrages. Des lames sourdes parfois se forment et balayent tout ce qu'elles touchent, sournoises comme là mort, rapides comme l'infortune. Une vague plus haute qu'une maison a mangé d'un seul coup cinq personnes assises par un beau jour au haut d'un rocher pareil à une colline. Comme la gueule d'un monstre caché au fond de l'eau, elle est sortie et a happé sa proie. La mer cruelle a l'éclat sombre et gris d'un regard de haine, et les rocs se penchent comme des monstres en méditation.»

Lorsque là tempête fait rage, les grandes lames de l'Atlantique s'abattent avec fureur sur ces rochers de granit, et le bruit que fait la mer est tel alors qu'il s'entend jusqu'à Quimper, éloigné cependant de 30 kilomètres. D'épais nuages de vapeur volent en tourbillons, le ciel et la mer se confondent, et l'on n'aperçoit, au milieu d'un sombre brouillard, que des flocons d'écume voltigeant dans les airs avec le bruit de détonations d'artillerie.

Heureusement, ce jour-là, le temps était relativement beau, et les promeneurs n'eurent pas à redouter le sort des victimes de l'accident de 1870. Ils purent donc faire sans le moindre danger le tour de la pointe et visiter la plage de Saint-Guénolé, peu éloignée, avant de regagner les voitures devant les ramener à Quimper.

Tout le monde se coucha de bonne heure, ce soir-là, car l'air salin fouettant le visage avait, autant que la promenade elle-même, fatigué les aviateurs et leurs passagères. Mais, le lendemain, chacun fut debout de bon matin. Médrival vint aussitôt trouver le chef de la caravane, Robert de La Tour-Miranne, et l'entreprit par sa question quotidienne.

—Quel est l'itinéraire du jour, président?....

—Soyez satisfait répondit celui-ci. Aujourd'hui nous allons faire de la route.

—Ah! ah! ce n'est pas malheureux!... Où devons-nous nous arrêter ce soir: à Bordeaux ou à Bayonne?...

—Peste!... comme vous y allez, mon cher!... Non, nous allons simplement à Nantes, en passant par des endroits assez intéressants à voir: le Faouët, Pontivy et Ploërmel où nous déjeunerons, puis Malestroit, Redon, Pontchâteau et Savenay l'après-midi. Cela nous fait le total, déjà coquet, de 270 kilomètres à parcourir.

—Peuh! cela fait juste trois heures de vol pour nous! Mais, dites-moi, président, pourquoi ne suivons-nous pas le bord de la mer pour nous rendre à Nantes, par Quimperlé, Lorient, Vannes et Saint-Nazaire?... Il doit y avoir aussi des coins intéressants à voir par là-bas?...

—C'est vrai, dit l'ingénieur Damblin qui s'était approché. Il y a le port de Lorient, qu'il faudrait voir, nous qui n'avons pas aperçu Brest; puis les alignements de Carnac, Sainte-Anne-d'Auray, Quibe-ron...

—Pourquoi pas Belle-Ile en mer pendant que vous y êtes! riposta en riant La Tour-Miranne. Ne voulez vous donc pas voir les vieux châteaux de Josselin, de Pontivy, l'église Saint-Fiacre du Faouët, la maison de Malestroit et de sa femme...

—Oh! des vieux châteaux et des églises, il n'y a guère que cela en Bretagne, et nous en avons déjà vu pas mal, reprit Médrival. La mer, c'est plus intéressant. Est-ce que le trajet serait beaucoup plus long?

—A vol d'oiseau, il y a 120 kilomètres de Quimper à Vannes et 110 de Vannes à Nantes, mais la route serait un peu allongée si l'on passait à Carnac et à Sainte-Anne-d'Auray. En somme, on peut dire que le parcours est le même d'un côté comme de l'autre, et pour ma part je n'ai pas de préférence. Il en sera ce que la majorité décidera!...

Après quelques instants de discussion, la route par Vannes fut décidée, et la flottille s'envola, les aviateurs s'étant donné rendez-vous aux monuments mégalithiques de Carnac, distants de 100 kilomètres du chef-lieu du Finistère. Les aéros suivirent, d'abord exactement la route de Quimperlé qu'ils traversèrent à faible hauteur, et Médouville en profita pour citer les vers de Brizeux, le poète breton:

Sans cesse l'on ne voit et l'on n'entend chez nous

Qu'eaux vives et ruisseaux et bruyantes rivières

Des fontaines partout dorment sous les bruyères,

C'est le Scorff tout barré de moulins, de filets,

C'est le Blavet, tout noir au milieu des forêts ;

L'Ellé plein de saumons ou son frère l'Isole

De Scall à Quimperlé coulant de saule en saule...

La ville de Quimperlé s'étale gracieusement sur des collines rocheuses élevant au-dessus des deux petites rivières, l'Isle et l'Ellé, la
masse de ses maisons claires et de ses terrasses ombragées et fleu-
ries, dominées par la silhouette un peu lourde de son église, la basilique de Sainte-Croix. Les rues étroites et montueuses sont pittoresques avec leurs anciens logis à poutrelles et leurs vieux hôtels de
granit gris aux sculptures rongées de mousses. Elle offre un contraste frappant avec l'industrieuse cité de Lorient, qui n'est cependant
éloignée que de cinq lieues, et au-dessus de laquelle les aviateurs de
l'*Aéro-tourist-club* planèrent un peu après, afin de se rendre compte
de sa disposition générale.

Lorient, ville de quarante-quatre mille habitants, est un port militaire et de commerce situé sur le Scorff près de son confluent avec le
Blavet. Sa fondation ne remonte qu'à deux cents ans, époque où des
chantiers de construction y furent créés par la puissante Compagnie
des Indes qui donna le nom de l'Orient à ce nouveau centre. La
Compagnie fut ruinée à la suite de la prise du Bengale par les Anglais qui avaient essayé, mais heureusement en vain, de s'emparer
des chantiers en 1746, et ses établissements furent acquis par l'État
et la ville se développa autour d'eux. Lorient, qui fait de grands
armements pour la pêche, ainsi qu'un grand commerce de poissons
frais et de conserves de sardines, vit surtout de son arsenal.

Les aéroplanes traversèrent, à petite allure, la ville dans toute sa
largeur, du square Bodelio aux casernes et à la jetée du port de
commerce, en passant au-dessus de l'hôpital, du tribunal, du musée
Saint-Louis, de la place d'Armes et de la préfecture maritime, puis
ils traversèrent le Scorff, laissèrent Port-Louis à tribord et pointèrent
droit sur Plouharnel et Carnac, à l'entrée de la baie de Quiberon.

L'île de Groix se distinguait à l'horizon du sud, comme le dos de quelque formidable cétacé endormi à la surface des flots, cependant elle ne mesure pas moins de 8 kilomètres de long sur 2 ou 3 de large, et renferme une population très dense, presque cinq fois supérieure, à égalité de surface, à celle de la France, car elle n'est pas moindre de cinq mille habitants pour 20 kilomètres carrés.

Cette île, qui s'appelait primitivement *Enez-el-Groach*, «l'île des Sorcières», ce qui a permis de croire qu'elle a été habitée à cette époque par des druidesses, de même que l'île de Sein, la *Sena* de Pomponius Méla, qui renfermait un célèbre oracle interprété par neuf prêtresses vouées à une virginité perpétuelle. L'île de Groix a dû être couverte autrefois de monuments mégalithiques, à en juger par ceux qui se sont conservés jusqu'à nos jours. Bordée d'une haute falaise, elle présente des curiosités naturelles remarquables; ce sont des grottes profondes que la mer a creusées dans les roches schisteuses. Les plus intéressantes à visiter sont: Le *Trou d'Enfer*, le *Trou du Tonnerre*, la *Grotte aux Moutons*, etc. L'île possède deux sémaphores et deux phares.

Les habitants, que l'on appelle les *Grésillons*, sont presque tous pêcheurs. Les femmes font, presque absolument à elles seules, les travaux des champs; le sol se laboure par des moyens primitifs; en 1895, une fourche sur laquelle les femmes semblaient sauter pour enfoncer le fer, remplaçait les charrues. La terre est divisée en sillons.

Les pêcheurs grésillons pratiquent, en hiver, la pêche au chalut, particulièrement pénible; le chalut est un immense filet avec lequel ils drainent le fond de la mer; une embarcation de Groix, pour la pêche au grand chalut, revient de quinze à vingt mille francs; l'équipage se compose de six à sept hommes, pouvant gagner de quatre à cinq cents francs par campagne.

C'est dans le Coureau de Groix qu'a lieu la pêche de la sardine et que se fait la *Bénédiction du Coureau*, pour obtenir du ciel qu'elle soit abondante.

Cette cérémonie est célébrée le jour de la Saint-Jean, au milieu du chenal, par les clergés de Ploemeur, de Riantec, de Port-Louis et de Groix, escortés d'une flottille de pêcheurs.

Les moeurs et les habitudes des Grésillons ne sont pas plus singulières que celles des habitants des îles de Houat et de Hoédic (Le Canard et le Caneton), situées à 12 kilomètres au sud-est de Quiberon. «Ces îles, dit l'écrivain Ardouin-Dumazet, sont des débris du littoral qui réunissait la péninsule de Quiberon à la pointe du Croisic. Avec cette péninsule et l'île de Hoédic, Houat appartient à l'une des zones granitiques qui alternent avec les schistes en bandes parallèles, sur la côte sud de la Bretagne, tandis que Belle-Ile et la presqu'île de Rhuis appartiennent à la zone schisteuse, Houat et Hoédic forment deux communes ayant ensemble une population d'environ 700 habitants, presque tous parents les uns des autres. Les terres cultivables, évaluées en «sillons», bandes de terre de 65 mètres de long sur 65 mètres de large, sont tellement morcelées, que les champs, à Houat, sont divisés en 4.000 parcelles; et même certains sillons sont indivis entre plusieurs membres de la même famille, chacun est propriétaire pendant une année.

L'esprit communautaire qui préside à Houat a trouvé un remède à ce morcellement qui rendait toute culture impossible, les sillons voisins sont labourés, cultivés ensemble; les récoltes sont réparties entre les associés. Le recteur est toujours l'arbitre des discussions.

Le travail des champs incombe entièrement aux femmes, celles-ci vivent à l'écart; lorsque les hommes, tous marins renommés, reviennent à l'île, ils mangent à une cantine le dîner préparé par la ménagère. La pêche à la crevette et à la langouste est la ressource des pêcheurs des îles, ceux d'Houat surtout y sont fort habiles. Houat et sa voisine Hoédic étaient deux petites républiques qui avaient confié au recteur tous les droits administratifs, il remplissait non seulement sa mission de curé de paroisse, mais encore les fonctions de maire, juge de paix, syndic des gens de mer, percepteur, fournisseur, dirigeait la poste, le télégraphe, tenait la pharmacie, etc. Cette autorité du recteur est restée longtemps une des curiosités de la Bretagne: de véritables chartes réglaient par le menu les droits et les devoirs de chacun; détail amusant, à Houat, la charte locale interdisait aux jeunes filles d'aller sur la grande terre avant l'âge de trente ans, de peur qu'elles ne se gâtassent.

Depuis une douzaine d'années toutefois, cet état de choses s'est transformé, les îles sont maintenant des communes administrées par un maire et un conseil municipal; elles dépendent du canton de Quiberon, et l'ancienne organisation tend à disparaître. A Houat, plus isolée que Hoëdic, la tradition et les qualités natives de la race sont demeurées plus intactes.»

A dix heures moins quelques minutes, la flotte des biplans Landoux s'abattit sur la plaine de Carnac où les monoplans, plus rapides, l'attendaient. Laissant les appareils aux soins des mécaniciens, les clubmen se dirigèrent vers les alignements dont Médouville, le *cicérone* de l'expédition, s'empressa de donner l'explication.

Le dolmen de Locmariaquer.

—Les mégalithes du Morbihan, dit-il, sont, les plus beaux que l'on connaisse. L'État s'en est rendu acquéreur et a fait faire des travaux importants de restauration et d'appropriation qui en assurent la conservation. Les monuments mégalithiques (du grec *mega*, grand, et *lithos*, pierre) de Carnac et de Locmariaquer se composent de neuf types caractérisés.

1° Le *menhir* (qui signifie *pierre longue* en breton) est une pierre brute disposée verticalement.

2° Les *alignements*, groupes de menhirs placés en lignes.

3° Le *lech*, menhir taillé portant des inscriptions.

4° Le *cromlech*, groupe de menhirs rangés en cercle.

5° Le *dolmen* (table de pierre), monument en forme d'habitation, composé de plusieurs menhirs debout formant une ou plusieurs chambres recouvertes de pierres plates ou tables.

356

6° L'*allée couverte*, composée de deux lignes parallèles de menhirs recouverts de tables.

7° Le *cist-ven* (tombe de pierre), composé de pierres plates formant une petite chambre fermée.

8° Le *galgal*, agglomération de petites pierres formant une butte artificielle.

9° Le *tumulus*, simple butte de terre.

Tous les galgals ou les tumulus de cette région du Morbihan recouvrent des dolmens, des allées couvertes, ou des cist-vens. Les dolmens et allées couvertes ont tous été primitivement, dans cette région, recouverts de tumulus ou de galgals; le temps ou les besoins de la culture les ont découverts. Les menhirs, les alignements et les cromlechs ont toujours été à découvert.

Les dolmens avec les menhirs sont les monuments communs du Morbihan, tous ont à peu près le même aspect, sans être jamais semblables; généralement le dolmen a son ouverture placée entre le lever et le coucher du soleil au solstice d'été; très souvent les galets qui couvrent le sol portent des signes lapidaires encore inexpliqués; des savants, comme le Dr Letourneur, M. de Mortillet, Ch. Keller, les comparent à certaines lettres des plus anciens alphabets, à certains caractères gravés sur des rochers en Norvège, à certains dessins des vases de Mycènes. Les blocs, formant ces monuments mégalithiques, en granit du pays, sont, sans doute, des blocs restés à la surface du sol après les dégradations des époques diluviennes. Bien des fouilles furent faites dans cette région; en 1727 on les commença; la Société Polymathique du Morbihan les poursuit encore maintenant.

Dans les dolmens on découvre des haches, ou «celtoe» en pierre, des colliers, des débris d'ossements humains; sous les tumulus, dans des cryptes, des ossements humains prouvant qu'ils étaient des tombeaux; près des menhirs, quelques vases, quelques instruments de pierre. Il est probable que certains menhirs indiquaient les tombes, certains autres seraient des monuments commémoratifs; les cromlechs sembleraient être les restes des monuments religieux où se célébraient les cérémonies, les alignements auraient été des sortes de voies sacrées. Cette région était sans aucun doute le centre d'un pays éminemment religieux, où l'on devait venir de loin, pour honorer les chefs puissants, militaires ou religieux, ce qui explique la quantité et la variété des monuments ainsi que la richesse de leur mobilier funéraire. Leur âge donne lieu à de nombreuses discussions.

Le merveilleux, cher aux Bretons, intervient dans cette question toujours mystérieuse. Une légende locale donne une explication naïve: saint Cornély, poursuivi par une armée de païens, courut se sauvant devant eux, jusqu'au bord de la mer. Là, ne trouvant point de bateau, et sur le point d'être pris, il usa de son pouvoir de saint et métamorphosa en pierres les soldats qui croyaient le saisir. C'est pour cela que les pierres des alignements s'appellent encore dans le pays *soudar del sant Cornély* (soldats de saint Cornély). Ce saint est d'ailleurs resté le patron de Carnac et les paysans l'invoquent contre les épizooties.

Après avoir longuement admiré les alignements de pierre, et comme l'heure s'avançait, les touristes se rembarquèrent à bord de leurs aéros, et remontèrent vers le nord, laissant à droite la baie du Morbihan et l'île d'Arz, sur laquelle le verbeux secrétaire général fit connaître quelques particularités curieuses.

—Cette île est assez prospère, expliqua-t-il, car pas un coin de terre n'est perdu; le bourg est pittoresque avec ses maisons déjà vieilles.—Arz est habitée par des familles de marins. Sur une population de 1.140 habitants, on ne compte que onze ménages de cultivateurs, lesquels font la culture pour les autres. L'île est divisée en deux champs dont l'assolement est régulier; toutes les terres d'un côté de l'île sont cultivées en blé pendant une année, toute l'autre l'est en légumes; chacun ramasse dans l'immense champ commun la récolte poussée sur sa part de sillons. Malgré cette association intelligente, l'étendue du domaine est trop faible pour suffire aux besoins de sa population; à peine récolte-t-on des vivres pour six mois et, sans l'argent apporté par les marins, l'île se dépeuplerait, faute de vivres... Les femmes ont un joli costume. L'usage permet aux jeunes filles de demander les hommes en mariage.

—Il faudra venir dans l'île d'Arz, n'est-ce pas, mademoiselle? dit ce sans-gêne de Médrival en s'adressant à la soeur de Jean Outremécourt.

La jeune fille rougit mais ne répondit pas.

La flottille passa au-dessus d'Auray, ville de six mille âmes, située sur une colline dominant le Lochon, ou rivière d'Auray, qui divise la ville en deux parties: le quartier Saint-Gildas et le quartier Saint-Goustan, reliés l'un à l'autre par un vieux pont de pierre, en aval duquel la rivière forme le port. Les aviateurs aperçurent de loin la basilique de Sainte Anne, célèbre par le pèlerinage qui, depuis le XVIIe siècle, attire des foules nombreuses de tous le, points de la Bretagne. Le 26 juillet, jour de la fête de sainte Anne, tous les costumes bretons, les gilets brodés des hommes et les coiffes blanches des femmes, sont réunis et forment une foule pittoresque, grave et silencieuse comme l'âme bretonne.

Ainsi que l'inépuisable Médouville devait l'exposer quelques instants plus tard pendant le déjeuner, la fondation de la basilique est due à une vision éprouvée en 1623 par un simple paysan nommé Yves Nicolazic. Sainte Anne lui étant apparue, lui commanda de faire bâtir une chapelle en son honneur dans le champ dit de Bocenno où, ajouta-t-elle, cette chapelle avait existé 924 ans auparavant. En 1625, Nicolazic, repoussé et traité de fou par tous, découvrit dans l'endroit désigné, une statue de bois vermoulu presque informe. Grâce aux offrandes qui affluèrent alors, une église put être édifiée et l'on y plaça l'image de bois dont la garde fut confiée à des religieux carmes. L'église, le couvent et ses dépendances furent achevés vingt ans plus tard. La statue miraculeuse fut brisée et brûlée comme un objet de superstition, en 1793, et il n'en échappa qu'un fragment, qui a été inséré dans le piédestal de la nouvelle statue offerte à l'admiration des fidèles.

La basilique actuelle de Sainte-Anne-d'Auray est une construction moderne de style Renaissance. Au-dessus du choeur, s'élève une tour carrée avec tourelles aux angles; elle est surmontée d'une flèche octogonale dont le faîte, à jour, est dominé par une statue dorée de sainte Anne. Le sommet du portail principal est couronné de tourelles semblables à celles de la tour.

Les touristes ne firent qu'un court séjour à Vannes — juste le temps de déjeuner et de parcourir ses rues les plus intéressantes, dit La Tour-Miranne pressé d'atteindre Nantes le même soir. Ils se contentèrent de jeter un coup d'oeil, en passant, sur ses vieux édifices:

maisons de bois à étages surplombant, hôtels antiques, ruelles montantes et silencieuses, et sur ses douves, car Vannes a conservé ses anciens remparts avec leurs assises de l'époque romaine, les mâchicoulis du moyen âge et les vieilles tours de cette époque. Au pied de ces vieux murs, couverts de plantes grimpantes, coule la rivière, bordée de lavoirs, et qui disparaît sous une voûte recouvrant la place du Morbihan pour former plus loin, soutenue par la marée, le port de Vannes.

Le chef-lieu du Morbihan se divise en deux parties bien distinctes: la vieille ville, entourée en partie de son ancienne enceinte fortifiée, groupant ses rues tortueuses autour de la cathédrale Saint-Pierre, lourd monument flanqué de tours inégales construit au XIIIe au XVe siècle, et la ville neuve, formant autour de la vieille cité une ceinture étendue de faubourgs. C'est en dehors de cette enceinte que se trouvent les édifices publics, le port, les casernes, les couvents et les écoles.

La caravane avait fait halte sur la promenade de la Garenne d'où l'on aperçoit un superbe panorama. Le marquis de La Tour-Miranne fit remarquer à ses amis, à peu de distance de l'immense parc de la Préfecture, la tour dite du Connétable, et ainsi nommée parce que le connétable de Clisson y fut enfermé en 1387 par ordre du duc de Bretagne, au moment où il se préparait à une descente en Angleterre pour le compte du roi Charles VI.

—Quant à l'emplacement même que nous occupons en ce moment, ajouta le jeune président, il est tristement célèbre. Vous n'ignorez pas que la guerre civile régna dans le Morbihan durant la période révolutionnaire, et que les communes voisines de Vannes se firent toujours remarquer par leur dévouement royaliste. Après l'expédition de Quiberon en 1795, la commission militaire créée à Auray sous la présidence du brave Laprade, chef de bataillon de la 72e demi-brigade, s'étant déclarée incompétente, fut cassée. Une partie des prisonniers qui avaient pris les armes contre la patrie, furent alors conduits à Vannes, et la nouvelle commission qui s'y organisa les condamna immédiatement à être passés par les armes. Les chasseurs de la 19e demi-brigade furent commandés pour les fusiller: officiers et soldats refusèrent d'obéir. Le bataillon des volontaires de Paris, certains disent de Belgique, se chargea de l'exécution de la sentence! MM. de Sombreuil, de la Landelle, de Broglie, de Hercé, évêque de Dol, en tout vingt-deux personnes, furent fusillés à l'endroit où nous nous trouvons. Le reste des insurgés royalistes, au nombre de cent cinquante environ, furent conduits sur la rive droite de Larmor, et le lieu où ils tombèrent a conservé le nom de *pointe des Émigrés*.

Un long silence suivit le lugubre récit du président.

—Allons, fit en secouant les épaules comme pour chasser les réflexions pénibles suscitées par ces tristes souvenirs, René de Médouville, embarquons. Il va bientôt être quatre heures, nous n'arriverons pas de bonne heure à Nantes, si nous nous attardons davantage.

Personne ne répondit. Les pilotes reprirent leurs places et, quelques instants plus tard, la caravane volait dans la direction de La Roche-Bernard et de Nantes. Toutefois, en arrivant en vue de La Roche, La Tour-Miranne qui, comme d'habitude, occupait la pointe du triangle tracé dans les airs par les six biplans Landoux, vira vers le sud pour atteindre Guérande qui ne tarda pas à se profiler sur le sommet de sa colline dominant les marais salants, à sept kilomètres de la mer. Les aéros firent le tour des vieux remparts, depuis la porte Bizienne jusqu'à la porte Saint-Michel, la plus importante de la ville, et qui est flanquée de deux hautes tours renfermant les archives, l'hôtel de ville et la prison; puis, après avoir admiré la grande plaine des marais salants, où les réserves d'eau de mer font d'immenses taches de moire changeante, d'un aspect tout particulier, les aviateurs décrivirent une nouvelle courbe qui les amena en vue de Saint-Nazaire et de l'embouchure de la Loire dont il fallait encore suivre le cours pendant 60 kilomètres avant d'atteindre Nantes. On ne put qu'embrasser du regard le panorama du port de Saint-Nazaire, le septième de France par ordre d'importance, mais on n'avait pas à regretter de ne pouvoir s'arrêter, car la ville n'offre qu'un médiocre intérêt, se composant de deux parties distinctes et faisant entre elles un singulier contraste: un bourg habité par des pêcheurs et dont les maisons sont groupées sur le rocher, autour d'une vieille église, et une ville moderne le long de la Loire.

Pendant une heure, la flottille aérienne longea la rive droite du grand fleuve. En arrivant en vue du village de Saint-Herblain, dans la banlieue du chef-lieu de la Loire-Inférieure, La Tour-Miranne aperçut, au pied d'une colline, les monoplans qui, étant venus directement de la Roche-Bernard, avaient atterri depuis un long moment. Il dirigea donc la course de son appareil de ce côté et bientôt tous les clubmen se trouvèrent une fois de plus rassemblés, aucun accident n'étant survenu pendant cette longue randonnée au-dessus de la terre d'Armorique.

—Voilà maintenant presque la moitié de notre tour de France effectuée, annonça joyeusement le président de l'*Aéro-tourist*, et sans le plus petit incident, en dépit des fâcheux pronostics qui avaient accueilli l'annonce de notre départ. C'est avec une profonde satisfaction que je constate ce résultat, et vous voyez, mes amis, que nous avions raison d'avoir foi dans les nouveaux appareils de locomotion mis par la science à la disposition des voyageurs.

—C'est, ma foi, vrai, approuva, de son ton posé, le *père Tranquille*, aussi je crie: Vive le tourisme en aéroplane! C'est merveilleux!

—Et vous pouvez ajouter: Vive le président de l'*Aéro-tourist-club*! compléta Damblin, car c'est à sa ténacité et à sa persévérance que nous devons le succès.

Un bruyant hourra accueillit les paroles de l'ingénieur, et laissant les appareils sous la surveillance des mécaniciens, les touristes prirent à pied le chemin de la ville de Nantes dont la vaste agglomération apparaissait à une faible distance.

CHAPITRE XIX

DE NANTES A TOULOUSE

DE NANTES À LA ROCHELLE. — EXCURSION DANS L'ILE DE RÉ. — UN BAIN DE PIEDS FORCÉ. — LES RIVAGES DE LA FRANCE SUR L'ATLANTIQUE. — UNE DÉFECTION. — LES MARAIS SALANTS. — BORDEAUX. — REMONTÉE DE LA GARONNE. — AGEN ET TOULOUSE.

Les touristes séjournèrent trois jours à Nantes avant de poursuivre leur voyage. Plusieurs aéroplanes avaient grand besoin de réparations, et les mécaniciens accompagnant l'expédition durent consacrer ce temps à remettre en état les machines fatiguées par un dur travail de dix jours, pendant lesquels plus de 1200 kilomètres avaient été franchis. Pouliot, le contremaître, avait demandé par dépêche, aux ateliers de Levallois, les pièces de rechange nécessaires, et Martin Landoux, qui avait quitté la caravane à Caen pour rentrer à Paris, s'empressa d'expédier ces pièces qui furent immédiatement réajustées.

Pendant que les ouvriers s'escrimaient ainsi de leur mieux sur les machines qui avaient été garées dans les granges du village de Saint-Herblain, les voyageurs visitèrent Nantes dans ses plus petits recoins. Ils admirèrent, place Royale, la fontaine en granit bleu de Rennes, édifiée en 1865, et qui est ornée de quatre statues en bronze, personnifiant le Loir, l'Erdre, le Cher et la Sevré, supportant une vasque surmontée de la statue de Nantes, puis l'église Saint-Nicolas, construite, en 1844, par Lassus, dans le style du XIIIe siècle, avec une tour, carrée surmontée d'un clocher aigu, en pierre, flanqué de clochetons à jour, et haut de 85 mètres. En traversant la place du Bouffay, Médouville apprit à ses compagnons qu'en cet endroit s'élevait jadis le château fort des comtes de Nantes et des ducs de Bretagne, dans lequel le comte de Chalais en 1626 et les membres de la conspiration de Cellamare en 1720, eurent la tête tranchée. Dans ce château furent aussi enfermées en 1793 les victimes de la Terreur. L'échafaud demeura dressé pendant quatre mois en permanence sur la place.

Le château reçut également la visite des promeneurs. Ce monument, qui a été autrefois la résidence des ducs de Bretagne, reçut la visite de presque tous les rois de France depuis Louis XI. Mme de Sévigné y séjourna en 1675. Il a aussi servi de prison d'État; le maréchal Gilles de Rais, Fouquet, le cardinal de Retz, y furent enfermés à diverses époques. Ce dernier s'en échappa, en descendant à l'aide d'une corde, du haut d'un des bastions Mercoeur (ce bastion qui donnait sur la Loire fut démoli depuis). La duchesse de Berry fut également détenue, en 1832, au château de Nantes, avant d'être conduite à la citadelle de Blaye. Entourée de grands fossés, qui ont été rétrécis lors de l'alignement de la place de la duchesse Anne, la forteresse fut commencée au Xe siècle. En 1466, le duc François II en ordonna la reconstruction, et on attribue à ce prince la façade, flanquée originairement de quatre grosses tours, dont trois seulement subsistent.

Du côté du quai, le château était protégé par trois autres tours intactes qu'on rapporte au temps d'Anne de Bretagne. Pendant les guerres de la Ligue, le duc de Mercoeur ajouta deux gros bastions portant la croix de Lorraine; cette partie des remparts a conservé son caractère; la sculpture des mâchicoulis est particulièrement curieuse.

Les visiteurs pénétrèrent dans la cour du château, par un pont de pierre jeté au-dessus des fossés, et remarquèrent le grand logis du XV'e siècle flanqué du donjon et dont la façade offrait une frise et des lucarnes très richement ornementées. A côté de ce bâtiment, dont la façade est agrémentée de deux loggias, se dresse l'armature en fer forgé d'un grand puits de pierre. Les jeunes gens parcoururent les parties accessibles au public et terminèrent leur promenade par une visite au musée, qui contient des oeuvres d'art, sculpture et peinture, des maîtres les plus illustres, anciens et modernes.

Pendant qu'ils déambulaient dans les rues actives du chef-lieu de la Loire-Inférieure, dont le caractère est très différent de la Bretagne grise et intime, et qu'ils suivaient les quais, siège d'un mouvement aussi intense que ceux de Rouen et du Havre, Médouville, désireux de faire partager sa science à ses compagnons, leur développait l'histoire de la ville où ils se trouvaient actuellement.

—*Condivicnum*, disait le verbeux secrétaire, était la ville principale des Namnètes. Cette cité était située sur les coteaux de Saint-Donatien, assez loin de la Loire sur laquelle se trouvait une localité, avec port sur le fleuve, appelée *Portus Namnetum*, d'où est venu le nom de Nantes. Les deux villes se réunirent plus tard, et les Romains en firent un centre de commerce. En 407, l'Armorique ayant chassé les Romains, fut administrée pendant, quarante ans par Conan Mériadec, chef des Bretons, qui fit de Nantes sa capitale. Aux Ve et VIe siècles, le pays subit plusieurs invasions des Barbares. Clotaire I'er s'empara de Nantes en 560 et la fit administrer par l'évêque saint Félix qui fit creuser le canal portant son nom, destiné à relier la Loire au Sail et à l'Erdre. Vaincue trois fois par Charlemagne, la Bretagne se releva sous ses successeurs. En 843, la trahison du gouverneur Lambert, à qui Charles le Chauve avait refusé le titre de comte de Nantes, en ouvrit les portes aux Normands.

NANTES. – Le Château.

Subdivisé en plusieurs comtés après le meurtre de Salamon, roi des Bretons, assassiné en 874, le duché de Bretagne fut rétabli en 936 par Alain Barbetorte qui chassa les Normands de Nantes et des îles de la Loire. A sa mort, survenue en 952, l'anarchie recommença, et la souveraineté de la Bretagne fut disputée les armes à la main par les comtes de Nantes et ceux de Rennes. Pierre de Dreux, créé duc de Bretagne, fit de Nantes sa capitale; il l'entoura de fortifications et la défendit vaillamment contre Jean Sans-Terre en 1214.

Pendant la lutte de Jean de Montfort contre Charles de Blois, au XIVe siècle, Nantes prit parti d'abord pour Montfort; mais, en 1342, le duc de Normandie, fils aîné du roi de France, s'empara de la ville et y fit prisonnier Jean de Montfort. En 1345, Edouard III d'Angleterre assiégea sans succès Nantes, défendue par Charles de Blois. Enfin, lorsque le fils de Montfort eut triomphé et que, proclamé duc de Bretagne sous le nom de Jean IV, il se fut allié aux Anglais, Nantes leur résista, et les Anglais après un siège inutile, durent s'éloigner.

Louis XI essaya, mais vainement, de soumettre définitivement la Bretagne à la couronne; il rencontra dans le duc François II un adversaire digne de lui. Mais, en 1488, l'indépendance de la Bretagne reçut un coup mortel à la bataille de Saint-Aubin-du-Cormier, et, un peu plus tard, Anne de Bretagne, se laissant marier à Charles VIII, lui apporta son duché en dot en 1491.

Au XVe et au XVIe siècle, Nantes fut désolée par des pestes et des épidémies. Le calvinisme essaya, sans succès, d'y pénétrer. Sous Henri III, la ville s'engagea dans la Ligue, à la suite du duc de Mercoeur, alors gouverneur de Bretagne, qui résista neuf ans à Henri IV et n'ouvrit Nantes au roi qu'en 1598.

En 1626, la conspiration de Chalais vint se dénouer à Nantes par la mort tragique du comte, ennemi de Richelieu. En 1661, Louis XIV y fit arrêter le surintendant Fouquet. En 1718, la conspiration de Cellamare, ourdie par la duchesse du Maine au profit de l'Espagne, contre le gouvernement du Régent, éclata aussi en Bretagne, et les principaux meneurs furent jugés, condamnés et suppliciés à Nantes.

Au XVIIIe siècle la traite des noirs fut pour les armateurs nantais une source peu honorable de richesses.

En 1789, Nantes suivit avec ardeur l'élan de la Révolution. Elle résista avec énergie aux attaques des Vendéens. Mais, en 1793, elle fut une des victimes les plus maltraitées par la Terreur. Carrier, envoyé en mission par le Comité de Salut public, vint y élever la guillotine et organisa les fameuses noyades, qu'il appelait des *mariages républicains*. Ces infamies durèrent quatre mois, jusqu'à ce que le secrétaire de Robespierre, Julien, passant à Nantes, dénonçât Carrier à la Convention et le fit révoquer deux jours avant la chute de Robespierre.

En 1793, les Vendéens ayant voulu s'emparer de Nantes, en furent repoussés par Canclaux; Cathelineau fut tué à cette attaque. Charette fut fusillé à Nantes en 1796. En 1799, les Vendéens occupèrent un instant la ville. L'Empire ruina le commerce de Nantes, et ce fut en compensation que Napoléon décida l'établissement du canal de Bretagne. En 1830, Nantes fut une des premières villes qui se prononcèrent contre Charles X. Un engagement y eut lieu, le 30 juillet, entre les soldats du 10e léger et les jeunes gens de la ville, dont dix furent tués. En 1832, la duchesse de Berry fut arrêtée à Nantes, après avoir vainement essayé de soulever la Vendée.

Pendant que parlait le prolixe secrétaire de l'*Aéro-tourist*, dont les trois quarts des paroles se perdaient dans le bruit des voitures et des tramways, la promenade s'achevait, et les promeneurs pénétraient sous le porche de l'hôtel où ils avaient momentanément élu domicile.

—Alors nous ne repartons que demain?... interrogea Médrival, pendant le repas.

—Il le faut bien, lui répondit La Tour-Miranne, puisque le travail de révision des aéros ne sera terminé que ce soir.

—C'est véritablement malheureux de perdre ainsi trois jours de notre semaine, observa le jeune homme avec amertume.

—Je le sais; mais qu'y puis-je? fit le président. Il y eut un moment de silence.

—Où devons-nous aller demain? reprit le monoplaniste.

—A La Rochelle.

—Quelle distance?

—160 kilomètres tout au plus.

Les lèvres du sportsman s'allongèrent avec une moue significative.

—C'est peu, en vérité, soupira-t-il. Ne pourrions-nous pas, afin de regagner le temps perdu, effectuer une seconde étape l'après-midi?...

—Si la chose est possible, et si nos camarades n'y voient pas d'inconvénient, je le veux bien, moi.

—Qu'en dites-vous, Messieurs? interrogea Médrival.

—C'est à voir, répondit tranquillement Outremécourt, cela dépendra de l'heure à laquelle nous arriverons à La Rochelle.

De la discussion qui s'engagea entre les aérotouristes, résulta que le départ serait opéré de bonne heure, afin d'essayer de contenter l'enragé aviateur. Cette décision fut réalisée, et le lendemain, dimanche 19 juin, à sept heures du matin, les treize appareils s'enlevèrent du champ où ils avaient été amenés et prirent immédiatement la direction du sud, par un temps magnifique et un faible vent soufflant de l'ouest. Vingt minutes après leur départ, les voyageurs arrivèrent près de Saint-Philibert de Grandlieu, à la pointe orientale du lac de Grandlieu dont la superficie est de sept mille hectares avec une profondeur qui ne dépasse pas deux mètres. Ce marécage, alimenté par les rivières Boulogne et Ognon, s'est formé, selon la tradition, au XVIe siècle sur l'emplacement du bourg d'Herbadilla ou Herbauge, par une inondation de la Loire. Le pays l'environnant est une plaine triste et monotone, ressemblant fort à la Grande-Brière traversée l'avant-veille par les biplans. Au sujet de cette dernière région, le professeur Darmilly avait donné à sa fille les explications suivantes:

—La Grande-Brière est un immense marais tourbeux, qui ne mesure pas moins de 20 kilomètres de long sur 15 de large, entre Herbignac et la Loire, et qui est séparé des dunes et des marais salants par une succession de plateaux peu élevés. Pendant l'hiver, cette vaste plaine est couverte d'eau et ressemble absolument au lac de Grand-Lieu dont elle présente la même surface. On y pêche du poisson en abondance. Chaque hameau est comme une île qui surnage au-dessus de la plaine inondée, et l'illusion est encore augmentée par la forme circulaire de chacun d'eux. Dès que les chaleurs sont arrivées, on assèche la tourbière au moyen de nombreux canaux d'irrigation, dont on ouvre les écluses et qui se déversent dans la mer. Dans le courant du mois d'août, pendant une période de huit jours, il est permis à tous les habitants de venir extraire la tourbe. La contrée, ordinairement triste et déserte, prend alors un aspect animé, grâce aux milliers de personnes qui se répandent sur la plaine. On extrait ainsi, tous les ans, de quatre à cinq millions de tonnes de tourbe.

«Aux temps géologiques, l'emplacement de la Grande-Brière était occupé par des forêts détruites par les irruptions de la mer entre Montoir et Saint-Nazaire. Les bois que l'on trouve dans la tourbe sont tous des chênes ou des bouleaux atteignant jusqu'à dix mètres de long; ils sont couchés sur un lit de feuilles transformées en carbone. Les riverains en extraient chaque année de grandes quantités qu'ils utilisent comme bois de chauffage et même comme bois de charpente. Ce bois offre une particularité: complètement noir et très mou lorsqu'on l'extrait de la tourbière, il se travaille facilement et acquiert en séchant une très grande dureté. On a découvert, en certains endroits, des instruments de l'âge de bronze qui, par leur fini et leur régularité, indiquent la dernière et la plus belle période de cette époque.

«L'île de Noirmoutiers, dont nous ne sommes guère éloignés en ce moment que d'une vingtaine de kilomètres à vol d'oiseau, poursuivit le professeur, est un point également fort intéressant au point de vue géologique. Cette île a été transformée par les alluvions de la Loire, car elle se trouve située au point de rencontre des courants du golfe de Gascogne et de ceux de la Manche. D'après Ptolémée, Noirmoutiers aurait été autrefois rattachée au continent. A l'époque romaine, elle était considérée comme faisant partie d'un archipel mal défini et portant le nom d'*Insulae Nametum*, bien qu'on donne aussi à Noirmoutiers l'étymologie de *Nigrum monasterium* (le monastère noir) désignation qui semble quelque peu contraire avec l'*Abbaye Blanche* indiquée sur une carte de 1750. Quelques historiens la regardent comme étant l'île de Seyne placée par Strabon à l'entrée de la Loire.

«Noirmoutiers présente le double avantage d'être rattachée à la terre ferme au moment de la basse mer et de redevenir une île à marée haute. Elle communique avec le continent par une chaussée empierrée appelée le *Guâ* (ou gué), de cinq kilomètres de long, ou les piétons et les voitures peuvent s'engager dès que la mer s'est retirée. Si un voyageur imprudent se trouvait surpris par la marée qui arrive très rapidement sur les immenses grèves du Fain, il aurait encore la ressource de grimper sur des refuges élevés de distance en distance sur le côté de la route, et d'attendre, perché sur ces échafaudages en charpente, la baisse et le retrait des eaux. Quoique la route des grèves soit la plus fréquentée, on peut aussi aborder l'île en bateau à toute heure de la marée, par le détroit de Fromentine dont le milieu est occupé par une fosse large d'un kilomètre à basse mer. On atteint ainsi l'extrémité orientale de l'île.

«Enfin, pour terminer ce qui a trait à cette île, j'ajouterai que Noirmoutiers est composée de deux parties distinctes: l'île proprement dite, dont la plus grande longueur atteint huit kilomètres de long, et l'isthme de sable, de douze kilomètres de long, reliant le noyau de l'île au détroit de Fromentine, point le plus rapproché du continent. Cet isthme, formé de dunes et de plages sablonneuses, a été surtout édifié par les lames qui battent la côte sous l'influence des forts vents de l'ouest et qui, de ce côté, se précipitent avec une majesté toute puissante, tandis que, de l'autre côté, la mer après avoir passé sur de vastes grèves est beaucoup plus calme. Par suite de ce mouvement différent des deux côtés, les sables s'accumulent en dunes à l'ouest, tandis que, de l'autre côté, les vases se déposent à chaque marée. Les travaux des hommes complètent d'ailleurs les efforts de la mer: ce sont les renclôtures de grèves. Entreprises et poursuivies depuis le commencement du XIXe siècle, elles ont augmenté de plus de 500 hectares le territoire de Noirmoutiers. Mais si l'Océan laisse facilement empiéter sur son domaine, il oblige également à prendre des précautions pour que l'isthme ne soit pas rompu. Aux environs de la Guérinière, celui-ci n'a pas un kilomètre de large; les tempêtes lui font des brèches qu'il faut réparer fréquemment. D'après la tradition locale et les repères connus dans le pays, la mer aurait gagné, du côté des grèves du Fain, une large bande de terrain, depuis trois cents ans.»[2]

[Note 2: *Les Rivages de la France, autrefois et aujourd'hui*, par Jules Girard.]

Pendant le discours du professeur, le terrain avait changé sous les aéroplanes: aux plaines marécageuses et mornes des environs du lac de Grand-Lieu avait succédé une campagne agreste et riante, dont les champs étaient, comme dans certains endroits de la Bretagne, encadrés de haies verdoyantes. On traversait le Bocage vendéen, théâtre des luttes entre les Chouans et les armées républicaines, à l'époque de la Révolution. Bientôt, le chef-lieu du département de la Vendée, La Roche-sur-Yon, qui porta autrefois les noms de Napoléon, puis Bourbon-Vendée, apparut, mais la flottille ne ralentit pas. Elle laissa à bâbord cette cité, qui ne présente d'ailleurs rien de particulièrement intéressant, et arriva bientôt au-dessus de Luçon, dans l'ancien golfe du Poitou, devenu le marais vendéen, et qu'il était facile de reconnaître de loin à la flèche qui surmonte sa belle cathédrale commencée au XIIe siècle et achevée au XVIIIe. En passant, Médouville ne manqua pas de rappeler à son passager, qui était, comme d'habitude, Mme Lhier, que Luçon fut dès le VIe siècle le siège d'une abbaye érigée en évêché en 1317, évêché qui eut un instant le cardinal de Richelieu pour titulaire.

En arrivant près de Saint-Michel en l'Herm, non loin de la baie de l'Aiguillon, la flottille retrouva l'Océan, que l'on n'avait plus aperçu depuis la baie du Morbihan, et les aviateurs purent apercevoir au loin sur la vaste nappe brillante, une longue tache sombre: l'île de Ré. Au-dessous d'eux, émergeait hors des eaux au fur et à mesure du retrait de la marée, une masse régulière ressemblant à une ville submergée dont la perspective décroissante se serait mêlée avec la teinte neutre du fond du tableau. C'étaient les *bouchots* servant à la culture des moules.

Le canot se dirigeait droit sur les naufragés.

Les eaux commençant à s'écouler, on pouvait voir s'élancer sur la vase des êtres aux formes bizarres, moitié hommes, moitié bateaux, agitant avec vivacité une seule jambe et qui, pénétrant dans les interstices des clayonnages des bouchots, disparaissaient dans un labyrinthe de rues constituées par les compartiments de la moulière, régulièrement disposés de manière à recevoir les mollusques, d'abord à l'état de naissain, puis au fur et à mesure de leur développement, jusqu'au moment de la récolte. Une population nombreuse, de plus de trois mille personnes réparties dans les villages d'Esnandes, Charron, Marsilly, situés autour de la baie de l'Aiguillon, vit ainsi de l'élevage des moules. Les hommes se rendent aux bouchots, à marée basse, au moyen de l'*acon* ou pousse-pied, sorte de petit bateau plat qu'on saisit des deux bords, un genou posé sur le fond pendant que l'autre jambe, protégée par une longue botte, plonge dans la vase comme une rame dans l'eau. Cette industrie, toute locale, est assujettie aux vicissitudes des saisons dues aux caprices de la mer. Lorsque les vases amoncelées par les mauvais temps d'hiver, menacent de submerger entièrement les bouchots, un insecte, le coryphée à longues cornes, fait son apparition. Se multipliant par quantités énormes, il remue la vase et arrête ainsi la formation des sillons profonds que creusent les vagues d'hiver et qui rendraient difficile l'accès des bouchots avec l'acon. Ainsi ce faible insecte est indispensable à la conservation de cet élevage et à l'aisance des habitants de ces rivages vaseux.

A peu de distance du village de Saint-Michel-en-l'Herm, au lieu de se diriger en droite ligne sur l'anse de l'Aiguillon, La Tour-Miranne, qui volait un peu en avant de ses compagnons, lança un violent coup de sirène et atterrit. Surpris de cette brusque manoeuvre, et craignant que quelque accident fût survenu à leur président, les aviateurs imitèrent ce mouvement et l'instant d'après ils se trouvèrent tous rassemblés, entourant leur chef.

—Qu'y a-t-il donc?... Que vous est-il arrivé? demandèrent une douzaine de voix.

—Rien, rien, mes chers amis, répondit le jeune homme en souriant. Une idée qui m'est venue tout simplement. Que diriez-vous d'une excursion, par ce beau temps, dans l'île de Ré dont nous ne sommes éloignés que d'une douzaine de kilomètres?...

Les pilotes s'entre regardèrent les uns les autres.

—Voilà deux heures que nous naviguons, reprit La Tour-Miranne, et nous ne sommes plus qu'à huit lieues à vol d'oiseau de La Rochelle. Nous avons donc grandement le temps de parcourir l'île de Ré du nord au sud, tout au moins d'Ars jusqu'à Sablanceaux.

—C'est, en effet, un projet séduisant, répliqua le *Père Tranquille* au nom de ses compagnons, mais je doute qu'il nous reste assez d'essence dans les réservoirs pour voler encore une heure.

—Si ce n'est que cela, fit vivement le mécanicien Pouliot, cela peut s'arranger, monsieur Outremécourt.

—Comment cela?...

—J'ai songé depuis longtemps qu'il pouvait nous arriver d'être obligés d'atterrir par manque d'essence dans un endroit désert, éloigné d'une ville, et j'ai chargé sur l'aéro de M. Morengian, avec le matériel du *camping*, dix bidons de dix litres. Je vais, si vous voulez, transvaser le contenu de ces bidons dans les réservoirs qui me paraîtront sonner le creux. Cela nous donnera bien une heure et demie de marche de plus.

—Je ne vois plus alors d'objection à faire, dans ce cas, acquiesça Outremécourt. Je vous recommande seulement de bien vérifier nos moteurs et de gonfler nos flotteurs, car nous allons voguer au-dessus des plaines du père Neptune, et un bain imprévu manquerait totalement de charme!

Mais le mécanicien n'écoutait déjà plus. Aidé de son second et de deux voyageurs complaisants, il s'était empressé de débarrasser le monoplan de M. Morengian, qui voyageait seul, de sa provision de bidons, et il en répartissait le contenu dans les récipients des aéros, dont il visitait en même temps le mécanisme. Au bout d'une demi-heure, l'opération fut terminée.

—C'est fait! déclara gravement l'ouvrier. Tout est vérifié, ça peut aller maintenant!

La Tour-Miranne commanda donc le départ, et il s'élança le premier dans les airs, suivi de près par les monoplans qui ne tardèrent pas à le dépasser. Quelques instants plus tard, la flottille tout entière s'avançait au-dessus de l'Océan, qui s'étendait comme une plaine verdâtre jusqu'à l'horizon. La brise était presque complètement tombée et les aéros volaient avec rapidité.

Le président de l'*Aéro-tourist-club* s'était sans doute trompé dans son évaluation de la distance séparant là pointe de l'Aiguillon du Fier-d'Ars, car il fallut plus de vingt minutes de vol aux biplans pour se retrouver au-dessus d'un sol ferme.

—Ouf!... murmura entre ses dents le professeur Darmilly lorsque cette traversée eut pris fin, je suis plus tranquille maintenant! C'était un peu imprudent un pareil exploit! Heureusement tout s'est bien passé!

L'île de Ré, qui mesure 25 kilomètres de longueur, est formée de deux terres réunies par l'isthme du Martroy. Elle est aussi plate que l'île d'Oléron sa voisine, et s'étend parallèlement à la côte vendéenne dont elle est séparée par un bras de mer peu profond. Une tradition conservée dans l'île rapporte qu'il avait existé sur la côte une ville appelée Antioche en souvenir des croisades, ville engloutie par la mer, et d'où est resté le nom de pertuis d'Antioche donné à l'espace régnant entre les deux îles. Les attaques de la mer auraient coupé l'île en deux, au Fier-d'Ars qui ne mesure que 70 mètres de largeur, sans les travaux de défense effectués sur la «côte sauvage» qui reçoit de plein fouet l'assaut des grandes lames du large et les dunes du sud.

Les salines du Fier-d'Ars seraient perdues et les terres inondées depuis longtemps car, dans les tempêtes, on sent le sol frémir sous ses pas. Et tandis qu'une mer furieuse brise sur les rochers du Chanchardon, de l'autre côté de l'île, qui regarde le continent, les eaux sont calmes. La terre est fertile dans l'île de Ré, bien que les arbres n'y puissent croître en raison de l'intensité du vent de mer; elle est divisée à l'infini et chaque habitant en possède une parcelle.

Les aviateurs purent apercevoir de nouveau d'immenses marais salants semblables à ceux qu'ils avaient déjà pu voir en passant non loin de Guérande. L'exploitation de ces marais constitue encore une industrie assez florissante: ils sont formés de surfaces bien planes, divisées comme un damier en compartiments dans lesquels l'eau de mer s'évapore, abandonnant par la cristallisation le sel qu'elle contient. Aux grandes marées, l'eau monte par les *étiers*, espèces de canaux creusés pour la conduire dans la *vasière*, vaste bassin d'évaporation placé au point le plus élevé de l'exploitation. Après avoir abandonné une partie des sels étrangers dans ce premier bassin, l'eau est amenée par des rigoles munies de vannes, jusque dans les *oeillets* où le sel se forme définitivement. Tous les deux ou trois jours pendant la saunaison (de juin à septembre) les *paludiers*, à l'aide du grand râteau plein en bois, attirent, sur une plate-forme réservée entre les compartiments et appelée la *dure*, le sel qui s'est formé dans l'oeillet. Le sel blanc est écrémé à la surface et recueilli à part; le sel ramassé au fond est en gros cristaux auxquels adhèrent quelques parcelles terreuses du fond, qui leur donnent une teinte grisâtre. On laisse égoutter le sel sur la dure, puis les femmes viennent le prendre dans des vases nommés *gides*, qu'elles posent sur leur tête, et, courant pieds nus sur les terres glissantes de la saline, elles transportent la récolte sur les *trémés*, où elle est mise en *mulon* et recouverte d'un enduit en terre glaise pour la préserver de la pluie. L'oeillet produit en moyenne 1.200 kilos de sel gris et 80 kilos de sel blanc. L'hiver, les paludiers se bornent à entretenir les canaux.

L'industrie du sel, pendant quelques années en souffrance, a repris aujourd'hui son essor, malgré la grande quantité de marais salants qui ont été établis; elle est devenue plus rémunératrice pour les paludiers, grâce à l'exportation, par les bateaux du Croisic, du sel destiné aux salaisons de la morue en Islande et du hareng en Norvège.

Les aéroplanes avaient rétrouvé le sol ferme à Saint-Martin-de-Ré. Ils passèrent au-dessus de la citadelle et aperçurent les bâtiments du dépôt des forçats, où les condamnés aux travaux forcés sont détenus en attendant que les transports de l'État les conduisent à la Guyane ou en Nouvelle-Calédonie. Suivant la côte orientale de l'île, la caravane traversa la petite ville de la Flotte, laissa en arrière le fort de la Prée et arriva au-dessus de Rivedoux. A moins de trois kilomètres de distance à l'est, on pouvait distinguer très nettement la pointe de Saint-Marc et le port de La Palliée, où de nombreux navires étaient à l'ancre. Un peu plus loin, dans la même direction, s'apercevait une agglomération qui n'était autre que La Rochelle.

— Allons, encore un bras de mer à traverser!... murmura le professeur Darmilly. Pourvu que rien ne vienne à casser avant que nous soyons de l'autre côté!...

Ce souhait ne devait malheureusement pas être exaucé. Comme les biplans étaient à moins d'un kilomètre de la côte, on entendit soudain des cris désespérés. La Tour-Miranne, dont l'appareil surplombait déjà le terrain solide, tressaillit. Ne pouvant se rendre compte de ce qui venait d'arriver, il manoeuvra ses gouvernails pour s'élever rapidement et décrire un cercle de grand rayon sans risquer d'aborder les aéros qui le suivaient. Lorsqu'il eut effectué un demi-tour, le spectacle qui lui apparut le fît frémir. Un aéro, victime d'une avarie quelconque dont la cause échappait au premier coup d'oeil, oscillait désemparé et, malgré les efforts de son pilote, s'abattait comme un grand oiseau frappé par le plomb du chasseur.

—Bon!... en voilà un qui pique une tête dans la grande tasse!... s'écria le contremaître Pouliot, le passager de La Tour-Miranne. Qu'est-ce qui lui est arrivé à celui-là?...

Avec une angoisse facile à comprendre, le président de l'*Aéro-tourist* suivit des yeux la chute, heureusement assez lente, de l'aéroplane qui flottait maintenant à la surface de l'Océan, soutenu par ses cylindres de caoutchouc remplis d'air comprimé.

Décrivant des orbes de diamètre de plus en plus restreint, en même temps qu'il s'abaissait graduellement, le chef de l'expédition finit par effleurer la surface des vagues et à tourner autour de l'appareil en détresse. Il reconnut alors M. Le Clair et son épouse, qui, pâles d'épouvanté, s'étaient hissés tant bien que mal au-dessus du moteur afin d'échapper au contact des flots.

—Courage!... leur cria Robert. Je vais vous envoyer du secours!

—Envoyez-nous vite un bateau!... répondit M. Le Clair. Notre moteur ne fonctionne plus.

Déjà le biplan portant le sportsman était au rivage où il abordait. Une minute après les aviateurs étaient réunis. En quelques phrases brèves, le jeune homme mit ses compagnons au courant de ce qui venait d'arriver.

—Un bateau!... dit-il. Vite, organisons le sauvetage de nos camarades!...

L'arrivée de la caravane aérienne avait heureusement causé une vive émotion parmi la population du port. Beaucoup de marins avaient remarqué depuis un moment les planeurs volant au-dessus de l'île de Ré et étaient accourus sur la grève. Aux premiers mots de La Tour-Miranne, plusieurs matelots coururent aux canots et se dirigèrent droit vers les naufragés. Le marquis avait sauté dans une de ces embarcations et il fut l'un des premiers auprès de l'aéro, dont les passagers suivaient avec anxiété l'arrivée du secours promis. Non sans difficulté, les deux malchanceux touristes purent passer, de leur esquif à demi submergé, dans le canot.

—Ouf!..., murmura M. Le Clair, nous voilà tout de même tirés d'affaire, mais pour une émotion, c'est une fameuse émotion que nous avons éprouvée là!... Enfin, heureusement que la mer était calme!...

La Tour-Miranne serrait, sans pouvoir parler, la main des deux «récapés», comme disent les mineurs du Nord dans leur rude patois. Son regard exprimait éloquemment ce que ses lèvres auraient été impuissantes de formuler.

Les matelots amarrèrent l'aéroplane à deux bateaux par des filins solides, puis ils revinrent en naviguant à la godille et remorquant l'appareil que l'on parvint à hisser sur la grève grâce à son chariot qui n'avait subi par bonheur aucune détérioration.

Une discussion un peu confuse s'engagea entre les clubmen anxieux d'élucider la cause de l'accident qui était survenu si malencontreusement à leur compagnon. Le contremaître, qui s'était empressé d'examiner le moteur, y mit fin en déclarant:

—C'est une panne due à réchauffement exagéré d'un palier de l'arbre de couche, palier dont la position a sans doute été légèrement dérangée à la suite du choc dans l'aéro de M. Le Clair reçu par sa rencontre avec le biplan de M. Morengian, ainsi que vous devez vous en souvenir. Le défaut s'est aggravé petit à petit et, comme nous volons depuis trois heures et demie sans interruption, le coussinet a surchauffé, malgré l'huile de graissage, et a fini par gripper, immobilisant ainsi subitement l'hélice dont l'arbre ne pouvait plus tourner.

—Cela doit être exact! approuva M. Le Clair, car nous avons ressenti une secousse brusque comme si le moteur calait, subitement. J'ai juste eu le temps de manoeuvrer le gouvernail de profondeur pour atténuer la vitesse et ne pas tomber trop brutalement. Je suis content de savoir qu'il n'y a là-dedans rien de ma faute et que le bain de pieds que nous avons pris ne provient pas d'une maladresse ou d'une erreur dans la manoeuvre. Ma femme ne me l'aurait pas pardonné!...

—Dites alors que vous avez voulu faire une expérience d'hydro-plane! conclut Médouville, mais vous pouvez vous vanter que vous nous avez causé une belle venette à tous!

Pendant que s'échangeait cette conversation, La Tour-Miranne, après avoir chaleureusement remercié les marins du secours qu'ils avaient apporté sans hésitera l'aviateur en péril, s'était enquis aup-rès d'eux d'un emplacement propice pour garer les appareils jus-qu'au moment où ils pourraient reprendre l'air. Les matelots lui indiquèrent une terre-plein à peu de distance, et ils s'offrirent à y remorquer les aéroplanes, ce qui fut accepté. Pouliot et son second furent laissés à la garde des éléments de la flottille aérienne et les pilotes, après avoir fait une rapide visite aux bassins de La Pallice, prirent le chemin de La Rochelle, où un tramway les conduisit en un quart d'heure.

—Avec tout cela, remarqua Médouville, nous ne savons pas ce que sont devenus les monoplans. Ils nous ont, comme d'habitude faussé compagnie, longtemps avant que nous fussions arrivés en vue de La Roche-sur-Yon. Où sont-ils maintenant?...

—J'ai songé, par bonheur, lui répliqua Outremécourt, à prévenir Damblin que nous devions déjeuner à l'Hôtel de la Tour; situé sur le port. J'espère que nous les retrouverons là.

Le *Père Tranquille* ne se trompait pas dans ses suppositions, et la première personne dans laquelle il faillit se jeter, en pénétrant sous, le porche voûté de l'hôtel, fut justement l'ingénieur.

—Où diable étiez-vous donc passés, s'exclama celui-ci? Nous avons attendu près de deux heures avant de nous décider à venir ici!...

Les explications indispensables furent échangées entre les deux groupes, qui se firent part des incidents ayant émaillé leur route réciproque. Le repas terminé, La Tour-Miranne se leva.

—Mes chers amis, dit-il, nous allons, si vous le voulez bien, faire rapidement le tour de la ville et repartir ensuite à La Pallice. Nous pouvons encore faire une assez longue étape aujourd'hui et je vous propose d'essayer d'atteindre Pons ou Saintes. Demain matin, nous gagnerons Bordeaux.

Les touristes s'entassèrent dans des voitures de louage et parcoururent le chef-lieu de la Charente-Inférieure. La Rochelle est, au point de vue monumental, une des villes les plus curieuses du sud-ouest. Dans le port se trouvent les trois tours de Saint-Nicolas, de la Chaîne et de la Lanterne. La première, qui date de 1384, se compose de quatre tourelles demi-cylindriques et d'une tour carrée regardant la mer. La cathédrale, du XVIIIe siècle, occupe l'emplacement de l'ancienne église Saint-Barthélemy, dont la tour subsiste encore. L'hôtel de ville édifié en 1595, et restauré depuis, est un remarquable édifice de style gothique à l'extérieur et Renaissance à l'intérieur. Un grand nombre de maisons ont conservé leur physionomie du moyen âge, leurs porches et leurs terrasses qui leur donnent un aspect tout particulier.

Les promeneurs donnèrent un coup d'oeil à l'ancienne enceinte élevée d'après les plans de Vauban et sur le port encombré de bateaux de commerce de faible tonnage, et d'où l'on déchargeait du charbon, des céréales, des vins et eaux-de-vie de Charente, des denrées coloniales de toute nature, puis, après avoir regardé de loin la digue de 1500 mètres de long élevée en 1627 par les ordres de Richelieu, qui dirigeait le siège de la place forte des huguenots, ils se firent conduire au terre-plein de La Pallice où les biplans étaient garés. Les aviateurs montant les monoplans avaient proposé d'assister au départ de leurs camarades avant d'aller retrouver leurs appareils dans la prairie au delà de la gare de La Rochelle où ils étaient restés sous la garde de paysans qu'avait alléchés la promesse d'une récompense.

—Nous nous retrouverons ce soir à Saintes, n'est-ce pas? demanda Damblin.

—Si vous voulez, répondit La Tour-Miranne.

Madame Lhier s'avança.

—Je vous adresserai, messieurs, une proposition, dit-elle en souriant.

—Parlez, chère madame, dit en s'inclinant le président. Nous vous écoutons.

—Nous ne sommes plus très éloignés de Royan, n'est-ce pas, monsieur le marquis?...

—Une vingtaine de lieues tout au plus, madame.

—Vous n'ignorez pas que nous possédons un chalet à Royan, où nous passons la saison balnéaire. Nous vous prions, mon mari et moi, d'y accepter l'hospitalité ce soir.

Le chef de l'expédition promena son regard sur tous ses compagnons, paraissant les consulter.

—Si nos amis n'y voient aucun inconvénient, j'accepte votre offre avec reconnaissance, madame, déclara-t-il. C'est donc à votre chalet que nous nous retrouverons tout à l'heure.

—Sauf moi et ma femme cependant, articula M. Le Clair en s'approchant. Les circonstances nous obligent à décliner votre très aimable invitation.

—Et pourquoi cela, monsieur? interrogea de sa voix musicale l'épouse du grand industriel.

—Simplement parce que nous nous trouvons immobilisés pour longtemps à la suite de l'accident de ce matin. Notre mécanicien vient de m'apprendre qu'il y aurait bien pour quatre jours de travail à réparer le mécanisme de notre aéro, qui a plus souffert qu'on ne le croyait tout d'abord. Dans ces conditions, je me vois donc obligé de vous dire qu'à mon très grand regret, je me résigne à rentrer à Paris avec la machine à réparer. Mais, si je le puis, je vous promets d'accourir vous retrouver à l'une de vos prochaines étapes.

BORDEAUX. -- Vue des quais.

Pouliot, interrogé, confirma la fâcheuse nouvelle. La machine devait, de toute nécessité, être transportée à l'atelier et subir une révision minutieuse. Les clubmen furent désagréablement impressionnés, mais il fallait bien se rendre à l'évidence. Ils n'allaient plus déjà être que douze! Enfin, on devait se résigner; de chaleureuses poignées de mains furent échangées, avec des promesses de se revoir le plus tôt qu'il serait possible, et les biplanistes prirent leur vol, tandis que les protagonistes du monoplan se hâtaient à leur tour d'aller retrouver leurs véhicules.

Une demi-heure plus tard, l'équipe des biplans traversait du nord au sud la ville de Rochefort-sur-Mer, après avoir longé la côte des Charentes pendant une trentaine de kilomètres. Le grand port militaire s'étendit en plan sous leurs pieds et les aviateurs purent en scruter les moindres détails.

La position de Rochefort est assez avantageuse, à l'abri de tout bombardement du côté de la mer, et à proximité de la vaste rade de l'île d'Aix. Le port militaire, sur la Charente, en aval de la ville, mesure 1500 mètres de long et possède trois cales sèches. L'arsenal est parfaitement outillé, mais la barre de la rivière n'en permet l'accès aux vaisseaux calant plus de 7 mètres qu'à certaines époques de l'année. Le port de commerce, en amont du port militaire comprend en premier lieu un port en rivière dit la *Cabane Carrée*, et trois bassins à flot. Il reçoit surtout des houilles anglaises, des engrais et des bois venant de Suède, d'Allemagne et d'Amérique.

Les touristes aériens admirèrent la belle distribution de la ville, avec ses rues larges se coupant à angle droit et dont les principales aboutissent à la place Colbert, ainsi nommée en souvenir du grand ministre de Louis XIV, fondateur de la place, mais ils n'aperçurent aucun monument remarquable. Déjà les aéros, dans leur vol rapide, avaient franchi le canal de Brouage et Rochefort n'apparaissait plus que confusément dans l'éloignement. Enfin, au moment où l'on distinguait l'agglomération de Saujon, les monoplans reparurent et, la flottille de nouveau réunie, vinrent doucement atterrir dans la *conche* de Pontaillac, à quelques centaines de mètres des bois de pins où se cachent les villas de Royan.

—Madame Lhier vous demande deux heures pour organiser la réception et donner les ordres nécessaires, dit M. André Lhier à ses compagnons.

—Deux heures!... ce sera vite passé, dit Médouville. Nous allons faire un tour par la Grande-Conche et donner un dernier regard à la mer que nous ne reverrons plus désormais dans notre voyage.

—Vous parlez de l'Atlantique, fit observer Damblin, mais nous avons encore la côte d'Azur, la Méditerranée à longer. J'espère que nous y serons bientôt, hein, président?...

La Tour-Miranne leva la tête.

—Demain lundi, nous avons deux étapes à franchir: Bordeaux le matin et Agen l'après-midi, 140 kilomètres chacune. Après-demain, nous serons à Toulouse, puis nous consacrerons nos deux journées en excursions aux curiosités naturelles du Massif Central de la France.

—C'est cela!... Après la mer, la montagne, scanda Médrival. Et la semaine prochaine?...

—Nous serons, j'espère, dimanche à Marseille. Ensuite, la Côte d'Azur, les Alpes et le Jura.

—Allons! cela nous fait encore quelques kilomètres à parcourir!... murmura l'enragé partisan des monoplans à surface réduite, en se frottant les mains.

—Espérons qu'il ne surviendra toutefois, pendant ce long trajet, aucun accident du genre de celui de ce matin, ajouta Outremécourt.

Cette espérance devait être réalisée, et les étapes annoncées par le président furent parcourues sans incident notable. La flottille aérienne passa le lendemain de bonne heure l'embouchure de la Gironde, entre les deux pointes de sable de la Coubre et de Grave, puis, après avoir aperçu à peu de distance l'île et le phare de Cordouan, les aéros obliquèrent pour descendre au sud et traverser toute la région viticole du Médoc. Les 57 kilomètres séparant Lesparre de Bordeaux furent franchis en un peu plus d'une heure, et les aviateurs firent escale au Bouscat, à deux kilomètres de la ville, qu'ils visitèrent en détail avant de se rembarquer pour Agen, qui fut atteint sans incident à six heures du soir, après avoir remonté le cours de la Garonne pendant plus de cent kilomètres et aperçu les agglomérations de Langon et de Marmande.

Le mardi, après la visite obligatoire aux monuments de la ville d'Agen, à sa cathédrale Saint-Caprais dont le transept est du XIe siècle, aux églises Saint-Hilaire et des Jacobins, à la statue de Jasmin et aux anciens hôtels d'Estrades, de Vaurs et du consul Jean Vergés, édifiés au XVIe et au XVIIe siècle, les touristes reprirent le chemin des airs, et continuèrent de se diriger vers le sud-est, c'est-à-dire vers Moissac et Castelsarrasin. A dix heures du matin, après un parcours de 110 kilomètres en deux heures, ils arrivaient à Toulouse qu'ils s'empressaient de visiter avant de repartir pour Albi et Rodez, qui devait être le lieu d'étape pour ce jour.

CHAPITRE XX

LE MASSIF CENTRAL.

TOULOUSE ET RODEZ.—LES CAUSSES ET LES PLATEAUX DU TARN.—MARVÉJOLS.—GARABIT ET LE VIADUC.— SAINTE-ENIMIE.—LES GROTTES DE DARGILAN.—LE PUITS DE PADIRAC.—LA GROTTE DES FÉES.—BRAMABIAU ET L'AICOUAL.—ALAIS, UZÈS, ARLES.—UN COUP DE MISTRAL.

—Eh bien! cousine, qu'est-ce que vous dites de Toulouse?...

—Je pense que c'est une ville qui mérite son renom. Que de monuments elle renferme!... L'église Saint-Sernin, surtout, ce magnifique échantillon du style roman au XIe siècle, n'est-ce pas admirable!.... Et la cathédrale Saint-Etienne, le Taur avec son clocher fortifié, les Jacobins, le Capitole avec les restes de l'ancien beffroi, et enfin le Musée avec sa façade reconstituée par Viollet-le-Duc, tout cela n'est-il pas intéressant?...

—Pour les personnes qui trouvent du charme à contempler les oeuvres du passé, je n'en disconviens pas, cousine, mais je vous avoue que je commence à avoir une indigestion de monuments historiques, et vous savez, ça pèse lourd sur l'estomac, un monument historique! J'ai soif de la vraie nature et c'est pourquoi je suis satisfait de savoir que demain nous allons visiter des pays souterrains fort curieux.

—En attendant, mon cher René, terminons, voulez-vous, notre promenade à travers la cité ruthénienne.

—Hein! vous dites, cousine?...

—Je dis que les habitants de Rodez s'appelant les *Ruthéniens*, c'est le qualificatif qui s'applique, je crois, à tout ce qui se rapporte à leur ville. Mais, à propos, quelle est cette place, René?...

TOULOUSE. – Le Capitole.

Les promeneurs, qui venaient de l'immense esplanade ou *foirail*, d'où l'oeil découvre au loin toute la campagne parsemée de châteaux et de parcs, et où se trouvent les casernes et l'établissement des Haras, faisaient à pied le tour de Rodez, où la caravane était arrivée depuis une heure à peine, et ils étaient parvenus sur une petite, place ornée d'une jolie fontaine portant une statue d'Hercule, l'une des premières oeuvres du sculpteur Denys Puech.

—Ma foi, cousine, répondit le secrétaire de l'*Aéro-tourist*, je crois que nous devons être place du Lycée, car voici une porte monumentale dont le fronton indique la nature de cet établissement. Mais tenez, nous voici au portail de la cathédrale dont le clocher nous a servi de point de repère presque depuis Albi. En faisons-nous l'ascension?... Il n'a que quatre-vingt-deux mètres de haut.

—Vous voulez rire, René, des aviateurs comme nous grimper à pied au sommet d'un clocher!...

—C'est vrai. Nous irons, si cela nous plaît, nous percher sur le paratonnerre, sans nous essouffler le moins du monde. Faisons donc le tour des bâtiments tout simplement.

Les touristes donnèrent encore un regard à l'immense construction de l'évêque François d'Estaing. Le clocher de la cathédrale de Rodez est carré jusqu'au tiers de sa hauteur, puis il s'élève en forme de tour octogonale flanquée de quatre tourelles qui reposent sur les angles de la base et sont une ingénieuse transition de la forme carrée à la forme ronde. La tour principale est terminée par une plate-forme, au milieu de laquelle est une coupole qui renferme le timbre de l'horloge et porte une statue colossale de la Vierge. Les sommets des quatre tourelles, dont la hauteur égale presque celle de la grande tour, sont surmontées des statues des quatre évangélistes. On parvient aux galeries pratiquées sur des encorbellements situés à trois étages différents de la tour, par un escalier en escargot dont la lanterne à jour est de l'exécution à la fois la plus hardie et le travail le plus délicat. Les fenêtres et toutes les niches avec les statues de saints sont des merveilles de sculpture. Sous la Révolution, cette oeuvre magnifique allait être détruite; elle fut sauvée par des Amis des arts qui eurent l'idée de dédier le monument à Marat.

La cathédrale par elle-même, commencée dans la seconde partie du XIIIe siècle, est une superbe église bâtie en forme de croix latine. La hauteur des voûtes, l'immense circonférence des vitraux, la teinte des pierres et le jour sombre en font un imposant vaisseau, dont l'intérieur curieusement sculpté n'est pas moins intéressant à examiner en détail.

Sortant de la cathédrale par le portail de droite, Mme Lhier remarqua sur la place du Chapitre une maison du XVIe siècle, dont l'aspect était des plus séduisants. On pénétrait dans la cour intérieure par une large porte ogivale surmontée d'un parapet formant galerie et terminé à chacune de ses extrémités par un petit balcon circulaire en saillie, supporté par un encorbellement aux moulures finement ciselées. Un peu plus loin, à droite de la place du Bourg où se tient le marché, la promeneuse aperçut encore une vieille maison fort bien conservée et dont les étages en encorbellement reposaient sur un bizarre assemblage de charpente. Ce grand hôtel, de style Renaissance, appelé maison d'Armagnac, avait ses fenêtres à meneaux ornées de nombreux médaillons finement sculptés, et l'un des angles du bâtiment portait en relief une statue de l'Annonciation.

Médouville et sa compagne traversèrent la place de la Cité sur laquelle se dresse la statue de l'archevêque de Paris, Affre, né à Saint-Rome de Tarn et tué sur les barricades pendant la révolution de 1830. Le mécène des inventeurs fît en passant remarquer à Mme Lhier le nom d'une petite rue aboutissant sur la place.

—La rue de l'Embergue, où a été assassiné le banquier Fualdès, dit-il. Rappelez-vous la complainte.

Il fredonna d'un ton nasillard, sur l'air bien connu:

> Écoutez, peuples de France,
>
> Du royaume de Chéli...

La jeune femme posa sa main sur le bras du secrétaire, et, avec un effroi comique:

—Oui, oui, je connais, n'allez pas plus loin, mon cher René.

—Vous avez tort, ma cousine. Je me sens justement en voix et il me semble que les soixante-treize couplets de la fameuse complainte de Fualdès me reviennent à la mémoire...

—Soixante-treize!... Ciel! ne commencez pas, je vous en prie.

—C'est regrettable, oui, regrettable, mais je vous obéis, cousine. D'ailleurs, nous voici à l'hôtel, et nous allons faire part à André de ce que nous avons admiré au cours de la promenade que nous venons de faire à travers le vieux Rodez.

Déjà les touristes, affamés par la longue route qu'ils avaient parcourue dans les airs, étaient attablés et un ban salua l'arrivée des retardataires.

—Eh bien! vous y mettez le temps à admirer la capitale du Rouergue! observa Outremécourt. Si vous aviez été plus prompts, vous nous auriez donné votre avis sur la proposition formulée par La Tour-Miranne.

—Quelle proposition, fit Médouville intrigué.

— Je vais la répéter, prononça le sportsman. Nous arrivons actuellement dans une région des plus curieuses de la France et toute différente de celles que nous avons traversées jusqu'à présent. C'est le Massif Central, qui constitue le véritable noeud ou pôle de divergence des chaînes de montagnes et des successions de plateaux qui séparent les trois grands bassins de la Loire, de la Garonne et du Rhône, et auxquels viennent aboutir les chaînes secondaires des monts de la Margeride, du Velay, du Forez et les faîtes du Rouergue et du Levézon. On. donne à ces plateaux le nom de *causses*, qui signifie *chaux* et indique la composition des terrains. On compte quatre causses principaux, qui sont le *Sauveterre*, le *Méjan*, le *causse Noir* et le *Larzac*, dont l'élévation au-dessus du niveau de la mer varie entre 800 et 1200 mètres et sont séparés entre eux par des fissures atteignant parfois 500 mètres de profondeur, désignées sous le nom espagnol de *cañons*, et au fond desquels coulent des torrents impétueux. Les plateaux couronnant les causses sont de vraies tables calcaires à peu près horizontales, et, d'après ce que nous a appris tout à l'heure M. le professeur Darmilly, ces tables ont été formées autrefois, sous les océans de la période secondaire, par l'accumulation lente du sable et des débris organiques.

Quand les mers jurassiques se furent desséchées, ces tables ne constituaient qu'une masse compacte, mais peu à peu les bouleversements géologiques, les affaissements, les érosions, l'action des eaux, ont creusé ou élargi les fissures de dessication ou de dislocation et ont morcelé cette masse en plusieurs gigantesques pyramides tronquées, aux faces composées de parois rocheuses souvent perpendiculaires.

Les paysages des causses sont donc des plus pittoresques et nous ne pourrions les négliger dans notre tour de France. Nous avons deux journées pleines pour visiter les endroits les plus remarquables, et je vous propose l'itinéraire suivant: Saint-Flour, pour voir le viaduc de Garabit, Saint-Chély-d'Apcher, Mende, Marvéjols, Sainte-Énimie, la Canourgue, descente du Tarn, visite des grottes de Dargilan et de Bramabiau, et enfin, si possible, excursion à l'Aigoual. Ce programme vous paraît-il complet?...

— Et le fameux puits de Padirac, interrompit Médrival, le verrons-nous également?...

—Cela ne me paraît guère faisable, répliqua La Tour-Miranne. Padirac n'est pas du tout de ce côté.

—Où se trouve-t-il donc?...

—Padirac, c'est non loin de Roc-Amadour, sur la ligne de Figeac-Capdenac à Brive, répondit le professeur Darmilly. Je suis de votre avis, M. Médrival, et je crois qu'il est profondément regrettable de négliger la visite de cette merveille, dont le ministre de l'Instruction Publique et des Beaux-Arts a pu dire, lors de l'inauguration de Padirac, en 1899: «J'ai beaucoup voyagé; j'ai parcouru l'Europe du nord au sud et de l'est à l'ouest, mais j'avoue que je n'ai jamais été impressionné comme aujourd'hui. Notre pays de France est décidément un beau pays.»

—Eh bien! mais il y a un moyen de vous contenter, mon cher professeur, en même temps que les personnes qui désirent voir le grandiose viaduc de Garabit. Pendant que nous ferons le trajet Rodez-Espalion-Saint-Flour Marvéjols-Mende-Saint-Énimie, et Meyrueis, partez avec M. Médrival pour Padirac, dont nous sommes à peine éloignés de 100 kilomètres. Nous nous retrouverons demain à Sainte-Enimie.

Le géologue réfléchit un instant.

—Ma foi! c'est une idée, et je n'y vois qu'un inconvénient: c'est que mon aéro est beaucoup moins rapide que celui de M. Médrival, finit-il par expliquer.

—Qu'à cela ne tienne, s'écria ce dernier. Acceptez une place à bord de mon monoplan; l'ami Garruel se chargera de votre demoiselle! En un peu plus d'une heure nous serons à Padirac. Nous reviendrons ensuite ici après le déjeuner et irons retrouver la compagnie à Meyrueis. J'étudierai la carte pour savoir au-dessus de quels pays nous aurons à passer.

—Je vous accompagnerai aussi, dit l'autre pilote de monoplan, l'ingénieur Bourdon.

—Alors, c'est entendu, conclut M. Darmilly, j'accepte votre offre; je reprendrai mon biplan demain, à notre retour de Padirac.

Le départ de la flottille s'opéra le lendemain matin à neuf heures, mais, à peine en l'air, les navigateurs aériens se séparèrent en deux groupes qui prirent, l'un la route du nord, vers Bazouls et Espalion, l'autre la direction du nord-ouest vers Figeac. Ils ne tardèrent pas à se perdre de vue l'un l'autre.

Longeant le causse du Comtal, les biplans, en tête desquels volait La Tour-Miranne, traversèrent les gorges pittoresques du Bourdon et le village de Bozouls, puis la petite ville d'Espalion, où leur passage suscita une rumeur, on eût pu dire une terreur générale, dont les échos montèrent jusqu'aux machines volantes. Mais déjà le Lot était laissé en arrière et les aéros suivaient exactement la route de Saint-Flour à Chaudesaigues, petite station balnéaire qui fut atteinte à dix heures et demie. La ville semblait blottie dans la verdure, au fond du profond vallon de Remontalou, au pied des montagnes qui séparent l'Auvergne du Gévaudan, et ses maisons paraissaient estompées dans la vapeur qui s'échappe, comme d'une chaudière en ébullition de ses sources thermales. Au fond de ce cirque de montagnes, dont les flancs étaient couverts de forêts de pins et de pâturages, c'était une agglomération de toits gris, que dominait à mi-côte, sévère et majestueux, l'antique manoir du Couffour.

—Le paysage, déjà imposant, se modifiait et devenait de plus en plus sauvage. L'horizon se rétrécissait; ce n'étaient plus que des rochers à pic, entassés dans un désordre cyclopéen, et à travers lesquels la main de l'homme avait tracé la route, puis des bois touffus et des précipices au fond desquels bouillonne la rivière la Truyère. Pendant une dizaine de kilomètres, le piéton voit, suspendus au-dessus de sa tête, d'énormes blocs de granit dont le plus haut est celui appelé le *Saut-du-loup*. Au milieu d'un chaos de rochers noirs s'ouvre une grotte assez profonde, que la légende dit avoir servi autrefois de repaire à des brigands.

Après avoir passé au-dessus du château de Faveyrolles, le panorama s'élargit et l'aspect général du paysage changea. Les pentes gazonnées sillonnées de nombreux ruisselets d'irrigation et les mamelons couverts de bouquets de pins, offraient, sous plus d'un rapport, une grande analogie avec certaines parties de la Suisse, et le regard, fatigué des sites sauvages des gorges de la Truyère, se reposait sur la calme étendue de cette campagne au verdoyant aspect.

—Le viaduc!... cria La Tour-Miranne, d'une voix perçante, pour être entendu de ses compagnons. Voilà Garabit!...

Il donna un coup de gouvernail de profondeur pour s'élever et dominer l'ensemble de la gigantesque construction, suprême audace de l'ingénieur, et comparable à la tour de 300 mètres du même auteur: Eiffel. Planant alors à une vingtaine de mètres au-dessus de la voie ferrée, les aviateurs purent apercevoir, à 150 mètres sous leurs pieds et semblables à des jouets d'enfants, les arbres et les maisons. Après avoir plongé dans cette fissure étroite qu'enjambait le viaduc, le regard en se relevant pouvait distinguer un immense horizon de hauts plateaux, bornés au loin par les montagnes de la Margeride, du Cantal et des monts d'Aubrac. S'éloignant alors un peu sur la droite, les voyageurs purent ensuite avoir une vue d'ensemble sur ce léger, quoique formidable réseau de fer, qui relie les deux corniches supérieures de la crevasse. C'était, en vérité, la force reliée à l'élégance et un curieux spécimen de l'industrie de l'homme se mêlant aux beautés de la nature. Rien ne parut plus saisissant aux membres de l'*Aéro-tourist-club* que le contraste du bruit de tonnerre produit par un train qui vint à passer sur le pont de métal et du silence régnant dans la gorge profonde. Le viaduc de Garabit est certainement l'une des oeuvres les plus grandioses de l'industrie moderne, et il peut être cité à côté du pont de Brooklyn, du pont du Douro et des viaducs de Kinzua et du Tanus sur le Viaur.

Cet ouvrage gigantesque a été conçu par l'ingénieur français Boyer, mort depuis, et à qui ses concitoyens ont rendu un légitime hommage en lui élevant, en 1890, une statue à Florac, son pays natal. Il a été construit par M. Eiffel, sous la direction de MM. Bauby et Lefranc. Sa longueur totale, maçonnerie comprise, est de 635 mètres; celle du tablier métallique seul est de 448 mètres; son poids, de 1.350.000 kilos. Ce tablier est une poutre droite à croix de Saint-André de 5 m.16 de hauteur. La voie est placée à 1 m.66 des semelles supérieures, de sorte qu'en cas de déraillement les wagons se trouvent arrêtés par les poutres principales. Sous la voie est un plancher en fers Zorès, formant une paroi pleine, incombustible et impénétrable. Cinq piles en fer, à jour, reposant sur des soubassements en maçonnerie, aidées par le grand arc, soutiennent cette voie; leur hauteur varie suivant l'élévation du terrain; les piles 4 et 5 ont 41 mètres; la largeur de leur grand côté a 15 mètres à la base et 5 mètres au sommet; celle des petits côtés, 7 mètres à la base et 2 m.38 au sommet, ce qui leur donne l'aspect de pyramides à six étages.

Chaque pile contient une échelle intérieure en spirale qui relie la maçonnerie au faîte. La partie la plus grandiose est l'arc central dont les pieds reposent sur les blocs de maçonnerie des piles 4 et 5. Cette immense arche, la plus grande du monde, a 165 mètres de portée et 52 mètres de flèche. La partie du pont correspondant au sommet de cette arche est le point le plus élevé du viaduc, car il se trouve à 124 mètres au-dessus du lit de la rivière. Les tours de Notre-Dame surmontées de la colonne de la Bastille resteraient encore à 7 mètres au-dessous des rails.

Le pont de Garabit, commencé en 1881, subit les épreuves réglementaires en 1888, et la ligne fut ouverte quelques jours après. Le prix a été de 3.100.000 francs; on n'est pas sans s'étonner de la modicité relative de ce prix, et de la rapidité et de la sûreté avec laquelle fut menée cette audacieuse construction.

Suivant ensuite la voie ferrée, les aéros, qui s'étaient placés en file, passèrent au-dessus des villages de Loubaresse, Arcomie, Saint-Chély-d'Apcher, sur la petite rivière du Chapouillet et d'Aumont. A midi, ils arrivaient en vue de Marvéjols où ils firent escale.

Marvéjols est une sous-préfecture de la Lozère, qui compte près de six mille habitants. Elle est assez industrielle, car elle possède de nombreuses fabriques de bure, d'escots, de draps et de flanelle. Sa fondation remonte à une époque assez reculée, mais elle fut complètement détruite en 1586 par le duc de Joyeuse, mais elle se releva rapidement grâce aux franchises et aux subsides que lui accorda Henri IV. Les touristes examinèrent d'un regard curieux les trois portes à tourelles, datant du XVIe siècle et qui sont les seuls monuments de la ville, puis, après un substantiel repas, les machines volantes ayant été réapprovisionnées d'essence pour un long trajet, les jeunes gens continuèrent leur voyage. La flottille passa au-dessus du pont de la Bohémienne, sur la Colagne, puis sur le Monastier, Sallelles, curieusement juché sur les deux versants de deux mamelons se faisant face, et Barjac, que dominait un sommet aride surmonté de rochers en aiguille. Un quart d'heure plus tard, après avoir traversé trois fois le Lot, les aviateurs aperçurent le chef-lieu de la Lozère, Mende, reconnaissable aux deux hauts clochers de sa cathédrale, le seul monument vraiment remarquable de cette ville de huit mille habitants. La caravane aérienne abaissa considérablement son vol pour examiner de plus près l'immense édifice, puis elle vira et effectua un circuit complet au-dessus des boulevards extérieurs cerclant la ville, depuis la place du Chastel jusqu'à la place d'Angiran, avant de revenir à Balsièges, où un gigantesque rocher figurant un lion couché, leur avait servi à l'aller, de point de repère. Là, les aéroplanes durent s'élever à une altitude qu'ils n'avaient encore atteinte depuis leur départ d'Aérovilla. Sans cesser de se tenir à moins de 40 mètres du sol, le baromètre indiqua une altitude de 1.000 mètres à laquelle ils se maintinrent pendant plus de vingt minutes, avant de plonger au fond du gouffre rouge, formé par la lèvre du Causse de Méjean où dort le village de Sainte-Enimie. C'était une descente presque à pic de plus de 600 mètres que les aviateurs effectuèrent non sans émotion, en filant comme la foudre dans les profondeurs du couloir au bas duquel coulait le Tarn. Lorsqu'ils purent reprendre une route horizontale, à une ving-taine de mètres au-dessus des eaux calmes de la rivière, ils venaient de dépasser le village de Saint-Chély et arrivaient à la hauteur d'un étranglement entre les rochers et le barrage de Pougnadoires, vil-lage qui paraît collé au flanc de la muraille dont il semble s'être échappé par un immense couloir circulaire. La plupart des habitati-ons de ce village sont construites dans les crevasses mêmes du ro-cher, ayant pour toute façade la paroi de maçonnerie percée de fenêtres qui les ferme. Dans ces maisons souterraines la partie la plus reculée sous le rocher sert de grenier ou d'étable. Une de ces murailles à pic qui surplombent le village, semble avoir été fendue par un coup de hache gigantesque. Dans cette fente, un bloc de pierre est tombé, formant coin, et les plus âgés des habitants prétendent que ce bloc a opéré déjà une descente facile à constater, et prouvant que les deux parois s'écartent peu à peu. Il est à craind-re que ce monolithe n'arrive un jour à écraser le village sous sa chu-te.

A quelques pas de ce hameau si curieux, de l'autre côté du ravin, est la plus surprenante des habitations du Tarn, et quelques minutes d'escalade suffisent pour parvenir à l'entrée. Cette grotte, appelée *baume de Pougnadoires*, n'a pas moins de 800 mètres de profondeur; elle est très haute et très vaste.

Les deux ouvertures sur le Tarn en sont fermées par un mur de maçonnerie percé de portes et de fenêtres, et formant deux maisons habitées par deux familles. Les escaliers sont taillés dans le roc, et les cheminées placées sous des ventilateurs naturels. Le sol est formé de larges dalles. Autour de cette grotte, de même qu'autour du village, sont des terrasses, supportant des amandiers, des châtaigniers et de petits carrés de vignobles.

On finit par découvrir la source.

Pendant que la flottille aérienne continuait à descendre le cours du Tarn, qui coulait encaissé entre les causses de Sauveterre et de Méjean, et que les pilotes admiraient au passage le vieux château de la Gaze, Hauterive, le Drac, la Malène, René de Médouville racontait à sa passagère, Mme André Lhier, la légende de sainte Énimie, dont le souvenir demeure attaché à la vallée du Tarn.

—Fille de Clotaire II et soeur de Dagobert, Enimie, belle à ravir, était entourée de nombreux prétendants. Mais, en secret, elle s'était vouée à la vie religieuse, et refusait en conséquence tous les partis. Pour échapper aux obsessions, elle supplia le ciel de lui envoyer une infirmité qui altérât sa beauté. Ses voeux furent exaucés et la lèpre envahit son visage. Cédant aux objurgations de ceux qui voulaient sa guérison, et obéissant à la voix d'en haut qui lui indiquait une source guérissante, elle partit pour les montagnes du Gévaudan. Après un voyage long et pénible, on finit par découvrir, sur les indications des pâtres, la source bienfaisante.

«C'était la fontaine de Burle qui coule, ici même, d'une anfractuosité du rocher sous la voûte d'un petit bois de chênes. Énimie se baigna dans ces eaux limpides et en sortit guérie et purifiée. Elle eût voulu ne plus quitter ces lieux solitaires et bienfaisants, mais il fallait retourner à la cour.

«À peine s'était-on éloigné de la source, que le terrible mal envahit de nouveau le corps de la jeune fille, et cela à trois reprises différentes. La volonté divine n'était plus douteuse. Instruit de ces événements, le roi ne s'opposa pas à ce que sa fille fixât sa vie sur les bords de la source miraculeuse. Il envoya un convoi d'argent pour acquérir des terres à Fentour. Énimie employa le don de son père à fonder deux églises. Des jeunes filles de la contrée accoururent attirées par le renom des vertus de la pieuse princesse, et Énimie fut bientôt entourée d'une nombreuse communauté de jeunes filles qui la choisirent pour abbesse. L'évêque de Mende, Hère, approuva la fondation du monastère et reçut les voeux d'Énimie.

«Néanmoins, elle ne trouvait pas cette retraite assez isolée, et elle se retira dans une grotte au flanc de la montagne, pour s'adonner au recueillement et à la prière. Elle avait fait sa couche dans cette caverne d'une anfractuosité qu'on voit encore et à laquelle on a donné le nom de «lit de la Sainte». Elle avait pour compagne une filleule, qui portait le même nom, et qui n'avait pas voulu se séparer d'elle.

«Jeune encore, sentant que son âme allait bientôt retourner au Dieu qui l'attendait, elle demanda les derniers sacrements et mourut radieuse.

«Elle avait prédit à sa filleule qu'elle ne tarderait pas à la suivre au tombeau, et pour qu'elles ne fussent pas séparées, elle donna des ordres afin que le cercueil de l'enfant fût placé au-dessus du sien, ce qui eut lieu peu de temps après. C'est à cette mesure indiquée par Énimie, que le pays dut de conserver le corps de la sainte. En effet, plus tard, les envoyés de Dagobert vinrent réclamer la dépouille de sa soeur. On leur livra le cercueil qui était à la partie supérieure du tombeau, et ils n'emportèrent ainsi que les restes de la filleule d'Énimie qui, elle, selon son désir, continua à demeurer, morte, au milieu de ces contrées où elle avait voulu vivre. Énimie mourut vers 630».

Le culte de sainte Énimie est très vivace dans la région et s'étend au loin. Plusieurs miracles de guérison, depuis la mort de la sainte, furent, dit-on, constatés et affirmés. Des distances les plus éloignées on vient apporter des malades dans la grotte ou y chercher de l'eau de la source bienfaisante. Le monastère fondé par la Sainte prospéra puis il finit par disparaître. En 1793, le couvent qui s'y trouvait joint fut mis à sac, et on entretint pendant trois jours un feu au milieu de la cour avec les archives du monastère et on détruisit ainsi de véritables trésors historiques.

La ville de Sainte-Énimie qui compte environ douze cents habitants, tire son principal revenu de ses amandiers, dont elle vend plus de mille hectolitres par an.

Au fond de l'immense puits formé par les parois gigantesques des rochers plongeant dans le Tarn, les maisons, couvertes de pierres, se mirent dans le cristal liquide des eaux, ou s'accrochent aux déclivités moins rapides produites par d'anciens glissements. De ce fond de la vallée se dégage la sensation d'un isolement absolu et d'une paix profonde. Le matin, au lever du soleil, l'astre, après avoir illuminé d'une teinte rose la partie du ciel étendue au-dessus de la tête, émerge lentement d'une barre de rochers qui borne le nord comme d'un grandiose écran. Les rayons s'irradient peu à peu en une gloire immense enflammant la voûte bleuissante, tandis qu'en bas tous les gouffres restent plongés dans une obscurité d'opale. Le soleil, continuant à monter, vient frapper certaines parois des immenses margelles de ce puits, et, par réfraction, l'obscurité inférieure s'éclaire de fusées éblouissantes qui rendent subitement distincts les objets jusque-là confus. Ici, le clocher de l'église s'élance comme une flèche; là, sur la vitre d'une maison jaillit un éclair. Plus loin, un bouquet d'arbres jette une flamme verte. Enfin les dernières notes noires se mettent à l'unisson dans ce concert de toutes les lumières, et c'est une harmonie générale de tous les tons de la gamme solaire. Et tandis que la chaleur éclate en haut, une fraîcheur monte d'en bas qui vous apporte tous les parfums d'une végétation qui s'éveille.

Les aéroplanes, continuant leur course, avaient dépassé depuis longtemps le village de La Malène et franchi le passage appelé le *détroit*, en raison de l'entassement gigantesque de rochers qui le caractérise. Les touristes aperçurent la *maison des fées*, la *grotte de la momie*, le gouffre de l'Escaillou, le cirque des Baumes, le roc Aiguille et le Pas-de-Souci, endroit chaotique formé d'un énorme amas de rochers éboulés parmi lesquels se dressent deux pierres de formes bien différentes, l'*Aiguille* et la *Sourde*. L'*Aiguille* est un monolithe incliné, de 80 mètres de haut, situé à mi-côte; la *Sourde* est un bloc presque cubique de dolomie, de proportions gigantesques, qui sépare le sentier de la rivière et fait face à la muraille dite la *Roche Rouge* de l'autre rive. Cet endroit du Tarn est célèbre par la légende qui s'y rattache et qui est bien connue dans le pays:

«Sainte Énimie, en venant s'établir à Burle, avait fortement contrarié le Diable, qui cherchait à se venger par tous les moyens, et sortait de l'enfer par les avens des causses. Ses efforts, restés vains contre Énimie, se tournèrent contre ses nonnes. Elle avait obtenu du Seigneur le pouvoir d'enchaîner le démon, s'il se laissait prendre. Un jour il fut surpris, mais parvint à s'échapper et à fuir le long du Tarn. Sainte Énimie le poursuivit. Arrivée au Pas-de-Souci, la Sainte voyant le démon prêt à lui échapper par le gouffre du Tarn, s'écria: «À mon secours! Montagne, arrête-le!» Les énormes rochers aujourd'hui au bas du chaos, étaient alors au bas des falaises. À la voix de la sainte ils s'élancèrent sur l'ennemi. Luttant contre eux, Satan était déjà sur le bord du gouffre quand la Sourde le saisit sous son poids. La roche Aiguille, que sa grande taille gênait dans la descente, s'arrêta à mi-chemin: «As-tu besoin de moi, ma soeur?» La Sourde, répondit: «C'est inutile, car je le tiens bien.» Voyant le diable pris, la Sainte fit un geste et tous les rocs s'arrêtèrent sur place dans leurs bizarres positions. Satan, luttant encore pour s'échapper, griffa la base du rocher en y laissant la trace rouge de sa main sanglante.»

En longeant la rive gauche de la rivière, les pilotes aperçurent encore le château de Blanquefort, la gorge de l'Ironselle, le rocher percé en ogive et appelé *Pas-de-l'Arc* et enfin le grand ravin des Églasines, avec ses quelques maisons flanquées en nid d'aigle et dont les fenêtres et portes, entourées d'un badigeon de chaux vive, les faisait ressortir sur la roche noirâtre d'où s'échappait une coulée de basalte.

Arrivés au Rozier-Peyreleau, la caravane vira à gauche pour remonter le cours de la Jonte, encaissé comme celui du Tarn, au fond d'une espèce de couloir ou *cañon*, qui offre également en plusieurs endroits des aspects impressionnants.

Pendant plus de cinq lieues, la flottille suivit la rive droite de la rivière, serpentant au fond de la vallée, ayant à sa gauche les escarpements ruiniformes du causse Méjan et, sur l'autre rive, les murailles crénelées du causse noir. Il fallait que les aviateurs eussent acquis une réelle maîtrise dans la conduite de leurs appareils, car il leur fallait constamment manoeuvrer les gouvernails et décrire des zigzags continuels, pour se maintenir dans l'axe de l'étroite gorge qui ne contient que la route et la rivière et décrit des lacets rentrants et sortants, à angle aigu, tous les cent mètres, donnant ainsi l'illusion des coulisses d'un grandiose décor, dont les frises seraient agrémentées de dolomies affectant les formes les plus bizarres et quelquefois les plus amusantes. Et toujours le contraste saisissant entre la tonalité sévère des parois à pic de trois cents mètres de hauteur et la fraîche verdure bordant la rivière.

Les touristes passèrent en vue du hameau de Capluc, de Maynial et de la fontaine des Douze, à quelque distance de laquelle se trouvent des grottes extrêmement curieuses, explorées par M. Martel, le spéléologue bien connu, et par MM. Paradan, Joly et de Launay, ingénieur des mines. C'est dans la grotte dite de *Nabrigas*, que ces savants ont trouvé des preuves de l'existence de l'homme dans la Lozère à l'époque du grand ours des cavernes, et de la connaissance de la poterie à cette époque.

Il était cinq heures, lorsque la caravane atterrit dans le frais vallon où s'abrite la petite ville de Meyrueis, au confluent des trois rivières la Jonte, le Butézon et la Brèze, qui descendent toutes les trois du mont Aigoual. Son arrivée causa une véritable révolution dans la paisible cité, qui se croyait bien à l'abri, au fond de son cirque de montagnes, contre l'invasion des machines volantes, et l'hôtelier qui avait été découvert par Breuval, ouvrit des yeux démesurés quand on lui annonça la prochaine arrivée d'une seconde équipe d'hommes-oiseaux, et qu'il allait falloir préparer à dîner *subito* et même *presto* à vingt personnes affamées.

—Combien avons-nous fait de chemin aujourd'hui? demanda M. de L'Esclapade à Médouville. Avec tous ces tours et détours dans les montagnes, je n'en ai pas la moindre idée.

Le secrétaire général jeta quelques chiffres sur son carnet et établit rapidement un calcul.

—Ce matin, de Rodez à Garabit et à Marvéjols, nous avons fait 170 kilomètres, répondit-il enfin, et cette après-midi un peu plus de 100 kilomètres.

Le jeune homme fut interrompu à ce moment par l'irruption dans la salle de l'hôtel de plusieurs personnes engagées dans une conversation animée, et dans lesquelles il était facile de reconnaître les monoplanistes.

—Votre excursion s'est bien opérée, demanda cordialement le secrétaire à Médrival.

—L'aller et retour de Rodez à Padirac?... oui, pas mal. Nous avons fait une moyenne de quatre-vingt-quatre à l'aller et quatre-vingt-seize au retour. Mais quel chemin pour venir ensuite de Rodez jusqu'ici!... Je m'en rappellerai! Si nous ne nous étions pas élevés jusqu'à plus de douze cents mètres, nous n'aurions pu atteindre ce trou où vous avez eu l'idée saugrenue de nous donner rendez-vous.

—Mais le puits de Padirac?...

—Ma foi, parlez-en à M. Darmilly si vous voulez avoir des détails circonstanciés. Tout ce que je peux vous en dire, c'est que c'est un grand trou profond, avec des galeries comme dans les Catacombes de Paris, mais moins intéressant, car il n'y a pas d'ossements ni d'inscriptions amusantes: *Memento quia pulvis es,* etc.

—Vous êtes réjouissant, en vérité!... grommela Médouville en s'écartant du mauvais plaisant pour se rapprocher du professeur qui expliquait à La Tour-Miranne les péripéties de son excursion.

—Tout d'abord, disait le savant géologue, nous avons été en droite ligne de Rodez à Figeac-Capdenac et de là à Roc-Amadour. Ce dernier village, éloigné de quatre kilomètres de sa gare, est situé dans la gorge de l'Alzou, littéralement accroché aux flancs d'un immense rocher à pic. Des portes et des maisons anciennes, des restes de fortifications, attestent qu'il avait autrefois une grande importance: c'était une des dix-huit villes basses du Quercy, et elle était représentée par un abbé aux États de la province.

Rien n'est pittoresque comme cette étroite vallée à l'une des parois de laquelle sont suspendus en gradins le village et les sanctuaires avec au sommet, comme couronnement, l'ancien château fort. En dehors même de la célébrité du pèlerinage, l'étrangeté seule mérite la visite du touriste.

Au-dessus du village, à mi-hauteur du rocher, sur une étroite plate-forme, se trouvent les sanctuaires auxquels on accède par un immense escalier de plus de deux cents marches, divisé en trois parties, et que d'innombrables pèlerins gravissent à genoux.

Au sommet de la première partie de l'escalier, se trouve un terre-plein encombré de maisons. C'est là que commence l'enceinte sacrée, entourée autrefois de fortifications remontant au XIe siècle. De là, derrière une massive porte de bois, part, sous une voûte, le second escalier qui aboutit à d'anciennes habitations restaurées scrupuleusement dans leur style par l'évêque de Cahors. Sur la gauche, un troisième et court escalier conduit à la chapelle miraculeuse de Notre-Dame, but du pèlerinage.

— Mais le puits, fit observer le président, le puits...

— Le gouffre de Padirac est une des plus grandes curiosités de l'Europe. Il s'ouvre au milieu d'un plateau aride et rocailleux, sans que rien n'en signale l'approche. C'est M. Martel, l'intrépide explorateur, qui, en compagnie de son cousin Gaupillat, l'a visité pour la première fois en 1889. Ce gouffre, dont la circonférence est de 110 mètres, mesure dans sa partie la plus basse 75 mètres de profondeur. L'impression est fantastique quand on est au fond; on se croirait, a écrit M. Martel, au fond d'un immense télescope ayant pour objectif un morceau circulaire du ciel bleu.

Au fond du gouffre, un puits presque vertical aboutit à une vaste galerie de cent mètres de profondeur où circule une rivière qui borde un sentier sur un parcours de 250 mètres. La rivière occupe ensuite toute la largeur de la galerie et la navigation qu'on effectue alors sur de solides bateaux est vraiment féerique. Au bout de quatre cents mètres on traverse le *lac de la Pluie*, remarquable par ses belles stalactites, et on débarque au milieu d'une végétation en pierre, des plus étranges. Peu après, un escalier vous conduit à trente mètres de hauteur, dans une vaste salle, haute de 96 mètres et occupée par un petit lac orné de concrétions calcaires des plus bizarres.

Les galeries se poursuivent encore plus loin, mais ces parties n'ont pas été encore aménagées pour la visite des touristes.

—Le gouffre de Padirac est intéressant à visiter, c'est incontestable, ajouta à son tour Léon Bourdon en s'approchant, mais j'ai trouvé autant de charme à la *Grotte des Demoiselles*,—la *Baouma de las doumaïsallas* en patois du pays—que j'ai parcourue l'année dernière.

—Et où cela perche-t-il, ce Ba-ou... trou-la-la?... interrompit Médrival.

—L'entrée se trouve au sommet de la montagne de Thaurac, non loin de Saint-Bauzille de Putois dans le département de l'Hérault. Je venais de Ganges...

—Mais c'est à peine à dix lieues d'ici, dans ce cas, s'écria La Tour-Miranne qui écoutait.

—C'est bien possible. Toutes les Cévennes sont remplies de trous, de cavernes, de grottes quelquefois très curieuses. Ainsi, celle dont je vous parle est très profonde, à faire croire que la montagne tout entière est creuse, et elle comporte de nombreuses salles, nommées salles des *Mille Colonnes*, du *Four*, du *Manteau royal*, la *Grande Salle* reliées les unes aux autres par des couloirs, d'étroits boyaux plutôt, circulant le long des corniches de rochers. Le clou de cette excursion est la partie de la caverne appelée *Salle des orgues* et *Salle de la Vierge*. Dans la première, le sol est couvert de troncs de pyramides en pierre; au milieu de ce chaos s'élèvent des colonnes aux parois ravinées qui leur donnent l'aspect de tuyaux d'orgues, et qui rendent des sons très sonores dès qu'on les heurte avec un objet dur. Au milieu des stalagmites de l'autre salle, sur un énorme monolithe, se dresse une femme, couronnée et drapée et portant dans ses bras un enfant. Éclairée par des flammes de Bengale, cette concrétion calcaire fait illusion et reproduit à s'y méprendre, l'aspect d'une statue de la Vierge tenant son enfant dans ses bras.

—Il doit bien y avoir une légende sur cette grotte, dit de sa voix douce Mlle Geneviève Outremécourt. Racontez-nous-la, je vous prie, monsieur Bourdon. J'adore les légendes.

—Ma foi! mademoiselle, répondit l'interpellé, cette histoire est assez courte. On prétend qu'au moment des guerres de religion, une famille sans ressources, pour éviter les persécutions, s'y serait cachée, vivant de racines et d'herbes. Ses membres, tombés dans un état à peu près sauvage, vivaient nus, ce qui les faisait ressembler à des spectres et jetait l'épouvante parmi les naïves populations du voisinage. Aussi n'est-ce qu'en 1780 que Marsollier de Vivetières osa affronter les ténèbres de la grotte et fit un récit détaillé des angoisses qu'il éprouva lors de sa première exploration. Depuis, de nombreux touristes sont venus explorer et visiter la grotte des Demoiselles. Parmi eux je vous citerai MM. Adolphe Badin, Louis Figuier, Martel, Cambon, propriétaire et administrateur de la grotte, Léon Gautier, qui, par leurs récits et leurs observations, ont permis de dresser un plan exact de la Baouma.

Enfin, pour terminer, comme toutes les grottes, la *Baouma de las Doumaïsellas* a sa légende, je l'emprunterai au rapport de M. Léon Gautier dressé à l'occasion de l'excursion de la Société d'Horticulture et d'Histoire naturelle de l'Hérault à la grotte des Demoiselles.

«Il y a bien longtemps, à l'époque où les revenants n'étaient pas encore rares, diverses apparitions suspectes avaient eu lieu autour de la grotte.

«Plusieurs habitants, traversant le bois qui couvre la colline de Thaurac, avaient aperçu de loin de vagues formes blanches errant aux alentours de la Baouma.

«Un d'entre eux, plus courageux et moins crédule que les autres, résolut de savoir à quoi s'en tenir et se hasarda à passer la nuit dans la grotte même.

«À minuit, heure classique des apparitions, notre homme, que peu à peu le sommeil avait gagné, est subitement réveillé.

«La grotte resplendit de lumière et une femme voilée, portant un enfant dans les bras, lui apparaît et lui ordonne de la suivre.

«Jean (l'explorateur s'appelait Jean, paraît-il), Jean, dis-je, obéit machinalement. Peu à peu, cependant, reprenant son sang-froid, notre homme ne veut pas se laisser duper et veut savoir si réellement la femme qu'il suit est un être surnaturel. Profitant d'un moment où il se trouve près d'elle, il s'élance et... perd connaissance en tombant dans le vide...

«Un laps de temps qu'il n'a jamais pu préciser s'écoule. Il revient peu à peu à lui...

«Le spectacle qu'il lui est donné de voir est horrible. La grande salle au fond de laquelle il est tombé est lugubrement éclairée de feux rouges; des reflets sanglants courent sur les stalactites et colorent la voûte réfléchis par les mille facettes des concrétions; des ruisseaux de feu semblent couler dans les anfractuosités des murs.

«Sur un piédestal énorme la femme à l'enfant est debout. Autour d'elle sur l'orifice d'un horrible précipice, des femmes demi-nues, les cheveux épars, dansent une ronde infernale, tandis que, dans l'ombre, de noirs démons font entendre d'affreux ricanements, auxquels des hurlements lugubres sortant du gouffre répondent sourdement... Jean sent ses cheveux se dresser, la peur, une peur affreuse, le saisit et il s'évanouit de nouveau...

Gouffre de Padirac

«Le lendemain, ses camarades, ne le voyant pas revenir, furent à sa recherche dans la grotte, et, se hasardant dans les parties non explorées, découvrirent la grande salle, où leur camarade était étendu demi-mort.

«Revenu à lui, il raconta son aventure et la grotte reçut le nom qu'elle porte encore: «*Baouma de las Fadas* ou *Grotte des Fées.*»

—Elle est effrayante votre légende, monsieur Bourdon!... murmura Mlle Outremécourt, mais je ne vous en remercie pas moins de la complaisance que vous avez mis à nous la retracer.

Les aviateurs s'étaient rencontrés à l'hôtel avec plusieurs familles de touristes français et anglais, et une conversation générale s'engagea pendant le repas sur les gouffres et les cavernes du Tarn. Les étrangers assurèrent aux clubmen que la grotte de Dargilan qu'ils avaient visitée dans ses moindres recoins était comparable comme intérêt aux célèbres grottes de Han-sur-Lesse et de Rochefort en Belgique, d'Adelsberg en Autriche et de Saint-Marcel dans l'Ardèche. Cette affirmation donna aux jeunes gens le désir de voir à leur tour cette curiosité naturelle et il fut convenu que la matinée du lendemain serait consacrée à cette excursion, l'entrée des grottes s'ouvrant à six kilomètres à peine de Meyrueis. On verrait ensuite, dans l'après-midi, Bramabiau et, si possible, l'observatoire de l'Aigoual.

Le lendemain matin donc, les membres de l'*Aéro-tourist-club* s'équipèrent en vue de l'excursion souterraine projetée, c'est-à-dire que les dames comme les hommes revêtirent le costume sportif: vareuse de toile, culotte cycliste, molletières de cuir et casquettes, puis ils se firent conduire en voiture à l'entrée de cette merveille des causses.

Pendant la route, René de Médouville apprit à ses compagnons l'histoire de la découverte des grottes.

—Le nom de Dargilan, dit-il, vient de celui du hameau même, qui est situé à moins d'un demi-kilomètre de la caverne. C'est par le plus grand des hasards que celle-ci fut découverte en 1880 par un berger qui, ayant aperçu un renard se terrant dans un orifice sur la montagne, se mit en devoir d'enfumer a bête. Ne l'ayant pas vu ressortir, il éteignit ses feux et pénétra dans une excavation d'où il s'élança bientôt, tout tremblant de peur. A la suite de cet incident, on connut l'existence de la première salle souterraine, mais ce n'est que huit ans plus tard que la caverne fut complètement explorée, non sans peine ni péril, par M. Martel, accompagné des frères Gaupillat, ses cousins, et secondé par les guides Louis Armand et Foulquier de Peyreleau, et Causse dit Poulard, de Meyrueis.

«La grotte de Dargilan peut se décomposer en trois branches principales qui partent toutes de l'entrée. A peine a-t-on fait, paraît-il, quelques pas, qu'au moyen de l'éclairage au magnésium sans lequel la visite perdrait une grande partie de son attrait, l'on distingue tout l'ensemble imposant de l'architecture de la première salle. D'ailleurs, ajouta l'orateur, interrompant ses explications, nous allons pouvoir en juger *de visu* puisque nous sommes arrivés!...»

Les excursionnistes mirent pied à terre, et, précédés des guides chargés de diriger l'excursion, ils pénétrèrent sous le porche ténébreux donnant accès à la grotte. Un instant après, ils admiraient les vastes proportions de la première salle souterraine riche en stalactites et en stalagmites affectant les formes les plus bizarres et les plus inattendues faisant penser à un immense palais de cristal. La hauteur n'était pas moindre de 35 mètres.

— La galerie de l'Est, annonça le guide. On descend le long des éboulis à quarante mètres de profondeur, et il y a une échelle de quatorze échelons. Faites attention, mesdames... Nous voici maintenant dans la salle de la *Sacristie*, puis dans la salle dénommée l'*Eglise*. Voyez ces concrétions calcaires. D'après leur forme, on les appelle la *chaire*, la *tribune*, le *maître-autel*, les *grandes orgues*. A droite de cette salle est la *galerie carrée*, où s'ouvre le *puits de la Falaise* profond de 20 mètres, puis, perpendiculairement à celle-ci, la galerie où sont les salles de la *Pieuvre*, du *Balcon* et du *Cul-de-sac*. Nous allons suivre la branche qui se dirige vers le sud-est.

Continuant à avancer, suivi de la troupe des visiteurs, le guide poursuivit:

— Voyez, mesdames et messieurs, ces immenses stalactites. On leur donne les noms de la *Tortue*, les *Aiguillettes*, le *Panache*, l'*Hélice* et la *Mosquée*, en raison des objets dont elles rappellent la forme. Nous descendons maintenant l'*Escalier de Cristal*. Le plafond de la grande salle est situé à 70 mètres au-dessus de nos têtes et sa portée atteint presque 200 mètres sans support, ce qui en fait l'une des cinq plus grandes cavités connues du globe.

«Cette pagode de stuc calcaire est le *Minaret*, et vous distinguez parmi ces stalagmites de formes bizarres qui semblent sortir du sol, la *massue de Goliath*, les *Candélabres*, la *Ruche*, la *Loggia*, le *Piédestal*. Revenons à notre point de départ pour visiter maintenant la galerie de l'ouest qui mesure 1600 mètres de long, alors que celle de l'Est n'en a que 600.»

A mesure que l'on arrivait devant telle ou telle partie de la galerie, le guide donnait les noms qui ont été appliqués à ces curieuses formations souterraines.

— Le bloc là-bas, qui simule un cadavre recouvert d'un linceul, c'est l'*Homme mort*, expliqua-t-il. Cette nappe de concrétions calcaires que vous apercevez maintenant, est la grande cascade. Nous traversons en ce moment la salle des *Deux Lacs*, ainsi nommée en raison des deux grandes flaques d'eau limpides que voici. Les stalagmites portent le nom du *Lustre* et du *Chameau*. Je vais encore allumer un fil de magnésium pour que vous puissiez juger de l'ensemble... Maintenant baissez la tête, mesdames et messieurs, pour vous glisser dans cette salle dite du *Boyau*, dont vous remarquerez les fines colonnettes l'entourant. Attention, voici la merveille de Dargilan: le *Clocher*.

Cette appellation n'était pas exagérée: à l'entrée d'une vaste salle de 40 mètres de côté se dressait une haute stalagmite rappelant l'image d'un guerrier gaulois. De l'espèce de loge ou de tribune où ils étaient parvenus, les touristes dominaient la salle, et ils remarquèrent en son milieu, s'élançant à 20 mètres de hauteur comme un véritable bouquet de mille jets d'eau soudainement pétrifiés, une agglomération formée d'un nombre infini de colonnettes reliées par des cascades d'albâtre. Cette masse de fuseaux translucides, semblable à une flèche de cathédrale, se terminait par une sorte de statue abritée sous un baldaquin de dentelle formé par la soudure des stalactites et des stalagmites. Ce bloc, loin d'être compact, ainsi qu'il le paraissait à distance, était creux et ouvragé à l'intérieur comme un véritable reliquaire circulaire en ivoire sculpté, à tel point que la lumière, introduite par un guide entre les fuseaux, permit de distinguer les moindres éléments de cette ossature transparente. L'effet était réellement merveilleux sous l'éclatant rayonnement du magnésium, et les promeneurs furent enthousiasmés.

Il ne restait plus à voir, avant de sortir, que les dernières salles, dont le sol, parsemé de courtes stalagmites très rapprochées, fait songer à un cimetière bossué de tombes, et au fond duquel est un mur composé de concrétions que les touristes escaladèrent à l'aide d'une échelle de fer. Ils traversèrent la salle des *Vasques*, ainsi nommée à cause de deux réservoirs qui reçoivent des eaux d'infiltrations tombées des voûtes, puis la salle des *Tombeaux*, où s'élèvent trois blocs stalagmitiques portant les noms de *chaise curule, borne milière* et *tombeau*. C'est là, qu'à 130 mètres de profondeur au-dessous de l'orifice d'entrée, se ferme la grotte de Dargilan.

Les excursionnistes revinrent sur leurs pas presque à regret et en éprouvant une seconde fois l'admiration des lieux parcourus. Le retour leur parut même plus facile jusqu'à la salle de la Grande Cascade, à partir de laquelle, l'intérêt décroissant, ils ne retrouvèrent plus jusqu'à la sortie que quelques difficultés de gymnastique. Ils dirent au passage un adieu à l'*Homme mort* en franchissant son tombeau et éprouvèrent, en remettant le pied hors de la grotte obscure, l'étonnement que produit toujours l'éblouissante lumière du soleil, à la sortie des cavités du sol.

—Et Bramabiau, demanda La Tour-Miranne à l'un des guides, vous le connaissez?.....

—Oui, oui, répondit l'interpellé, c'est à Saint-Sauveur-des-Pourcils, à quelques lieues de Meyrueis. Je l'ai visité. C'est tout différent de Dargilan. C'est une rivière, un vrai torrent, qui s'appelle le Bonheur et qui circule entre d'énormes rochers en tombant de cascades en cascades, au fond de la terre. Je crois même qu'il y a sept cascades à la suite, dont plusieurs sont très périlleuses.

—D'où vient le nom de «Bramabiau»? questionna Mme Lhier

—De ce que la première cascade, en venant de l'aval, produit, à l'époque des grandes eaux, un mugissement que répètent les échos des parois. En patois «brama biau» signifie mugissement du boeuf.

—Ah! très bien, je vous remercie.

—Bramabiau, ajouta le guide, est situé très haut dans les montagnes, à mille mètres au moins. C'est curieux à voir, surtout en hiver, car l'entrée de l'ouverture, aussi grande qu'un tunnel de chemin de fer, gèle quelquefois. Cela fait comme un rideau de glace, mais bien fragile, car ayant une fois eu l'idée de tirer un coup de fusil à l'entrée, tout ce palais de cristal s'est effondré avec un fracas épouvantable. Il y a aussi, à peu de distance de Bramabiau, un espèce de couloir où l'eau ne passe plus par suite d'un éboulement, la Baume, ou Trou aux Renards, qui est vraiment singulier, car, lorsqu'on est arrivé à l'extrémité, on se trouve tout d'un coup au fond d'un précipice de trois cents pieds formé par la cascade de sortie de la rivière.

Pendant cette conversation, les touristes étaient revenus à Meyrueis, où un copieux déjeuner les attendait. Tout en dévorant, avec un appétit fouetté par la longue promenade souterraine qu'ils venaient d'exécuter, les jeunes gens continuèrent à s'entretenir.

—Alors, nous visitons, cette après-midi, ce fameux trou de Bramabiau? demanda Breuval.

—Je ne sais trop si je dois vous y engager après ce que nous en a dit le guide, fit La Tour-Miranne. Si c'est dangereux, les dames ne pourraient tenter l'excursion.

—Alors, montons à l'Aigoual, dit Médouville. Il y a paraît-il un observatoire magnifique.

—Vous ne réfléchissez pas, mon cher René, que le sommet de l'Aigoual est à près de seize cents mètres d'altitude. Pouvons-nous y parvenir avec nos appareils?...

—Pourquoi pas!... s'écria l'intrépide Médrival. Je suis bien monté à près de douze-cents mètres hier!

—C'est là une prouesse que je n'essaierai pas d'imiter avec mon biplan, mais nous pouvons nous y rendre, d'ici même, en voiture. La route se fait en trois heures. Nous trouverons au sommet de l'Aigoual deux pavillons dépendant du Club alpin, où nous pourrons avoir l'hospitalité. Nous visiterons l'Observatoire demain matin et, de retour ici nous reprendrons la route des airs. Ce programme vous convient-il?...

—Rien de mieux, président. La chose est entendue!...

La Tour-Miranne fit part de cette décision à l'hôtelier, en lui demandant de lui procurer les moyens de gagner l'Aigoual. Celui-ci promit des voitures pour deux heures plus tard et ajouta qu'une dépêche allait être immédiatement expédiée à l'Observatoire qu'un fil télégraphique relie au bureau de poste de Meyrueis, pour prévenir de l'arrivée de la caravane:

—Comme cela, conclut l'hôte avec un gros rire, vous serez sûr de trouver à dîner et à coucher.

Pendant la route, l'inépuisable cicérone Médouville fit part à ses amis de ce qu'il avait appris dans son *Guide* au sujet de l'établissement qu'on allait visiter.

— Au moyen âge, dit-il, les moines de l'ordre de Saint-Benoît vinrent y fonder le prieuré de Bonheur; un peu avant le XVIIe siècle, les croupes de l'Aigoual furent explorées par les botanistes qui lui donnèrent le nom de *Hort-Dieu* (*Hortus Dei*, jardin de Dieu), et en 1676, Magnol achevait de les faire connaître au monde savant. Linné y puisa de précieux documents. Dans la guerre des Camisards contre les dragons de Louis XIV, le chef des Camisards, Roland, se faisait appeler le roi de l'Aigoual, et s'y maintenait comme dans une forteresse. Après la paix, Cassini y établissait la triangulation, et de Gensanne y faisait des recherches minéralogiques. Plus tard, les météorologistes comme Mouret, le contre-amiral d'Assas et Cabirou, se servaient de ces régions pour leurs observations; enfin, tandis que Dumas reconnaissait la constitution des versants schisteux, le commandant d'état-major Levret y stationnait pour le rattacher à la triangulation de la méridienne en y reconstruisant la pyramide-signal de Cassini et, en 1854, le capitaine Burtel achevait le relevé topographique du massif. L'observatoire de l'Aigoual, construit sur les plans de MM. Fabre et Labbé, est garanti contre tous les dangers auxquels sont exposés les bâtiments édifiés à de semblables altitudes. Contre la foudre, il est défendu par un paratonnerre Melsens, et par le soin qu'on a pris de n'introduire dans la bâtisse aucun élément métallique. Il est abrité du vent, car il se trouve un peu en contre-bas du point culminant du sommet que son toit ne dépasse pas. L'édifice a 31 mètres de long sur 14 de large, et il est encastré dans le roc. La façade principale est tournée vers le sud; la façade nord fait corps avec le rocher. L'angle sud-ouest est flanqué par une grosse tour ronde de 17 mètres de haut, ayant au rez-de-chaussée une grande salle, ouverte aux touristes, aux étages supérieurs, des salles destinées aux appareils scientifiques, et couronnée par une plate-forme crénelée, dominant de quelques mètres le sommet géodésique de l'Aigoual.

Comme défense contre l'humidité, tout le corps de logis du bâtiment est à double enveloppe; sur la façade sud, règne une galerie fermée de baies vitrées. Les murs extérieurs sont en pierres de taille et moellons piqués; pour la toiture on a adopté le système des voûtes en berceau, en plein cintre. Sur ce système de voûtes sont placées d'énormes plaques de schiste-ardoisier, épaisses de trois centimètres, ayant plus d'un demi-mètre carré de surface et noyées à bain de mortier de ciment sur l'extrados des murs. Le service des eaux est assuré par une citerne, contenant cent mètres cubes, et creusée en entier dans le roc; les annexes du bâtiment contiennent écurie et remise. Un jour on y trouvera un garage pour aéroplanes, il n'y a plus que cela qui manque maintenant!

—Je me permettrai d'ajouter, dit l'hôtelier qui avait écouté, qu'une visite à l'Aigoual et à son observatoire, en dehors du côté pittoresque, est du plus haut intérêt. Elle est, d'ailleurs fort attrayante par le curieux contraste qu'offrent ses terrains schisteux, gazonnés et boisés, avec l'aridité des immenses plateaux calcaires des causses. De plus, autour de l'Aigoual ainsi que de la Séreyrède, l'État a installé des jardins botaniques *d'acclimatation*, pour l'expérimentation des plantes nouvelles spéciales aux grandes altitudes, et, dans celui de l'Aigoual on doit tenter la culture de légumes variés de Suède, de Finlande, etc. Déjà on peut voir sur ces sommets des plantes rares, entre autres, des lis blancs magnifiques comme, je n'en ai jamais vu dans le pays.

Les voyageurs durent convenir, en arrivant au but de leur excursion, que les éloges faits du site n'étaient nullement exagérés. En effet, l'emplacement est merveilleusement choisi pour un observatoire, car de tous les points du Bas-Languedoc, l'horizon se trouve borné vers le nord-ouest par la chaîne des Cévennes. La partie centrale de ce profil semble se renfler en forme de large dôme entre les sources du Gardon et celle de l'Hérault. Ce massif montagneux de l'Aigoual est un véritable noeud orographique du pays, qui sert en quelque sorte de trait d'union entre la région schisteuse accidentée des Cévennes centrales et les hauts plateaux calcaires des Causses. Sur ce vaste dôme, font saillie divers pics, dont le plus élevé, celui de l'Aigoual, est exactement situé sur la ligne de partage des deux versants de l'Océan et de la Méditerranée. Sur la pointe même se dressent les ruines de la Tour de Cassini, centre de station des triangulations françaises de Cassini et de l'état-major, à 1.567 mètres au-dessus du niveau de la mer.

Là, plus que partout en France, la ligné hydrographique du partage des eaux sépare deux régions dissemblables. Sur le versant méditerranéen, ce ne sont que vallées et gorges profondes qui alternent avec des crêtes schisteuses, étroites et dentelées; sur le versant océanique, au contraire, les pentes granitiques plus douces semblent se relier au loin avec la surface plane des causses. De la terrasse, point extrême de l'Aigoual, les aviateurs se trouvaient comme suspendus au-dessus de la vallée de l'Hérault et ils voyaient à leurs pieds, en contre-bas de 1.200 mètres, la ville de Valleraugues. Ils dominaient la succession des montagnes des Cévennes et pouvaient apercevoir à l'extrême horizon la ligne argentée de la Méditerranée, et, le temps étant admirablement clair, les clochers et l'agglomération de Montpellier. Enfin au sud, se profilant comme un nuage diaphane dans l'atmosphère transparente, les pics des Pyrénées, depuis le Canigou jusqu'au Pic du Midi dont la pointe seule émergeait au-dessus des cimes arrondies des montagnes du Tarn. Le tableau était véritablement merveilleux, et les excursionnistes ne tarissaient pas d'éloges, même une fois revenus à Meyrueis et prêts à reprendre leur essor pour continuer leur périple.

—Où allons-nous, président? interrogea Médrival au moment de reprendre sa place de pilote à bord de son minuscule monoplan.

—Nous allons suivre les vallées pour atteindre Valleraugues au pied de l'Aigoual, puis, de là, Alais dans le Gard, Uzès et Avignon, soit une centaine de kilomètres environ. Ce soir nous serons à Marseille.

Cette fois, le sportsman devait se tromper dans ses prévisions. En arrivant au-dessus d'Uzès, le vent qui était déjà fort en arrivant à Alais, devint une véritable tempête, et les aéros, emportés par le mistral, furent entraînés, malgré les efforts de leurs pilotes, dans un vol d'ouragan vers la plaine désolée et sans fin de la Crau—et vers la Méditerranée!

CHAPITRE XXI

A TRAVERS LA FRANCE EN DIRIGEABLE

OU L'ON RETROUVE DES FIGURES DE CONNAISSANCE.—
CHARLOT RETROUVE UNE PLACE.—EN ROUTE POUR
L'EST.—METZ.—POURSUIVIS PAR LE «ZEPPELIN».—
EXCELSIOR!—NANCY.—UN PASSAGER DE MARQUE.—UNE
NUIT A BESANÇON.—LYON VU A VOL D'OISEAU.—LE MIST-
RAL.—L'AÉRONAT DÉSEMPARÉ.—LE TRAINAGE

—Ainsi, M. Neffodor, nous n'avons plus de mécanicien!...

—Hélas! non, monsieur Réviliod, Gellinier a remis sa démission à
M. Fruscou, et il ne doit plus revenir au parc.

—Prenez un autre aide, alors! Je vous ai prévenu que je me prépa-
rais à une excursion à grande distance et c'est juste au moment où je
viens vous dire d'appareiller que vous m'apprenez que votre second
vous lâche!

L'aéronaute leva les bras au ciel avec un geste muet de désolation.
Le *Petit Biscuitier*, nerveux, le sourcil froncé, fit encore quelques pas
en mâchonnant de sourdes paroles, puis il revint se planter devant
le capitaine de son aéronat.

—Voyons, dit-il, ce n'est pas tout que de geindre comme un bou-
langer retournant sa pâte, il faut prendre un parti. Il y a bien un
ouvrier de Fruscou capable de remplacer le mécanicien qui nous fait
faux bond.

—Je ne crois pas, monsieur Réviliod. Avec tous ces accidents de
dirigeables, on ne trouve plus facilement un mécano qui veuille
abandonner le plancher des... terriens. Ils trouvent tous qu'il y a
trop de risques.

A ce moment, la petite porte donnant accès au hangar à l'intérieur
duquel l'aéronat *le Réviliod n° 1* était gonflé, prêt à reprendre l'air,
depuis son retour de Trouville s'entr'ouvrit, et la tête du père Boudain, le gardien de l'aérodrome d'Ecancourt, s'encadra dans cette
ouverture.

—Qu'est-ce que c'est encore?... interrogea le sportsman.

—Excusez-moi de vous déranger, monsieur, répondit le gardien,
sa casquette à la main, mais il y a à la porte un individu qui insiste
comme le diable pour vous parler.

—Vous savez bien, père Boudain, que je ne veux voir personne ici! Aucun étranger ne doit pénétrer dans le parc.

—C'est pourquoi j'ai laissé l'homme à la porte, malgré ses gesticulations. Je connais la consigne, monsieur Réviliod. Je vais donc lui intimer l'ordre de s'en aller, et plus vite que cela, d'autant plus qu'il n'a pas une dégaine qui me revient ce citoyen-là, avec son dos tout tortueux et ses oreilles en plats à barbe.

En entendant ces derniers mots, l'aéro-yachtman tressaillit et songea à une figure connue.

—A-t-il dit son nom? demanda-t-il brièvement.

—Oui, monsieur. Tiburce, le chauffeur, a l'air de le connaître aussi. C'est un mécanicien qui s'appelle Bader.

—C'est bon! Dites-lui de venir me trouver!

Quelques minutes s'écoulèrent, puis la porte s'ouvrit de nouveau, et le personnage que nous connaissons déjà se présenta, se dandinant sur ses jambes torses et promenant ses regards fureteurs de tous côtés.

—Salut, m'sieur Réviliod, dit humblement maître Charlot.

—Ah! vous voilà enfin! articula le *Petit Biscuitier* en le toisant sévèrement des pieds à la tête. Et qu'est-ce qui vous a décidé à me rendre visite, après la façon dont vous avez exécuté—ou plutôt, non, dont vous n'avez pas exécuté—mes ordres?... En vérité, je ne pensais plus désormais entendre parler de vous!...

—Ah! monsieur, ne m'accablez pas!... Si vous saviez ce qui s'est passé!...

—Cela m'indiffère profondément, répliqua vivement Réviliod avec un coup d'oeil significatif jeté du côté de Neffodor qui écoutait. Vous me raconterez un autre jour vos petites histoires, aujourd'hui je n'ai pas le temps. Il faut que je me procure un mécanicien pour mon yacht aérien.

—Ah! monsieur, si vous vouliez!... Je vous en serais si reconnaissant!...

—Si je voulais quoi?... Reconnaissant de quoi?...

—De me prendre avec vous...

—Comment, et votre situation chez Martin-Landoux?...

—Ah! monsieur, il faut que je vous dise! On a fait une enquête très sévère à Aérovilla pour tâcher de découvrir l'auteur du sabotage dont l'aéro du président avait été victime. On n'a rien trouvé, mais cela n'a pas empêché le patron de balayer tous ceux qui faisaient partie de l'équipe au moment où l'accident s'est produit. Je suis donc la victime de mon bon coeur, monsieur Réviliod, vous me comprenez, n'est-ce pas?... Alors je me suis dit...

—Je vous répète que toutes vos histoires ne m'intéressent pas! coupa avec tant de sécheresse le sportsman que mon Charlot demeura coi et la bouche béante, sans oser continuer son récit, dans lequel d'ailleurs il fardait sans hésiter la vérité, comme à son habitude.

Je retiens seulement, termina Réviliod, le fait que vous vous trouvez momentanément sans emploi. Voulez-vous, en ce cas, entrer à mon service...

Pendant un moment, Charlot, médusé par l'imperturbable assurance de son interlocuteur, ne sut que répondre. Enfin, il parvint à tirer quelques sons de son gosier.

—Pour le dirigeable?... finit-il par articuler.

—Pour conduire le moteur du dirigeable, oui. En êtes-vous capable?...

—Oh! monsieur Réviliod!... Vous doutez de mes capacités!... Voilà dix ans que je triture ces bécanes-là.

Le *Petit Biscuitier* ne put retenir un mince sourire.

—C'est bien! dit-il. D'ailleurs, Neffodor vous mettra au courant si vous avez besoin de quelques explications, et à partir de cet instant vous êtes à mon service, et, comme je suis bon prince quoi qu'on en dise, je vous accorde un salaire journalier double de celui que vous aviez à l'atelier Landoux!...

—Je vous remercie bien, monsieur, murmura-t-il, quoique... Enfin, c'est dit, j'accepte et je me mets à vos ordres.

Maître Charlot constatait une fois de plus qu'il avait affaire à trop forte partie pour lui et qu'il n'avait rien de mieux à faire que d'accepter les propositions du richissime amateur de tourisme aérien. Mais, en même temps, il éprouvait un profond ressentiment contre le jeune homme dont il avait été le jouet, sans en avoir tiré le moindre avantage. Loin de là, même, car si Martin Landoux pris d'un vague soupçon, l'avait congédié, c'était bien le *Petit Biscuitier* qui en était cause. Et celui-ci lui offrait, pour toute indemnité, un emploi provisoire de mécanicien! C'était, en vérité, une piètre récompense.

—Si j'avais su!... grommela le tortueux personnage, ulcéré au plus profond de lui-même. Enfin, le jour viendra peut-être où je pourrai te rendre la monnaie de ta pièce, toi qui m'as si bien *roulé*!...

Claude Réviliod ne s'occupait déjà plus de lui. Il était revenu au pilote, demeuré impassible pendant la conversation.

—Eh bien! nous avons un mécanicien maintenant, avait-il repris. Nous allons pouvoir par conséquent reprendre la route des airs!...

—Dans quelle direction, cette fois, monsieur?...

—Est. Je veux aller inspecter nos places fortes de ce côté-là, et voici l'itinéraire, sauf, bien entendu, dans le cas où le vent contrarierait par trop la marche du ballon: Pontoise, Senlis, Soissons, Rethel, Sedan, Metz, Nancy, Épinal, Belfort, Bourg, Grenoble et Aix-les-Bains, où nous camperons définitivement.

—Oh! oh! c'est un long voyage, monsieur Réviliod. Combien de jours comptez-vous mettre à l'exécuter?

—Trois jours, pas davantage; il me semble que cela n'a rien d'extraordinaire. Premier soir, arrêt à Nancy, deuxième à Pontarlier, troisième à Aix.

—Bien, monsieur. Dans ce cas, je vais faire expédier dans ces trois villes les tubes à hydrogène nécessaires pour le ravitaillement, de façon à ne pas nous trouver dans l'embarras. A quand le départ?...

—Demain matin, si possible.

—Je ferai le nécessaire, monsieur. Tout sera prêt!

—J'emmène seulement mon valet de chambre pour me servir. Vous réglerez l'équilibre en conséquence. Quant à vous, Bader, vous allez rester ici et Neffodor vous mettra au courant de votre travail.

Ayant ainsi réglé tous ces détails, le *Petit Biscuitier* quitta le hangar en sifflotant d'un air satisfait. Le lendemain matin à huit heures, il reparaissait, ainsi qu'il l'avait annoncé et s'enquérait si ses ordres avaient été exécutés.

—Tout est en état pour la route, monsieur, et nous n'attendons plus que vos ordres, répliqua le pilote.

—Très bien. Dans ce cas faites sortir le ballon et partons immédiatement.

—Vous pouvez monter en nacelle, monsieur Réviliod; je viens de faire enlever, comme vous le voyez, les panneaux de la façade du hangar. On fera le «pesage» à l'intérieur, avant de sortir.

L'équipe de manoeuvres, prévenue, venait d'arriver. Les hommes s'espacèrent autour de la longue poutre armée constituant la nacelle, et Firmin, un peu plus aguerri, rangea, dans les compartiments du meuble ornant le salon aérien, les provisions solides et liquides dont son maître lui avait ordonné l'achat, puis il monta à bord à la suite de l'armateur du dirigeable. Le pilote et le mécanicien avaient déjà pris leur poste, et le réglage de la force ascensionnelle fut rapidement opéré. Cela fait, le dirigeable fut sorti de son abri et amené sur la pelouse des départs. Neffodor vérifia encore une fois tous les détails du délicat mécanisme, puis commanda à l'équipe:

—Attention au commandement, vous autres, pour lever les mains tous ensemble!... Vous y êtes?... Lâchez tout!....

Le ballon s'enleva majestueusement et vint s'équilibrer vers deux cent cinquante mètres. L'aéronaute se laissa un moment entraîner dans le lit du vent pour reconnaître sa direction et sa vitesse, puis il se frotta les mains avec satisfaction.

—Vent d'ouest, vitesse vingt kilomètres à l'heure. Ça va nous pousser dans la bonne direction et économiser notre hydrogène!... murmura-t-il.

Il donna, en conséquence, l'ordre à Chariot, immobile auprès du moteur qu'il avait passé son après-midi de la veille à régler, de mettre en route les deux cylindres fonctionnant à l'essence et d'embrayer ensuite l'hélice. Le mécanicien obéit, et aussitôt que le propulseur eut été mis en mouvement, la vitesse s'accéléra notablement. Neffodor consulta l'anémomètre.

—5 m. 50 à la seconde de vitesse propre, fit-il encore. A ajouter à la vitesse du courant nous défilons donc à raison de 40 kilomètres à l'heure. C'est suffisant pour l'instant!

A neuf heures et demie du matin, l'aéronat traversait Senlis, reconnaissable à la flèche de son église gothique du XIIe siècle, et à onze heures il laissait à tribord la ville de Soissons. A ce moment, l'armateur du navire aérien interpella le pilote.

—Il me semble que nous n'avançons guère! observa-t-il. Nous ne sommes encore qu'à la patrie des haricots. Comment cela se fait-il?...

—Nous marchons alternativement avec le moteur à pétrole et avec le moteur à gaz, expliqua Neffodor, ce qui nous donne une moyenne de quarante à l'heure.

—Allure d'un méchant tortillard de banlieue. Cela nous fera arriver à minuit à Nancy! Plus vite, donc!

—C'est facile, monsieur Réviliod!... Charlot, les quatre cylindres en route!...

L'ordre fut exécuté. Lorsque le dirigeable arriva en vue de la colline ou Laon est juchée, l'aéronaute qui observait attentivement le sol, annonça à son passager:

—70 kilomètres à l'heure, monsieur. Nous venons de parcourir en une demi-heure les 35 kilomètres qui séparent Soissons de Reims!...

—Bon, cela va mieux. Continuez à cette vitesse jusqu'à Sedan!...

Les plaines, les forêts, les rivières défilaient sous la nacelle du dirigeable qui traçait dans l'air qui le portait une trajectoire d'une absolue régularité, à six cents mètres environ de hauteur. Le *Petit Biscuitier* déjeuna tranquillement, servi par Firmin qui avait fini par se résigner à son sort et se familiariser avec ce genre de locomotion qu'il abhorrait tout d'abord. Le pilote et le mécanicien eurent leur part des provisions emportées, et qu'ils absorbèrent sans quitter de l'oeil la machine et les instruments. Il était deux heures un quart lorsqu'on arriva en vue de Sedan. Les 260 kilomètres à vol d'oiseau séparant Écancourt de la frontière avaient été franchis en un peu plus de cinq heures et demie, soit à l'allure moyenne de 46 kilomètres à l'heure.

Remettant le moteur en petite vitesse, le pilote conduisit son passager d'un bord à l'autre de l'immense cuvette qui avait été le théâtre de l'affreux désastre de l'armée française en 1870. Le ballon plana un moment au-dessus de la cité et fit lentement le tour de la vallée, de Bazeilles à Givonne, en passant par Fleigneux, Saint-Menges, le calvaire d'Illy, tous ces points qui furent témoins de l'inutile héroïsme de nos soldats. Penché au-dessus du bordage de la nacelle, l'aéro-yachtman considérait avidement le panorama immense qui s'étendait au-dessous de lui, et il repassait dans sa mémoire tout ce que l'histoire lui avait appris de cette guerre désastreuse.

—Longez la frontière et conduisez-moi à Metz!... ordonna-t-il brusquement à l'aéronaute.

Neffodor se contenta de baisser la tête et ne répondit pas. Il inclina la pointe du ballon vers le sud-est et l'appareil reprit sa route à toute allure vers Montmédy et Briey. A cinq heures moins le quart, il franchissait la frontière, au sud d'Audun-le-Roman et, quelques instants plus tard, la cité lorraine, maintenant allemande, étala son immense camp retranché aux yeux des aéronautes qui le considéraient dans son ensemble de l'altitude de quinze cents mètres qu'ils avaient atteinte.

Le ballon ne tarda pas à dominer le massif de vapeurs.

Metz, presque entièrement germanisée aujourd'hui, constitue une place forte de premier ordre. Commandant la trouée de la Moselle,

elle a été depuis 1870 entourée d'une formidable enceinte de forts détachés, couronnant à l'est de la ville les plateaux de Sainte-Barbe et de Colombey, et à l'ouest, les hauteurs de Gorze à Saint-Privat. Réviliod les compta l'un après l'autre en s'aidant de sa carte. Maustein, Manteuffel, Kameke, Haeseler, Zastrow, Gôben ou de Queuleu, Wurtemberg, Aversleben ou de Plappeville, et son regard s'arrêta un moment sur les villages dont les noms rappelaient le funèbre souvenir de sanglants combats: Gravelotte, Saint-Privat, Rézonville, Mars-la-Tour, Borny.

Le *Petit Biscuitier* reporta les yeux au-dessous de lui, et considéra l'agglomération formée par les maisons de la ville, patrie de Pilâtre de Rozier, le premier des aéronautes, et du maréchal Fabert. Il distinguait à merveille les sinuosités des deux rivières qui l'arrosent: la Meuse et la Seille, ainsi que la magnifique flèche qui mesure près de cent mètres de hauteur qui surmonte la vieille cathédrale, quand soudain il tressaillit. Du sol venait de se détacher une espèce de long cylindre jaunâtre, qui s'élevant progressivement, prenait des dimensions de plus en plus considérables. Le sportsman étouffa une exclamation à cette vue.

—Tiens! un saucisson volant! s'exclama Firmin. On voit bien que nous sommes en Allemagne; les Prussiens vont jusqu'à faire de la charcuterie aérostatique!...

—Ce n'est pas un saucisson, rétorqua Charlot qui avait entendu. C'est un mirliton!

—Ce n'est ni l'un ni l'autre, prononça à son tour le pilote qui avait reconnu du premier coup d'oeil la nature de l'objet. C'est un dirigeable allemand, un *Zeppelin,* qui vient sans doute nous demander qui nous sommes et ce que nous venons faire au-dessus de Metz.

—Eh bien! répondons-leur et montrons qui nous sommes aux officiers qui le montent! déclara Claude Réviliod. Neffodor, déployez le grand pavillon de l'arrière!...

L'aéronaute se leva, et donnant un coup sec sur la drisse le maintenant roulé, il fit s'allonger un large drapeau de soie tricolore attaché au-dessous de la pointe arrière de l'aéronat.

A la vue de l'emblème national, une longue traînée de lest fusa au-dessous du dirigeable allemand dont on pouvait maintenant reconnaître les gigantesques proportions. Il ne tarda pas à arriver à l'altitude où planait le *Réviliod*; des moulinets se mirent à tourner aux deux bouts du long «saucisson» et le formidable vaisseau parut se précipiter sur le yacht aérien qui portait le *Petit Biscuitier.*

—Holà! s'écria Firmin dont la bravoure n'était pas la principale qualité. Ils se précipitent sur nous! Ils vont nous pulvériser!...

—Que dois-je faire, monsieur Réviliod? interrogea le pilote. Faut-il remettre en grande vitesse?...

—Fuir devant ces gens-là! tonna le sportsman. Jamais! Montrons-leur ce que les Français savent faire. Vous avez du lest?...

L'aéronaute jeta un coup d'oeil autour de lui.

—120 kilos, environ, monsieur Réviliod.

—Eh bien, montons le plus haut possible, afin que ce mastodonte poussif qui nous menace ne puisse nous suivre! *Excelsior!*

Obéissant à cet ordre, Neffodor projeta successivement le contenu de deux sacs par-dessus bord et en même temps il fit remettre la machine en marche et obliqua les lames de persiennes de l'aéronat, et le gouvernail de direction, de manière à décrire de vastes orbes tout en s'élevant d'une manière continue. On arriva à deux mille mètres.

L'aéronat allemand, un moment immobile, n'avait pas tardé à imiter l'exemple de ce myrmidon qui osait le narguer; un nuage de sable se répandit dans l'espace et il monta à son tour. Bientôt il reparut à la hauteur du *Réviliod.*

—Encore du lest, Neffodor, encore du lest!... ordonna le *Petit Biscuitier.* Quand nous devrions jeter jusqu'à nos bottes par-dessus bord, il ne faut pas nous laisser dépasser par ces mangeurs de choucroute!...

La manoeuvre fut recommencée et le ballon pénétrant dans d'épais cumulus se perdit un instant, mais il ne tarda pas à émerger et dominer le massif de vapeurs.

—Trois mille deux cents mètres!... annonça orgueilleusement l'aéronaute. Jamais encore un dirigeable n'est monté à pareille altitude!...

A cette hauteur, l'aéronat planait au-dessus d'une mer de nuages éclatante de blancheur, et son ombre se reflétait, entourée d'un arc-en-ciel irisé, sur ce plancher de vapeurs.

—L'auréole des aéronautes!... annonça tranquillement le pilote.

—Et le *Zeppelin,* qu'est-ce qu'il est devenu? répliqua son passager. On ne le voit plus!...

—Il n'aura pas osé se risquer à une pareille altitude, c'est certain!...

—Eh bien! voilà qui montrera aux Teutons que nous ne craignons pas leurs Léviathans de quinze mille mètres cubes et leur prouvera qu'avec un minuscule ballonnet de seize cents mètres seulement nous pouvons leur faire la nique. Maintenant, il se fait tard, en route pour Nancy!...

—Dans une heure nous y serons.

Pour compenser la perte de lest effectuée afin de s'élever à cette altitude relativement considérable pour un aéronat de la taille du *Réviliod n° 1*, Neffodor dut soupaper à plusieurs reprises. En quittant le plateau supérieur des nuages, l'auréole aux sept couleurs disparut, mais, en scrutant attentivement l'horizon de l'est, dans les brumes duquel s'estompait la ville de Metz, le *Petit Biscuitier* aperçut encore, comme un mince trait d'union le dirigeable allemand qui, ayant renoncé à la lutte en hauteur, regagnait son hangar dans l'un des forts hérissant la crête lorraine.

—Bon voyage! grommela ironiquement l'aéro-yachtman, et au plaisir de ne pas vous revoir!...

L'aéronat ne tarda pas à repasser la frontière et à revenir en vue de la terre, terre française cette fois!—et à distinguer Pont-à-Mousson. Le soleil commençant à s'abaisser sur l'horizon la température était moindre et, le gaz se contractant, la descente se précipita. Bientôt on ne fut plus qu'à deux cents mètres du sol, et l'aéronaute dut se débarrasser de ce qui lui restait de lest pour éviter d'être précipité dans un bois que l'on traversait.

NANCY. -- La porte de la Graffe

—Heureusement nous ne sommes plus qu'à une douzaine de kilomètres de Nancy, murmura-t-il en vidant peu à peu son dernier sac de sable. Nous sommes complètement à sec de lest et il ne doit plus rester trois litres d'essence dans les réservoirs. Il est grand temps de reprendre terre!...

Enfin la Meurtrie apparut, la route de Château-Salins fut traversée, et le pilote dirigea la course du navire aérien vers le plateau de Malzéville, qui lui offrait un terrain propice pour effectuer l'atterrissage, et où le génie avait fait élever un hangar dans le but d'abriter le dirigeable destiné à la place de Nancy, dirigeable encore à ce moment en cours de fabrication chez le constructeur.

Le vent étant presque complètement tombé avec l'approche de la nuit, l'aéronat put mettre en panne, ses guideropes étant largement étendus sur le sol, et attendre l'arrivée des soldats qui accouraient du fort voisin. Bientôt une trentaine de bras vigoureux halèrent sur les cordages et la nacelle toucha le sol. Il y avait onze heures que le *Réviliod* naviguait, et il avait parcouru plus de cent lieues depuis son départ d'Ecancourt.

Le *Petit Biscuitier* descendit de son salon, après que Neffodor eut pris la précaution de faire monter deux soldats à bord afin de remplacer son poids. Il s'enquit s'il lui serait possible d'obtenir de la Place l'autorisation d'abriter son appareil à l'intérieur du hangar dans le cas où celui-ci serait encore disponible, et un caporal s'offrit à le conduire au capitaine adjudant-major, au fort, qui, seul, avait qualité pour lui répondre. Il était nuit noire lorsqu'il revint, accompagné par l'officier qui avait eu la complaisance de téléphoner immédiatement à la Place pour demander des ordres et savoir s'il pouvait faire ouvrir le hangar. L'autorisation sollicitée avait été accordée, et en conséquence des sapeurs furent commandés pour démonter les panneaux de la façade. Enfin l'aéronat fut garé, et, après avoir été alourdi par une surcharge de lest, le pilote et le mécanicien purent le quitter.

—Douze heures de ballon d'affilée, c'est un peu beaucoup, vrai!... grogna Charlot en mettant pied à terre.. Je suis moulu!... En voilà une étape qui peut compter!... Il est enragé, le patron!...

—En attendant, répliqua son chef, nous aurons de l'ouvrage demain à regarnir le ballon. Il a perdu près de trois cents mètres cubes de gaz. Pourvu que nous ayons suffisamment d'hydrogène avec les vingt bouteilles que j'ai fait envoyer! C'est qu'on en a dépensé pendant ce voyage pour alimenter le moteur et grimper à trois mille mètres!...

Charlot eut un geste de mauvaise humeur.

—Eh bien! si l'on n'en a pas suffisamment, marmotta-t-il, on en sera quitte pour ne pas aller plus loin et ce n'est pas moi qui m'en plaindrai. En voilà un métier!...

Une grave déconvenue attendait, le lendemain matin, l'aéronaute.

Lorsqu'il se rendit à la gare pour prendre livraison des tubes de gaz comprimé qui avaient dû être expédiés dès l'avant-veille de l'usine de fabrication d'Issy-les-Moulineaux, rien n'était arrivé; Neffodor téléphona alors au fournisseur qui dut avouer, vérification faite, que la commande n'avait pas été exécutée et que les bouteilles d'acier étaient encore au magasin. Le capitaine du *Réviliod* s'emporta et voulut tempêter contre l'incurie de l'industriel, mais à ce moment la communication téléphonique fut coupée, et l'infortuné Neffodor n'eut que la ressource d'aller porter ses doléances à son armateur, qu'il trouva en compagnie de nombreux officiers du génie de la place.

—Diable! fit le *Petit Biscuitier* en apprenant cette fâcheuse nouvelle et fronçant le sourcil avec mécontentement, comment allons-nous faire dans ce cas pour poursuivre notre voyage?...

—Nous serons bien forcés d'attendre au hangar l'arrivée des tubes d'hydrogène, hasarda l'aéronaute.

—Je vais vous adresser en même temps une offre et une demande, articula un officier en s'adressant à Réviliod.

—Parlez, commandant, répliqua courtoisement celui-ci.

—Vous avez besoin d'une grande quantité d'hydrogène pour ravitailler votre ballon?...

L'armateur se tourna vers le pilote qui répondit pour lui:

—Oh! deux cent cinquante à trois cents mètres cubes environ!

—Bon! avec le grand appareil à circulation du parc d'aérostation, il n'y en aurait pas pour une heure à fabriquer cette quantité de gaz. Eh bien! poursuivit l'officier en se tournant vers Réviliod, mon cher camarade,—je puis bien vous appeler ainsi, puisque vous êtes lieutenant de réserve!—je vais formuler ma proposition. Vous nous avez expliqué tout à l'heure que votre voyage de circumnavigation aérienne allait vous conduire à Épinal puis à Belfort. Or, je dois me rendre, pour affaires de service, dans cette dernière place forte. Si vous voulez bien m'accorder une place à votre bord, je me fais fort de mon côté de vous obtenir du général l'autorisation d'utiliser l'appareil à hydrogène du parc militaire.

—Comment donc!... mais très volontiers, mon commandant!... s'écria vivement le sportsman. Je serai très heureux de pouvoir vous offrir à déjeuner à bord de mon petit yacht aérien de plaisance.

—Tiens, ce ne sera pas banal, en effet, et je vous remercie de l'invitation. Mais il faut nous hâter; Belfort est à cent cinquante kilomètres d'ici, et nous n'y serons pas avant ce soir.

—Croyez-vous! proféra avec un mouvement d'orgueilleuse satisfaction le *Petit Biscuitier*. Mon aéronat possède une vitesse propre de 45 kilomètres à l'heure, et pour peu que le vent nous aide comme hier, nous n'en avons pas pour trois heures!...

—Vraiment!... C'est merveilleux pour un dirigeable!

—Certainement. Cela vaut un peu mieux que les aéroplanes dont on nous rebat les oreilles. A propos, avez-vous entendu parler, commandant, du fameux tour de France entrepris par une bande de fous qui ont la prétention de faire ce parcours avec les machines à la mode?...

—Les journaux annoncent que la caravane dont vous parlez vient d'arriver à Bordeaux.

—Et combien reste-t-il encore d'aéroplanes intacts?...

—Mais, je crois la caravane encore au complet, comme au départ...

—Enfin, laissons cela, coupa l'aéro-yachtman en faisant un geste comme pour écarter de son esprit des pensées désagréables, et occupons-nous de notre prochain départ pour Belfort.

—Vous avez raison. Je cours chez le général de brigade solliciter l'autorisation en question.

Il était à ce moment neuf heures du matin. A onze heures et demie, le dirigeable était tiré à bras hors du hangar et amené à l'endroit même où il avait atterri la veille. Il avait repris sa belle forme de fuseau, luisante et tendue, car il n'avait pas absorbé moins de 310 mètres cubes de gaz hydrogène pur, — presque le cinquième de sa capacité totale.

A 200 mètres de haut, le pilote fit mettre les quatre cylindres du moteur en mouvement, car le vent d'ouest, qui régnait depuis plusieurs jours, était assez vif, et il dut diriger le nez du ballon vers Neufchâteau pour atteindre, après deux heures de marche, Épinal. Pendant ce temps, le *Petit Biscuitier* avait fait les honneurs de son yacht aérien au commandant Chevallier, et Firmin, décidément aguerri contre le mal de ballon, avait correctement fait son service et dressé un «menu aérostatique» des plus confortables, et qu'avait apprécié l'officier, fin gourmet.

— Nous voilà en pleines Vosges, remarqua l'armateur, en humant un moka parfumé; le panorama est vraiment grandiose; mais, dites-moi, commandant, sommes-nous encore loin de Belfort?...

— Environ vingt lieues à vol d'oiseau, mon cher ami. Et c'est, comme vous le voyez, un pays très accidenté en même temps que très boisé. Ainsi, Épinal que nous venons de traverser, est à 340 mètres; Remiremont, où nous allons arriver est à 613 mètres, et nous avons devant nous les sommets arrondis du Hohneck et du Ballon d'Alsace qui dépassent 1.200 mètres!

— Oh! nous n'irons pas passer juste au-dessus de ces «ballons-là», commandant.

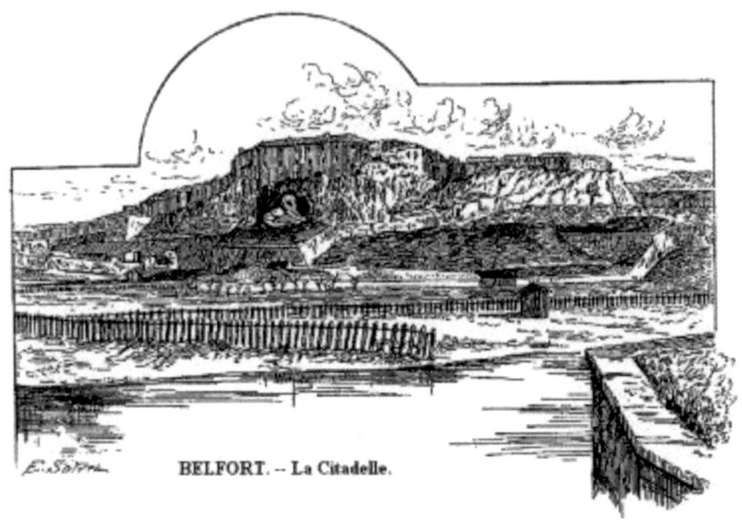

BELFORT. -- La Citadelle.

Ce ne sont pas des Zeppelin pour que nous dépensions pour eux jusqu'à notre dernier gramme de lest!

Pendant que s'échangeait cette amicale conversation, l'aéronat continuait à avancer avec la rectitude d'un projectile, et effrayait par le bruit de son hélice toute la gent emplumée des forêts qui; le prenant sans doute pour un formidable oiseau de proie, fuyait en désordre dans toutes les directions.

Le pilote, laissant à l'est le dôme du ballon d'Alsace, descendit en plein sud et à quatre heures de l'après-midi, le yacht aérien arriva au-dessus des ouvrages avancés de la forteresse de Belfort. Contrarié par le vent d'ouest, il avait mis quatre heures et demie pour parcourir 150 kilomètres.

—Tâchez donc de nous amener sur les glacis du fort des Barres!... recommanda l'officier au pilote.

Neffodor manoeuvrant en conséquence, obligea le ballon à s'abaisser jusqu'à ce que les guideropes arrivassent au contact du sol, puis faisant tête au vent il parvint à immobiliser l'appareil, que des soldats accourus en toute hâte du fort voisin, amenèrent jusqu'à terre. Le commandant Chevallier quitta alors là nacelle, et tout en

430

serrant cordialement les mains de son hôte de quelques heures, il lui dit:.

—Alors vous persistez à continuer votre route sur Besançon?...

—Certainement. Ne vous ai-je pas dit que l'on m'attendait demain à Aix-les-Bains?...

—Laissez-moi alors vous donner un dernier renseignement avant de vous quitter. Lorsque vous arriverez près de Besançon, vous remarquerez, sur l'une des collines entourant la ville, non loin de la gare de la Miotte, un fort imposant: le fort Brégille. Le commandant de ce fort est un de mes meilleurs amis, remettez-lui ma carte avec ce mot lorsque vous aurez pris terre. Je suis sûr que vous serez bien accueilli.

—Est-ce que le fort possède un hangar pour dirigeables?...

—Certainement, comme presque toutes les villes frontières. S'il n'est pas, ce qui est probable, occupé, vous pourrez y loger votre ballon, comme vous avez fait à Nancy. Est-ce qu'en cas de guerre vous ne le mettriez pas à la disposition de la défense nationale?...

—Vous n'en doutez pas, commandant, et je souhaite que, si le cas vient à se produire, il soit affecté au service de la place à laquelle vous appartenez.

Les deux hommes échangèrent une dernière poignée de mains.

—Adieu, commandant! cria Réviliod.

—Non, pas adieu, au revoir, et grand merci de m'avoir pris comme compagnon de voyage!...

Déjà l'aéronat délivré bondissait dans les airs et l'officier, entouré des soldats ayant aidé à l'escale, se rapetissait dans l'éloignement. Le pilote avait mis le cap au sud-ouest vers Montbéliard et Baume-les-Dames, mais le courant ouest qui continuait à souffler contrariait fortement sa marche. Il fallut presque une heure pour atteindre Montbéliard. Neffodor grommela:

—Si nous continuons de ce train-là, nous arriverons à Besançon à minuit, et nous n'aurons pas assez d'essence pour aller jusque là. Essayons si nous ne trouverons pas en montant un courant moins défavorable.

Manoeuvrant les lamelles de l'aéroplane en même temps qu'il vidait deux sacs de lest coup sur coup, l'aéronaute, qui jusque-là avait maintenu une altitude variant entre six cents et mille mètres au-dessus du niveau de la mer, s'éleva jusqu'à près de deux mille mètres. Bien loin de s'apaiser, le vent était plus rapide, à cette hauteur que près du sol.

— Diable!... Diable!... nous n'avançons presque plus maintenant, grogna le pilote.

Devant l'insuccès de sa tentative, il se résigna à redescendre le plus bas possible, en se fiant à la condensation due à l'approche du soir. A sept heures vingt minutes, l'aéronat n'était encore qu'en vue de Baume-les-Dames. Il avait fallu trois heures pour parcourir soixante-douze kilomètres!

— Pas même du vingt-cinq à l'heure!... ce n'est pas brillant!... marmonna encore l'aéronaute. Et avec cela l'essence qui va manquer et nous sommes encore à huit lieues de Besançon!...

Heureusement, avec la fraîcheur du soir, la brise cessa tout d'un coup, ce dont on put s'apercevoir à l'immobilité des feuillages succédant à leur agitation continuelle. Le brave Neffodor se sentit délivré de l'inquiétude qui l'oppressait depuis de longues heures. Profitant du calme, il fit activer la marche dû moteur, et en trois quarts, d'heure, les 32 kilomètres de Baume-les-Dames à Besançon furent abattus, et il faisait encore clair lorsque le yacht aérien lança ses guideropes sur les glacis du fort Brégille. L'appel strident de la sirène dont le dirigeable était muni fit accourir tous les soldats qui erraient dans les cours de la forteresse, et leur aide fut précieuse pour reprendre sans encombre contact avec le sol. Aussitôt l'aéronat solidement maintenu, l'aéro-yachtman s'adressa à un adjudant, demandant à parler au commandant Tarlé, pour qui le chef de bataillon du génie Chevallier lui avait remis un mot. Au nom du chef du fort, le sous-officier se confondit en politesses et courut prévenir le commandant de l'arrivée du dirigeable. Dix minutes ne s'étaient pas écoulées que l'officier arrivait, ayant interrompu son repas pour accourir plus vite. En égard pour la recommandation de son collègue de Nancy, l'officier accorda à Réviliod la permission que celui-ci demandait de garer son aéronat dans le hangar militaire.

—Vous seriez venu huit jours plus tard à Brégille, dit cordialement le commandant, qu'il m'eût été impossible de déférer au désir que vous manifestez, quelle que soit l'envie que j'ai d'être agréable à mon ami Chevallier, car on m'a annoncé l'arrivée imminente du dirigeable type «République» destiné à la place de Besançon.

—Je ne saurais trop vous remercier, commandant, de votre amabilité, répliqua le sportsman, et je vais immédiatement profiter de votre autorisation. L'aéronat fut rentré dans l'immense hangar destiné à contenir un vaisseau aérien trois fois plus grand que lui, et le *Petit Biscuitier*, suivi de ses hommes, put gagner la cité bisontine, qui s'étendait à ses pieds, avec ses mille lumières.

Le lendemain, lorsque Neffodor se présenta à la gare pour réclamer les bouteilles d'hydrogène comprimé, il eut la surprise de constater que l'usine avait expédié le double de la quantité de tubes qu'il avait demandé.

—Ils ont ajouté les tubes qu'ils avaient oublié d'envoyer à Nancy, sans aucun doute, songea l'aérostier. C'est une drôle de façon de corriger une bévue, mais nous tâcherons qu'elle ne soit cependant pas inutile, car on a encore diablement perdu de gaz pendant cette dure journée d'hier!

L'aéronaute fit charger les tubes d'acier sur une voiture, qui prit aussitôt la route du fort. Le regarnissage du ballon venait d'être terminé, et deux cent soixante mètres cubes d'hydrogène avaient été transfusés dans l'enveloppe de soie caoutchoutée pour compenser les pertes de la veille, Chariot, aidé d'un pioupiou qui s'était mis à sa disposition, terminait le remplissage des réservoirs d'essence, lorsque le «patron» Claude Réviliod parut, l'air tout guilleret.

—Eh bien! interrogea-t-il, tout est prêt?... C'est aujourd'hui que nous arriverons à Aix?...

—Je l'espère, monsieur, répliqua simplement le pilote.

—Ah! à propos, dites-moi, quelle est la distance de Besançon à Lyon?...

—Par Poligny, Lons-le-Saunier et Bourg, il y a deux cents kilomètres, monsieur Réviliod.

—Bon! Vous allez nous conduire d'abord au-dessus de la deuxième ville de France. Ensuite, combien y a-t-il de Lyon à Grenoble?

—Trente lieues environ.

—Alors, notre point définitif d'escale sera Grenoble. Demain, si le temps continue à se maintenir au beau fixe, nous nous promènerons au-dessus des Alpes avant d'atteindre notre port d'attache: Aix. D'ailleurs nous serons, j'en suis sûr d'avance, reçus à Grenoble comme nous l'avons été dans toutes les places fortes de l'est; c'est-à-dire d'une façon charmante, et nous y trouverons des ressources qui n'existent pas à Aix. Tout bien réfléchi, conduisez-nous à Grenoble.

—Oui, monsieur Réviliod.

Lorsque l'aéronat eut quitté en présence du commandant Tarlé, de ses officiers et de toute la garnison, le hangar où il avait été abrité pendant la nuit, le pilote inspecta le ciel, que traversaient à une grande hauteur de petits nuages blancs qui voguaient avec une excessive rapidité.

—Hum! murmura-t-il, un changement de temps est prochain et cela ne m'étonnerait pas si nous avions demain de la pluie ou du vent!

LYON. -- Le palais de Justice et le coteau de Fourvières.

A l'altitude de 400 mètres, où naviguait le yacht aérien, régnait un faible courant de nord-ouest ne contrariant que faiblement la marche. Le départ s'étant effectué à onze heures moins quelques minutes, il était près de trois heures et demie lorsque l'aéronat arriva au-dessus de Lyon, après avoir traversé tout le pays des Dombes, facilement reconnaissable à ses nombreux étangs, qui faisaient songer à la Sologne au-dessus de laquelle Réviliod était passé en compagnie des châtelains des Frênes lors de sa première sortie. Le dirigeable se maintint un moment en station à 650 mètres, de haut au-dessus de la vaste cité, qu'il traversa du nord au sud, du parc de la Tête-d'Or à la Mulatière où la Saône se jette dans le Rhône. Accoudé à son balcon, Claude Réviliod promenait ses regards sur toute l'étendue de la ville, dont les monuments se distinguaient admirablement, grâce à l'extraordinaire transparence de l'atmosphère. Après avoir franchi le Rhône, dont les eaux limpides tranchaient avec les eaux jaunâtres de la Saône, le dirigeable passa à la hauteur de la montagne de Fourvières couronnée par sa basilique, et perpendiculairement au-dessus de la gare de Perrache.

Le vent avait tourné au nord et il fraîchissait singulièrement, accélérant la vitesse propre de l'aéronat, si bien qu'en arrivant à Vienne dans le Dauphiné, Neffodor donna au mécanicien l'ordre de ralentir à son minimum la marche du moteur à pétrole dont les deux cylindres seuls travaillaient depuis l'arrivée à Lyon. Décidé à se maintenir le plus près possible du sol pour éviter de perdre inutilement du gaz, l'aéronaute résolut de descendre le cours du Rhône jusqu'à l'endroit de son confluent avec l'Isère dont il remonterait ensuite le cours jusqu'à Grenoble, au lieu de s'élever à une grande altitude au-dessus du massif montagneux du Dauphiné.

Bien que le moteur eût presque stoppé et tournât à son minimum de tours par minute, la vitesse de translation s'accroissait de plus en plus, et le pilote remarqua, non sans inquiétude, que les nuages voguant vers quinze cents ou deux mille mètres, filaient encore plus vite dans la direction du sud. Les 86 kilomètres de Vienne à Valence furent abattus en cinquante-six minutes.

—Diable! monologua l'aéronaute, nous faisons maintenant du quatre vingts à l'heure!... En voilà un satané courant, cela ne va pas être facile de remonter à Grenoble si ce damné vent ne cesse pas!

Le confluent de l'Isère approchait, il fallait agir sans délai. Charlot remit les deux moteurs en marche; l'hélice accéléra son mouvement de rotation et le pilote braqua le gouvernail d'arrière pour effectuer un virage et naviguer vers l'est. Cette manoeuvre eut pour résultat de placer l'aéronat en travers du lit du vent, et au bout d'un instant Neffodor put constater qu'il dérivait vers le sud sans gagner sensiblement vers l'orient. La vitesse propre du navire aérien était insuffisante pour le déplacer à angle droit du courant qui l'emportait. La situation était grave et le pilote se tourna vers le propriétaire de l'aéronat pour lui faire part de ses remarques.

—Quoi! s'exclama le *Petit Biscuitier*, nous ne pourrions pas dévier de ce maudit courant d'air!... Ce serait un peu fort, avec un moteur aussi puissant que le nôtre! Forcez la vitesse, morbleu! Forcez!...

L'aéronaute transmit au mécanicien l'ordre qu'il venait de recevoir: Avec un mauvais sourire sur les lèvres, Charlot obéit et poussa la manette d'avance à l'allumage à l'extrémité de sa course, en même temps qu'il ouvrait en grand l'admission des gaz. Une violente trépidation secoua la nacelle en même temps que s'accroissait l'intensité du sifflement de l'hélice à l'avant.

—Eh bien! avançons-nous maintenant, interrogea impatiemment le sportsman.

Penché en dehors du bordage, Neffodor examinait attentivement des points de repère sur le sol.

—Oui! monsieur, finit-il par répondre, nous gagnons dans l'est, mais bien lentement.

—Qu'importe, pourvu que nous arrivions.

Mais ce qui était à prévoir depuis un moment se produisit subitement. Un craquement terrifiant qui ébranla la machine retentit soudain et le moteur s'arrêta.

—L'arbre de couche est rompu!... déclara tranquillement Charlot. Nous sommes flambés!...

Un long gémissement strangulé, semblable au cri d'un chien hurlant à la lune lui répondit, s'échappant de la gorge contractée de l'infortuné Firmin qui s'écroula sur le tapis du salon en murmurant:

—Nous sommes perdus!... Je l'avais bien prévu!...

Claude Réviliod était resté quelques secondes comme pétrifié, mais il se ressaisit vite, et brièvement:

—La machine est hors de service?... scanda-t-il.

—Oui, monsieur Réviliod. Nous partons à la dérive, répliqua l'aéronaute qui n'avait rien perdu de son calme habituel.

—Dans ce cas, nous nous trouvons dans les mêmes conditions qu'un ballon libre ordinaire. Il faut manoeuvrer en conséquence, voilà tout.

Neffodor secoua la tête.

—Cela ne va pas être commode, déclara-t-il, car, si je ne me trompe, c'est bel et bien un coup de mistral qui nous emporte, et il est difficile de lutter contre un vent pareil. Enfin je vais faire pour le mieux, mais attendez-vous à un coup de tampon sérieux au moment de l'atterrissage. Seulement je vous ferai remarquer, monsieur, que je serai obligé de dégonfler le ballon afin d'éviter qu'il ne soit détruit par la tempête. Il est même heureux qu'on ait pensé à le munir d'un panneau de sûreté!

—Faites pour le mieux, mon brave Neffodor, répliqua le *Petit Biscuitier* qui avait retrouvé tout son calme. Je me fie entièrement à votre expérience et à votre habileté professionnelle.

Pendant cette conversation, l'aéronat désemparé avait continué à être entraîné, comme une épave inerte, par le mistral. Déjà Montélimar disparaissait dans l'éloignement, et Orange se distinguait à une faible distance. Abandonnant ses volants de commande, désormais inutiles, l'aéronaute s'empressait de tout disposer à bord pour l'atterrissage prochain. Tout ce qui pouvait se déplacer, dans le salon comme dans la chambre des machines, fut soigneusement amarré; les guideropes furent largués et l'ancre mise en veille sur le bord de la nacelle, prête à être précipitée sur le sol par Charlot au commandement du capitaine de bord. Pendant le temps exigé par ces préparatifs, le ballon avait dépassé, dans une frénésie de vitesse, Avignon et Tarascon. Depuis Valence, la rapidité s'était constamment accrue, et Neffodor l'évalua à cent dix kilomètres à l'heure, mais il se garda de faire part de cette réflexion à ses passagers, de crainte de les effrayer.

—Cela va être dur, mâchonna-t-il dans sa moustache.

Un cri qui n'avait plus rien d'humain le fit sursauter.

—Là!... Là-bas! La mer!... Nous allons être noyés!... s'était exclamé le valet de chambre qui s'était redressé sur les genoux et regardait l'espace d'un air fou.

—En effet, c'est la Méditerranée, répondit l'aéronaute après avoir considéré un instant la ligne brillante et moirée bordant l'horizon, mais rassurez-vous, nous n'irons pas, j'espère, jusque-là. Voici Arles et la plaine de la Crau, nous allons essayer d'atterrir. Maintenant, à mon signal, vous vous cramponnerez de votre mieux aux cabillots du plafond de la nacelle, en levant les jambes pour ne pas recevoir directement le choc, et tenez ferme, il y va de votre existence!...

Ce petit *speech* terminé, le capitaine jeta un dernier coup d'oeil au-dessous de lui sur le sol qui défilait à une allure vertigineuse, puis il saisit la corde de la soupape.

—Allons-y gaiement, grogna-t-il. Nous ne sommes plus qu'à deux lieues de la grande bleue.

Le gaz s'échappa avec un soufflement rauque, parfaitement perceptible, de l'ouverture de la soupape ouverte en grand. La terre sembla se précipiter comme une marée montante vers les voyageurs. Les guideropes touchèrent et s'étalèrent largement sur la plaine aride.

—Attention!... cria l'aéronaute d'une voix éclatante, tenez-vous bien, nous touchons!... Charlot, l'ancre!...

Un choc effroyable ébranla tout le navire aérien qui parut s'aplatir sur le sol, effondrant entre la nacelle et le ballonnet compensateur les lamelles de l'aéroplane. Il rebondit dans les airs avec une force terrible, et retomba pour se relever encore, l'ancre traçant un long sillon dans le sol pierreux sans pouvoir mordre nulle part.

—Tenez-vous bien!... Tenez-vous bien!!...

—Ah! je suis mort, cette fois! gémit Firmin, convulsivement accroché aux cabillots du plafond, ses longues jambes ballottant dans le vide, et recevant cette grêle de horions sans pouvoir en éviter un seul.

Réviliod, les dents nerveusement serrées, ne disait rien. Il perçut comme un déchirement de soie, et, arraché cette fois de son support par la violence de la secousse, il roula sur le tapis!

—C'est fini! cria d'une voix de triomphe l'aéronaute. Nous sommes à terre. Tout le monde peut descendre!

CHAPITRE XXII

LE LONG DE LA CÔTE D'AZUR

LES SUITES D'UN TRAINAGE. — SINGULIÈRE RENCONTRE. — UN OBSTINÉ. — EN LONGEANT LA CÔTE D'AZUR. —

MARSEILLE, TOULON, NICE. — A TRAVERS LES CONTREFORTS DES ALPES. — LA HOUILLE BLANCHE. — ARRIVÉE A AIX-LES-BAINS.

Pendant un moment, l'armateur du yacht aérien, Claude Réviliod, demeura comme hébété et inconscient, les oreilles bourdonnantes, un voile noir piqueté de points rouges devant les yeux. Un bruit singulier, tenant du gargouillement et du sanglot, qui se fit entendre tout auprès de lui, le tira de sa torpeur. Ce bruit était dû tout-simplement à son valet de chambre, le digne Firmin, qui saluait, par ce soupir évidemment tiré du fin fond de ses souliers, l'arrêt du ballon et la fin de ses angoisses. Il est certain que, si le domestique possédait encore quelques cheveux noirs, ces cheveux étaient deve-nus au moins gris pendant les péripéties de cet atterrissage mou-vementé. Heureusement c'était fini, et quelles que fussent encore les fureurs de la tempête, elle était impuissante désormais à entraîner l'aéronat qui gisait, tel la peau de quelque immense baleine projetée sur la plaine caillouteuse par les convulsions désordonnées de la mer.

Revenu au sentiment de la situation, Réviliod parvint à se redres-ser, épouvantablement courbaturé, du coin de son salon où la der-nière secousse du traînage l'avaient projeté. Il jeta un regard sur son laquais, qui restait suspendu aux anneaux du plafond, tel un hareng saur à la devanture d'un épicier, sans oser encore reprendre pied.

— Allons!... fît le sportsman, il est inutile de faire davantage le *bras de fer*. Tu peux descendre.

L'aéronaute Neffodor s'était occupé, pendant ce temps, de déga-ger Charlot qui, perdant l'équilibre au moment du heurt final, était tombé la figure en avant, entre le moteur et les réservoirs, d'une façon si malheureuse qu'il figurait involontairement un Y ou le «poirier fourchu», la tête en bas et ses deux jambes torses en l'air. Enfin le pilote parvint à le tirer de sa singulière position et à le remettre debout.

L'ouvrier se tâta par tout le corps.

— Eh bien! rien de cassé?... interrogea cordialement l'aéronaute.

— Non! je ne crois pas. J'ai seulement une bosse à la tête...

—Si ce n'est que cela, c'est peu de chose et vous vous en tirez à bon compte.

—Je vous remercie!... Vous êtes bon, vous!... grogna le mécanicien. Que le diable emporte les ballons et ceux qui-s'en servent!...

Le pilote ne releva pas ces paroles. Le *Petit Biscuitier* se dressait devant lui!...

—Personne n'est blessé? s'enquit-il d'abord.

Et, sur la réponse négative de Neffodor, il poursuivit:

—Que pensez-vous que nous devions faire? Où sommes-nous, i-ci?...

—Nous sommes dans la Crau, évidemment, monsieur Réviliod, et le mieux que nous ayons à faire par un temps pareil, c'est de laisser là le matériel aérostatique et de chercher un abri jusqu'à ce que le mistral se soit apaisé.

—Le dirigeable est complètement hors de service, n'est-ce pas, ajouta l'aéro-yachtman avec une colère concentrée.

—Mais non, pas le moins du monde, se récria l'aéronaute en se redressant. Le panneau de sûreté a parfaitement fonctionné et la nacelle a résisté aux chocs...

—L'hélice et son arbre sont brisés; les lames du gouvernail de profondeur en morceaux.

—C'est relativement peu de chose. Le moteur est intact, c'est là le principal, et je garantis qu'il n'y aura pas pour huit jours de travail à tout remettre en état...

Le *Petit Biscuitier* eut un geste de lassitude.

—Oui, nous verrons cela plus tard, grommela-t-il. Pour l'instant, orientons-nous.

Neffodor tendit le bras dans la direction du nord-ouest.

—Dans les dernières minutes de notre course enragée, expliqua-t-il, j'ai remarqué un village dans cette direction; nous allons essayer de nous y rendre, qu'en pensez-vous?...

—C'est la seule chose que nous ayons à faire dans là situation, où nous nous trouvons. Marchons donc!...

Fonçant dans le vent, dont la violence était telle qu'il les forçait par moments à reculer, les quatre voyageurs aériens avancèrent à la file indienne. La nuit n'allait pas tarder à couvrir la vaste plaine dénudée et pierreuse de son manteau obscur. En consultant sa montre, Réviliod avait constaté que huit heures et demie venaient de sonner. Rien n'apparaissait: pas une silhouette de paysan, pas un animal domestique, on se fût cru dans un désert.

Tout-à-coup, Neffodor qui marchait en tête poussa une exclamation. Il venait de distinguer à moins de deux kilomètres de distance de petites lumières.

—Là-bas! s'écria-t-il, voyez-vous?... Le village que j'avais aperçu avant la sarabande de tout à l'heure!... Je ne m'étais pas trompé!...

Les quatre hommes pressèrent le pas, et en vingt minutes ils arrivèrent aux maisons. Soudain, Réviliod s'arrêta comme figé par la stupeur. Ses yeux ne le trompaient pas malgré l'ombre qui s'épaississait graduellement; ces formes bien connues, ces boîtes légères de toile blanche, c'était bien des aéroplanes, des biplans, reconnaissables à leur double étage de surfaces incurvées d'avant en arrière, à leur cellule stabilisatrice d'arrière, à leur double plan d'avant faisant fonction de gouvernail de profondeur. Non moins stupéfaits que lui, Neffodor et Bader s'étaient également arrêtés. Celui-ci fit même quelques pas en avant pour se rapprocher des appareils, mais une voix rébarbative et qu'il reconnut le fixa sur place, raide comme un bonhomme de bois.

—Halte-là!... Passez au large!... prononça cette voix.

—Pouliot!... C'est le contremaître de Landoux! murmura Chariot.

—Que dites-vous? interrogea le *Petit Biscuitier*, se tournant vers lui.

—Je reconnais les machines volantes que j'ai tant soignées à Aérovilla! répondit à demi-voix l'ouvrier, et celui qui monte la garde autour d'elles c'est le bras droit de Martin Landoux. Je suis sûr de ce que j'avance.

—Comment!... La société de touristes formée par le marquis de La Tour-Miranne serait parvenue jusqu'ici!... Ce n'est pas possible!...

—Ils ont peut-être été, tout comme nous, les victimes du mistral, fit observer Neffodor.

—Mais, il y a quatre ou cinq jours, ils étaient encore à Bordeaux!... Ce n'est pas croyable qu'ils aient pu faire un pareil trajet en si peu de temps!...

—Ce qui est certain, c'est que c'est bien là l'équipe d'Aérovilla, répéta avec insistance le mécanicien. Après tout, ils sont peut-être venus en chemin de fer!

Claude Réviliod haussa les-épaules, puis brusquement:

—Nous tirerons cela au clair demain, déclara-t-il. Le village doit bien contenir un hôtel ou une auberge quelconque. Cherchons sans plus tarder, si nous ne voulons pas être exposés à passer la nuit à la belle étoile. Les paysans se couchent ordinairement tôt.

Firmin étendit le bras vers une enseigne qui se balançait au vent, au-dessus de la porte d'une habitation de vastes proportions dont les fenêtres laissaient passer une vive lueur.

—Voici l'auberge, dit-il, de sa voix doucereuse. Si monsieur veut bien me le permettre, je vais demander si l'on ne pourrait pas nous recevoir...

—Nous allons entrer tous les quatre, lui riposta brusquement son maître. Crois-tu que nous allons t'attendre dehors, par le temps qu'il fait?...

Le sportsman escalada les marches du perron.

Tout en parlant, le sportsman escaladait quatre à quatre les marches du perron donnant accès à une porte vitrée qu'il poussa délibérément pour pénétrer, suivi de ses hommes, dans une grande salle vivement éclairée par de grosses lampes à pétrole, et bondée de consommateurs faisant un tapage assourdissant. Le bruit de la porte tournant sur ses gonds fit lever la tête à plusieurs de ces personnages, et un double cri retentit:

—Réviliod!...

—La Tour-Miranne!...

Le fanatique du «plus léger que l'air» et des aéronats se trouvait en présence des partisans du «plus lourd» et de leur président.

Le silence le plus complet avait succédé à ces exclamations de surprise.

Le président de l'*Aéro-tourist-club* se leva de sa place et vint au *Petit Biscuitier*.

—Voilà la deuxième fois que nous nous rencontrons au cours de notre voyage de tourisme, dit-il. La première, c'était au Havre, au-dessus de la baie de Seine...

L'aéro-yachtman avait reconquis tout son sang-froid.

—En effet, je m'en souviens, dit-il froidement.

—Laissez-moi vous féliciter, continua La Tour-Miranne, d'avoir poursuivi votre excursion jusqu'aux confins de la France méridionale, et vous souhaiter la bienvenue dans les murs de Vergières.

—Ah!... ce village s'appelle Vergières?... murmura le protagoniste de l'aérostation.

—Vergières, canton de Saint-Martin-de-Crau. Comment!... vous en ignoriez le nom?...

—C'est compréhensible. Je suis parti ce matin de Besançon... Une exclamation générale lui coupa la parole.

—Hein!... vous dites, Besançon?... lui cria Médouville en se plantant devant lui.

—Parfaitement. J'étais ce matin à Besançon!..:

—Ce n'est pas possible!...

—Vous n'avez, si vous voulez vous en assurer, qu'à télégraphier au chef du fort Brégille, le commandant Tarie, à l'amabilité de qui j'ai dû de pouvoir garer mon dirigeable, la nuit dernière, dans le hangar du parc d'aérostation militaire!... répliqua Réviliod qui jouissait délicieusement, dans son for intérieur, de la surprise qui se peignait dans les yeux de tous ceux qui l'écoutaient.

—C'est prodigieux, en vérité, balbutia Médouville étourdi.

—Vous, n'en feriez pas autant, avec vos boîtes à moteurs, hein?... ricana l'aéro-yachtman d'un air sarcastique.

—Et où votre dirigeable est-il garé ce soir, interrogea le jeune Médrival. Par le mistral qui souffle, il risque de passer une nuit plutôt agitée!...

Un nuage passa sur le front du *Petit Biscuitier*, mais il ne voulut pas apprendre à son interlocuteur la mésaventure qui lui était survenue.

—Le vent étant trop violent ce soir, je me suis décidé à dégonfler le ballon sur place, répondit-il à son malicieux interlocuteur qui se contenta de murmurer:

—Ah! c'est bien différent, dans ce cas, c'est bien différent!...

Pendant cette conversation, l'aubergiste était accouru. Lorsque Réviliod lui eut fait savoir qu'il demandait l'hospitalité, non seulement pour lui-même mais pour trois autres personnes il leva les bras au ciel avec désespoir, en s'écriant avec toute l'exagération méridionale:

—Plus rien! mon bon monsieur, il ne me reste plus rien!... Toute la compagnie de ces messieurs, que je n'attendais pas, a dévoré jusqu'à la dernière miette, et quant au coucher, plus un lit, j'ai tout donné, et je coucherai moi-même dans la grange avec mes valets!...

—Je ne puis cependant pas rester dehors cette nuit!... s'exclama le sportsman irrité.

—Que voulez-vous, je n'y peux rien. A moins, cependant, que vous acceptiez de vous étendre sur des bottes de paille, dans le grenier, comme ces messieurs?...

Le richissime sportsman faisait une piteuse grimace devant la perspective d'avoir à se contenter d'un grenier et d'une botte de paille pour tout abri et literie, mais La Tour-Miranne, s'approchant, lui dit cordialement:

—Nous sommes au fond de la Crau et obligés de faire contre fortune bon coeur. Heureusement, une nuit est bientôt passée. Tous les lits disponibles ont été réservés aux dames faisant partie de notre caravane, et nous serons voisins de chambrée, encore heureux—je parle pour moi et mes amis—d'avoir trouvé cette modeste auberge pour nous reposer de la dure étape que nous avons faite.

—Vous veniez de loin, interrogea le *Petit Biscuitier* pour se montrer poli.

—Oh! de beaucoup moins loin que Besançon, c'est certain, répliqua le président en souriant. Nous arrivions de Meyrueis, dans la Lozère... Les cent premiers kilomètres se sont bien effectués; nous avions fait escale dans les environs d'Uzès et comptions terminer notre étape du jour à Avignon, quand, en arrivant dans la vallée du Rhône, nous avons été saisis par un irrésistible mistral qui nous a emportés vers le sud malgré tous nos efforts. Nous avons aperçu Nîmes, puis Arles, et, pour éviter d'aller nous perdre au large, nous sommes parvenus à reprendre terre, non sans peine, je vous l'assure, à quelque distance d'ici. Quelques-uns de nos aéros ont légèrement souffert de cet atterrissage un peu brutal, mais tout sera réparé demain et nous continuerons notre tour de France par la côte d'Azur et les Alpes. Mais vous-même, mon cher Réviliod, comment allez-vous, faire si votre dirigeable est dégonflé? Voulez-vous accepter une place à bord de mon biplan?... Vous voyez qu'il ne fonctionne pas trop mal, puisque voilà trois semaines que je l'utilise et qu'il a déjà volé plus de 2.500 kilomètres? C'est de bon coeur.

Une telle proposition était une cruelle blessure à l'amour-propre du fanatique d'aérostation. Il répondit donc sèchement aux amicales paroles du fondateur de l'*Aéro-tourist-club*.

—Grand merci de votre offre aimable, mon cher La Tour-Miranne, mais tout en reconnaissant les qualités de vos appareils, qui ont pu parcourir, ce que je ne croyais pas possible, une aussi longue route, je persiste à affirmer la supériorité, ne fût-ce qu'au double point de vue de la sécurité et du confortable, de l'aéronat, et je continue à préférer mon véhicule au vôtre. Voyez, par exemple, quelle route j'ai pu faire aujourd'hui et ce que vous avez pu obtenir de mieux, de votre côté, avec vos aéroplanes?...

— Dites donc, Réviliod, dit Médouville en intervenant, je vous fais un pari.

— Lequel, parlez!...

— C'est que le tourisme aérien est plus pratique avec l'aéro qu'avec le dirigeable.

— Comment cela? expliquez-vous.

— C'est bien simple: continuons ensemble le tour de France commencé; nous verrons lequel, des aéroplanes ou de l'aéronat le terminera!

Mille pensées contradictoires traversèrent en quelques secondes l'esprit du *Petit Biscuitier*. Il réfléchit longuement avant de répondre:

— Bien que je n'aie nullement le désir de me fournir à moi-même la preuve nouvelle de la supériorité d'une méthode sur l'autre, je tiens cependant, puisque tel est votre désir, à vous donner la démonstration que vous souhaitez. Seulement...

— Ah! il y a un «seulement»?...

— Vous allez pouvoir juger de la valeur de l'objection. J'ai dû faire dégonfler mon ballon par suite de l'impossibilité où je me trouvais de lutter contre l'ouragan qui m'a entraîné, en moins de trois heures, de Valence dans la Drôme au bord de la Méditerranée. Pendant l'atterrissage, qui a été plutôt pénible ainsi que vous pouvez vous en douter avec un vent filant plus de cent kilomètres à l'heure, mon hélice et son arbre ont été mis hors de service, si bien que la remise en état de mon aéronat exigera plusieurs jours de travail. Il est donc indispensable de transporter le matériel dans une ville où je pourrai trouver les ressources nécessaires pour l'exécution de ce travail. Mon intention par suite est de me rendre à Aix-les-Bains où il existe, je m'en suis assuré, un abri suffisamment vaste pour recevoir mon dirigeable. Si votre itinéraire vous conduit dans les parages de cette ville, j'accepte de me joindre à votre caravane — si tant est qu'elle puisse, ce dont je persiste à douter — accomplir les trajets journaliers de deux à trois cents kilomètres que j'exécute sans la moindre difficulté.

—C'est très juste, admit le secrétaire général de l'*Aéro-tourist-club*. Nous allons excursionner sur la Côte d'Azur, de Marseille jusqu'à Nice, et dans les vallées des Alpes. Dans moins d'une semaine nous serons à Aix et nous vous prendrons en passant.

—Comme vous voudrez! conclut le *Petit Biscuitier*. Et là-dessus, permettez-moi de vous souhaiter le bonsoir; je suis rompu, harassé, et bien que je doive, par force, me contenter de *plume de cheval* comme matelas, je pense que j'y trouverai le repos dont j'ai grand besoin.

Il salua et gagna le grenier qui allait lui servir de chambre à coucher.

—A la guerre comme à la guerre! marmotta-t-il, en grimpant les degrés derrière l'hôtelier qui le conduisait, une lanterne à la main. Il faut se résigner, et ce galetas est encore préférable à un séjour en plein air, par le temps qu'il fait!...

Le lendemain, toute la troupe des touristes fut debout de bon matin, et le premier soin du président fut de courir au champ où les aéros étaient garés. Les mécaniciens avaient passé la nuit sous la tente, et Pouliot raconta au chef de la caravane, les difficultés qu'il avait dû surmonter pour assurer la solidité de l'abri de toile que la tempête menaçait d'emporter comme une simple feuille d'arbre. Il avait fallu doubler les piquets d'attache et raidir les amarres pour éviter de voir le frêle édifice, arraché du sol. Les aéros eux-mêmes avaient dû être fortement amarrés afin de leur permettre de résister à l'aquilon.

—Heureusement, conclut le contremaître, ce satané vent s'est apaisé au lever du soleil, ce qui nous a permis de reposer un peu plus tranquillement que pendant la nuit.

En effet, avec le jour, le mistral avait beaucoup perdu de sa violence, et il n'était pas imprudent d'essayer de repartir, mais le mécanicien fît observer à La Tour-Miranne qu'un monoplan, celui de Garruel, ne pourrait continuer le parcours, car, dans la secousse de l'atterrissage, son fuselage s'était brisé complètement, et la réparation ne pourrait s'effectuer qu'à Paris. Quant aux biplans, ils s'étaient victorieusement comportés devant la tempête qui les entraînait, et leur remise en état ne devait demander qu'une couple d'heures tout au plus.

—Faites donc pour le mieux, accorda le président. Nous serons là, à dix heures, pour prendre le départ et tâcher de gagner Marseille où nous déjeunerons.

—C'est entendu, monsieur, on sera prêt!

De son côté, le *Petit Biscuitier* ne perdait pas son temps. Il avait, sitôt levé, conféré avec son capitaine, le brave Neffodor, et lui avait donné ses instructions. Celui-ci embaucha donc quelques paysans et loua deux véhicules, une charrette et une sorte de triqueballe ou de haquet pour aller rechercher le matériel aérostatique resté épars sur le sol pierreux de la Crau, et le transporter à la plus proche station du chemin de fer qui met le golfe de Fos en relation avec la ville d'Arles, et de là avec la grande artère du P.L.M.

La matinée entière fut employée à ce travail de reploiement de l'enveloppe de soie caoutchoutée, au chargement de la nacelle sur le haquet, et des accessoires dans le chariot, enfin au transport du tout à la station de Saint-Martin-de-Crau et à l'expédition en gare d'Aix-les-Bains, *viâ* Arles, Valence et Grenoble. Claude Réviliod put ainsi, avant de gagner à son tour le chemin de fer qui devait le ramener à Paris, assister à l'envolée des aviateurs.

—Nous ne sommes pas à soixante kilomètres de Marseille, avait annoncé La Tour-Miranne à ses amis.

—C'est moins d'une heure de vol, c'est peu de chose, répondit Médrival.

—Est-ce qu'il y a encore de l'eau à traverser? demanda, non sans inquiétude M. Le Clair. Je ne voudrais pas reprendre un bain comme lors de notre voyage à l'île de Ré.

—Rassurez-vous, répliqua le jeune président, je n'ai pas l'intention de vous faire traverser la baie de Marseille du cap Couronne au cap Croisette, ni même seulement le golfe de Fos. Non, nous suivrons la voie de terre en nous dirigeant sur Fos, Port-de-Bouc, et les Martigues. Nous suivrons ensuite l'arête septentrionale de la chaîne de l'Estaque jusqu'à Septèmes, et nous redescendrons ensuite directement vers le sud pour passer au-dessus, du chef-lieu des Bouches-dû-Rhône.

—Et où ferons-nous escale dans ce cas? questionna l'ingénieur Damblin.

—Au vélodrome du parc Borély, la place ne manquera pas, et au-moins nous serons dans une enceinte fermée qui nous préservera des manifestations de curiosité, souvent gênantes, du public. Cette après-midi, nous pourrons visiter Marseille à loisir.

—C'est convenu, président, claironna la voix perçante de Médrival. Au vélodrome Borély, au sud de Marseille. Les premiers arrivés attendront les autres!

MARSEILLE. -- Palais de Longchamp.

Il se tassa sur son siège minuscule et mit son moteur en route. Trente secondes ne s'étaient pas écoulées que sa *Demoiselle* s'élançait dans l'espace à la poursuite du monoplan de Damblin qui venait de s'enlever.

L'un après l'autre les neuf aéroplanes qui restaient sur le sol s'envolèrent, laissant en tête à tête le *Petit Biscuitier* et l'ingénieur Garuel, qui avait fait démonter les pièces constituant son appareil pour les expédier aux ateliers Riplet de Vanves, qui avaient construit l'instrument et se chargeraient certainement de le radouber. De son côté, Claude Réviliod comptait se rendre, dès son arrivée, chez l'ingénieur Fruscou et lui demander d'envoyer immédiatement à Aix une équipe avec les pièces de rechange et le gaz comprimé nécessaire afin de remettre l'aéronat en mesure de continuer ses randonnées et vaincre les présomptueux qui l'avaient défié.

En prenant le rapide passant en gare d'Arles à deux heures et demie, les deux jeunes gens devaient arriver à Paris vers minuit. Ils devaient donc se hâter de gagner la gare de Saint-Martin, la plus voisine, pour arriver à temps à Arles, par le petit chemin de fer à voie étroite qui traverse la Crau en suivant la rive gauche du Rhône, et pour cela ils se firent conduire en voiture à la station, où Réviliod retrouva ses trois subordonnés qui venaient de terminer le chargement du ballon sur deux wagons plates-formes associés, de manière à supporter la nacelle dont la longueur était exactement celle de deux wagons placés à la suite l'un de l'autre.

L'armateur du yacht aérien donna ses instructions à son pilote, qui devait accompagner le matériel et se rendre directement à Aix-les-Bains.

Pendant que l'aéro-yachtman, en compagnie de Garruel, se dirigeait vers la cité arlésienne, la caravane des aviateurs atteignait Marseille, sans incident, après avoir longé le rivage méridional de l'étang de Berre et suivi la grande ligne de Paris-Marseille depuis le Pas de l'*Encié* (en provençal, *encié* signifie déjà *pas, coupure*), que les indicateurs de chemins de fer ont transformé en *Pas-des-Lanciers*, jusqu'à la gare de Saint-Charles. S'élevant à plus de 200 mètres au-dessus de la populeuse cité, les voyageurs purent l'admirer dans toute son étendue, depuis son faubourg de la Madrague au nord jusqu'au Roucas-blanc, au Rouet et à Sainte-Marguerite au sud, avec les immenses bassins où d'innombrables navires dressaient leurs mâtures et vomissaient par leurs cheminées massives des torrents de fumée noire. Arrivé a l'extrémité de la promenade du Prado, La Tour-Miranne reconnut les pistes du grand vélodrome marseillais; il dirigea sa course vers ce point et atterrit doucement sur le gazon, où déjà Médrival et Damblin s'étaient abattus.

—Arrivez donc, cria le facétieux jeune homme, voilà une demi-
heure que nous vous attendons; la bouillabaisse va refroidir, tas de
rampe-à-terre.

La caravane réduite à dix-huit personnes, consacra son après-
midi à la visite de l'antique *Massilia*, la seconde ville de France pour
la population, car le nombre de ses habitants atteint un demi-
million. Guidés par Médouville, plus alerte et plus disert que jamais, les touristes parcoururent les principales artères de la cité: les
cours Belzunce et Saint-Louis, la célèbre Canebière, l'avenue de
Noailles et les allées de Meilhan, enfin ils firent l'ascension de Notre-Dame de la Garde et terminèrent par une promenade aux nouveaux bassins.

Marseille ne possède pas, à l'inverse de nombreuses villes de
France, de monuments anciens remarquables. Ses vieilles églises
n'étaient pas en rapport avec l'étendue qu'elle a fini par occuper, et
il ne reste que la flèche élancée des Accoules, les souterrains et les
tours de l'église Saint-Victor, les ruines de l'ancienne et pauvre
cathédrale de la Mayor. Notre-Dame du Mont-Carmel et Sainte-
Théodore datent du XVIIe siècle, et tous les autres édifices du culte
catholique du XIXe siècle.

MARSEILLE. – Le port de Joliette.

Ses monuments civils les plus anciens sont l'Hôtel de ville, du XVIe siècle, qui possède des sculptures de Puget et un double escalier en marbre blanc; la Consigne, où sont les bureaux de l'intendance. Le Palais de justice, la Préfecture, la Bourse, située sur la Canebière, le château du Pharo sont du siècle dernier. L'édifice le plus remarquable est encore le palais de Longchamp, bâti sur les plans d'Espérandieu, et qui a été terminé en 1869. Il contient le Musée où se trouvent des oeuvres remarquables de Lesueur, Mignard, Corot, Rubens, Courbet, ainsi que des galeries d'Histoire Naturelle.

Marseille a toujours été, et reste avant toute chose, un centre de commerce maritime. Sa partie la plus pittoresque et la plus animée c'est le port, le premier de France par son trafic. Le *Vieux Port*, auquel aboutit la Canebière, s'ouvre entre les forts Saint-Jean et Saint-Nicolas. La passe, rétrécie par les roches du Pharo, est sûre; ce port complété par un bassin de radoub, est réservé aux remorqueurs et aux bâtiments à voiles. Le port de la Juliette, creusé en 1853, précédé de l'avant-port du sud, est réservé aux vapeurs faisant un service régulier dans la Méditerranée. Il communique au nord avec le bassin du Lazaret, d'Arène, le bassin National, dont les quais sont desservis par des voies ferrées reliées à la gare Saint-Charles. En avant du port se développe la rade, large et sûre, que protègent la chaîne de l'Étoile, les collines de Montredon, et les trois îlots d'If, de Pomègue et de Ratonneau.

Le lendemain, dès huit heures du matin, les aviateurs arrivaient au vélodrome et se préparaient à partir, car il avait été décidé d'un commun accord, la veille, qu'en raison de la chaleur qui allait sans cesse en augmentant, les étapes se feraient de bonne heure le matin et pas avant quatre heures de l'après-midi. Le signal du départ étant donné, l'escadrille aérienne s'envola dans le ciel bleu en prenant la direction de l'orient. Les 32 kilomètres de Marseille à la Ciotat furent parcourus en quarante minutes par les biplans, qui arrivèrent à dix heures précises à La Seyne où ils prirent terre à l'entrée de la rade de Toulon, au milieu de laquelle la flotte de la Méditerranée était à l'ancre.

Les touristes déjeunèrent hâtivement et se hâtèrent de visiter le port, les darses et l'arsenal, qu'ils parcoururent d'une extrémité à l'autre, en dépit d'une température qui commençait à devenir réellement accablante. Puis, comme La Tour-Miranne tenait à atteindre le soir même Saint-Tropez, le groupe des excursionnistes, accompagnés de nombreux officiers de marine, se hâta de revenir vers le terrain où les véhicules aériens étaient demeurés sous la garde habituelle des mécaniciens. Les pilotes prirent leur place à bord de chaque esquif, et les grands oiseaux mécaniques reprirent leur vol, franchissant la passe à la pointe du fort de l'Aiguillette et continuant à suivre le littoral au-dessus des forts de Lamalgue, Sainte-Marguerite et la Colle-Noire. A cinq heures, la caravane coupait la presqu'île de Giens et longeait la rade d'Hyères, dont les îles de Porquerolles, du Levant et Gros, apparaissaient au loin, sur la moire mouvante de la mer, comme de véritables bosquets de verdure. Une heure plus tard, les aviateurs apercevaient la coquette petite ville de Saint-Tropez, assise au bord du golfe de Grimaud, et prenaient terre sans difficulté dans un vallon entre la voie ferrée et la mer.

L'excursion à la Côte d'Azur devait s'effectuer sans le moindre incident digne d'être noté; les appareils, que ne contrariait nul vent défavorable, suivaient en se jouant les découpures du rivage de la grande mer bleue qu'incendiait un soleil ardent, et ils arrivèrent à dix heures et demie du matin à Nice la belle, qu'ils traversèrent dans toute sa largeur pour atterrir au pied du mont Boron. Les aviateurs visitèrent en premier lieu le magnifique observatoire édifié sur ce sommet grâce à la magnificence du banquier Bischofsheim, et qui contient, à l'intérieur de son immense coupole, édifiée par Eiffel, l'une des plus puissantes lunettes astronomiques du monde, car elle mesure 18 mètres de longueur avec un objectif de près de 80 centimètres d'ouverture. De là ils se rendirent à la ville dont ils eurent le temps de parcourir les divers quartiers et les magnifiques promenades ombreuses. Le soir, Médouville proposa à quelques amis de pousser jusqu'au rocher de Monaco et de passer la soirée au Palais des jeux de Monte-Carlo. Médrival, M. et Mme de l'Esclapade, les frères Bourdon acceptèrent avec empressement d'accompagner le secrétaire général, mais ils faisaient piteuse mine le lendemain, car la roulette les avait traités sans aménité. Seul, le jeune Médrival — la jeunesse a de ces prérogatives! — avait dompté l'inconstante déesse et réalisé un gain assez important.

La caravane était parvenue à l'extrémité du littoral français. De la frontière belge, elle était parvenue en trois semaines à la frontière italienne, après avoir suivi les rivages de la Manche, de l'Océan et de la Méditerranée et visité les villes les plus intéressantes de la Picardie, de la Flandre, de la Normandie, de la Bretagne, les îles de l'Océan, les grottes et les cavernes du Massif Central et des Cévennes. Il s'agissait maintenant de boucler le Tour de France par l'est, en remontant tout le long de la frontière par le Jura et les Vosges, ces régions que le *Petit Biscuitier* avait déjà parcourues avec son ballon dirigeable.

La flottille, réduite à onze appareils, quitta Nice le lundi 28 juillet, à huit heures et demie du matin, dans l'intention de se rendre à Puget-Théniers et à Digne. La Tour-Miranne commença par s'élever à près de trois cents mètres pour traverser la rade de Villefranche où étaient amarrés de nombreux bâtiments de guerre. Il vira au-dessus de Beaulieu et, après un dernier regard jeté à la Méditerranée que l'on ne devait plus revoir, il prit la route du nord pour gagner la vallée du Paillon, et un peu après, à la hauteur du village de Castagniers, la vallée du Var, de ce fleuve qui ne traverse plus le département auquel il a donné son nom.

Laissant à gauche le massif de la Tourette haut de 850 mètres, les aéros ne tardèrent pas à arriver au confluent de la Tinée et du Var qui, en cet endroit, traçait un angle brusque vers l'ouest. Ils continuèrent docilement à suivre le cours du fleuve et arrivèrent à dix heures à Puget-Théniers, après avoir aperçu les bourgades de Malaussène et Villars. La sous-préfecture des Alpes-Maritimes ne compte que douze cents habitants; c'est plutôt un gros village, aussi les aviateurs n'y séjournèrent-ils que le temps de vérifier leurs machines et faire le plein d'essence des réservoirs, et repartirent-ils sans tarder pour Digne, chef-lieu du département des Basses-Alpes, où ils parvinrent à midi et demi, après s'être élevés 1150 mètres de haut au moment de la traversée du col de la Chamatte, situé entre les communes d'Entrevaux et de Saint-André-de-Méouilles.

L'après-midi ayant été consacrée à la visite de la ville de Digne, de sa cathédrale et de son église romane, toutes deux du XIIe siècle, la journée du mardi fut employée par les aviateurs à la traversée du massif montagneux séparant Digne de Gap. Pour ne pas être obligé de s'élever à des altitudes invraisemblables, le président de l'*Aéro-tourist-club* préféra allonger quelque peu sa route et gagner la vallée de la Durance, en passant par Sisteron. L'escale fut prolongée le temps nécessaire à la visite des monuments de la ville, chef-lieu des Hautes-Alpes, puis les aviateurs, évitant le massif du Dévoluy, gagnèrent la vallée de la Drôme et couchèrent à Die, sous-préfecture de trois mille habitants.

Continuant, à évoluer à travers les Alpes, la caravane, qui comptait arriver le mercredi soir à Aix-les-Bains, n'y parvint que le jeudi, car ses membres avaient perdu une après-midi à visiter les usines hydro-électriques de Laffrey et du Vercors, qui avaient retenu son attention.

—Il faut voir les usages que l'on fait, dans la région, de la «houille blanche», avait déclaré l'ingénieur Damblin, et je vous engage à venir visiter quelques usines. C'est curieux.

Les touristes purent donc admirer les énormes turbines accouplées à des alternateurs de taille gigantesque, grâce auxquels la force vive de l'eau, captée dans les montagnes et amenée de quatre cents à huit cents mètres de hauteur par des conduites en acier, était transformée en énergie électrique, en courants triphasés envoyés à des centaines de kilomètres de distance par des fils de cuivre un peu plus gros que des fils télégraphiques ordinaires, jusqu'aux villes à éclairer ou à fournir de force motrice pour l'industrie.

—L'eau qui arrive aux turbines a une telle pression, en raison de la hauteur d'où elle vient, expliquait Damblin, qu'elle s'échappe en un jet aussi rigide qu'une barre de fer, et qui use à la longue les augets d'acier des roues Pelton des turbines. Il serait difficile à un homme, même très vigoureux, de couper ce jet d'eau avec une lame de sabre bien affilée et maniée à tour de bras.

—C'est curieux, en effet, fit Médouville intéressé; mais, dites-moi, qu'est-ce que c'est donc que ces espèces d'assiettes en fer empilées les unes au-dessus des autres et que j'aperçois là-bas?...

—Ce sont les «transformateurs statiques», mon cher ami. Ce sont des appareils composés d'enroulements de fil superposés, que traverse le courant engendré par les machines électriques. Par les phénomènes de l'*induction*, la tension de ce courant est augmentée dans des proportions considérables et faciles à déterminer, de mille à quarante mille *volts* par exemple. Il est alors possible, grâce à cette haute tension, de n'employer pour les lignes de transport, que des fils conducteurs de diamètre restreint, et partant moins coûteux, ce qui permet d'envoyer sans une dépense excessive de câbles, l'énergie électrique à de très grandes distances.

—Mais à l'arrivée, les lampes ne peuvent pas absorber ce courant de haute tension?...

—Non, certes, aussi est-on obligé de lui faire traverser d'abord les spires d'un autre transformateur, qui ramène la tension au chiffre convenable. Le premier appareil, placé à la station de départ, est un «survolteur», et celui disposé à l'arrivée un «dévolteur». Les hautes tensions sont localisées sur la ligne de transport dans un simple but d'économie de conducteurs.

Les touristes visitèrent ensuite une usine électrolytique, où le courant produit par la puissance vive de l'eau était utilisé pour fabriquer, dans des fours électriques, le carbure de calcium, qui permet d'obtenir simplement par sa dissolution dans l'eau, l'acétylène, ce gaz quinze fois plus éclairant que le gaz de houille, et l'aluminium. Damblin expliqua encore à ses camarades les procédés employés dans ces industries nouvelles basées sur les découvertes des chimistes Moissan, Bullier, Héroult et Minet. Pour obtenir le carbure, on mélange dans le four électrique, des proportions convenables de chaux vive et de coke pulvérisé, puis on fait passer dans la masse, entre deux plaques ou une plaque et un gros cylindre tous deux en charbon aggloméré à la presse hydraulique, un courant de faible tension mais d'une formidable intensité qui détermine l'incandescence du mélange ainsi porté à une température de trois mille degrés. Le carbure fondu est ensuite coulé, comme s'il s'agissait d'un métal, puis concassé et embarillé pour l'expédition.

L'aluminium est obtenu par un traitement analogue, par la réduction à haute température des terres appelées *bauxite* et *cryolithe* et qui contiennent une très forte proportion de ce métal, dont les applications se sont multipliées depuis que son prix s'est abaissé au point d'en faire un véritable métal usuel. L'ingénieur ajouta que le four électrique était encore employé, dans les pays pauvres en charbon mais possédant de nombreuses chutes d'eau, à la sidérurgie, c'est-à-dire à la fabrication du fer et surtout de l'acier, ainsi qu'à la préparation de nombreux alliages et à la fabrication d'une grande variété de produits chimiques que les nouvelles méthodes permettaient d'obtenir à bien meilleur marché qu'auparavant.

Mais le temps s'écoulait, et La Tour-Miranne ne voulait pas s'éterniser dans ces pays de montagnes, quelque intéressantes que fussent les industries que l'on pouvait y rencontrer. Le départ fut donc donné de bonne heure le lendemain, ce qui permit de visiter en détail le chef-lieu de l'Isère: Grenoble. En dépit d'un vent assez vif du nord-est, qui contrariait sensiblement le vol des aéroplanes, la flottille parvint à sortir du dédale des vallées, et à cinq heures du soir, elle prenait terre dans les «Prés-Hauts», au-dessus d'Aix-les-Bains où les aviateurs devaient se rencontrer avec le partisan de l'aéronautique opposée à l'aviation, Claude Réviliod.

CHAPITRE XXIII

LE RETOUR

LE NAPOLÉON DE L'AÉRONAUTIQUE. — «ON METTRA LES BOUCHÉES DOUBLES». — MAUVAISE HUMEUR DU SIEUR CHARLOT. — ARRIVÉE DE LA FLOTTILLE. — UNE NOUVELLE ALARMANTE. — MARTIN LANDOUX A LA RESCOUSSE! — UNE

EXPLICATION NÉCESSAIRE.—EN ROUTE POUR PARIS.—UN MATCH DE VITESSE.—CATASTROPHE.

Le *Petit Biscuitier* n'avait pas perdu une minute, car il ne voulait pas que le dernier mot fût dit, dans la rivalité existant entre lui et Robert de La Tour-Miranne.

Ayant prévenu, par une dépêche lancée de Lyon, Fruscou de sa visite, il était le lendemain de son malencontreux atterrissage dans la plaine de la Crau, à l'Établissement Central d'aérostation, et expliquait au célèbre constructeur l'accident qui lui était survenu.

—Un coup de mistral, ça peut arriver à tout le monde; le meilleur des aéronautes peut se trouver tout d'un coup sur le trajet de cet ouragan, prononça l'ingénieur de sa voix tonitruante et autoritaire. C'est fâcheux, ce qui vous est arrivé, cependant tout peut se réparer.

—Je l'ai bien pensé, mais il faudrait agir très rapidement, car je tiens absolument à être en mesure de repartir au plus tard jeudi prochain et nous sommes aujourd'hui vendredi. Est-ce possible?...

Fruscou savait qu'il n'y avait pas à tergiverser avec son richissime client, qui entendait que ses ordres fussent exécutés, quoi qu'il en pût coûter.

—C'est bien simple, répliqua-t-il, après avoir réfléchi quelques secondes. Vous m'avez dit que l'hélice et son arbre sont brisés ainsi que les gouvernails, mais que tout le reste du matériel est en bon état. Je vais faire réunir ces pièces et donner en même temps l'ordre à l'Établissement des Moulineaux, qui possède son usine principale à Vizille à côté de Grenoble, de faire expédier de suite à Aix-les-Bains, cent bouteilles d'hydrogène pur.

—Croyez-vous que ce soit possible? Je veux dire, pensez-vous que cette usine pourra faire une pareille fourniture?...

—Sans la moindre difficulté, mon cher client, car l'établissement en question est fort important... D'ailleurs, je lui donnerai un délai de livraison de quatre jours, ce qui est grandement suffisant pour réunir cent récipients de cent vingt litres et les transporter de Vizille à Aix. Donc, voici un point d'élucidé. Je vais, d'autre part, faire le nécessaire pour l'hélice de rechange, les gouvernails, l'arbre, les accessoires. Tout sera prêt demain soir, et nous emporterons le tout à Aix par le rapide qui part de la gare de Lyon à cinq heures et arrive à minuit.

—Bien. Ensuite?...

—Dimanche et lundi, l'équipe que j'emmènerai, travaillera à la remise en état de l'arbre du propulseur et autres pièces; mardi tout sera terminé et mercredi on opérera le regonflement de l'enveloppe aérostatique. Cela peut-il aller ainsi, mon cher client?...

—Admirablement. Vous êtes décidément, laissez-moi vous le dire sans froisser votre modestie bien connue, mon cher Fruscou, le Napoléon de l'aéronautique.

—Vous êtes trop bon. J'essaie simplement de vous satisfaire, et c'est pourquoi nous mettrons les bouchées doubles afin d'arriver dans le délai fixé.

—Alors, c'est dit, à demain soir, à la gare de Lyon?...

—C'est dit. Vous m'y trouverez avec mes hommes. A propos, vous avez trouvé un endroit convenable pour loger l'aéronat pendant le travail de réfection et de gonflement?

—Oui, vous verrez cela.

Les deux hommes se serrèrent cordialement la main et le *Petit Biscuitier* regagna son automobile qui stationnait dans la cour de l'Établissement d'Aérostation.

Trois jours plus tard, on eût pu retrouver les deux interlocuteurs surveillant, à l'intérieur d'un immense magasin à fourrages vide, le travail de remise en état du dirigeable. Fruscou avait amené avec lui quatre de ses meilleurs ouvriers qui secondaient Neffodor et Charles Bader dans les opérations nécessitées par l'ajustage d'un nouvel arbre de couche avec son hélice, et des plans, en forme de lames de jalousie, du gouvernail de profondeur qui avait été pulvérisé pendant l'atterrissage dans la Crau.

Mons Charlot était furieux. Il comptait rentrer tranquillement au parc d'aérostation d'Écancourt, après l'accident survenu à l'arbre de couche, accident auquel il n'était pas tout à fait étranger, et pas du tout, il lui fallait travailler sans relâche, depuis qu'il était arrivé en compagnie du pilote Neffodor à Aix-les-Bains, où, à plus justement parler, au Tremblay, à une lieue d'Aix, où se trouvait le magasin à fourrages qui devait servir de garage et d'abri au matériel jusqu'au moment de sa remise debout. Décidément ses machinations n'avaient pas de succès, aussi rêvait-il de nouvelles traîtrises et cherchait-il un moyen de mettre l'appareil aérien dans une situation critique, d'où il ne l'en tirerait qu'à la condition que le *Petit Biscuitier* ouvrit son portefeuille pour en tirer un chèque sérieux. Mais, surveillé à la fois par Neffodor, par Fruscou et par les autres ouvriers mécaniciens, il ne pouvait rien tenter pour l'instant.

—Ah! si j'avais la même liberté qu'à l'aérodrome de Puiseux, songeait le misérable, comme ce serait vite agencé mon petit «truc», pour décider le patron à ne pas être envoyé instantanément dans le milieu de la semaine prochaine. Un simple *éclateur* à pointes, dissimulé dans la paroi intérieure du ballonnet compensateur et relié par deux fils fins, passant dans la manche à air, à la magnéto d'allumage du moteur. S'il refusait de me remettre un chèque de trente mille francs, qui m'indemniserait de ce que j'ai perdu, crac!... une chiquenaude sur la tige de l'interrupteur envoyant le courant de la magnéto dans l'éclateur, et le gaz s'allumerait, tout sauterait!...

C'était fort simple en effet, mais le sieur Charlot pensait que, s'il faisait sauter ainsi l'aéronat alors qu'il voguerait dans les airs, ne fût-ce qu'à trois cents mètres de haut, il lui faudrait faire la pirouette en compagnie du *Petit Biscuitier* et de Neffodor, et cette conséquence n'était pas sans le faire réfléchir. D'autre part, qui pouvait savoir, si, après avoir cédé à ses exigences et signé le chèque libérateur, le sportsman, redescendu à terre sain et sauf, ne reviendrait pas sur ses promesses et ne le ferait pas arrêter avant qu'il eût pu toucher la somme promise?... Toutes ces conséquences possibles se présentaient à l'esprit du sinistre personnage, qui passait ses nuits à échafauder les projets les plus insensés pour parvenir à ce qui était son idée fixe: extorquer, d'une manière ou d'une autre, une grosse somme à Claude Réviliod.

En trois jours, les travaux de réparation de l'aéronat furent terminés. Le salon bouleversé et dont le mobilier avait été détérioré par les heurts du traînage, reprit son aspect primitif; l'arbre d'acier, brisé en trois morceaux, fut remplacé par un neuf, muni d'une hélice à pales de bois, enfin toute trace de l'accident disparut. Un essai au point fixe de tout le mécanisme donna entièrement satisfaction à Fruscou qui déclara:

—Le plus fort est fait. Demain mercredi nous commencerons le gonflement.

Le «chemin de déchirure» du panneau de sûreté avait été recousu et recouvert de sa bandelette d'étanchéité. L'enveloppe fut à demi remplie d'air au moyen du ventilateur de la nacelle et Neffodor la visita minutieusement, à l'intérieur et à l'extérieur, pour boucher les trous microscopiques qui pouvaient s'y être produits. Cette vérification indispensable opérée, les bouteilles d'hydrogène comprimé à cent cinquante atmosphères furent disposées, par vingt, de chaque côté d'un tube central muni de tubulures à écrous sur lesquelles vient s'ajuster le col à vis des bouteilles, et le tube fut mis en relation par un tuyau de soie imperméable, avec la manche à gaz du ballon.

—Nous avons là plus de 700 mètres cubes d'hydrogène pur, déclara Fruscou.

—Combien d'heures seront nécessaires pour les emmagasiner dans l'aéronat? demanda Réviliod.

—Quatre heures tout au plus, car un débit de deux cents mètres à l'heure n'est pas exagéré.

L'opération fut commencée à huit heures du matin, et à midi les tubes étaient vides, ainsi que l'ingénieur l'avait prévu. Ils furent remplacés par des bouteilles pleines et, à six heures du soir, le ballon qui avait été amené sur une pelouse, le hangar ne présentant pas des dimensions suffisantes pour le contenir entièrement gonflé, se trouva avoir reçu sa provision complète d'hydrogène. Le travail de fixation de la nacelle et de réglage des suspensions et apparaux divers fut remis au lendemain.

—Espérons que nous serons favorisés encore d'un peu de beau temps, murmura le sportsman et que nous pourrons tenter une sortie aux environs du lac du Bourget.

Cette espérance ne devait pas se réaliser, car le vent, qui avait été presque nul depuis trois jours, se mit à souffler avec violence dans la nuit, obligeant les veilleurs à renforcer les attaches fixant le long fuseau de soie au sol. Heureusement, vers midi, une violente averse, accompagnée d'éclairs et de coups de tonnerre, abattit le vent, et l'atmosphère, redevenant d'une idéale pureté, Fruscou en profita pour exécuter le réglage des diverses commandes du dirigeable auquel la longue nacelle avait été suspendue. Ce fut l'affaire de quelques heures, après lesquelles une ascension fut exécutée, qui mena Réviliod jusqu'au lac d'Annecy, par-dessus le massif montagneux qui sépare cette étendue d'eau du lac du Bourget. Fruscou était au gouvernail, et un mécanicien de son équipe remplaçait Charlot au moteur. Les 35 kilomètres séparant les lacs l'un de l'autre furent parcourus en quarante-deux minutes à l'aller et cinquante-six minutes au retour.

Il fallut laisser échapper un peu de gaz par la soupape pour redescendre au niveau du lac du Bourget, l'altitude de 1350 mètres ayant été atteinte au cours de l'ascension. Les ouvriers qui avaient travaillé à la réfection du matériel attendaient le retour du yacht aérien, et ils saisirent les cordes traînantes pour le ramener au sol où il fut amarré solidement après que l'enveloppe imperméable eut été remise sous pression pour parer à tout événement pendant la nuit.

—Nous rentrerons à Paris demain, annonça le *Petit Biscuitier* au constructeur. Je vous offre volontiers une place à bord, bien qu'il soit évident que vous ne rentrerez pas aussi vite par la voie de l'air que par le rapide qui nous a amenés. Neffodor prendra, bien entendu, votre place au volant et, puisque vous êtes un maître au noble jeu de jacquet, je m'offre à être votre partenaire et à occuper nos heures de voyage à secouer le cornet. Et l'on ne bouchera le jeu qu'avec deux dames de retour!...

—C'est entendu, j'accepte votre aimable proposition, mon cher monsieur, claironna Fruscou riant à en faire tourner l'hélice du ballon. Apprêtez-vous à être brossé!...

—Eh! eh! on verra à se défendre, mon cher constructeur. On tâchera de se défendre!...

Le *Petit Biscuitier* ne fut que médiocrement surpris en rencontrant, le soir même, au Casino où il était allé comme chaque jour retrouver des amis et connaissances de Paris, villégiaturant dans ce site délicieux des Alpes, le marquis de La Tour-Miranne accompagné des membres de l'*Aéro-tourist*. Il fut frappé de l'expression de tristesse et d'accablement du promoteur du tourisme en aéroplane, et ne put s'empêcher de l'interpeller dans les termes suivants.

—Qu'avez-vous donc à affecter cet air funèbre, chevalier de la Triste-Figure?.. Serait-ce que vous auriez semé quelqu'un de votre Société dans un précipice?...

—Ne plaisantez-pas, Réviliod, répondit le sportsman. Je suis très affligé des nouvelles que j'ai reçu de Paris en arrivant à Aix...

—Quoi donc!... Votre père n'est pas subitement décédé, je pense!...

—Non, le duc de La Tour-Miranne est toujours vivant, mais une dépêche vient de m'apprendre qu'il vient encore d'être frappé d'un accès de goutte, et que la situation est grave.

—Bah! un accès de goutte, ce n'est pas mortel!... Rassurez-vous!

—Je connais la forte constitution du duc, mais je suis cependant inquiet, car j'ai remarqué certains symptômes qui augmentent mes craintes. J'ai donc décidé de regagner Paris au plus tôt, sans achever notre voyage de tourisme, déjà aux trois quarts accompli.

—Quoi, vous abandonnez la Société dont vous êtes président?...

—Pour ne pas me quitter, les membres de l'*Aéro-tourist-club* ont décidé, quoi que j'aie pu leur dire, à me suivre et à revenir au parc d'Aérovilla en même temps que moi. Nous essaierons donc d'exécuter de compagnie, dès demain, le plus long voyage qui ait été tenté jusqu'à présent à l'aide d'aéroplanes.

—Parfait! Dans ces circonstances, c'est le cas où jamais de vider notre vieux différend et de voir qui fera le mieux du *plus lourd* ou du *plus léger* que l'air.

L'aviateur ébaucha un faible sourire.

—Vous tenez donc toujours à me fournir cette démonstration de la supériorité de vos idées?

—Certes, et plus que jamais!

—Eh bien! dans l'intérêt général de la question de la navigation aérienne, j'accepte votre proposition, Réviliod, et je vais la communiquer à mes amis. Comme il s'agit rien moins que de six cents kilomètres à parcourir en ligne directe pour atteindre nos parcs respectifs d'Ecancourt et d'Aérovilla, il faudra partir de très bonne heure. Je propose donc de prendre le départ à six heures précises. Qu'en pensez-vous?...

—Je suis entièrement de votre avis et vais donner mes ordres en conséquence à mes hommes, Neffodor, mon aéronaute, et Charlot, mon mécanicien.

En entendant prononcer ce nom, le marquis eut un mouvement de surprise que remarqua Réviliod.

—Tiens!... Qu'avez-vous donc? interrogea-t-il.

La Tour-Miranne hésita un instant à répondre, mais sa franchise native l'emporta.

—Écoutez, Réviliod, articula-t-il enfin, il faut que nous ayons une explication définitive.

—Une explication!... siffla le *Petit Biscuitier*, et à quel sujet?...

—Au sujet de l'homme que vous venez de nommer, et que vous avez pris à votre service, après qu'il a dû quitter l'aérodrome à la suite de certains soupçons qui s'étaient portés sur lui.

—Quels soupçons?... Et en quoi cela me concerne-t-il?...

—Je vais vous le dire. Vous n'ignorez pas que j'ai failli ne pas pouvoir partir et suivre mes amis, lors de notre départ du champ d'aviation d'Aérovilla. Une main criminelle et expérimentée avait, dans la nuit précédant le départ de la caravane aérienne, détérioré les parties essentielles de la machine volante que je devais diriger. Sans le dévouement et la prévoyance de mon constructeur, M. Martin Landoux, le succès du tour de France en aéroplane était irrémédiablement compromis et j'étais forcé de rester à terre.

—Je ne vois pas jusqu'à présent....

—Vous allez comprendre. Une enquête très minutieuse a été immédiatement menée par Martin Landoux, qui est un homme fin et avisé, pour découvrir l'auteur de ce sabotage criminel et, bien que les preuves matérielles manquassent, tous les indices que l'on put relever accusaient cet ouvrier récemment embauché aux ateliers de Levallois, ce Charlot!...

Réviliod ébaucha un geste, mais son interlocuteur poursuivit sans le laisser l'interrompre de nouveau:

—La main qui avait exécuté étant connue, il s'agissait de déterminer le mobile qui l'avait conduite. On a cherché comment ce Charlot—qui ne devait avoir aucune animosité personnelle à satisfaire contre moi—était entré à notre service, et savez-vous ce que l'on à fini par trouver?...

Le *Petit Biscuitier* ne le laissa pas achever.

—Écoutez, La Tour-Miranne, fit-il d'un ton qu'il essaya de rendre détaché et insoucieux, cela ne m'intéresse pas du tout vos histoires d'ouvriers et de domestiques infidèles ou malveillants. Laissons cela, car vous n'allez pas insinuer, je pense, que c'est moi qui ai commandé à ce Charlot de détruire votre aéroplane?...

—Alors pourquoi l'avoir pris à votre service, après l'avoir placé chez Landoux par l'intermédiaire du commanditaire de celui-ci, notre ami commun, Médouville?...

Le président de l'*Aéro-tourist* tenait sous son regard franc et loyal le *Petit Biscuitier* qui, mal à l'aise, quoi qu'il en eût, affectait de ricaner. Il termina, pour achever de l'écraser.

—Des gens comme ce Charlot se vendent au plus offrant, risque à le trahir ensuite s'ils y trouvent le moindre avantage. J'ai simplement tenu à vous montrer le danger que vous courez maintenant avec un pareil misérable à votre bord. Ne s'est-il pas vanté—et le propos m'en a été rapporté—d'avoir causé la rupture de votre arbre d'hélice pour vous obliger à interrompre un voyage qui se prolongeait par trop à son gré!... Qui sait si, en ce moment même, il ne machine pas encore, pour le compte de l'un ou de l'autre, quelque embûche dont vous serez la victime!...

Pendant que parlait Robert de La Tour-Miranne, Claude Réviliod avait repassé dans son esprit toutes les solutions possibles lui permettant de se tirer de l'impasse où il s'était mis par suite de la collaboration qu'il avait acceptée du traître des ateliers Marius Gallet. Le meilleur parti lui parut être de jeter son complice par-dessus bord et de s'en débarrasser, même au prix d'un aveu humiliant. En agissant ainsi, il annulait les conséquences fâcheuses que pouvaient avoir pour lui les accusations que ne manquerait pas de porter contre lui

Charles Bader s'il se voyait inquiété par la justice. C'était l'effet des assertions de ce complice, que l'on croirait s'il affirmait n'avoir été qu'un instrument entre ses mains, qu'il fallait détruire d'avance.

En conséquence de ces réflexions, qui avaient rapidement traversé son esprit, l'aéro-yachtman posa la main sur le bras de l'aviateur et l'attira à l'écart, puis à voix basse:

—Eh bien! oui, murmura-t-il, vous avez deviné. Le coup qui vous a atteint venait de moi, et c'est alléché par la promesse d'une récompense que le Charlot a détérioré votre aéroplane pour vous empêcher de partir et me laisser le champ libre. J'ai mal agi, je le reconnais, mais j'avais pour excuse mon désir excessif, exagéré, de supprimer un dangereux rival, et d'être seul à mettre en pratique le nouveau mode de voyage: le tourisme aérien. Heureusement, mes projets ont échoué, et maintenant j'en suis heureux parce que j'ai reconnu que l'émulation seule est féconde et sert le progrès. Je regrette donc ce stupide accès de jalousie qui eût pu avoir de graves conséquences et je vous prie de me le pardonner.

Le *Petit Biscuitier* savait bien ce qu'il faisait, en formulant ainsi un appel aux sentiments chevaleresques du marquis de La Tour-Miranne, et le résultat ne le surprit pas.

Le président de l'*Aéro-tourist-club*, d'un mouvement spontané, lui tendit la main.

—J'ai tout oublié, répondit-il, et de cette explication loyale il ne subsiste qu'un fait: luttons, mais à armes courtoises, et par les moyens qui nous conviendront le mieux à chacun, pour la science et pour le progrès!...

Une étreinte cordiale scella cette entente, et Réviliod conclut en poussant un long soupir de soulagement.

—Vive la paix!... Et demain, en route pour Paris par la voie des airs!... Nous verrons qui arrivera le premier du ballon ou de l'aéroplane!... Et vous êtes dix contre moi seul!...

La Tour-Miranne sourit.

—Entendu. Et à demain six heures précises le départ.

Les membres de l'*Aéro-tourist-club* n'eurent pas le temps de visiter les environs d'Aix-les-Bains qui présentent cependant de nombreux points intéressants, tels que le mont Revard, le pont de l'Abîme où l'on parvient par le moulin de Prime situé dans une vallée pittoresque, les rochers si curieux appelés les *Tours Saint-Jacques*, le pont et la grotte de Bange, l'abbaye de Hautecombe, construite en 1125, restaurée en 1843, et qui est l'ancien lieu de sépulture des princes de la maison de Savoie, enfin Marlioz avec son curieux château de Dugis, les gorges de Sierroz, la cascade de Grésy, les tours de César au col de Cessens, et les montagnes environnantes: le Salève, la Dent du Chat, haute de 1500 mètres et d'où l'on jouit d'une vue splendide sur le lac du Bourget. Les voyageurs durent se contenter d'examiner au passage l'Arc de Campanus, monument funèbre extrêmement ancien, car il remonte au IIIe siècle, l'Hôtel de ville d'Aix, qui est un château du VIe siècle, les débris du temple de Diane, et le parc-promenade du Gigot. Le président de l'*Aéro* avait fait part à ses compagnons du défi amical porté par le propriétaire du dirigeable, et ceux-ci furent unanimes à affirmer à leur chef leur désir de le seconder de leur mieux, de manière que la supériorité de l'aéroplane sur le ballon fût nettement démontrée aux plus incrédules.

Sur les ordres de La Tour-Miranne, des précautions minutieuses furent prises d'un commun accord pour assurer le voyage de retour dans le plus court délai possible. En conséquence, les appareils furent pourvus de réservoirs à essence supplémentaires, de façon à permettre aux biplans de voler pendant cinq heures sans avoir besoin de reprendre contact avec le sol. Les trois monoplans, dont la vitesse était sensiblement plus grande devaient partir, comme d'habitude, les premiers en éclaireurs, de façon à préparer aux lieux d'escale déterminés, les provisions d'essence nécessaires pour chaque période de vol. Ces escales, mûrement étudiées, devaient se faire à Autun et au Châtelet-en-Brie, un peu avant Melun.

—Nous devons pouvoir faire la route d'Aix au parc d'Aérovilla, c'est-à-dire exactement 580 kilomètres à vol d'oiseau, en douze heures, assura le jeune président. Dans tous les cas, puisqu'il s'agit d'une espèce de match avec le dirigeable de Réviliod, il faut faire tous nos efforts pour arriver. Qu'il soit donc convenu d'avance que ceux qui seront victimes d'une panne sérieuse pouvant entraîner un arrêt de plus d'une demi-heure, se considéreront comme hors de course. Qu'ils portent en ce cas tous leurs efforts pour seconder leurs amis plus favorisés par la chance.

Le promoteur du Tour de France en aéroplane, qui s'arrêtait ainsi, par suite de circonstances imprévues, aux trois quarts de son parcours, devait éprouver avant de quitter, le vendredi 30 juin, les Prés-Hauts d'Aix pour rentrer à Paris, une agréable surprise. La première personne qui se présenta à sa vue lorsqu'il pénétra dans le terrain transformé en aérodrome fut le constructeur de Levallois, qui était arrivé dans la nuit par l'express et s'était rendu directement à cet aérodrome improvisé dont l'emplacement lui avait été indiqué par le chef de gare.

—Martin Landoux!... s'écria joyeusement le sportsman. Quelle bonne surprise!... Les mains des deux hommes s'étreignirent, puis Robert mit l'industriel au courant de ses projets. Landoux secoua la tête.

—J'ai auparavant une opération de propreté à réaliser, exposa-t-il. J'ai toutes les preuves de la culpabilité de mon ex-ouvrier, Charles Bader, dans l'affaire du saccage de votre aéro, et puisqu'il est encore au service du sieur Réviliod, que je soupçonne fort d'avoir été l'instigateur de ce sabotage sans vergogne, je vais le faire arrêter illico.

—C'est inutile! répliqua La Tour-Miranne en secouant la tête dans un geste de dénégation. La chose est arrangée. Réviliod m'a fait spontanément l'aveu du rôle qu'il avait joué dans cette affaire, et nous nous sommes réconciliés. Quant à son complice, au Charlot en question, il a dû le congédier immédiatement, et toute démarche serait désormais inutile.

—N'en parlons plus, en ce cas, monsieur Robert, et ne perdons pas un instant. Je vais revoir chaque machine, car je veux que vous remportiez une éclatante victoire sur cet aéronaute de malheur, qui a sournoisement essayé de vous supprimer avant de commencer la lutte.

Martin Landoux promena l'oeil du maître sur chacun des appareils, sans omettre le plus petit détail, car c'est souvent d'un détail infime, négligé comme secondaire, que dépend le succès ou la défaite finale. Plusieurs défauts purent ainsi être corrigés, et, tous les aviateurs étant arrivés, les départs se succédèrent de minute en minute. Damblin et Médrival les premiers s'envolèrent dans l'air pur du matin.

— Dans trois heures je serai à Autun! cria Médrival avant de s'envoler.

— Pas d'imprudence, je vous en conjure! lui répondit le président de l'*Aéro-tourist*. Il faut que le Club arrive au complet ce soir à Aéro-villa. Ne songez donc pas pour l'instant à battre aucun record de vitesse ou de distance!

Le tour était venu des biplans de s'envoler. La Tour-Miranne remarqua que Médouville était seul à bord du sien. Surpris, il en fit la remarque à son ami.

— André Lhier a trouvé hier soir, en arrivant à Aix, une dépêche urgente le mandant ce matin à Paris. Il a donc pris immédiatement le rapide avec sa femme en me chargeant de l'excuser auprès de vous de sa défection imprévue.

A ce moment Martin Landoux, le front soucieux, revint vers le président.

— Le biplan de M. de l'Esclapade a son hélice complètement faussée, et son moteur, sans doute encrassé, ne donne pas la moitié de sa force normale, annonça-t-il. Il va lui être impossible de s'enlever et de vous suivre!...

— Garruel, Le Clair, de l'Esclapade, cela nous fait trois camarades de moins, murmura le chef de l'expédition, hochant la tête d'un air chagrin.

— Bah! ne vous frappez pas!... Cela est même extraordinaire que nous n'ayons que trois éclopés pour un trajet pareil! D'abord, ce n'est pas un biplan Landoux qui est avarié; les miens tiennent toujours bon, et ils arriveront, soyez-en certain!...

AUTUN. -- Porte romaine de Saint-André.

—J'en accepte l'augure, mon cher constructeur, conclut le jeune homme rasséréné, tout en prenant sa place de pilote à côté de Landoux, qui s'était déjà casé. Maintenant, en route pour Autun et Paris, c'est-à-dire exactement au nord-ouest.

Au moment même où La Tour-Miranne prononçait ces paroles, le dirigeable de Réviliod passa à deux cents mètres au-dessus de sa tête, son hélice tournant à son maximum de vitesse. Le constructeur de Levallois le considéra un moment avec attention.

—Hé! hé! il avance bon train, murmura-t-il. La brise qui souffle des Alpes n'a pas l'air de trop le contrarier!... Enfin, nous allons bien voir.

Contrairement à ce que supposait La Tour-Miranne, Charlot était à bord du yacht aérien. Le *Petit Biscuitier* avait bien songé à lui signifier son congé, mais aucun des ouvriers amenés par Fruscou n'avait voulu accepter la mission de conduire le moteur, dont ils ne connaissaient qu'imparfaitement le mécanisme, et force avait été à l'armateur de conserver celui qui était, quoi qu'il fît, son complice. Réviliod s'était donc borné à signifier sèchement au mécanicien son renvoi dès le retour au parc d'Écancourt, et cette nouvelle n'avait fait qu'exaspérer la sourde hostilité du bossu.

—Quand je devrais incendier son ballon en l'air, je me vengerai!... grinça-t-il. C'est ma foi trop commode de se débarrasser de toute responsabilité! Lorsque l'affaire que l'on a commandée n'a pas réussi, on jette à la porte celui dont on s'est servi! Je serais encore tranquillement dans ma place si ce richard, que le diable étrangle, ne m'avait pas tenté en faisant miroiter devant mes yeux une récompense qui m'a ébloui! Et maintenant je serais seul à subir les conséquences? Non, non, ce n'est pas possible, il faut que je me venge et puisqu'une seule chose est capable de l'émouvoir: sa supériorité sur les hommes-volants, la seule manière de le punir est de l'empêcher d'arriver au but!...

Pendant que l'ouvrier monologuait et ressassait dans son esprit tous ses motifs de ressentiment contre Réviliod, l'aéronat, aidé d'une légère brise du sud-ouest, avançait avec célérité. En deux heures, il atteignit Bourg et revit le pays des Bombes qu'il avait déjà traversé dans son précédent voyage avant d'être emporté par le mistral, et à midi, alors que l'aéro-yachtman et son hôte, l'ingénieur Fruscou, allaient se mettre à table, Autun, où les aéroplanes avaient dû faire halte quelque temps auparavant, se perdait déjà dans l'éloignement à l'horizon du sud.

—Voilà déjà presque la moitié de la route de faite! claironna joyeusement Fruscou. Nous avons parcouru au moins 250 kilomètres depuis Aix. En continuant à cette allure, nous serons à Paris à six heures du soir.

—Mais nous n'aurons pas assez de pétrole et d'hydrogène pour naviguer pendant douze heures consécutives, fit observer le *Petit Biscuitier*.

—J'y ai songé, mon cher client, aussi ai-je ménagé une escale en route où nous trouverons tout ce qui est nécessaire au ravitaillement du navire aérien. Vous m'avez longuement parlé du château des Frênes, auprès d'Auxerre, où vous êtes allé, lors de votre première sortie, chercher des passagers que vous vouliez initier aux charmes de la navigation aérienne. J'ai donc pris la précaution, il y a plusieurs jours déjà, d'avertir l'Établissement des Moulineaux d'expédier sans retard huit tubes d'hydrogène comprimé à cette adresse, où je pensais bien que nous serions obligés de repasser dans notre voyage de retour. J'ai également prévenu le châtelain des Frênes par dépêche, de notre arrivée et de la nécessité de préparer des bidons d'essence, afin de réduire au minimum la durée de notre escale.

—Vous avez pensé à tout, et je ne saurais trop vous remercier de votre prévoyance, mon cher constructeur, répondit chaleureusement Réviliod.

Il était une heure et demie, lorsque le dirigeable arriva au-dessus du château des Frênes. Personne n'étant sur la pelouse à attendre son arrivée, Neffodor dut actionner à plusieurs reprises la sirène pour appeler l'attention des habitants, tout en décrivant à petite allure de longs circuits autour du terrain. Enfin le jardinier apparut, levant les bras au ciel, puis M. Corgival, et plusieurs domestiques. L'aéronaute donna alors un coup de soupape prolongé qui jeta l'aéronat à vingt mètres du sol, permettant aux personnes accourues de saisir les guides ropes et de faciliter l'atterrissage.

Le *Petit Biscuitier* prit à peine le temps d'échanger quelques paroles d'amitié avec son cousin.

—Vite!... dit-il, nous sommes pressés, et les minutes valent des heures; nous nous congratulerons plus tard quand nous aurons plus de loisir. Pour l'instant, il faut nous ravitailler afin de continuer notre voyage, sans quoi nos concurrents nous rattraperont et nous feront la nique, ce qui serait pour moi une suprême humiliation. Vite donc, l'hydrogène, le pétrole!...

Ahuri par ce flot de paroles, le châtelain demeurait comme hébété. Il finit enfin par donner les indications réclamées. Les bouteilles d'acier et les bidons d'essence étaient rangés dans la remise. Sur ses ordres on apporta le tout sur la pelouse, et les domestiques s'empressèrent de passer les bidons à l'aéronaute qui les transvida l'un après l'autre dans le vaste réservoir du moteur. Pendant ce temps, Charlot avait prestement sauté à terre et s'occupait d'envoyer le contenu des bonbonnes d'acier, où le gaz était emmagasiné sous une pression de cent cinquante atmosphères, dans l'enveloppe aérostatique, afin de remplacer l'hydrogène consommé par le moteur ou disparu par la dilatation solaire en cours de route. Cette opération commencée, il se redressa avec un rictus de mauvais aloi et se dirigea vers l'armateur du navire aérien, et entama avec lui un colloque rapide.

—Il est donc bien entendu, monsieur, commença-t-il d'une voix tremblante de colère concentrée, que vous me mettez à la porte?

—Je ne vous mets pas à la porte, répliqua ironiquement le *Petit Biscuitier*. Je vous remercie simplement de vos services, c'est bien différent!...

—Et sans la moindre indemnité, continua le mécanicien, les dents serrées.

—A quel titre vous en devrais-je une? prononça dédaigneusement Réviliod. Vous ai-je jamais promis quoi que ce soit?...

—Vous m'aviez promis dix mille francs pour ce que vous savez. Et si je parlais tout haut...

—Parlez!... Parlez!... Que m'importe maintenant! J'ai averti moi-même M. de La Tour-Miranne. Quel poids pourraient avoir vos insinuations malveillantes!...

—C'est là votre dernier mot?... Vous ne voulez rien comprendre, et rien m'accorder?... Réfléchissez bien!

Le jeune homme eut un mouvement d'impatience.

—En voilà assez, vous m'importunez, s'écria-t-il. Reprenez votre poste et partons!...

—Tant pis!... Dans ce cas, c'est vous qui l'aurez voulu!...

L'ouvrier, au comble de l'exaspération et poussé à bout par l'intransigeance de l'aéro-yachtman, courut aux tubes d'hydrogène comprimé et se pencha vers le robinet de dégagement du gaz qu'il ouvrit en grand d'un violent mouvement de torsion de la clé.

Un sifflement terrible retentit, suivi d'une effroyable détonation que répétèrent lugubrement les échos des futaies et des bâtiments voisins. Sous l'énorme pression subie par l'enveloppe par la détente du gaz comprimé, le long fuseau de soie avait éclaté comme un sac en papier que l'on écrase entre les mains, et ses débris en retombant recouvrirent comme d'un linceul la longue nacelle, ensevelissant sous ses plis l'infortuné Neffodor qui n'avait pas quitté son poste de pilote.

Un éclat de rire qui n'avait plus rien d'humain, et ressemblait plutôt au râle d'un insensé, suivit le bruit de l'explosion.

—Je suis vengé!... criait le bossu qui semblait avoir perdu la raison. Je suis vengé!...

Le long fuseau de soie avait éclaté comme un sac en papier.

Il nous faut revenir à la flottille des aéroplanes qui poursuivait, sans un instant d'arrêt, sa route en ligne droite vers la capitale.

A huit heures du matin, les biplans traversaient la ville de Bourg, avec six minutes à peine de retard sur le dirigeable, et ils atterrissaient presque ensemble à Autun à onze heures vingt. Damblin et Médrival étaient arrivés depuis plus d'une heure et avaient tout préparé pour le ravitaillement d'essence. Pendant que les mécaniciens, sous la direction de Martin Landoux, passaient fiévreusement la visite des mécanismes et remplissaient les réservoirs vides de carburant, les pilotes déjeunaient ainsi que l'on dit «sur le pouce». Il n'y avait plus une seule dame. Mesdemoiselles Outremécourt et Darmilly avaient préféré revenir à Paris en compagnie de M. et de Mme de l'Esclapade afin de laisser plus de liberté aux pilotes engagés dans ce match de vitesse et de distance avec le dirigeable de Réviliod.

Quarante minutes suffirent pour la remise en état des huit aéros. Les monoplans repartirent en tête, puis les biplans. Les mécaniciens, pour ne pas s'attarder, grignotèrent quelques sandwiches pendant le vol, qui fut repris à toute allure comme le matin. A une heure et demie, au moment où le haineux bossu anéantissait, en donnant trop brusquement issue au gaz comprimé, le yacht aérien du *Petit Biscuitier*, la flottille arrivait à Avallon, à trente kilomètres du château des Frênes. Elle était à Auxerre à deux heures et demie, à quatre heures à Villeneuve-la-Guyard et à cinq heures dix minutes au Châtelet-en-Brie, point d'étape convenu et où l'on retrouva encore les deux monoplans qui avaient précédé l'équipe des biplans. Celle-ci, toutefois, n'arrivait pas au complet: deux appareils manquaient encore à l'appel: celui du professeur Darmilly perdu de vue à Joigny et celui de Breuval disparu un peu avant Sens.

—Voilà les deux premiers aéros de la marque Landoux qui manquent l'étape, remarqua le constructeur. Mais cela ne doit pas être grave; nous les reverrons bientôt!

—Hâtons-nous malgré tout, observa La Tour-Miranne, en pressant les mécaniciens. Nous n'avons plus revu l'aéronat qui a sans doute pris une grande avance sur nous, grâce au vent favorable qui l'aidait dans sa marche. Si nous devons être vaincus, que ce ne soit pas sans avoir résisté de toute notre énergie. En route!...

Les machines volantes, réduites au nombre de huit, s'envolèrent l'une après l'autre et les prés, les bois, les villages, les villes, recommencèrent à défiler sous les pieds des intrépides aviateurs qui commençaient à sentir la fatigue les gagner. Melun, Lieusaint, Villeneuve-Saint-Georges, Alfort, Charenton, le bois de Vincennes furent successivement laissés en arrière. La Tour-Miranne ne voulut pas, par prudence, se risquer au-dessus des toits de Paris; il suivit le contour des fortifications, qu'il abandonna au Pré-Saint-Gervais pour pointer droit sur Saint-Denis dont la basilique se détachait sur l'horizon. Ce furent ensuite les stations de la ligne du Tréport: Écouen, Domont, Monsoult, Presles, Beaumont-sur-Oise, avec sa vieille église juchée au sommet du coteau. L'Oise fut traversée, et ce fut aussitôt Chambly, puis Bornel et Puiseux-le-Hauberger.

—Aérovilla!... murmura, non sans une secrète émotion, le jeune président et en dirigeant le vol de l'aéroplane vers la verte pelouse d'où, quatre semaines auparavant, il s'était envolé pour exécuter le tour de France interrompu à Aix.

Treize appareils s'étaient détachés du sol le dimanche 5 juin, sept seulement rentraient au port le vendredi 30 du même mois, mais les pilotes qui les montaient pouvaient se dire, non sans fierté, qu'eux premiers avaient réussi dans ce court laps de temps de vingt-quatre jours, plus de quatre mille kilomètres dont six cents au cours de la dernière journée seule, cette dernière randonnée en douze heures de vol continu, ce qui donnait une moyenne de 50 kilomètres à l'heure—et en ne brûlant que douze litres d'essence à l'heure!—fit remarquer Martin Landoux.

La Tour-Miranne, Médouville et leurs amis avaient donc bien mérité du sport par leur endurance, en même temps que par leur prudence et leur habileté. Mais le jeune président était surtout heureux d'avoir pu fournir l'exemple évident que le tourisme aérien par l'aéroplane, loin d'être une utopie, était parfaitement et dès à présent réalisable. Il suffisait de réunir les qualités déployées par les membres de l'*Aéro-tourist-club* au cours de leur mémorable randonnée, jusqu'alors sans précédent, et ces qualités n'étaient-elles pas justement celles de tous les jeunes Français?... Aussi pouvait-on escompter sans trop d'outrecuidance le prochain développement que ne devait pas tarder à prendre ce nouveau mode de locomotion si agréable et vraiment supérieur à tous les autres, qu'est la locomotion aérienne.

SAINT-DENIS. -- L'Abbaye.

Il faut, avant de terminer, dire ce qu'il advint du *Petit Biscuitier*, l'adversaire du marquis de la Tour-Miranne après le désastre où disparut son magnifique yacht aérien.

La force de l'explosion avait été telle que les spectateurs furent projetés violemment à terre par l'ébranlement de l'air. Ils se relevèrent étourdis mais heureusement sans autres blessures que quelques contusions sans importance, et c'est alors que Réviliod constata la destruction complète de son magnifique yacht aéronautique dont il ne restait que la nacelle. La détente du gaz comprimé, produite par l'ouverture brusque et en grand du robinet, qui n'eût dû qu'être entr'ouvert pour un débit normal, avait causé une telle surpression que l'enveloppe avait été mise en lambeaux, dont l'aéronaute Neffodor avait eu grand peine à se dépêtrer.

Le *Petit Biscuitier* considéra d'un regard atone le désastre, puis se tournant vers Fruscou qui paraissait, ainsi que Corgival, changé en statue.

—Voilà qui n'arrivera jamais à une machine volante, murmura-t-il d'une voix blanche. Décidément l'avenir est au «plus lourd que l'air», et j'avais tort de fermer les yeux devant l'évidence.

—Bah!... conclut l'ingénieur reprenant ses esprits, ne vous désolez pas. Ce n'est qu'une «peau» neuve à refaire. Le *Réviliod n° 1* est mort, vive le *Réviliod n° 2*!

Le sportsman secoua la tête d'un air navré, mais ne répondit pas. Il était certain que ses convictions les plus chères se trouvaient rudement ébranlées, et que son fanatisme pour l'aérostation avait reçu une sérieuse atteinte. De plus, il songeait que ce naufrage subit, presque au port, alors qu'il avait une grande avance sur ses concurrents les aviateurs, était une juste punition du mal qu'il avait essayé de leur faire. Cette pensée lui remit en mémoire l'auteur de la catastrophe, mais dans le désarroi des premiers instants, le dangereux bossu avait disparu, et l'on ne devait jamais savoir ce qu'il était devenu.

Telle fut la fin du dirigeable, et des aventures de l'aéro-yachtman qui renonça définitivement aux ascensions, laissant désormais le champ libre à La Tour-Miranne et à ses émules, les vrais fondateurs du tourisme aérien—le tourisme de l'avenir, on n'en saurait douter maintenant!

FIN

TABLES

TABLE DES GRAVURES

La grande semaine d'aviation battait son plein depuis quatre jours

Au milieu d'un groupe d'auditeurs, Réviliod pérorait

Blériot sur son aéroplane monoplan

Derrière une table recouverte d'un tapis vert

Carte de l'itinéraire du tour de France en aéroplane

Destruction d'un ballon à Gonesse (d'après une gravure du temps)

Première ascension des frères Montgolfier, à Annonay, le 4 juin 1783

Santos-Dumont contourne la Tour Eiffel

Le dirigeable *Ville de Paris*

Le *République* aux manoeuvres de 1909

Le *Parseval* et le *Zeppelin* au-dessus de Berlin

Le serrurier Besnier, de Sablé, essaie de s'envoler du haut d'un toit

Henri Farman sur son premier biplan Voisin

L'appareil de Wilbur Wright

Les rares cheveux du valet de chambre se dressèrent sur son crâne dégarni

Martin Landoux atteignit une feuille qu'il déroula sous les yeux de ses interlocuteurs

Martin Landoux fit la présentation de l'aéroplane

Il suffit!... scanda M. de la Tour-Miranne d'un ton glacial

Graduellement le panorama s'élargit

Château de Chantilly

Deux aéroplanes atterrirent à quelques minutes d'intervalle

Le président suivit Martin Landoux qui venait de sauter à terre

Amiens. — La cathédrale

Une vaste agglomération hérissée de hautes cheminées apparut

Lille. — La grande place

Vue intérieure des usines de Fives-Lille

Un gamin conduisait une charrette attelée de deux chiens

La flottille traversa l'estuaire de la Somme

Ault. — La plage et les falaises

Dieppe. — Le château

Rouen. — Le portail des libraires

Rouen. — Le cloître Saint-Maclou

Rouen. — La grosse horloge

A côté de ces merveilles de l'art ancien, on apercevait les cheminées géantes des manufactures

Jumièges. — L'abbaye

Le Havre. — Bassin du Commerce

Paris. — Place de la Bastille: la colonne de juillet

Montereau. — Vue prise du coteau de Surville

Joigny. — Portail Saint-Jean

Auxerre. — Église Saint-Etienne et la Préfecture

Des paysans galopaient

Avallon. — Un coin de la vieille ville

Nevers. — Le palais ducal

Bourges. — Hôtel Jacques Coeur

Le yacht aérien arrivait devant le château

Château de Chenonceaux

Trouville. — La plage

Caen. — Église Saint-Pierre

Tapisserie de Bayeux

Nice. — La Promenade des Anglais

Autun. — Porte romaine de Saint-André

Le long fuseau de soie avait éclaté comme un sac en papier

Saint-Denis. — L'Abbaye

TABLE DES MATIÈRES